国家“十二五”重点图书

船舶与海洋出版工程

中国海洋工程年鉴

（2014版）

中国船舶信息中心
中国海洋工程网
编

上海交通大学出版社

内 容 提 要

本书是国内首部全面反映我国海洋工程行业发展的史料文献，详实记载我国 2013-2014 海洋工程行业领域的行业政策规划、海洋油气产业、海洋工程产业、海洋工程装备分类、主要海洋工程产业聚集区、主要海洋工程装备制造和科研设计企业、重大项目完工及国际合作交流等整体发展状况。

读者对象：国内外海洋工程装备制造企业、各大造船厂、中海油系统、海洋工程施工企业、海洋工程设计院所、船舶与海洋工程类高校等国内海工相关企业中的工程技术人员、高级管理者、经营者、科研工作者及行业主管部门的决策者。

图书在版编目（CIP）数据

中国海洋工程年鉴：2014 版 / 中国船舶信息中心，中国海洋工程网编．—上海：
上海交通大学出版社，2014
ISBN 978-7-313-12341-1

Ⅰ. ①中… Ⅱ. ①中… ②中… Ⅲ. ①海洋工程—中国—2014—年鉴 Ⅳ. ① P75-54

中国版本图书馆 CIP 数据核字（2014）第 266367 号

中国海洋工程年鉴（2014 版）

编　　者：中国船舶信息中心
　　　　　中国海洋工程网
出版发行：上海交通大学出版社　　地　　址：上海市番禺路 951 号
邮政编码：200030　　电　　话：021-64071208
出 版 人：韩建民
印　　制：上海普顺印刷包装有限公司宝山分公司　　经　　销：全国新华书店
开　　本：889mm × 1194mm 1/16　　印　　张：19.25
字　　数：519 千字　　插　　页：32
版　　次：2014 年 11 月第 1 版　　印　　次：2014 年 11 月第 1 次印刷
书　　号：ISBN 978-7-313-12341-1/P
定　　价：500.00 元

中国海洋工程年鉴编辑委员会

陈　平　南昌 ABB 发电机有限公司总经理

单海龙　青岛国科海洋环境工程技术有限公司经理

石　平　浙江格洛斯无缝钢管有限公司总经理助理

陈柚牧　上海瀛泰律师事务所高级合伙人

赵淑洲　广东敬海律师事务所高级合伙人

委　　员（以下排名不分先后）

张晓灵　中海油（天津）管道工程技术有限公司总工程师

刘锦昆　胜利油田胜利勘察设计研究院有限公司首席技术官

文世鹏　山东海盛海洋工程集团有限公司副厂长

田海庆　中石化胜利石油管理局钻井院海洋研究所所长

金　余　上海船厂船舶有限公司副总经理

温剑波　重庆齿轮箱有限责任公司董事长、总经理

汤　敏　武汉船用机械有限责任公司副总经理

罗为民　中国船舶重工国际贸易有限公司副总经理

蔡连财　中远航运股份有限公司技术总经理

安斌峰　中国船舶信息中心副总裁

奚崇德　上海佳豪船舶工程设计股份有限公司副总工程师

施　炜　中远船务工程集团有限公司海工经营部总经理

郑　松　中国船舶重工集团公司规划发展部规划一处处长

王新奇　中国船舶重工集团公司生产经营部船舶处处长

王文祥　中海石油（中国）有限公司北京研究中心机械首席工程师

李东亮　中海石油（中国）有限公司北京研究中心资深工程师

薛　萍　中国电子科技集团公司第二十三研究所研究员

孙小伟　江苏省特种设备安全监督检验研究院无锡分院院长

王　芸　蚌埠玻璃工业设计研究院研发中心主任

胡安康　中集船舶海洋工程设计研究院有限公司总经理

庄建国　中船第九设计研究院工程有限公司副总经理

白　勇　杭州欧佩亚海洋工程有限公司总裁

戚　涛　上海利策科技股份有限公司董事长

吴敏华　中国船级社实业公司总经理

李红涛　中国船级社天津分社副主任

江华涛　法国船级社海洋工程部总经理

游亚戈　中国科学院广州能源研究所博士

张　戟　中港疏浚有限公司总工程师

林宜艳　中国水产广州建港工程公司总工程师

王广东　总后勤部军事交通运输研究所研究员

佘　良　广东粤新海洋工程装备股份有限公司总工程师

何冠中　上海三航奔腾建设工程有限公司总工程师

唐立志　中国石油天然气管道局第六工程公司总工程师

周　海　中交上海航道勘察设计研究院有限公司总经理

宫红升　利丰海洋工程有限公司副总裁

刘永江　南通润邦海洋工程装备有限公司常务副总经理

李　泽　江苏龙源振华海洋工程有限公司总经理

黄维平　中国海洋大学教授

蒋志勇　江苏科技大学海洋装备研究院院长

胡以怀　上海海事大学教授

王世明　上海海洋大学工程学院院长

陈建民　中国石油大学（华东）石油工程学院教授

王宏志　大连海事大学油液检测中心主任

杨　进　中国石油大学（北京）石油工程学院教授

张纪刚　青岛理工大学教授

王　勇　合肥工业大学教授

邓　露　湖南大学教授

周世良　重庆交通大学河海学院副院长

李　琦　中国地质大学（北京）海洋学院副教授

姚立纲　福州大学机械工程及自动化学院院长

魏　浩　哈尔滨工程大学海洋学院先进材料研究院教授

王　林　江苏科技大学土木工程与建筑学院常务副院长

杨春利　哈尔滨工业大学教授

何宜军　南京信息工程大学海洋科学学院院长

张永康　东南大学教授

任建业　中国地质大学（武汉）教授

王东坡　天津大学材料科学与工程学院副院长

孙元政　渤海船舶职业学院教授

周长江　中国海洋工程网总编辑

洪　敏　青岛海西电气有限公司总经理

张开华　上海东海风力发电有限公司副总经理

周良军　常州天常管道系统有限公司总经理

曹志强　湖南华菱湘潭钢铁有限公司副总经理

章繁荣　无锡市海鹰加科海洋技术有限责任公司总工程师

邓承杰　中山诺普电器有限公司总经理

徐芝霞　重庆舸海机电有限公司总经理

张志勇　北京特冶工贸有限责任公司总经理

孔宪海　烟台三维岩土工程技术有限公司总经理

冯正永　江苏海马通信科技有限公司总经理

封面图片来源

图 1　烟台中集来福士海洋工程有限公司

图 2　杭州欧佩亚海洋工程有限公司

图 3　中船黄埔文冲船舶有限公司

中国海洋工程年鉴编辑出版工作人员

总 编 辑: 李彦庆

主　　编: 安斌峰

副 主 编: 李　响

执行主编: 王　婧　战玉萍

责任编辑: 李广良　吴显沪

编写人员: 王文祥　李　响　王　婧　战玉萍　唐晓丹　闫　阳　王增国
尤学刚　刘华祥　刘　旭　张小凯　张广浩　李东亮　李保坤
周长江　徐正海　郭腾飞　尹　旭　许家琳　栗超群

审校人员: 刘　免　刘祯祺　吴显沪　杨怀丽

图文设计: 陈　强　张　莉　徐海玲

地　　址: 北京市朝阳区科荟路 55 号（邮编：100012）
上海市城银路 555 弄绿地领海 13 号楼 9F（邮编：200444）

编 辑 部: 电话 010-64831738　021-36586025

发 行 部: 电话 021-36586023　传真 021-66740223

E-mail: offshore601@163.com

www.csic.org.cn　　www.chinaoffshore.com.cn

编辑说明

在“提高海洋资源开发能力，发展海洋经济，保护海洋生态环境，坚决维护国家海洋权益，建设海洋强国”的号召下，中国的海洋工程产业迎来了战略性的巨大发展机遇。因为要提高海洋资源开发能力，发展海洋经济，保护海洋生态环境，维护国家海洋权益，建设海洋强国，最根本的就是要依靠海洋工程产业技术装备的高端发展和应用，要依赖过硬顶级的技术装备，尤其是深海装备技术研发与应用。

在海洋油气装备建造的国际市场格局方面，近年来中国整个产业链企业奋起直追，不断挑战、冲击韩国、新加坡和欧美占据优势地位的领域，令世界刮目相看。在设计、研发、配套、材料、总成、总包和服务等方面深入发展，开始逐步进军高端市场。中国许多船厂和海洋工程企业纷纷以欧美的技术质量、中国的成本价格和世界级的性价比这样一个简单明了的发展定位，逐步确立和增强国际竞争力。

另一方面，世界海洋工程界也同样深切地感受来自中国海洋工程行业发展的机会。基于中国在海洋工程行业的井喷式发展，越来越多的国际公司纷纷与中国公司广泛合作，在中国建点布局，视全球海洋工程建造转移中国的发展趋势为黄金机遇。

2014版《中国海洋工程年鉴》详实记载我国2013–2014海洋工程行业领域的行业政策规划、海洋油气产业、海洋工程产业、海洋工程装备分类、主要海洋工程产业聚集区、主要海洋工程装备制造和科研设计企业、重大项目完工及国际合作交流等整体发展状况。《年鉴》汇总国内海洋工程技术和装备的制造商和供应商，创建一个海洋工程装备制造商与油气终端用户的交流平台，发挥合力，辅助开发、试制、设计、建造、运营等相关企业协力抢抓历史机遇、强化品牌意识、拓展市场空间，推广优质产品、业绩和成功经验，重点展示和推荐给相关政府部门、海洋油气公司、船东、投资机构、施工单位、国际知名海洋工程承包商及国内外海洋工程建设项目招标机构，为我国海洋工程事业发展助力。

2014版《中国海洋工程年鉴》编辑工作由中国海洋工程年鉴编辑委员会、中国船舶信息中心和中国海洋工程网共同负责，在编辑过程中广泛征求了国家相关部委、主管部门、行业协会、工程学会、生产企业等各界领导、专家、学者的意见和建议。在此向关心和支持年鉴编辑工作的行业同仁一并表示感谢!

本年鉴收录的文字、数据、图表等信息量多，对书中存在的疏漏和错误，恳请读者给予指正。我们力争使之成为一部具有权威性、史料性、参考性的连续性出版物。

中国海洋工程年鉴编辑委员会

二○一四年七月

目录

第六章 2013主要省市海洋工程装备产业发展情况

第七章 海洋工程产业园区建设

第八章 2013中国海洋工程装备主要建造企业发展情况

第九章 2013中国主要海洋工程装备研发设计单位发展情况

图表索引

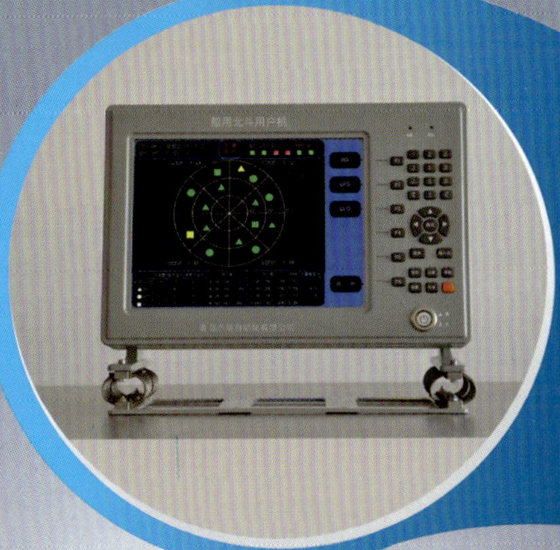

北京中天油石油天然气科技有限公司
Sino-Gas & Oil Technology Co., Ltd.

SGOT海上应急收油系统

SGOT海上溢油应急收油技术诞生于2010年，是海上溢油应急回收技术的一次革新，解决了溢油应急回收作业慢、效率低的世界难题。

北京中天油石油天然气科技有限公司成立于2002年，是一家专业从事石化行业含油污水处理的高科技环保公司，通过十多年的艰苦奋斗，公司已拥有一整套油田上下游生产中的污水处理环保技术。SGOT含油污水处理技术具有流程短、占地小、系统全封闭的特点，从源头上解决了长期困扰油田生产的采油污水处理因水力停留时间长造成的细菌滋生腐蚀及曝氧腐蚀结垢的问题，大大降低油田的运行维护费用，同时节约大量优质原油。该技术目前在国内处于领先水平，已在大庆油田、长庆油田、胜利油田、冀东油田等多个油田应用。

2010年公司员工以环保为使命，积极参与墨西哥湾漏油及大连漏油的环保工作，自主研发的“SGOT海上应急收油装置”成功应用于大连金州的漏油事故处理。2012年，该产品获得中华人民共和国科学技术部、环境保护部、商务部、国家质量监督检验检疫总局联合颁发的“国家重点新产品”证书。该项技术填补了国内空白，具有国际领先水平。

SGOT海上溢油应急收油技术原理

在倾斜桨叶的旋转驱动下，收油口上方会形成一个碗型液面，有利于水面浮油向中间聚集流动；桨叶旋转的能量转化为流体回流的能量，再远场形成一个巨大的回流区，再近场形成一个离心旋转流场，水面浮油被快速扫吸到收油口附近；再结合收油泵工作，三个流场协同作业，迅速把水面浮油吸到岸边。

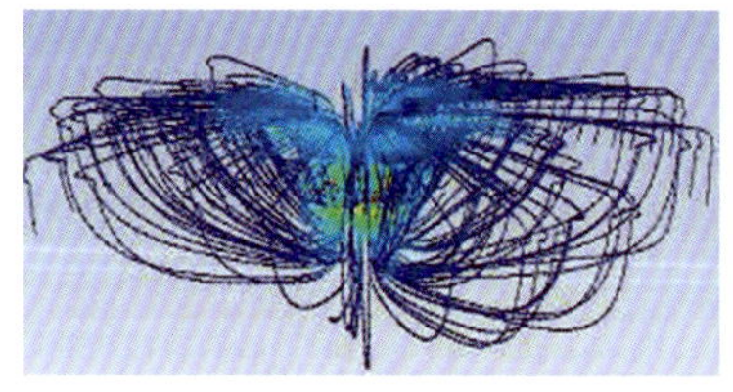

SGOT海上溢油应急收油技术产业化发展需求

SGOT海上溢油应急收油技术应得到政府和央企的大力支持，快速完成产品适用于各种作业工况下的完善和升级，快速实现产业化制造规模，快速占领国内外市场，形成中国创造的国际竞争力！

梦想承启碧水蓝天

SGOT海上溢油应急收油技术参数

- 封闭水域作业额定收油能力：$n \times 100m^3/h$
- 开敞水域单机作业额定清油速度：$1km^2/h$（配围油栏）
- 开敞水域单船作业额定清油速度：$3km^2/h$（配围油栏）
- 收油功效>200
- 浮油回收率>85%
- 沉底油回收率>80%
- 回收油含水率<1%
- 单位面积油膜残留比<万分之一
- 化学分散剂使用量与总溢油量比<十万分之一
- 油膜厚度：所有
- 油粘度：所有

SGOT海上溢油应急收油技术特点

- 收油速度快，是粘附式收油设备的几千倍；
- 适用于各种厚度油层回收，尤其是薄油层回收；
- 适用于各种粘度油品回收；
- 也可收集海面垃圾，收油作业不会因海面垃圾堵塞停机；
- 油水分离装置小巧高效，收集液分离后可达外输油标准，大大降低应急抢险运输压力；
- 有一定的随波性和抗风浪性能，能满足海洋作业要求。

SGOT海上溢油应急收油技术发展经历

- 2010年5月，公司向英国石油公司提供的漏斗形控油罩技术成功应用于墨西哥湾漏油事故处理。
- 2010年7月，SGOT海上收油器成功应用于大连金州的漏油事故处理。2011年11月，中国海上搜救中心组织交通部科技司、海事局、救捞局、水运局、环保中心和中石油安全环保及海上应急指挥中心、中石化安全环保局、中海油质量和健康安全环保部九家单位的代表专家参加了“SGOT海上应急收油系统现场作业演示暨座谈会”。
- 2012年6月30日，中国航海学会组织召开了“SGOT下沉式旋流场海上溢油回收装置”项目科技成果鉴定会，与会专家通过了该项目“总体技术达到国际先进水平，在下沉式旋流技术应用方面处于国际领先水平”的鉴定意见。
- 2012年，SGOT海上应急收油系统荣获“国家重点新产品证书”。
- 2013年8月23日，《人民日报》刊登《百倍速度回收溢油污染》一文，介绍我司关于海上应急收油系统的创新技术。
- 2014年3月26日，公司作为东南亚唯一一个环保企业代表参加“AFR Seminar on the Regional Cooperation on Offshore Oil Spill”，董事长张苓在会上做了“海上溢油应急管理与防控措施”的演讲，表达了“溢油应急能力建设重在技术发展”的思想，提出了“建立完善作业者环境隐患责任险”的建议，引起了众多国家环保部门的高度重视。

人民日报

巧收海上漏油

CHINADAILY

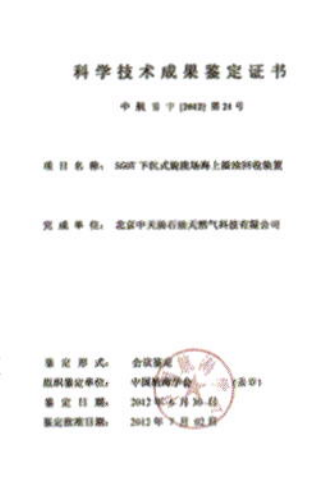

科学技术成果鉴定证书

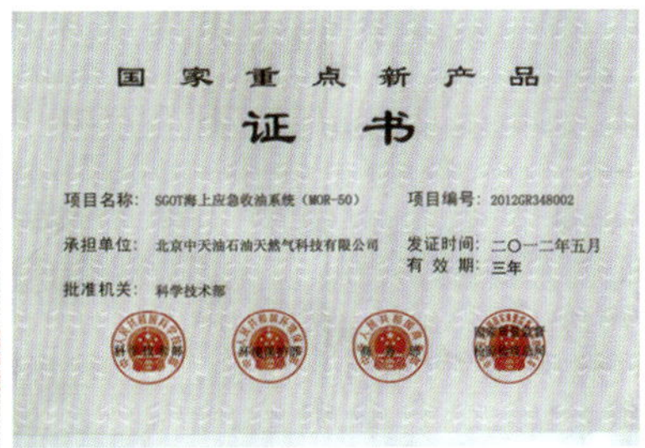

国家重点新产品

证书

项目名称：SGOT海上应急收油系统（MOR-50）　项目编号：2012GR348002

承担单位：北京中天油石油天然气科技有限公司　发证时间：二〇一二年五月

有效期：三年

批准机关：科学技术部

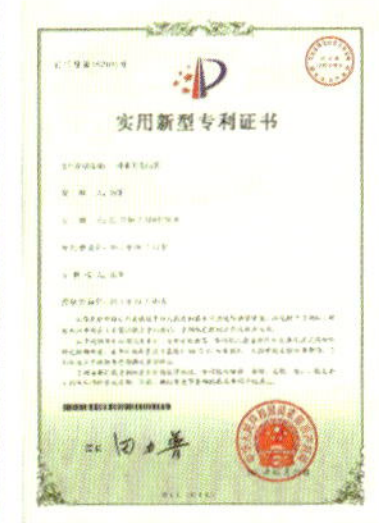

实用新型专利证书

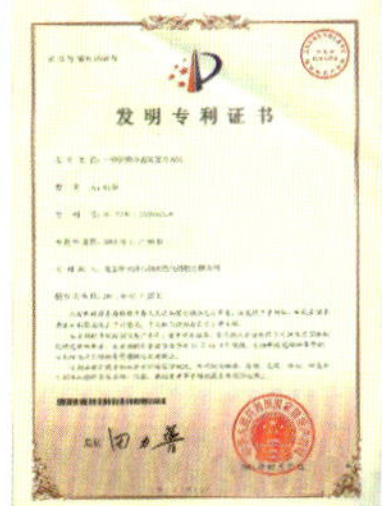

发明专利证书

地址：北京市朝阳区东四环中路82号金长安C座2110室　电话：010-65188928/2891　传真：010-65182891-800
网址：www.sgotnet.com.cn　邮箱：zhongtianyou@sgotnet.com.cn

北京特冶工贸有限责任公司
加工设备
数控摩擦焊机
PC电热墩机
双盘摩擦压力机
检测设备
数码金相显微镜
气门自动综合测量仪
超声波探伤仪

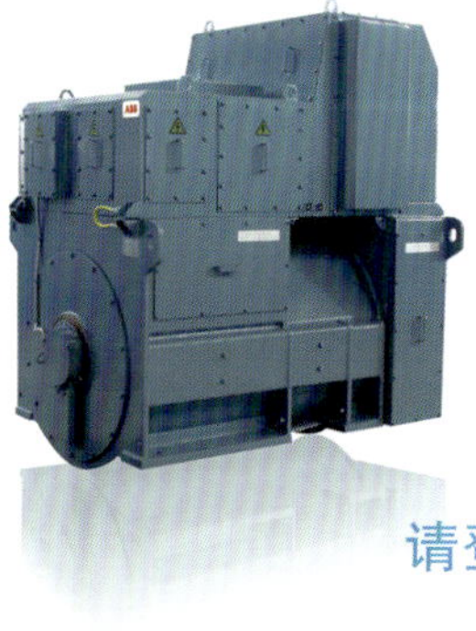

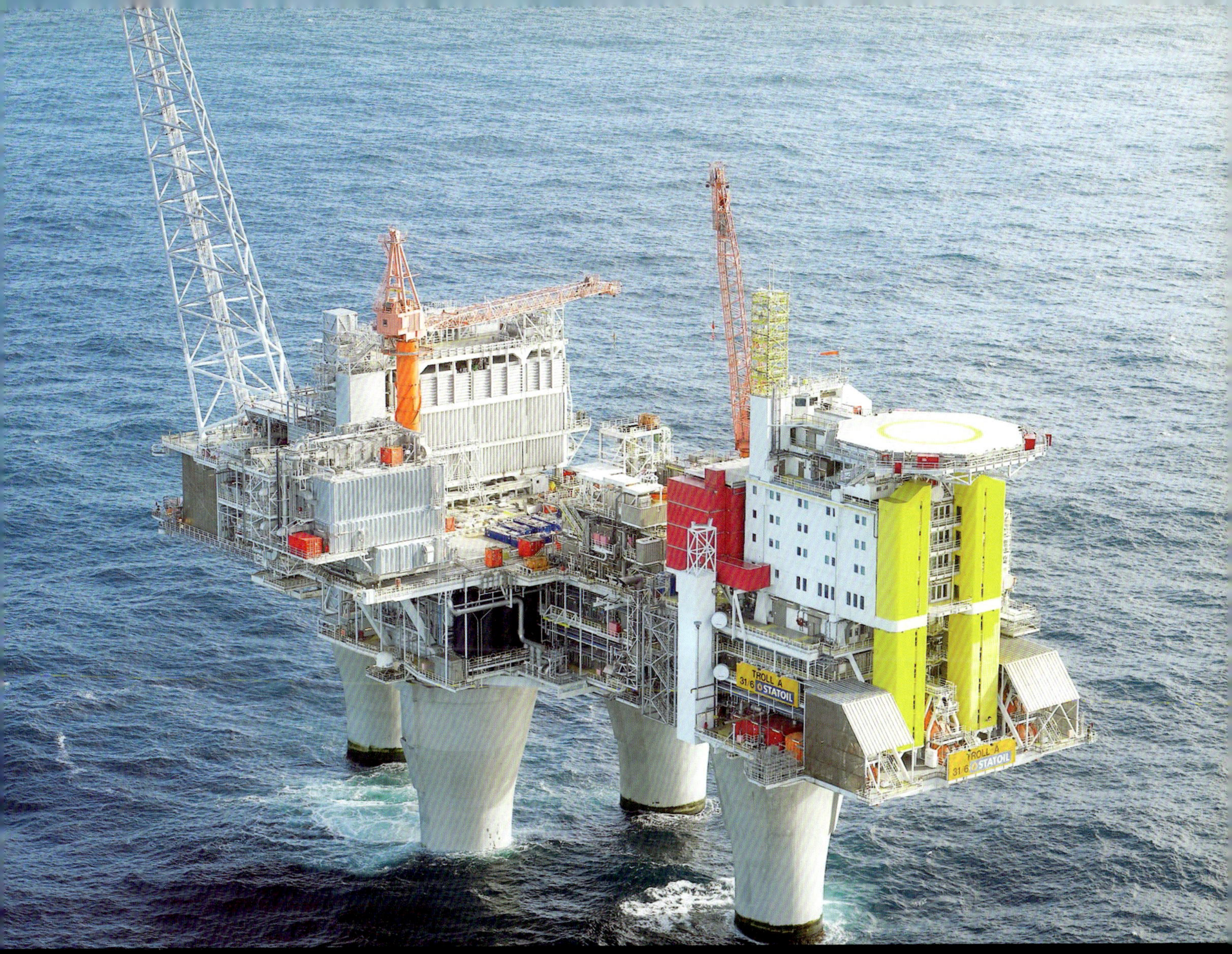

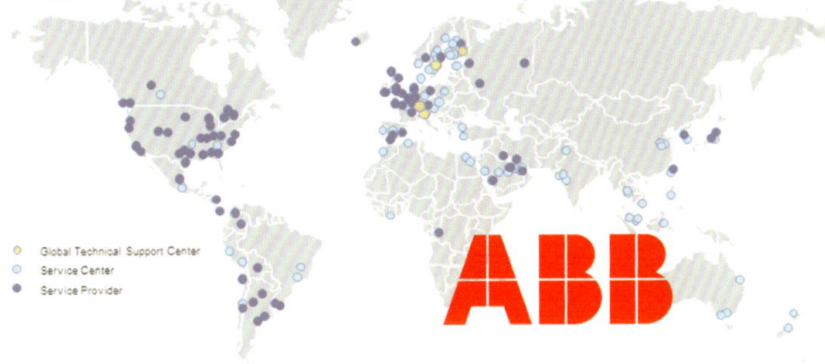

上海海隆石油钻具有限公司是海隆石油工业集团投巨资在上海宝山工业园区海隆工业园建成的核心企业之一，公司的钻杆摩擦焊接、钻杆加厚、管体热处理、管体超声波探伤、钻杆接头热处理、钻杆接头螺纹加工、材料理化试验等主要生产、检验工序均配备国际一流的设备仪器，并采用国际先进的技术工艺，从而保证产品的高质量和生产的高效率。其中包括从引进美国著名的MTI公司的320BX和400BX型摩擦焊机、德国KK公司的34通道超声波自动探伤仪，以及先进的光谱分析仪、奥林巴斯金相显微镜、计算机控制电液伺服王能材料试验机、大型连续淬火、回火炉和多台700/350吨大负荷加厚机等。公司年产钻杆、加重钻杆、钻铤等石油钻具产品达四万吨以上。企业拥有大批优秀的专业技术和经营管理人才，其中包括轧钢、金属材料、焊接、锻造、无损检测等领域的知名技术专家和具有现代化企业管理知识和经验的优秀管理人才。

上海海隆石油钻具有限公司拥有国际一流的钻杆生产检验设备和钻杆生产线，产品规格齐全，生产规模巨大，已成为世界最强的钻具企业之一。

海隆石油工业集团有限公司

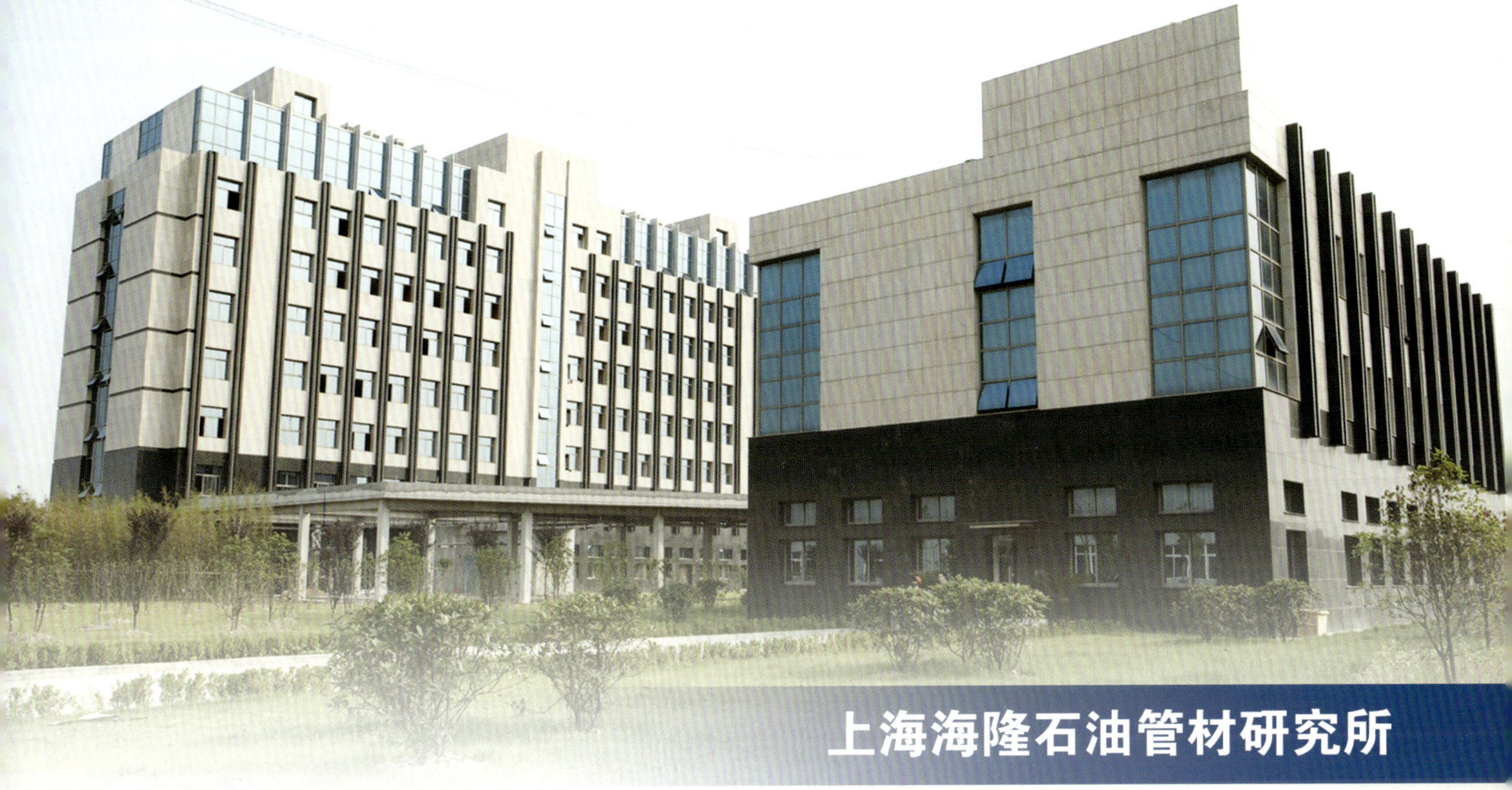

上海海隆石油管材研究所

上海海隆石油管材研究所位于上海市宝山工业园区，成立于2006年，是经上海市科技管理部门批准、海隆石油工业集团有限公司投资成立的从事石油管工程科学研究和技术服务的非企业社会科研机构。

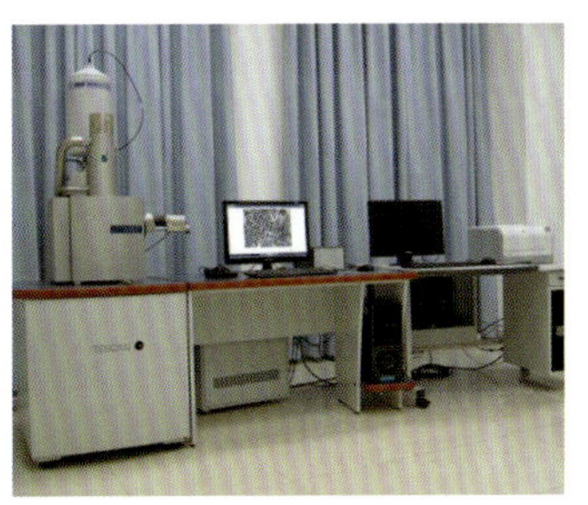

研究所拥有一支精干高效的研发团队和一流的试验条件，以研发部为主下设疲劳实验室、焊接实验室、腐蚀实验室、失效分析与质量检验实验室，主要研究人员均为长期从事石油管研究的专家及高级工程师。研究所依托实验室建设和新产品开发，与上海大学、华东理工大学、西南石油大学、中石油管材研究所等科研院所建立了长期科研合作关系，研究领域涉及石油专用管技术研发，海洋石油管道技术研发，复合钢管技术研发，失效分析与质量监督，油气输送管线检测等。

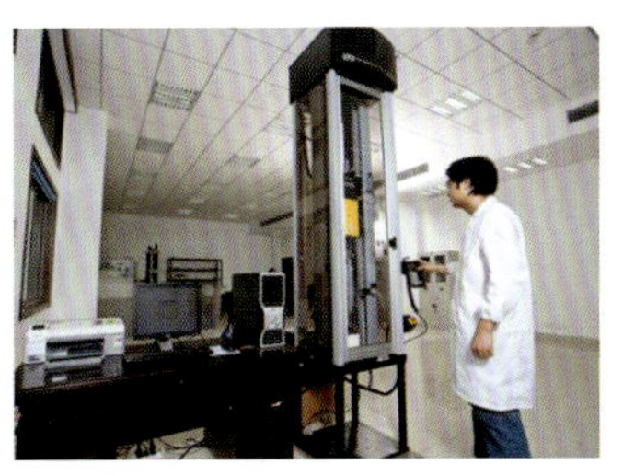

研究所秉承“科技为本、培养人才、产学研结合”的价值观，致力于产品研发和技术服务协同发展，短短几年时间，开展科研项目30余项，完成国家重点技改项目1项，国家重点新产品1项，上海市科研项目8项，取得了多项具有海隆特色的科研成果。在取得一系列科研成果的基础上，申报国家专利75项，发表文章82篇，编写了《油田腐蚀形态导论》、《玻璃钢衬管技术》、《管线完整性检测、评价、修复技术》等专业著作，获得全国先进院士工作站、上海市先进集体、上海市优秀石油管工程技术研究中心、上海市优秀学科带头人、上海市领军人才等荣誉。

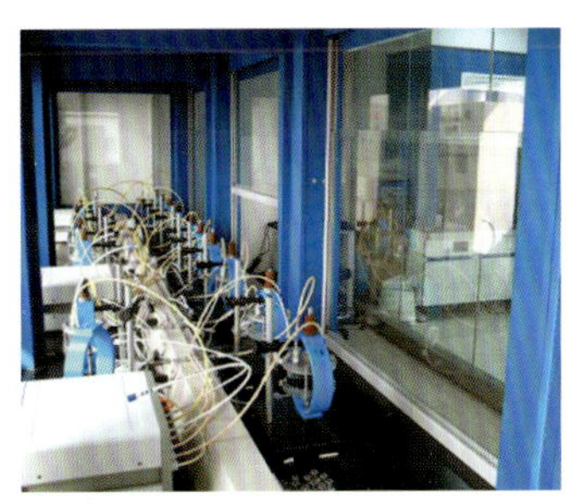

以人为本，促进石油工业技术革新与科技进步，提高产品科技含量与企业竞争力，是上海海隆石油管材研究所的办所宗旨与发展目标，我们愿与国内外同仁在石油管材及相关领域开展合作交流，通过企研合作，研研合作，学研合作，实现互利双赢，引导国内石油管材领域的研究、生产走健康持续发展之路。

WWW.HILONGGROUP.COM

地址：上海市宝山区罗东路1825号　邮编：200949

电话：021-33851886　传真：021-33851858

公司现阶段生产的产品中，海洋站水文气象观测系统已占国内市场90%，该系统具有高可靠性、体积小、功耗低、集成度高、扩充灵活、抗雷击性能强的特点，适合野外安装使用，是国家海洋观测网的重要组成部分；XFY3型强风计是国内唯一到达过三极（地球的南极、北极、最高极）的风传感器；自持式剖面漂流浮标（ARGO浮标）是继美国、加拿大、法国，我国是第四个掌握此项技术的国家，具有全部的自主知识产权，已在海洋专项一期工程建设中应用；投弃式温深仪（XBT）按照军用标准要求建立投弃式成套设备生产线，各项技术指标已达到国外产品水平；锚系浮标系列是获得天津市科技支撑项目支持的锚系浮标产品；实验室盐度计是国际最佳性价比盐度计，具有高精度、高稳定性；XZC6型船用自动气象仪广泛应用在船舶、海上平台站或陆地气象站上，在方便客户获取实时现场气象信息的同时，也得到了最佳性价比。甲板机械设备种类齐全，涵盖面广，目前已大量装配在海军、海监、海洋科考船舶上，在海洋勘探作业中发挥着不可替代的作用。

检测中心认可的部分检测标准及依据：

- 《电工电子产品基本环境试验规程》GB/T2423系列
- 《军用装备实验室环境试验方法》GJB150A
- 《电子产品环境应力筛选方法》GJB1032
- 《可靠性鉴定和验收试验》GJB899A
- 《可靠性增长试验》GJB1407
- 《军用设备和分系统电磁发射和敏感度要求》GJB151A
- 《军用设备和分系统电磁发射和敏感度测量》GJB152A
- 《航天系统电磁兼容性要求》GJB3590
- 《舰船电磁兼容性要求》HJB34A
- 《电磁兼容 试验和测量技术》GB T 17626系列
- 《无线电骚扰和抗扰度测量设备和测量方法规范》GB/T 6113系列
- 《电磁屏蔽室屏蔽效能的测试方法》GB/T12190
- 《家用电器、电动工具和类似器具的电磁兼容要求》GB 4343
- 《工业、科学和医疗（ISM）射频设备 电磁骚扰特性 限值和测量方法》GB 4824
- 《信息技术设备的无线电骚扰限值和测量方法》GB 9254
- 《轨道交通 电磁兼容》GB/T 24338
- 《核仪器环境条件与试验方法》GB/T8993-1998
- 《船级社电气电子产品型式认可试验指南》GD01-2006
- 《军用方舱通用试验方法》GJB2093
- 《海上导航和无线电通信设备和系统—船载雷达—性能要求、测试方法和要求的测试结果》IEC62388
- 《航行和无线电通信设备及系统—通用要求—试验方法和试验结果要求》IEC60945
- 《航行和无线电通信设备及系统—电子海图显示和信息系统—操作性能要求—试验方法和试验结果要求》IEC61174
- 半导体分立器件试验方法GJB128A
- 电子及电气元件试验方法GJB360B
- 微电子器件试验方法和程序GJB548B
- 微波元器件性能测试方法GJB2650

微波暗室

摇摆试验台

罗经安全距离测试

轻量级冲击设备

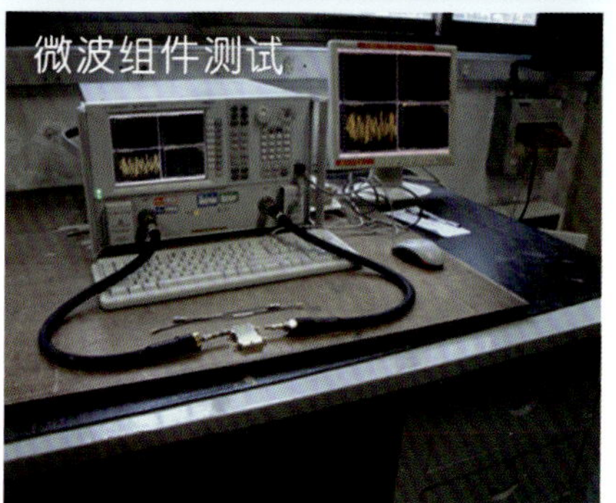
微波组件测试

精准把握，专业护航
http://www.hosdr.com
KLEIN SYSTEM 5000-V2

蚌埠玻璃工业设计研究院
空心玻璃微珠

蚌埠玻璃工业设计研究院是原国家建材局直属的全国综合性甲级设计研究单位，成立于1953年，2000年改企加入中国建材集团公司，在上海成立了中国建材国际工程集团有限公司。业务整合为玻璃、水泥、建筑“三大主业”，拥有建筑材料行业、轻纺（日用硅酸盐）、建筑工程、环境污染治理专项工程的设计和工程总承包、工程咨询、工程监理等甲级资质及对外经营权，设有联合国工发组织和中国政府合建的中国玻璃发展中心等7个行业性机构，拥有“浮法玻璃新技术国家重点实验室”、“国家玻璃深加工工程技术研究中心”、“安徽省玻璃新材料工程技术研究中心”、“安徽省薄膜太阳能电池工程技术研究中心”、“安徽省玻璃节能工程研究中心”等科技平台，属安徽省高新技术企业。

空心玻璃微珠

空心玻璃微珠是一种中空，内含气体的微小球状玻璃质材料。开发于20世纪50年代，作为一种新型填充材料，被誉为“空间时代新材料”。主要特点：质轻、高强、隔热、耐腐蚀、流动性好等特性。

我院自2006年开始自主研究开发“高性能空心玻璃微珠的制备技术与生产工艺”，申请了国家专利20项，其中授权发明专利2项；发表论文数十篇，制订了空心玻璃微珠性能测试行业标准1项，本标准的制定与实施，对我国空心玻璃微珠的良性发展起到了巨大地推动作用。该项目于2009年12月24日通过了由中国建筑材料联合会组织的成果鉴定；2011年获得了国家“十二五”863计划海洋技术领域深海通用技术与产品研制项目的重点支持；2013年11月用我院研制的空心玻璃微珠制备固体浮力材料通过863计划海洋技术领域——“海洋仪器设备规范化海上试验”2013年航次海上试验；2014年由我院研制的空心玻璃微珠成功应用于4500米级深海遥控无人潜水器作业系统“海马号”的浮力材料上，实现了空心玻璃微珠的真正国产化，为我国空心玻璃微珠发展史谱写了新的篇章。产品作为石油固井低密度水泥浆料添加剂和乳化炸药敏化剂收到客户好评。

应用领域

- 普通空心玻璃微珠应用领域
  - 乳化炸药
  - 复合材料添加剂
    - 化妆品添加剂
    - 树脂添加剂
    - 涂料、油漆添加剂
- 高性能空心玻璃微珠应用领域
  - 石油工业
  - 复合材料添加剂
    - 固体浮力材料
    - 航天航空烧蚀材料
    - 工程材料
  - 电磁波屏蔽材料
  - 氢气储存材料

技术创新及成果论证

产品主要性能指标

真密度在0.15～0.70g/cm³ 之间；抗压强度3.0~125MPa；漂浮率≥96%；粒径范围：5~150μm。

系列产品

型号	外观颜色	粒径范围	真密度	抗压强度
HGS-3	白色	10～100	0.18±0.02	3
HGS-8	白色	10～90	0.25±0.02	8
HGS-16	白色	10～80	0.31±0.02	16
HGS-30	白色	10～70	0.35±0.02	30
HGS-36	白色	10～70	0.40±0.02	36
HGS-42	白色	10～70	0.46±0.02	42
HGS-50	白色	10～60	0.51±0.02	50
HGS-125	白色	10～50	0.70±0.02	125

空心玻璃微珠

蚌埠玻璃工业设计研究院

地址：安徽蚌埠涂山路1047号

传真：0552-4081941　　电话：0552-4094763 13865047912

测量天津港航道疏浚工程后海底地形

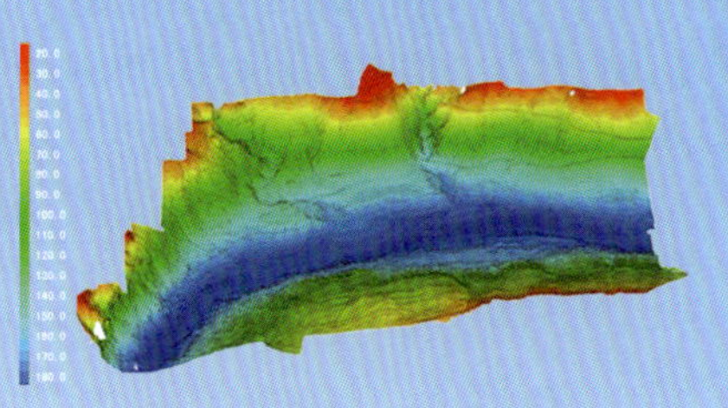

湖北水布垭深水测量三维地形图

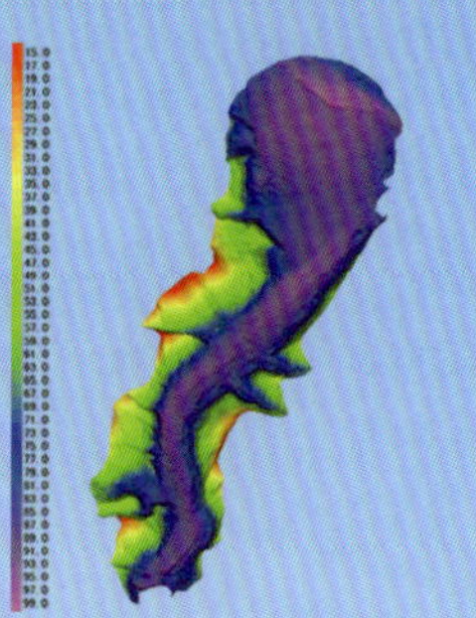

湖北清江水下三维地形图

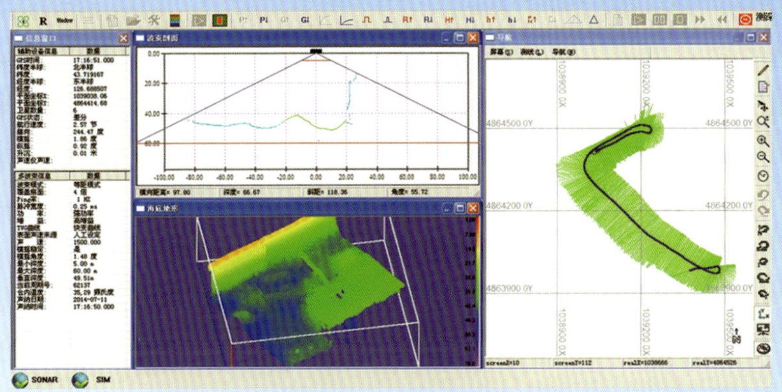

实时采集与显示界面

青岛胶州湾海底洼地地形

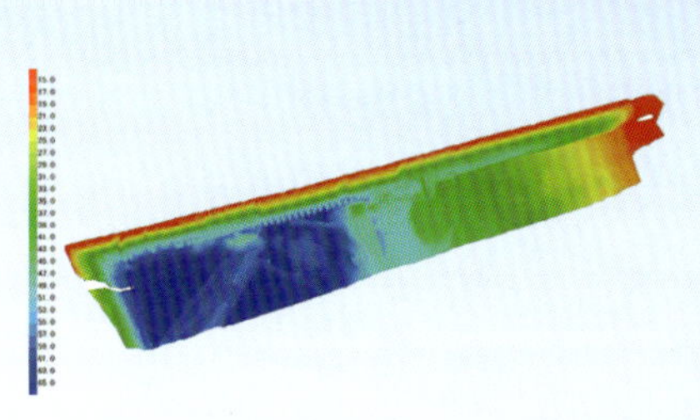

松花湖水库大坝实测结果三维显示

系列化浅水多波束测深系统在近岸和江河湖泊水下地形地貌调查、河道疏浚、港口码头建设、海洋石油钻井平台桩基调查、海底管线检测等领域具有广泛应用前景，是海洋科研部门、海事部门、海洋测绘单位产品升级换代、资质评估最可信赖的专业仪器设备。

知识产权及企业荣誉

软件著作权授权3项

国家发明专利授权7项

产品获中国国家发明专利优秀奖等国家及省部级奖励6项

吉林大学移动平台探测技术研发中心

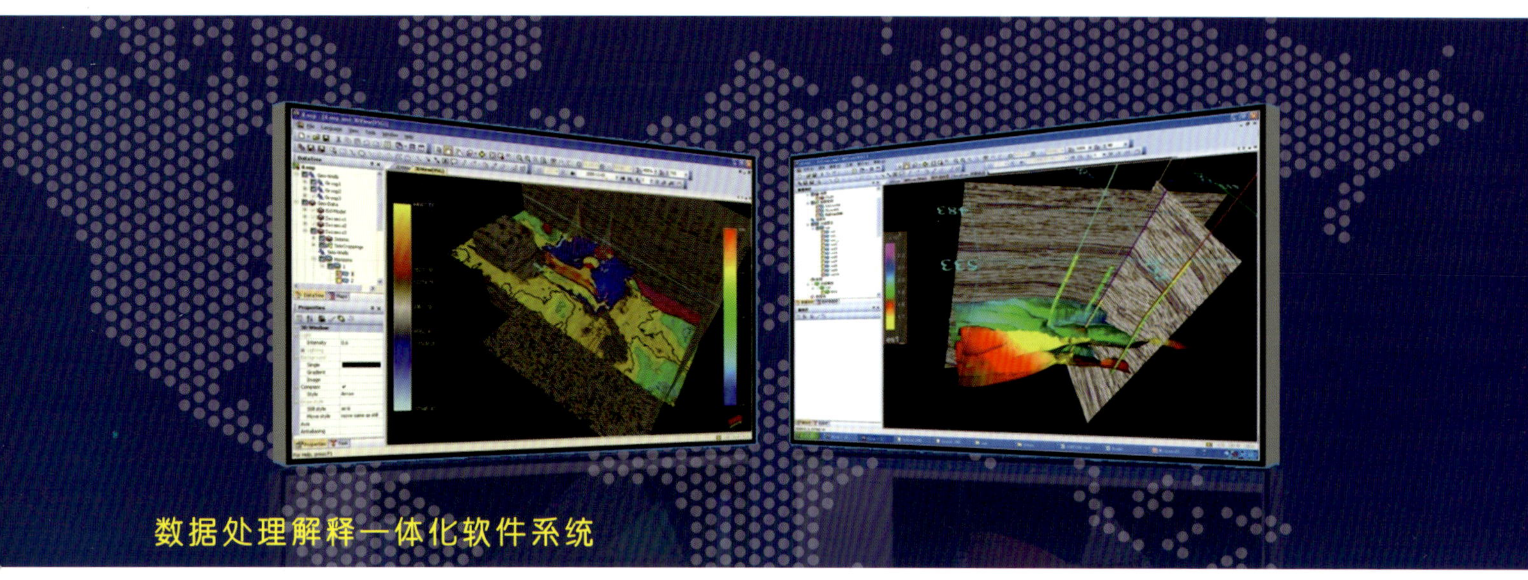

数据处理解释一体化软件系统

瞄准国际前沿研究技术方向，围绕国内油气和矿产资源勘探需求，发挥吉林大学综合性学科优势，发展对地探测尖端科学技术。为资源能源勘探和环境应用领域以及国防安全提供先进装备技术研发基础和支持。

——吉林大学移动平台探测技术研发中心

我国疆域幅员辽阔，蕴藏丰富矿产资源，为国民经济持续高速度发展提供了潜在资源储备。然而，在复杂陆地和海域环境条件下有效实施大面积资源勘探调查实现重大找矿突破目标，迫切需要一系列先进的科学探测技术手段形成有效的技术支撑。发展高效率、高精度（海、陆、空）快速移动平台联合探测装备技术，同时发展与此相关联的海量数据综合信息处理、解释和地质建模一体化所需的大型软件平台技术，可为实现这一目标提供的技术保障。

2010年10月，在国土资源部、科技部、教育部有关部门支持下，由吉林大学引进的“千人计划”国家特聘专家黄大年和殷长春教授牵头，联合校内其它相关学科优势科研力量，成立了“吉林大学移动平台探测技术研发中心”团队，主要由精干的年青教师和科研人员组成，配备有可与国际一流院校相媲美的科研环境和设备。旨在提高探测仪器和技术的自主研发能力，突破技术瓶颈。研发具有大深度、大面积和高效率的快速移动探测系统和综合地球物理资料处理和解释软件系统。

团队所研发的物探用无人机、高灵敏度传感器和大型软件系统三大内容均为对地探测的关键仪器装备，是国际前沿研究的热点技术，是展示国家高科技发展实力的战略性研究项目。团队取得的一系列阶段成果已经产生了积极社会效益，随着科研进展和攻关目标逐一实现，采用先进的快速移动探测技术将对军事探测工程和油气矿产资源探测工程带来变革性的推动作用，已成为行业内的共识和期待。

移动平台探测技术是一项将多学科探测手段和技术融为一体的高科技工程技术，发展适用于陆地车载、航空机载、飞艇搭载、水面船载和潜航综合地球物理探测的搭载平台和相关探测仪器系统；发展针对各类探测数据和移动平台参数特点以及计算机软件环境的高效率和高分辨率多参数海量数据处理解释方法和快速计算软件处理技术。

针对应用需求和技术研发要求，团队制定了增强培训计划，投入近百万元，由国际一流专家对人员进行封闭式高强度培训和国际资质认证，使之系统性掌握与先进探测技术相关的研发思路和技能。目前，团队从基础研究入手攻关核心技术，通过软硬件结合、交叉学科融合、跨部门联合途径，研发移动平台探测高端仪器装备，形成了承担大型科研项目的能力。其中，硬件研发方向：设计和研发新一代智能化无人机搭载平台，研发、引进和集成先进的机载探测传感器和相关设备，形成机载一体化高精度和高效率联合探测系统；软件研发方向：针对与此相配套的海量探测数据处理和多元信息分析需求，充分利用计算机科学发展的最新技术，在大型集群机和微型机硬件设备上研发大型软件分析平台技术，面向三维地质目标实现重、磁、电、震和井中探测多方法信息融合，减小勘探风险。

地址：长春市西民主大街 938 号 吉林大学移动平台探测技术研发中心　邮编：130021
电话：0431-88502425　传真：0431-88502425　邮箱：wangyuhan@jlu.edu.cn

吉林大学移动平台探测技术研发中心

团队负责人黄大年教授充分利用团队形成的能力，承担国家亿元级投入对地探测装备重大项目。

首先，结合国家 “深部探测技术与实验研究专项”（ 简称：SinoProbe），组织主要来自于中国科学院和高校系统的国家高层次优秀科研人员近五百多人，形成跨学科和跨部门联合攻关的大团队，开展国家大型探测仪器装备项目的立项工作，国家财政总投入约3.3亿元，启动SinoProbe后续第九项目“深部探测关键仪器装备研制与实验”，研发大型地学信息处理解释一体化软件系统，解决地学海量数据的集成与管理；陆地大功率电磁勘探系统，突破数公里地下电性结构探测；无人机航磁探测系统，实现大面积高效率高精度对地探测任务；无缆自定位万道地震勘探系统，揭示深部构造和属性精细结构；万米超深科学钻探整机装备，直接获取和验证地下信息；仪器装备试验与示范基地，建设和完善高端装备研发、比对测试和相关规范化管理。团队主要负责研发“海量深探数据处理、解释、建模一体化”大型软件系统部分。着重攻关核心技术，扭转高端装备长期依赖进口和国外垄断局面，提升我国重型装备在深部探测和找矿中的技术水平。为下阶段更好地实施国家《地壳探测计划》，促进能源和矿产资源勘探开发，提供坚实基础和技术支撑。目前，SinoProbe-09总体进展顺利，成果显著，获得国内外同行和央视等大型媒体的极大关注和积极评价。

SinoProbe入选由两院院士评比的“2011年中国十大科技进展新闻”，并在2012年春晚科技频道节目公布；入选“2012年度中国地质科学院十大科技进展特别进展”；入选由国土部、科技部、教育部、中科院、国家自然基金委25位院士组成的评委会选出的“中国地质学会2013年度十大地质科技进展”。

此外，团队负责人作为首席专家和有关成员，负责策划、协调和组织高科技联合攻关团队，开展科技部863“十二五”主题项目，航空高精度探测仪器装备军民两用敏感技术研究。目前，该项目进入中期阶段，总体进展顺利，所设计的多个攻关方向均如期获得重大突破，填补了我国快速移动探测高灵敏度传感器的多项空白，迅速缩短与国际当前水平的差距。

团队还承担 “国家矿藏保障工程”和“国家海洋能源资源保障工程”两个项目中的软件工程课题；承担“重载荷智能化物探专用无人直升机研制”课题；承担国防某探测装备技术课题，为海洋资源精确调查和国防安全提供技术支持。

近年来，团队参与了多项国家重大项目，从项目策划、立项到组织实施均获得到了锻炼和提高，积累了丰富的科研经验并在实战中迅速成长。这支年轻和精干的科研队伍，在组织形式、装备配备和人员训练方式上采用了东西方相结合的科学管理办法，在多项国际和国内大型科研成果汇报活动中频繁展示其全新的亮点，获得了同行的一致好评和认可。团队目前已经拥有国际高水平的专业人员、国际一流的科研基础设施和来自综合性大学的优势支撑环境、拥有与高端科研研发相适应的一整套科学管理方式，具备了承担高难度和高水平科研攻关的综合实力。在近期频繁的国际交流合作中，来自发达国家的同行也一致认为，该团队在快速移动平台联合探测软硬件研究方面，是最具有挑战力和发展潜力的国际高水平团队。

目前，该中心的科研建设和上升能力获得国内外同行高度关注和积极评价，2013年6月，入选国土资源部“第一批国土资源科技创新团队培育计划”，2014年入选中国侨界贡献奖创新团队，均为吉林大学唯一入选团队。

< 面向复杂地质目标的地学信息处理解释一体化软件平台

运算能力达40万亿次/秒的吉林大学高性能计算中心 >

< 完善高端软件培训及资质认证

地址：长春市西民主大街 938 号 吉林大学移动平台探测技术研发中心　邮编：130021
电话：0431-88502425　传真：0431-88502425　邮箱：wangyuhan@jlu.edu.cn

海事海商法律服务是瀛泰的核心业务，拥有强大的专业团队和丰富的实践经验。该领域自瀛泰创立伊始便成为优势业务领域，如今在行业内已取得领先地位并具有良好的口碑。

海事团队的律师们均毕业于国内外著名的院校，接受过系统的法学高等教育并具有丰富的海商法和相关法律知识，许多律师还拥有航海、船舶建造、航运管理等专业学位，并且数位律师在从业之前有在海运院校、航运公司或保险公司的工作经历。此外，海事团队拥有在国内外享有卓著声望的海事专家作为长期、稳定的高级顾问。海事团队律师及高级顾问的专业知识结构和丰富阅历使得海事团队能为客户提供海事海商专业法律服务，充分维护客户的商业利益。这也是瀛泰律所逐渐成为客户首选律师行的原因之一。

海事团队的总部设在上海，并在天津、烟台、宁波、舟山及广州设有分支机构，在英国、日本、新加坡、美国和香港等主要航运国家和地区有稳定和长期的合作律师行。这一网络优势加上瀛泰海事团队统一的公司化管理，使得国内客户得享“全球化”、国外客户得享“本土化”的一站式服务。

经过多年的积累，瀛泰海事团队已拥有全球主要船东互保协会、保险公司、船东、船厂、银行、融资租赁公司、大货主、大货运公司等世界一流客户。伴随着客户的发展，瀛泰的业务领域也在不断地深化和延伸。

胡正良 律师　上海
高级合伙人、教授

专长领域：海事纠纷，包括船舶碰撞、船舶污染、人身伤亡、海难救助、沉船打捞清除等；提单与租船合同；货物索赔；海上保险；船舶建造与买卖；航运政策，航运投资，航运金融等。

陈柚牧 律师　上海、天津
高级合伙人 海事团队管理合伙人

专长领域：海事纠纷，包括船舶碰撞、船舶污染、人身伤亡、海难救助、沉船打捞清除等；海上保险；提单与租船合同；船舶建造、买卖与融资；船舶抵押；航运金融；国际贸易等。

陈威 律师　上海
高级合伙人

专长领域：船舶融资；海事纠纷，包括船舶碰撞、船舶污染、人身伤亡、海难救助、沉船打捞清除等；货物索赔；提单与租船合同；海上保险；船舶建造与修理等。

徐全忠 律师　宁波、上海
高级合伙人

专长领域：海事纠纷，包括船舶碰撞、海难救助、船舶油污，沉船打捞清除，海上人身伤亡，海事赔偿责任限制；船舶物权，包括船舶留置权、船舶抵押权、船舶优先权；货损索赔；提单与租船合同；海上保险；船舶建造与修理等。

陈龙杰 律师　广州
高级合伙人、船长

专长领域：海事纠纷，包括船舶碰撞、船舶污染、人身伤亡、海难救助、沉船打捞清除等；提单与租船合同；货物索赔；海上保险；船舶建造与买卖；国际贸易；集装箱租赁等。

蔡存强　上海
高级顾问、教授、船长

专长领域：海事纠纷，包括船舶碰撞、船舶污染、人身伤亡、海难救助、沉船打捞清除等；提单与租船合同；货物索赔；海上保险；船舶建造与买卖；航运投资、航运政策；航运金融等。

王华　上海
合伙人

专长领域：海事纠纷、海上保险、 提单与租船合同、船舶建造与买卖、 航运金融

刘雨佳　上海
合伙人

专长领域：航运金融，包括船舶融资租赁等；海事纠纷，包括船舶碰撞、船舶污染、人身伤亡、海难救助、沉船打捞清除等；海上保险；提单与租船合同；船舶建造与买卖

【上海事务所】
电话：021-68544599
传真：021-68545667
邮箱：shipping@wintell.cn
上海市浦东新区世纪大道1589号长泰国际金融大厦1901室
邮编：200122

【广州事务所】
电话：020-83820563
传真：020-83820583
邮箱：shipping@wintell.cn
广州市中山三路33号中华国际中心B塔1503室
邮编：510055

【天津事务所】
电话：022-66288808
传真：022-66288809
邮箱：shipping@wintell.cn
天津市经济技术开发区第三大街16号泰达中心酒店2801室
邮编：300457

【宁波事务所】
电话：0574-87686566
传真：0574-87686567
邮箱：shipping@wintell.cn
浙江省宁波市海曙区柳汀街230号华侨豪生写字楼8301室
邮编：315000

【舟山事务所】
电话：0580-2161218
传真：0580-2161219
邮箱：shipping@wintell.cn
舟山市临城中昌国际大厦2101室
邮编：316021

【烟台办公室】
电话：0535-4086406
传真：0535-4086406
邮箱：shipping@wintell.cn
山东省烟台市芝罘区只楚路 1 号西山华庭2-2-702
邮编：264000

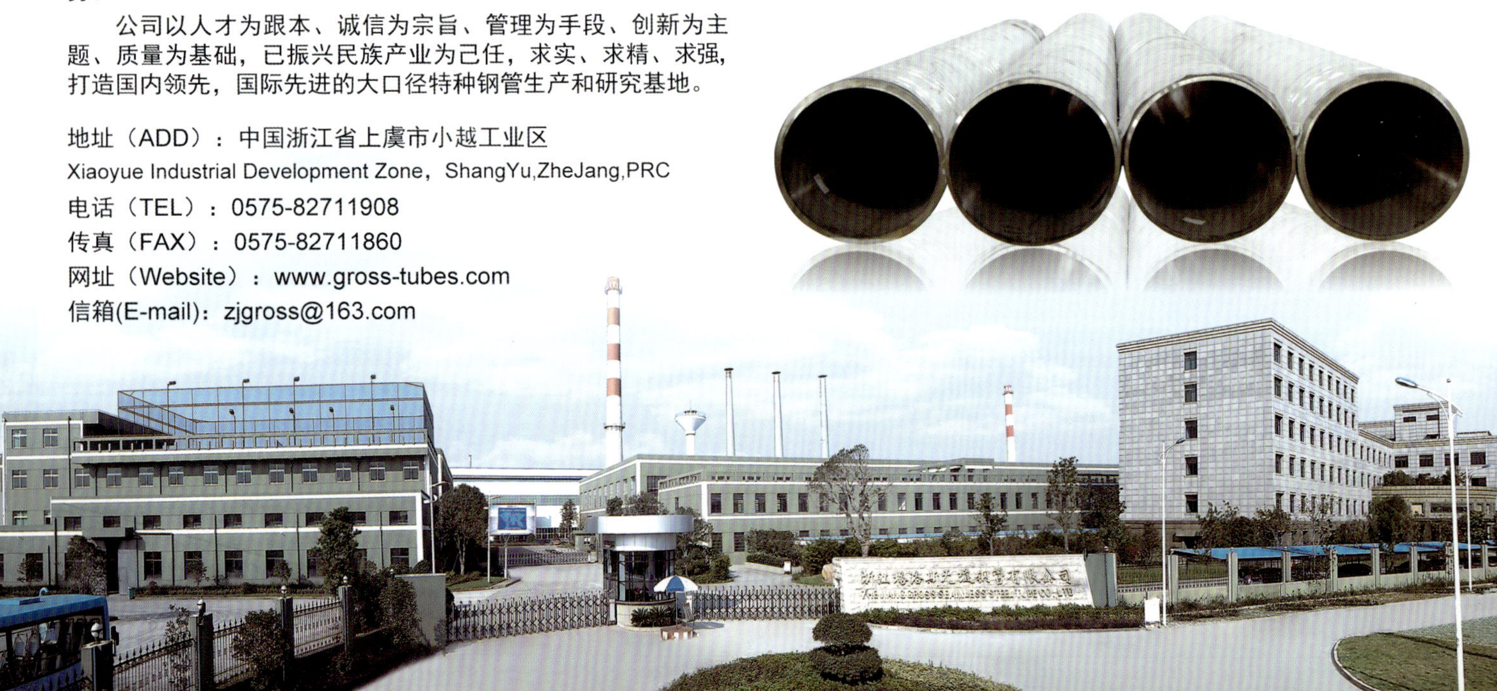

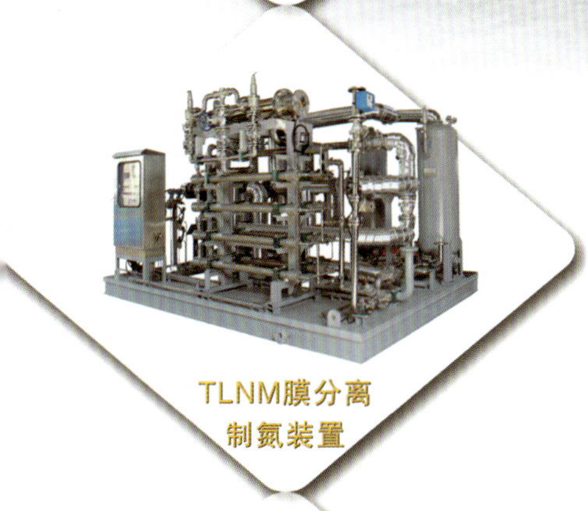

第一章 世界海洋工程装备产业总体情况

海洋工程装备产业范畴

海洋工程装备是海洋资源开发、相关产业发展的必要基础设施，属于高投入、高产出、高风险、高附加值的技术导向型产业，其产业关联效应突出，特别是对钢铁、机械、有色、造船、石化、轻纺等工业的带动作用尤为显著。根据国家发展改革委员会、科技部、工业和信息化部、国家能源局组织编制的《海洋工程装备产业创新发展战略（2011-2020）》的定义，海洋工程装备是指与海洋资源（特别是海洋油气资源）勘探、开采、加工、储运、管理、后勤服务等方面相关的大型工程装备和辅助装备。随着海洋资源开发范围的拓展，海洋工程装备的范畴将进一步扩大。通常所说的海洋工程装备是狭义的概念，主要指海洋油气资源开发装备，包括：海洋油气钻井装备、海洋油气生产装备、海洋工程船舶以及这些装备的配套设备和系统。本年鉴研究的范围即为狭义概念的海洋工程装备。

（一）勘探与开发装备

勘探与开发装备是在海洋油气资源调查、勘察和钻井过程中使用的装备，主要包括：物探船，工程勘察船，自升式钻修井/作业平台，座底式钻台，半潜式自航工程船，钻井船，起重铺管船，铺缆船，半潜自航工程船，全球综合资源调查船等。

钻井装备是其中的主要装备类型，数量多，价值量大。自升式钻井平台受桩腿结构限制，主要用于水深150米以下的海域，市场价格一般在2亿美元左右；当代先进的半潜式钻井平台和钻井船，最大工作水深均能达到3 000米以上，市场价格约为5~7亿美元。钻井系统是钻井装备的核心设备，价格昂贵，通常在几千万至上亿美元不等。

（二）生产与加工装备

生产与加工装备用于海洋油气资源的生产阶段，可分为固定式生产平台和浮式生产平台。

固定式生产平台主要包括：导管架平台、混凝土平台等。混凝土平台对地基要求很高，使用受到限制。导管架平台使用水深一般小于300米。

浮式生产装备主要包括：浮式生产储卸油装置（FPSO）、半潜式生产平台（Semi-FPS）、张力腿式平台（TLP）、深吃水立柱式平台（SPAR）、浮式液化天然气生产储卸装置（LNG-FPSO或FLNG）、浮式液化石油气生产储卸装置（LPG-FPSO）、浮式钻井生产储卸装置（FDPSO）等。当前，TLP最大作业水深可到1 500米，而FPSO、半潜式生产平台、SPAR的作业水深都已超过2 000米，最大超过3 500米。

浮式生产储卸油装置（FPSO）——其尺度、处理能力和成本等变化很大。小型FPSO日处理原油3~5万桶，超大型FPSO可日处理原油20万桶以上。具有储油能力，可用在没有输油管道或铺设管道成本高昂的油田，基本不受工作水深限制，也能适应各种海况。甲板面积大，上部油气处理设施的布置相对容易，可经油轮改装，也可重新改装、布置。

半潜式生产平台（Semi-FPS）——原油日处理能力从2~25万桶不等，甲板宽大，可支持数量较多的立管，水动力性能较好，适用于水下井口多且分散的油田，基本不受工作水深限制，能适应各种海况。

张力腿式平台（TLP）——其张力钢索始终处于张紧状态，生产作业时几乎没有升沉运动和平移运动，可使用干式采油树，非常适用于重油或石蜡含量高的油田。但其工作水深受到张力索重量的限制。

深吃水立柱式平台（SPAR）——可使用干式采油树，减少油井维护成本，基本不受工作水深限制，甲板可变，载荷也比较大。但建造过程中浮体和上部模块的总装比较困难，成本高。

浮式钻井生产储卸油装置（FDPSO，floating drilling production storage and offloading）是一种新型的可在深水油田应用的钻井、生产、储卸油一体的浮式装置。FDPSO是在FPSO的基础上发展起来的——即在FPSO上扩展增加钻井功能。

生产平台的价格差异较大，主要由作业水域、油气田情况、生产能力以及装备是改装还是新建等多种因素决定。如：一艘由油船改装而成的FPSO造价仅为1亿美元，而一艘日产原油15万桶的新建大型FPSO总造价为8亿美元。据业界估计，壳牌石油公司在建的年产350万吨LNG超大型LNG-FPSO总造价有可能超过40亿美元，将成为当今世界上最贵的海洋工程装备。

（三）储存与运输装备

储存与运输装备是海洋油气开发过程中用于油气储存和运输的装备，主要为储运船舶和管道，包括浮式储卸装置（FSO）、穿梭油船、穿梭LNG船、浮式液化天然气储存及再气化装置（LNG-FSRU）、海底管道等。

浮式储卸油装置（FSO）则为FPSO变种，本身不具备油气生产加工能力，主要功能是储存和卸油，通常与半潜式生产平台、张力腿式平台、深吃水立柱式平台等装备配合使用。

穿梭油船指专门用于海上油田向陆地运送石油的一型油船。由于海上石油转运技术要求较高，该型船大多配备一系列复杂的装卸油系统，同时船舶大多配备动力定位系统、直升机平台设施，造价远远高于同等吨位油船。目前穿梭油船的载重量多在8~15万吨间。

穿梭LNG船是往返于海上油气田和岸上接收站或浮式液化天然气储存及再气化装置（LNG-FSRU）之间的重要装备，具备特殊系泊等功能，是海上边际油气田开发链中重要的一环。

浮式液化天然气储存及再气化装置（LNG-FSRU）既可作为LNG运输船具有运输LNG的功能，又有替代陆上LNG储罐储存LNG的功能。现有的LNG-FSRU主要包括锚泊系统、卸货系统、船壳及货物围护系统、再气化系统、蒸发气处理系统等五大系统。

海底管道是通过密闭的管道在海底连续地输送大量油（气）的管道，是海上油（气）田开发生产系统的主要组成部分，也是目前最快捷、最安全和经济可靠的海上油气运输方式。

（四）作业与辅助服务装备

作业与辅助服务装备是在海洋油气资源开发的各个阶段用于工程作业和辅助服务的各类船舶，主要有：起重船/浮吊，三用工作船和多用途工作船，平台供应船，压裂船，潜水作业支持船，半潜运载船（驳），生活支持平台（船），修井平台（船），平台守护船，环保/救援船，ROV支持船，多功能动力定位船等。

起重船、半潜运载船（驳）、潜水支持船、ROV支持船等主要用在海洋油气田的海上建设阶段；多用途工作船、平台供应船、守护应急船等主要用于配合钻井平台和生产平台开展工作。

海洋工程船舶虽然吨位较小，但价格却很昂贵，一艘12缆高性能物探船造价约为1.7亿美元，一艘2.3万马力三用工作船造价在1.5亿美元左右。

（五）水下系统和作业装备

水下系统和作业装备指在海洋油气开发中处于水面以下的作业系统和装备，主要有：水下基盘、水下管汇和井口头、水下采油树、水下防喷器、水下成橇化生产装置、水下抽油设备、水下集输管汇系统、水下压缩机、水下分离器、水下增压泵、水下控制系统、水下脐带缆系统、水下设施测试装置及系统、管道铺设张紧器、海底电缆、水下设施应急维修设备、应急减灾和消防设备、ROV/AUV和多功能水下机械手、载人深潜器、海底管线切割/焊接设备、海底挖沟机、海底管线检测和维修设备等。

（六）配套系统与设备

配套设备和系统是海洋工程装备不可或缺的、通常总装企业不能制造、由专业供应商提供的设备和系统，主要有：地震勘探系统，锚泊系统，动力定位系统，海洋平台甲板机械，海洋平台控制系统，海洋平台电站，海上发电用内燃机/双燃料燃气轮机/天然气压缩机，分油机，压载泵，钻机，自升式平台钻井系统，钻井/生产隔水管，自升式平台升降系统/锁紧系统/滑移系统，FPSO单点系泊系统，海上钻井/修井/固井/井下作业系统，油气加工处理系统，水下铺管系统，海洋物探专业设备等。

配套系统和设备技术含量、复杂性、价值量也比较大。例如，一套包括井口、采油树、BOP、管汇在内的水下系统的价格通常在1亿美元以上。

海洋工程装备产业特点

海洋工程装备是海洋经济发展的前提和基础，处于海洋产业价值链的核心环节，是战略性新兴产业的重要组成部分，也是高端装备制造业的重要方向，具有知识技术密集、物资资源消耗少、成长潜力大、综合效益好等特点，是发展海洋经济的先导性产业。

（一）多学科交叉

海洋工程装备是海上油气资源开发的前提条件，涉及油气资源勘探开发、矿产资源勘探开发、船舶及海洋结构物设计、海洋环境保护、海洋探测等多个技术门类，集信息、新材料、新能源等新兴技术于一体。

（二）产业链长

海洋工程装备是平台结构、钻采系统、生产模块、处理系统、生活模块、系泊及定位系统、动力系统、海事设备系统、通信导航系统等众多系统的集成，需要使用造船、冶金、机电、纺织、化工、能源、采掘、新材料等多个产业的产品。

（三）专业化程度高

海洋工程装备面向海洋油气开发的调查、勘探、开发、生产、储存和运输、拆卸等阶段，各阶段会使用不同装备，而且在同一阶段内根据不同的海洋环境条件、作业要求，也会使用不同的装备，使海洋工程装备呈现出多品种、小批量的特征。例如，钻井装备主要在勘探阶段使用，自升式钻井平台主要面向150米以内的浅水海域，半潜式钻井平台主要面向深水且海况恶劣的区域，钻井船主要面向深水且海况较好的区域。而在欧洲北海、挪威海以及北冰洋海域，还要使用特殊定制的钻井装备。

（四）高风险、高投入、高可靠性

海洋环境复杂恶劣，海上作业的难度和风险比陆上明显增加，使海洋工程装备的造价很高，尤其是深水油气开发装备，技术集成度高、设计制造周期长、过程控制复杂、可靠性和安全性要求高、资金投入量大，动辄数亿、十几亿美元。

海洋工程装备产业格局

海洋工程装备产业主要集中于整体制造能力强、整体工程配套集成技术成熟、劳动力成本相对较低的国家。放眼全球，在海洋工程装备产业规模扩大、技术快速进步、迅速向深海扩展的背景下，随着未来近海油气资源开采的深入、深远海油气资源开发的快速布局和老旧服务装备的更替，海洋工程装备产业在海洋油气开发活动中会不断发展壮大。目前海洋油气开发正从浅水走向超深水，海洋工程装备产品领域已经从浅水（200米以浅）和中深水（200~500米）的中低端装备向深水（500~1 500米）和超深水（1 500米以深）的高端装备拓展，产业技术水平不断提高，产业规模持续扩大。

2013年，世界海工装备需求依然饱满，海工市场保持稳定增长，全球海洋工程装备成交额连续三年超过600亿美元。其中，钻井装备订单总额为282亿美元，同比下降24%；生产装备订单金额为127亿美元，同比增长59%。自升式钻井平台成为2013年最炙手可热的成交类型，全年全球共成交自升式钻井平台68座，大大超过2011年创下的44座历史纪录。未来几年，自升式钻井平台的大量交付也将给市场带来不小的压力。自升式钻井平台之所以成交暴涨，主要原因归结为自升式钻井平台老龄化严重、更新需求明显（350~400英尺平台是订造重点）；墨西哥湾的需求十分突出；投机订单增多。预计2014年海工装备市场将迎来阶段性的回调，全年成交额仍可保持在500~600亿美元之间，但订单的来源不再集中在高价钻井平台等主流装备，而更多的来自高端并且具有个性化需求的平台或海洋工程船。

目前世界海洋工程装备产业基本形成了“欧美设计及关键配套+亚洲总装制造”的整体产业格局。欧洲国家（诸如法国、英国、荷兰、挪威、瑞典等国家）和美国位居世界海洋工程产业链最高端，以设计、研发以及建造高端海工设备（主要是深水、超深水高技术平台）见长，并且具备工程总包能力，垄断关键配套设备。特别是美国，其跨国公司占有全球海洋石油装备50%的市场份额。海洋工程主要企业有美国J.Ray McDermott公司、法国Technip集团公司、美国国家油井公司、瑞士ABB公司、德国西门子公司、美国通用电气公司等。

新加坡、韩国、日本在世界海洋工程产业中的主要分工是制造、改装、修理中高端设备。新加坡是世界修船中心，主要参与自升式、半潜式钻井平台及FPSO的改装，在工程管理、工人技术、工程效率、基础设施方面处于世界领先水平。吉宝岸外海事公司以最大的钻井设备建造公司著称于世，而胜科海事公司以船舶维修、建造、改装、海洋平台及其装备建造和改装方面见长。韩国的三星重工业公司、大宇造船公司、现代重工（集团）呈“三足鼎立”态势，2007–2008年，共承担了世界上近50%的海洋工程平台项目。日本的海洋工程优势主要体现在油气开发平台、海洋工程结构、石油管材及平台配套设备方面。

中国目前还处于世界海洋工程装备产业链的低端环节，以加工、修理中低档设备为主。随着世界制造业中心移向太平洋西岸，中国海洋工程装备产业在世界同行业竞争中既有优势又面临着严峻考验。

（一）韩国海洋工程装备产业

韩国现在处在世界海洋工程装备总装建造领域领头羊的位置，2013年占据全球海洋工程装备订单42%的市场份额，除了承接近海油气田开发所需的浅海生产平台总包建造合同外，其核心产品领域为深水浮式钻井装备（半潜式钻井平台和钻井船）和生产装备（FPSO、FLNG、LNG-FSRU）总包建造，基本垄断了钻井船和高端生产装备总包建造市场。在海洋工程船舶方面，韩国船厂主要建造三用工作船（AHTS）、多用途船（MPP）、多功能供应船（MSV）和起重铺管船。

韩国海洋工程装备产业是随着其造船业而发展起来的，并依托其世界领先的造船能力和技术，跻身于第一梯队。韩国海洋工程装备产业高度集中，除了少数几家造船企业从事海洋工程船舶建造外，海洋油气钻采装备建造几乎为现代重工、三星重工、大宇造船（全称大宇造船与海洋工程公司）和STX造船（全称全球STX海洋工程与造船公司）四大造船企业所垄断。

（二）新加坡海洋工程装备产业

新加坡处于世界海洋工程装备总装建造领域第一梯队，占据世界海洋工程装备建造市场20%左右的份额，其核心产品领域是自升式钻井平台和半潜式钻井平台总包建造以及FPSO改装。新加坡海洋工程装备产业主体是胜科海事集团和吉宝岸外海事集团两大海事集团，在半潜式钻井平台、自升式钻井平台及FPSO升级与改装方面的实力和市场份额居于世界领先地位。

20世纪90年代后，世界造船中心向亚洲国家转移，日本、韩国、中国逐步成为世界三大造船主体。新加坡虽具有一定的造船优势，但与三大强国相比，无论是资金、人才还是造船基础设施都不占优势。其在船舶建造方面没有与三大造船强国展开大规模竞争，而是充分发挥独特的地理位置优势，一方面积极发展船舶修理及改装业务，另一方面大力发展海洋工程装备建造、修理和改装业务，且及时把握住世界海洋工程产业成长的契机，通过与欧美国家知名设计公司和油气公司合作，利用欧盟技术对其出口不受管制的优势，进入欧美国家海上油气开采装备产业链，积极承担自升式平台、半潜式平台、FPSO等主力海洋工程装备的维修和改装任务，同时积极从中国等国家引进技术人才，培养自己的设计开发能力，在亚洲率先吹响了向国际海洋工程装备市场进军的号角，并最终发展成为世界海洋工程装备建造强国。

（三）其他国家海洋工程装备产业

阿联酋依托中东地区海洋油气开发的需要，从船舶修理起家，逐渐在浅海自升式钻井台建造、FPSO改装和更新、小型海洋工程船舶建造领域占据一定市场地位。巴西依托本国海洋油气开发，通过积极推行本土化制造战略和市场换技术战略，成为了世界海洋工程装备建造的新兴国家，也是未来市场竞争的重要力量。

2013年中国海洋工程装备产业发展情况

近年来，中国海洋工程装备市场持续火热，再加上国家政策的导向，为海工装备建造提供了良好的发展土壤。中国船企渐渐倾向于将过剩的造船产能转移到海工装备建造上来。2013年中国海洋工程装备无论从订单总额方面还是市场占有率方面都实现了大幅增长。全年海洋工程装备订单总额方面首次超过新加坡，跃居全球第二，创历史新高。尤其在自升式钻井平台领域，表现亮眼，在全球自升式钻井平台接单竞争中拔得头筹：从订单量上看，中国企业共承接了全球68个订单中的37个，占自升式钻井平台全球订单量的54%；从订单金额来看，接获订单总值约77亿美元，占全球订单总额的48%，力压取得36%订单金额的自升式钻井平台传统建造强国新加坡。此外，在半潜式钻井平台以及浮式生活装置的接单量和接单金额上也都排在全球首位。然而，虽然中国在海洋工程装备的订单量以及订单金额上有了大幅提升，但在单价上却并不占优势，在自主设计上仍存在缺陷。比如，尽管在自升式钻井平台的接单量上中国超越了新加坡，但新加坡所接获订单的76%左右都是采用自主设计，拥有完全的自主知识产权，而中国基本采用欧美设计，所得利润又进一步减少。因此，加强自主设计研发，以及高端装备的建造能力，是目前中国在发展海洋工程装备产业的过程中亟需解决的问题。

经历多年的成长，中国海洋工程装备建造实力正在不断增强，但实现低端向高端的转型仍然需要一个长期的技术创新与积累过程。特别需要警惕的是一段时间后可能出现海洋工程装备的产能过剩与同质化竞争现象。从国家角度来讲，需要进一步布局技术创新和成果转化，引导产业结构的合理布局和持续性发展；从企业角度来讲，需要在深入分析自身优势及特征的基础上，找准自身定位，不断实现细分领域的技术、经验及业绩积累，逐步形成核心竞争力。

（编写：战玉萍　闫　阳　王文祥　李　响　王　婧）

第二章 中国海洋油气产业发展情况

世界经济延续复苏态势，能源资源竞争将更加激烈，在推动国际形势演变上发挥越来越重要的作用，全球能源资源供给将长期偏紧。随着陆上油气资源的日渐枯竭和科技条件的日趋成熟，对海洋油气资源的勘探与开发已逐步成为全球油气利用的热点，海洋油气对全球油气资源的贡献也逐渐上升。预计中国经济在较长时间内仍将保持平稳较快发展，国内油气需求将继续保持刚性增长。

中国油气资源现状

近年来，中国经济持续保持平稳较快增长，工业化和城镇化不断深入，作为主要能源消费品的油气资源的需求量逐年上升。与此同时，中国油气产量也取得一系列的进展。2006年，中国原油产量为1.84亿吨，天然气产量为586亿立方米。2013年，中国原油产量为2.1亿吨，天然气产量为1 209亿立方米，分别增长了14%和106%。尽管如此，每年的油气产量仍然远远不能满足快速增长的油气资源需求。要解决油气资源短缺与经济高速增长对油气需求量增加的矛盾是一个极大的挑战，同时也是当务之急。

2000年至2012年中国石油消费量年均增速为6.85%。2013年中国石油消费达到4.98亿吨，增速为新世纪最低。尽管如此，2013年的9月，中国已经超过了美国成为世界最大的石油净进口国，全年石油对外依存度升至58.1%，而这一数字在本世纪初仅为32%（见图1）。

对清洁能源的需求推动了中国天然气消费的快速增长。2003年至2012年中国天然气消费量年均增速为17.4%，在全球十大消费国中增速最快。2013年中国天然气需求受环保要求拉动，全年天然气表观消费量达到1 676亿立方米，占一次能源消费的比重由上年的5.4%上升到5.9%。中国已超越伊朗成为世界第三大天然气消费国，对外依存度也首次突破30%，达到31.6%（见图2）。

总的来说，中国油气产量的增加远远不能满足油气消费量的上升，供需矛盾十分尖锐，油气净进口量和油气对外依存度的持续攀升是日益突出的问

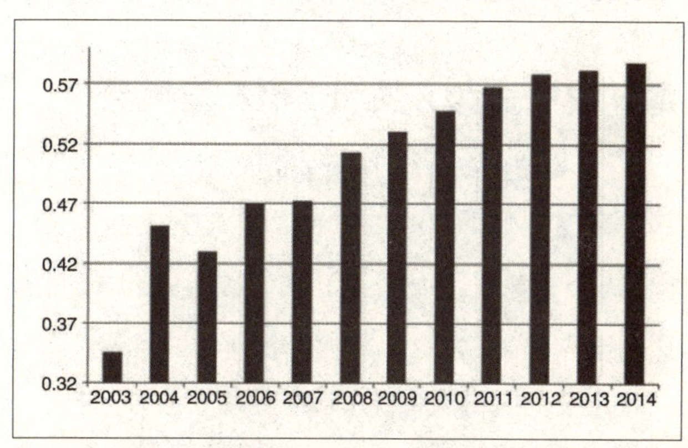

图 1 中国石油对外依存度变化趋势图

（2014 年数据为预测值）

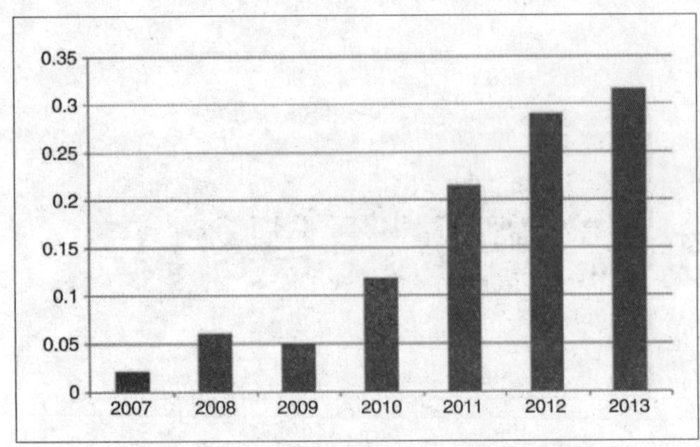

图2 中国天然气对外依存度变化图

题。《全国矿产资源规划》中有这样的预测，到2020年中国石油对外依存度将上升至60%，而到2030年则将突破70%。按照目前的形势，石油对外依存度很有可能提前达到预测值。油气资源对外依存度的不断高升给中国能源安全带来极大挑战，面临巨大风险。

作为全球能源消费大国，要从容地摆脱资源制约，防止油气对外依存度过高对能源安全产生的冲击，就必须采用多途径、多手段、多元化的方法解决能源问题，有效破解各种能源隐患及困境。除了提倡节能、调整能源结构和提高能源利用效率等方法，积极增加油气资源产量也是极其重要的一个思路。在陆地油气资源储藏量有限的情况下，开发海洋油气资源成为必然之选，并且也是非常紧迫的任务。

海洋油气资源开发利用情况及趋势

（一）海洋油气资源储量丰富

覆盖地球71%面积的海洋拥有丰富的油气资源。海洋油气的储量占全球总资源量的34%，目前探明率为30%，尚处于勘探早期阶段。丰富的资源现状让全世界再次将目光瞄准了海洋这座宝库。

事实上，全球海洋油气存在分布不平衡的特点。幸运的是，中国海洋油气资源储量十分丰富。按照2008年公布的第三次全国石油资源评价结果，中国海洋石油资源量为246亿吨，占全国石油资源总量的23%；海洋天然气资源量为16万亿立方米，占总量的30%。而中国海洋油气探明程度远低于世界平均水平。总的来说，中国海洋油气开发利用尚处于储量发现的高峰期和开发的初期，中国海洋油气具有极大的开采潜力。

（二）海洋油气资源开发进展迅速

全球来看，根据 BP 的统计，1990 年以后陆上的油气产量进入稳定期，全球油气产量增长主要来自海洋。2009年后海上石油对石油产量增长贡献率超过50%，2012年海洋石油产量已经占世界石油总产量的31%，预计到2020年这个比例将会提高到40%。

从成本角度来看，深海石油开采成本明显低于非常规石油、核能、清洁煤、海上风电等新能源，全球用于海洋油气开发尤其是深水区油气项目的投资也相应不断增加，预计海洋油气开发市场将长期处于增长态势。

从中国的能源需求来看，在陆域资源不足和产量增长有限的情况下，开采海洋资源将成为解决中国能源短缺，保障能源安全的重要战略举措。过去10年间，中国新增石油产量53%来自海洋。进入新世纪以来，海洋石油产量所占比重逐年增加，2000年产油1 180万吨，天然气42亿立方米。2005年产油2 763万吨，占全国总产量的6.5%；产气50亿立方米，占全国总产量的10.3%。迄今为止，中国已形成松辽油区、东部及南方油区、西部油区、近海四大产油区（见图3）。

目前，中国海洋油气勘探主要在水深300米以内的浅水区，深水海域油气勘探活动处于起步阶段。近几年，在1 500~3 000米海洋石油勘探开发技术方面，中国逐渐取得了一些进展，预示着中国企业

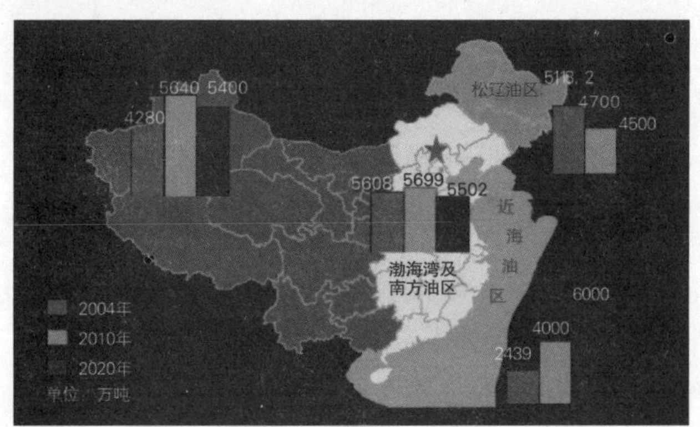

图3　2010 年后中国形成并起的四大产油区

可以更多地参与国外海洋石油开发项目。在近海油田的开发中，主要集中在渤海、珠江口、琼东南、莺歌海、北部湾和东海6个含油气盆地，并形成了4个油气开发区：渤海油气开发区、珠江口油气开发区、南海西部油气开发区和东海油气开发区，其中渤海地区是中国近海勘探和开发中相对最成熟的区域，也是中国海上油气的主产区。

（三）国家政策大力支持海洋油气开发

近年来，国家相关部门出台了一系列有力政策鼓励海洋油气资源的勘探开发。《国民经济与社会发展“十二五”规划》要求积极发展海洋油气，海洋工程装备制造等新兴产业。《石油和化学工业“十二五”发展指南》提出要重点开拓海域及主要油气盆地和陆地油气新区，推进深水勘探开发重大装备、深水水下生产设施、深水工程施工作业重大装备及应急维修装备的研制。《全国海洋经济发展“十二五”规划》对中国海洋油气业进行了规划部署：加大海洋油气勘探力度，稳步推进近海油气资源开发，加强勘探开发全过程监管和风险控制。提高渤海、东海、珠江口、北部湾、莺歌海、琼东南等海域现有油气田采收率，加大专属经济区和大陆架油气勘探开发力度。依靠技术进步加快深水区勘探开发步伐，提高深远海油气产量。到2015年，争取实现新增海上石油探明储量10–12亿吨，新增海上天然气探明储量4 000~5 000亿立方米；海上油气产量达到6 000万吨油当量。进一步优化发展沿海石油石化产业，加大对现有化工园区的整合力度，推动产业集聚升级。强化沿海液化天然气接卸能力和油气输配管网建设，提高储备周转与区际调配能力。

重点企业海上油气开发战略及装备需求

中国海洋石油总公司、中国石油天然气集团公司、中国石油化工集团公司（分别简称“中海油”、“中石油”和“中石化”）三大石油公司承担着中国海洋油气开发的任务。其中，中海油是目前中国海洋油气开发的主要力量，生产了中国境内大部分海洋油气。

（一）中海油海洋油气开发战略、现状及装备需求

中海油自1982年成立到2012年的30年间，累计发现地质储量近40亿吨、生产油气5.85亿吨，油气年产量由成立之初的9万吨增加到5 000多万吨，建成了“海上大庆”油田，形成了上中下游一体化的产业格局，初步建立起比较完整的海洋石油工业体系。这30年的成绩实现了中海油发展历史上的“第一次跨越”。

继“第一次跨越”之后，中海油针对2012年以后的发展提出了“二次跨越”发展纲要，对其未来发展做出了总体部署：第一步到2020年，公司的油气总产量比2010年翻一番，专业技术服务领域的国际竞争力基本达到国际一流；第二步到2030年，油气总产量比2010年增长两倍，专业技术服务领域的国际竞争力达到国际一流（见图4）。

2013年，中海油进一步突出发展油气主业。全年生产原油6 684万吨，天然气196亿立方米。其在中国海域的油气产量已连续四年达5 000万吨级油当量，国内油气勘探取得历史最好成绩；海外油气

净产量比2012年翻一番，原油和天然气产量海外占比分别增至41%和44%。

中海油国际化经营规模持续扩大，海外业务涉足亚洲、非洲、美洲、欧洲、澳洲等地的26个国家和地区，公司海外资产已超过4 000亿元，占总资产近四成比例。目前，中海油在全球近20个国家进行勘探开发作业，海外探明可采储量逐年递增。2013年2月，中海油完成收购加拿大尼克森公司的交易，这是中国企业成功完成的最大一笔海外并购。通过收购，中海油证实储量增加约30%，产量增加20%，并能战略性进入海上油气富集盆地和新兴页岩气盆地。2013年，中国海油先后与雪佛龙、BP、壳牌等多家国外石油公司签订石油合同，将联合对南海东部、南海西部和渤海海域进行勘探。

“十二五”期间，中海油正从浅水和常规油气领域向深水和非常规油气领域进军，对装备的需求也不断提出。根据中海油田服务股份有限公司（以下简称“中海油服”）2013年业绩报告，截至2013年底，中海油服经营的钻井平台有40座（包括30座自升式钻井平台和10座半潜式钻井平台）（见图5），在建钻井平台为6座（包括4座自升式钻井平台和2座半潜式钻井平台），拥有69艘自有工作船以及其它海洋工程船（见图6）。中海油2014年的装备发展将注重装备结构的优化升级，重点提高深水作业能力，增加高端、深水大马力的工作船，并继续提升物探和工程勘察能力及效率。

2013年6月，中海油服与国内5家船舶公司签订建造合同，投资建造15艘新型船舶。其中8艘为深水三用工作船，6艘为深水供应船，1艘为油田增产作业支持船。2014年1月，中海油服发布公告称中海油2014年90%的钻井平台全年作业合同已落实，预计进行26艘新造船的项目计划，用于扩张船队规模。除了购买目前正在中集来福士建造的一座5 000英尺半潜式钻井平台，还包括以下新造船项目：2座400英尺自升式钻井平台、2座300英尺自升式钻井平台、1座5 000英尺半潜式钻井平台、15艘油田工作船、1艘综合勘察船、1艘12缆物探船、2艘深水综合勘察船和2艘深水平台供应船（见图6）。

2013年度中海油在海洋工程装备和技术方面取得一系列进展，尤其在深水装备方面。“海洋石油981”实际最大作业水深突破2 400米，深水钻探和完井能力均表现优异；“海洋石油201”首战告捷，铺管水深突破1 400米；“海洋石油720”成功完成多个深水区块的三维地震作业；深水钻井平台“南海九号”开钻；中国首艘3 000米多功能水下工程船“海洋石油286”出坞；“海洋石油982”和多艘深水三用工作船、深水供应船也将在今后几年内会战深水；2014年5月，中集来福士为中海油建造的

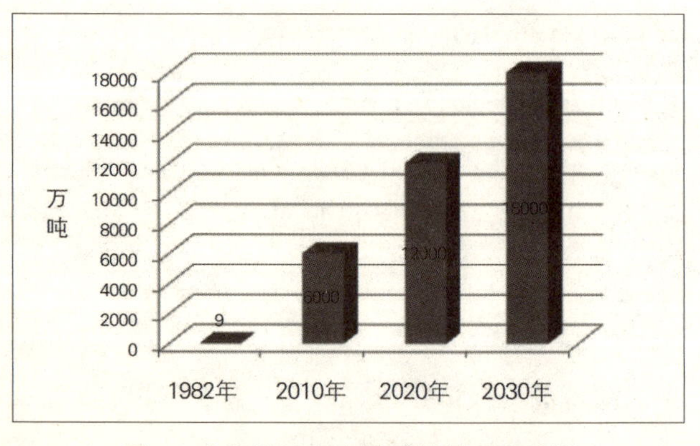

图4　中海油油气产量增长情况及计划

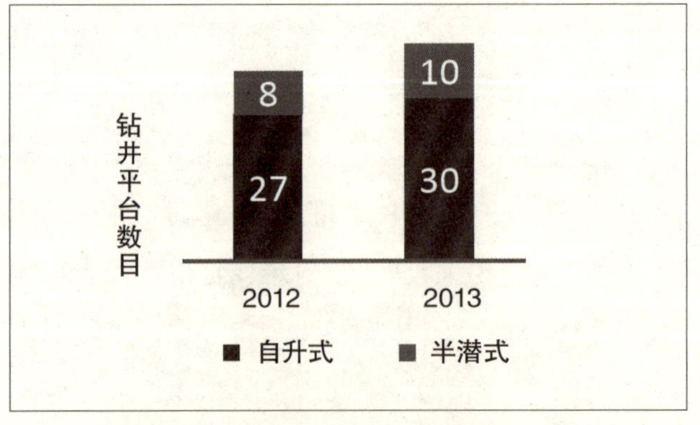

图5　中海油服海洋平台发展情况

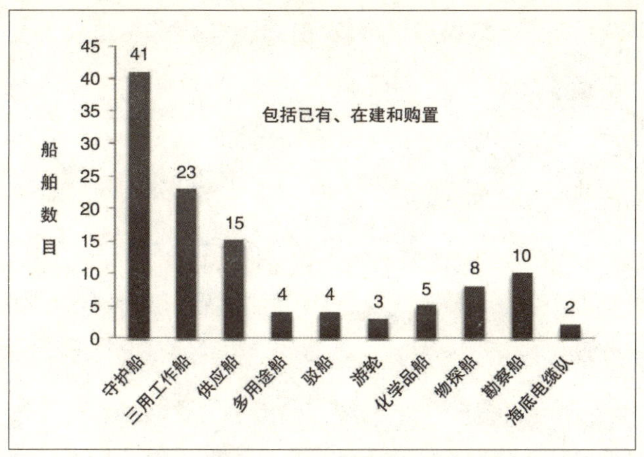

图 6　中海油服海洋工程船舶发展情况

“海洋石油932”自升式钻井平台首钻发现石油，钻井深度为1 917米；2014年4月，中海油位于中国南海深水区的大型深水气田“荔湾3–1”正式投产，该气田使用我国自主研发的亚洲最大深海油气处理平台。项目初期的天然气销量大致为每天2.5亿立方英尺，预计很快将增至每天3亿立方英尺；2014年5月，亚洲最大的万吨级横向滑移装船项目成功，意味着中海油掌握了半潜式自航工程船的横向装船成套关键技术，填补了国内海洋工程技术的一项空白。中海油在以技术创新建设深水队伍的同时，也在努力依靠“中国创造”推动造船、机械等产业“中国制造”升级换代。“荔湾3–1”平台上部组块上的应急发电机、起重机等设备设施均由国内企业制造；水下采油树也打破国外技术垄断，由国内企业自主生产。

（二）中石油海洋油气开发战略、现状及装备需求

目前，中石油投入勘探开发的海洋油气区块全部在渤海湾滩海，石油资源量为16.08亿吨，探明率为14.9%。经过多年努力，已先后在辽河、大港、冀东海域发现多个工业油气田。至2007年，冀东油田具有探明石油地质储量6.8亿吨，控制储量3.7亿吨，预测储量3.3亿吨。根据中国第三次油气资源评价，大港探区石油资源蕴藏量20.56亿吨，天然气资源蕴藏量3 800亿立方米。2013年，大港油田第10次实现稳产500万吨目标。辽河滩地区已发现6个含油气区带，累计探明石油地质储量1.267 9亿吨，探明天然气地质储量16.28亿立方米，在笔架岭和海南油田基本形成了年产20万吨的生产能力（见图7）。

中石油还拥有南海油气勘探及开采许可，其南海矿权总面积16.93万平方千米，共22个区块。南海探区水深200–3 000米，平均水深1 212米（见图8）。

2013年，中石油在海上石油尤其在海外方面有一系列动作和进展。2013年，中石油成功收购康菲石油公司西澳大利亚海上天然气和陆上凯宁盆地页岩气项目部分权益。2013年10月，由中石油和中海油联合多家海外石油公司组成的投标联合体，中标在巴西桑托斯盆地的利布拉油田开采权，将共同开发可采资源量达到80~120亿桶原油的该国最大的一块油田。这是至今两家中国石油企业联合在海外油气资产收购中成功中标的最大的一块油气资产项目。2013年11月，中石油管道局进军海洋

图 7　渤海探区勘探形势图

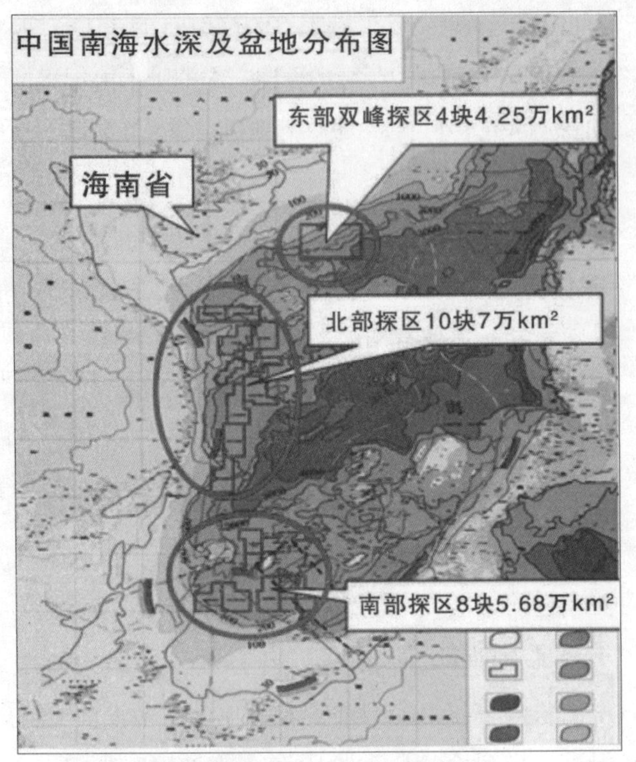

图 8　中国南海水深及盆地分布图

管道市场，最大铺管船中油管道C PP601铺管船远航非洲。

目前，中石油已经有了一定的海洋工程装备基础，拥有移动式平台16座，包括：钻井平台11座、作业平台3座、试采平台2座、座底式平台2座、自升式平台9座，船舶25艘。今后几年，中石油将不断加强海上业务，作业环境也将从滩浅海逐渐向深海转变，海洋油气勘探开发投资将持续增长、海洋工程技术服务市场需求将日益旺盛，海洋钻采平台、海洋管线等海洋结构物的建造安装将明显增加。

中石油即将在海工装备领域实施大规模的投资项目，计划在2020年之前新建57个大型海洋工程装备，包括深水半潜式钻井平台4座、自升式钻井平台11座、作业平台4座、试采平台2座、各类海洋工程船36艘。有消息称，中石油还计划在2015年前建设一个海工设备制造基地和两个生产支持基地。

（三）中石化海洋油气开发战略、现状及装备需求

自从20世纪60年代走向海洋以来，中石化在中国渤海湾、东海、南黄海、雷琼、北部湾、琼东南6个盆地登记总面积83 998平方千米（见图9），与中海油联合登记6个区块，中石化海域滩区目前已落实石油储量40 630万吨。

中石化正积极实施“走出去”战略，已在埃塞俄比亚、肯尼亚、苏丹等地留下了足迹。有迹象显示，中石化正在加大对非洲油气资产的投资。2012年11月，中石化宣布，其全资子公司中石化国际石油勘探开发公司与法国道达尔就尼日利亚海上油田OML138区块正式达成收购协议，协议资产价格为24.6亿美元，收购道达尔公司在该区块所占全部20%的权益。

中石化经过40年的发展，油气勘探开发装备有了很大进展，已拥有海上钻井平台11座，大型开发平台5座，普通开发平台104座，作业平台5座，工程船舶40艘（见表1）。

总的来说，中石化海洋石油勘探开发技术及装备水平还需要进一步大幅度提升，才能满足现代化

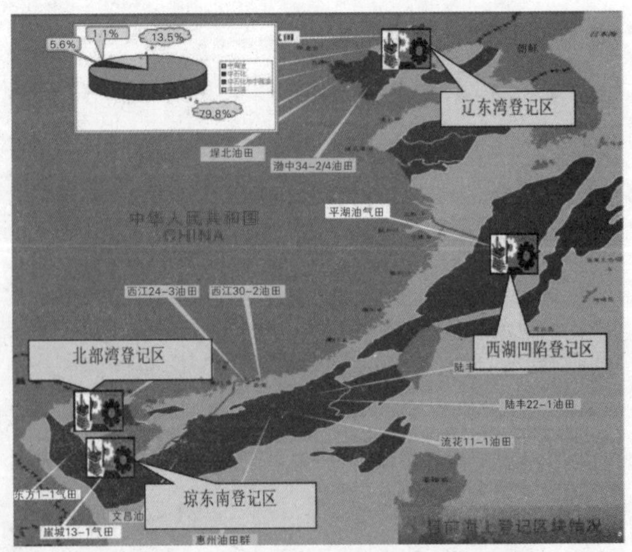

图 9　中石化登记海洋油气区块

海洋开发的需求。目前中石化登记海域多属于浅海海域，也有少量海域水深在500米以上。在一段时间内近浅海油田仍是中石化海洋油气的主要开发阵地。浅海新油田，特别是数量众多的中小型区块，资

表1 中石化现有海洋装备情况

现有钻井装备				
名称	型式	作业水深/m	钻井能力/m	建造时间
胜利2号	坐底式	6.8	4 500	1988年
胜利3号	坐底式	9	6 000	1988年
胜利4号	坐底式	5.5	7 000	1982年
胜利5号	自升式	15	6 400	1980年
胜利6号	自升式	30.5	7 000	1980年
胜利7号	自升式	30	4 000	1980年
胜利8号	自升式	20	5 000	1981年
胜利9号	自升式	35	6 000	1978年
勘探2号	自升式	91.4	6 000	1977年
勘探3号	半潜式	200	6 000	1984年
勘探4号	半潜式	600	7 500	
现有修井作业装备情况				
名称	型式	作业水深/m	钩载能力/kN	建造时间
胜利作业1号	自升式	15	800	1988年
胜利作业2号	坐底式	7	800	1995年
胜利作业3号	自升式	25	1 000	2002年
胜利作业4号	自升式	18	1 350	2007年
3个修井模块	模块式			2001年

源情况与油田环境差异大，经济适应的开发模式和装备有现实需求；浅海已开发油田安全性及提高采收率成为需要迫切解决的问题。

“十二五”期间中石化根据海洋勘探开发形式的发展需求，结合国内外海洋石油工程技术发展趋势，坚持满足高效高速勘探开发海上油田需求的原则，按照自行研发与引进相结合的思路，合理规划海洋石油工程技术发展、加大科研投入及装备设施的配套完善。具体发展目标包括：继续完善配套渤海浅海油气田（程岛油田、辽宁东区块）勘探开发技术装备，在“十二五”建成500万吨生产能力，具备东海等浅海中深水区开发大型油气田的能力。发展配套浅海（水深60~150米）物探、钻井、开发、工程服务技术装备，形成具有自主知识产权的设计制造能力。初步配套和探索深水（水深500~2 000米）油气田勘探开发技术，争取在南海琼东南等深水区块开发打开新局面。同时，加强基础研究设施建设，大幅提高海洋工程的科研设计能力，力争海上油气田技术与装备的研究水平达到国际先进水平。

（编写：王　婧　唐晓丹　王增国　尤学刚　刘华祥）

第三章 2013中国海洋工程行业发展总体情况

随着海洋油气资源需求的持续增长，全球海洋工程装备市场不断拓展。2013年，在市场整体利好的驱动下，全球海洋工程装备成交继续保持向好势头。近几年来，全球海洋工程装备产业已经显现向中国转移的迹象，预计未来将更为明显，中国海洋工程装备产业在国际产业的大趋势下将迎来新的增长和机会。同时，随着《海洋工程装备制造业中长期发展规划》、《海洋工程装备创新发展战略》和《船舶工业“十二五”发展规划》等重大规划和发展战略逐步落实，发改委和工信部等国家部委通过科研专项等方式为中国海洋工程装备发展提供重要政策支持，地方政府也大力推动本地区海洋工程装备产业发展，中国海洋工程装备产业在装备建造、市场开拓、科技开发、技术进步和重大项目建设等方面取得重要突破，运行状况良好。

2013年，中国海洋工程装备产业进一步发展，取得了一些重要的突破，无论从订单总额方面还是市场占有率方面都实现了大幅增长。从国内发展现状来看，中国海洋油气资源开发装备已进入产业化发展阶段，是未来一段时间内海洋工程装备的重点发展方向，海上风能、海水淡化等技术装备也具有较好的发展前景。目前国内已初步形成了以环渤海湾地区、长江三角洲地区和珠江三角洲地区为中心的海工装备总装和配套设备产业集聚区，基本形成了国家海工产业战略布局。鉴于内外部环境向好，业内人士普遍认为，中国海工装备产业将在未来较长时间有很好的发展空间和发展前景。

行业基本情况

中国海洋工程装备建造企业和科研机构主要分布在东部沿海地区，辽宁、山东、江苏、上海、广东、福建等为中国海洋工程装备大省（市），汇聚了中国大部分研发设计机构、建造企业和一批骨干配套企业。配套企业在湖北、湖南、重庆、陕西和河南等地也有较多分布。

从地区分布看，以环渤海地区、长江三角洲地区和珠江三角洲地区是海洋工程装备的主要聚集区，可以说，海工装备制造业三大基地正在形成。

环渤海地区以大连、天津、青岛、烟台等地为主，聚集了大船重工、大连中远船务、中海油天津塘沽基地、中集来福士等基地和企业，产品集中在自升式钻井平台、半潜式钻井平台、钻井船等方面。

长江三角洲地区以南通、上海等地为主，代表企业有上海外高桥、上海船厂、南通中远船务、启东中远船务、振华重工、熔盛重工，该地区产品更侧重于高端装备，产品种类除各类移动钻井平台外，还有居住平台、圆筒形FPSO、物探船等。

珠江三角洲地区是中国南部的海工装备基地，

以广州地区为主，包括中船澄西（广州）、中船黄埔、招商局重工、粤新海工、广机海工等海工船建造企业，同时辅以各类平台、FPSO的修理或改装业务。

按照所属行业，中国海洋工程装备建造企业主要由船舶系统企业、石油系统企业和机械制造企业三大类构成（见表2）。

生产经营情况

（一）主要海洋工程产品完工交付情况

2013年，中国企业完工交付自升式钻井平台4座、圆筒型超深水海洋钻探平台1座，深水半潜式起重生活平台2座。其中大船重工交付自升式钻井平台2座，中集来福士交付自升式钻井平台1座、深水半潜式起重生活平台2座，渤海装备交付自升式钻井平台1座，启东中远船务交付圆筒型超深水海洋钻探平台1座（见表3）。其中由中集来福士建造的两座深水半潜式起重生活平台是中国首批自主设计建造的、有完整知识产权的深水半潜式起重生活平台。

2013年8月，由中集来福士总承包、在俄罗斯船厂建造的自升式钻井平台“里海钻井”号抵达里海。这是中国首座在海外建造的海上石油钻井平台，其顺利交付实现了中国制造的海工装备在里海海域进行开采作业“零的突破”。

在海洋工程船方面，中国企业继续取得很好的成绩。2013年11月，武船建造的世界先进水平的海洋平台工作船“探险者”号成功交付希腊船东，这是

表2　中国海洋工程装备产业格局

企业类型	典型企业	业务类型	主要特点
船舶系统企业	中船重工、中船工业、中远船务、中集来福士、江苏熔盛等	装备建造（海洋平台及海洋工程船舶+通用配套设备）	建造能力、设施设备、工艺流程和配套产品相近，具备先天优势
石油系统企业	中海油、中石油、中石化等	装备建造（平台+专用配套设备）、海洋工程服务	熟悉海洋油气开发程序，在油气处理模块及相关系统的设计建造、海上安装作业和承接订单方面具备优势
机械制造企业	振华重工等	装备建造（海洋平台及海洋工程船舶）	行业跨度较大，技术上不占优势，但在资本运作、企业管理、市场营销方面实力较强

表3　2013年中国企业交付的主要海洋工程装备产品

企业	名称	数量
大船重工	自升式钻井平台	2
渤海装备辽河重工	自升式钻井平台	1
中集来福士	自升式钻井平台	1
中集来福士	深水半潜式起重生活平台	2
启东中远船务	圆筒型超深水海洋钻探平台	1

中国首套自己建造和参与设计的海工船系列，标志着中国具备生产世界最先进海工装备系列船的能力。2013年6月，厦船重工为马来西亚南昌集团建造的两艘300人居住驳船中的首艘成功交付，这是厦船重工自主设计研发和建造的首艘海工船舶产品。渤船重工承制的世界首创2 500米超深水修井/完井船正式交付挪威EIDE公司，这也是渤船重工进军海工市场后斩获的首套建造项目。

（二）主要海洋工程产品新订单承接情况

2013年，中国承接各类海洋工程订单超过180亿美元，约占世界市场份额的29.5%，比2012年提高约16%，首次超越新加坡，跃居全球第二。中国在海上主流装备以及辅助装备上，均有所斩获，高技术含量、高附加值海洋装备订单呈增加趋势。新接各类海洋工程平台61座和1艘钻井船（见表4），其中自升式钻井平台49座，占世界总量一半以上，无论是订单数量还是订单金额都力压自升式钻井平台传统建造强国新加坡。承接企业分别为大船重工旗下企业、大连中远船务及其旗下企业、黄埔文冲、熔盛重工、山船重工、上海外高桥、武船、招商局集团旗下企业、中集来福士。

科技开发与技术进步

2013年中国海洋工程装备领域，自主设计或联合设计多型自升式钻井平台、自升式风电作业平台、1 500米半潜式钻井平台和深水高性能物探船、5万吨半潜驳、油田增产船、海洋居住船、风电基础运输船等一批档次较高的海洋工程船。中国船舶工业集团公司、中国船舶重工集团公司“双高”船型、海工产品接单金额比重进一步提高。

（一）海洋工程装备系列化研发

近年来，400英尺自升式钻井平台、3 000米深水半潜式钻井平台建造已经成为大船重工“品牌”产品。在这些系列平台建造上，大船重工通过产业化建造，有效缩短了平台水下舾装周期，稳步推进桩腿自行制作项目工艺，产品建造质量稳健，并且为订单承接赢得砝码。中集来福士的海工业务目前已形成系列化建造，尤其半潜式钻井平台，已经基本实现同一母型的系列化及同一船型的批量化，提高了标准化，并且更好的控制缩减交付期，降低采购建造成本。由中国石油渤海装备辽河重工有限公司建造的第三座CP-300自升式钻井平台顺利下水，CP-300钻井平台是该公司自主设计、自我建造、拥有完全自主知识产权、拥有6项国际先进技术和6项国内领先技术的自升式钻井平台。该公司设计的更为先进的CP-400海上钻井平台目前已通过中国、美国和挪威三国船级社审核，将进一步填补中国石油装备制造技术空白。由武船建造的海洋平台工作船“探险者”号，正式交付希腊船东，至此整套4型11条VS系列海工船全部交付。这是中国首套自己建造和参与设计的海工船系列，已具世界最先进水平，标志着中国具备生产世界最先进海工装备系列船的能力。

（二）深水海洋工程装备建造

中国自主设计建造的集海上重型起重作业、甲板货物储存及生活居住功能为一体的首批深水半潜式起重生活平台“格雷塔”和“普罗米修斯”成功交付巴西国家石油公司，这两座深水半潜式起重生活平台为新一代工程平台。其中“格雷塔”成为目前在巴西海域作业中最大的深水半潜式起重生活平台，标志着该领域的“中国制造”打入国际海工主流市场。中国船舶重工集团公司第七〇二研究所历经10年科技攻关研制的中国首个实验型深海移动工作站，在完成总装集成和陆上联调的基础上，开展并圆满完成第一期水池试验。这是继“蛟龙”号成功研制后中国深海装备研发的又一项前沿探索。中国自主研制，具有完全知识产权的首个6 000米水下无人无缆

表4　2013年中国新接主要海洋工程装备产品订单

企业	名称	数量
中集来福士	自升式钻井平台	1
中集来福士	半潜式钻井平台	3
大船重工	自升式钻井平台	13
大船重工	半潜式钻井平台	1
招商局重工	自升式钻井平台	4
招商局重工	半潜式钻井平台	1
海新重工	自升式钻井平台	2
中远船务	半潜辅助钻井平台	1
中远船务	FPSO改装	4
大连中远船务	自升式钻井平台	4
启东中远海工	半潜式生活平台	1
启东中远海工	半潜式住宿船	2
外高桥造船	自升式钻井平台	2
熔盛重工	自升式钻井平台	2
黄埔文冲	自升式钻井平台	2
振华重工	自升式钻井平台	2
山船重工	自升式钻井平台	2
惠生海工	模块式钻机	1
中船澄西	FPSO改装	2
振华重工	自升式钻井平台	1
外高桥造船	自升式钻井平台	2
广州广船国际	FPSO改装	2
威海船厂	自升式钻井平台	1
武船	自升式钻井平台	1
上海船厂	钻井船	1

潜器（AUV）“潜龙一号”完成了南海海试任务，其最大工作水深可达6 000米，标志着中国海洋装备实用化迈出了重要步伐，将大大提高深海资源的勘察水平。高技术船舶科研计划项目“深海半潜式钻井平台工程开发设计技术研究”通过了工业和信息化部装备工业司的验收，该项目系统性地突破了深海半潜式钻井平台总体开发设计技术，使中国具备了第六代深水半潜式钻井平台的自主开发设计能力，大大增强了中国船舶工业在全球高端海洋工程装备市场的竞争力，使中国南海油气资源开发步伐进一步加快。

（三）海洋工程装备高端化研制

由振华重工自主设计、建造的国内最大风电安装平台“龙源振华2号”800吨自升式风电安装平台成功下水。作为该公司建造的第2艘海上风电安装工程船，该平台在设计、建造和作业效率上迈入国际一流，对国内风电能源开发具有重大的装备支撑作用。“龙源振华2号”打破了国外技术垄断，其甲板核心设备全部由振华重工设计、建造，并具有完全自主知识产权。武昌船舶重工有限责任公司承制的深海浮体系统成功交付巴西石油公司。这是迄今世界上建造的最大型水下立管支撑浮体系统。它不仅采用了世界上最先进的理念和技术，建造全程还坚持了国际化的管理标准以及质量安全控制。标志着中国具备世界先进的高端海洋装备制造水平。武昌船舶重工有限责任公司承制的国内自主设计建造的最先进、功率最大的海洋平台工作船“华虎”号顺利下水。武昌船舶重工有限责任公司在该型船上具有完全自主知识产权，采用全三维数字设计，加强了舾装单元模块化设计的深度和广度，并首次在国内同类船舶上设计建造了80立方米甲醇罐及甲醇装卸系统，配备了伸缩式全回转推进器、DP–2动力定位、450吨拖缆机等。该船主机功率1.6万千瓦，比国际同类船舶的设计航速提高0.5节，系柱拖力提高

25%，装载量提高11%，代表了国内海洋工程船舶自主设计、建造的最高水平。

（四）海洋工程配套设备研发与建造

由中船华南船舶机械有限公司承担的高技术船舶科研项目“海洋平台吊机研制”，通过了工业和信息化部组织的专家验收。项目涉及的300吨重型海洋平台吊机，成为国内首台具有自主知识产权的重型海洋平台吊机，其研制成功，标志着中国海洋平台吊机正在向“重型化”挺进，大大提高了中国自主品牌海洋工程装备在国际市场的竞争力。南通中远船务自动化有限公司研发集成制造的SD-01海龙系列深潜泵，在南通中远船务承建的“邦嘉”自升式驳船上正式投入使用。该系统获得美国船级社（ABS）的产品认证，填补了国内空白。由无锡江南船舶设备有限公司研制开发出的中国首台自主品牌50吨变频船用起重机，顺利通过法国船级社（BV）检验及正式出厂检验，标志着这项拥有自主知识产权的重大科研成果，开始进入产业化阶段。中国船舶重工集团公司第七一九研究所“自升式钻井平台腿桩倾斜监测系统”大大降低自升式平台的桩腿破损率，实现桩腿倾斜的各种复杂工况的直观分析和监测，提升设备使用率和平台生产效率，国内相关专家认为达到了国际先进水平，该系统已在中海油服BH4号钻井平台投入使用并获得肯定。

主要海洋工程建设项目

（一）武桥重工桥梁与海工装备产业园在武汉开工

2013年12月，武桥重工桥梁与海工装备产业园在武汉开工，这是湖北省最大的海工装备产业园，总投资50亿元。该产业园位于武汉市蔡甸区常福工业园内，占地1 500亩，主要制造研发大型桥梁工程施工装备、海上风电安装、石油管道铺设、打捞救援和海上石油钻井平台组装等高端装备。产业园总投资50亿元，一期工程计划明年底完工，预计5年后全部建成，年产值可达百亿元。

（二）中船重工投资兴建青岛海洋装备研发基地

2013年10月，中国船舶重工集团公司与青岛市签约，在经济技术开发区和青岛市高新区规划建设海洋装备研究院和产业化基地。按照规划，中船重工将统筹自己在海洋装备领域的科研、制造力量，在青岛建设国际领先、国内一流的海洋装备研究院与产业化基地。力争到2020年，组建近千人的科研开发设计团队，在3-5年时间里，初步建成综合实力强、专业特色明显、部分专业具有国际影响力的海洋装备研究院及研发基地。

（三）中船海洋工程装备产业园项目落户九江开发区

2013年8月，由中国船舶工业集团公司投资的九江中船海洋工程装备产业园项目签约落户九江开发区城西港区。该项目总投资额20亿元人民币，将分期建设船舶压载水处理系统、远洋船和海洋工程消防灭火系统、新型灭火剂等舰船和海洋工程配套装备系列项目。项目建成后，可实现年主营业务收入20多亿元。

（四）长兴海洋科技港项目落户上海长兴海洋装备产业园

2013年11月，位于上海长兴海洋装备产业园区的上海长兴海洋科技港项目开工仪式在上海长兴海洋装备产业园区举行。该项目位于长兴产业园区7号地块，毗邻中船江南造船基地，占地面积约203亩，总建筑面积约25万平方米。长兴海洋科技港项目定位于聚焦发展船舶及海洋工程相关生产性服务行业，预计2015年全部建成。

（编写：唐晓丹　刘　旭　张小凯　张广浩　许家琳）

第四章　2013中国主要海洋工程装备发展情况

随着国家“海洋强国”计划的开展，中国海洋工程装备产业发展初具规模，已成功设计和建造了自升式钻井平台、半潜式钻井平台、浮式生产储卸装置（FPSO）以及多种海洋工程船舶，在基础设施、技术、人才等方面形成了海洋工程装备产业的基本形态。虽然在高端新型装备设计、建造、配套、工程总承包能力等方面尚明显落后于发达国家，但是各相关部门及核心企业正努力创造条件发展海洋工程装备产业，满足国内海洋开发和参与国际竞争的需要。

钻井装备

中国的海洋石油钻井装备产业近年来得到了很大的提升，尤其在装备技术引进、消化、吸收、再创新以及国产化等方面，取得了长足的进步。但是与钻井装备产业发展成熟的国家相比，中国该产业技术基础相对薄弱，设备及技术仍存在较大差距。如在自升式钻井平台领域，中国生产的自升式钻井平台，如“渤海5”号，最大工作水深约40米，升降时最大可变载荷约为790吨，作业时最大可变载荷约为1 950吨，名义最大钻井深度约为6 000米；而进口的自升式钻井平台，如渤海12号，最大工作水深约为100米，升降时最大可变载荷约为1 200吨，作业时最大可变载荷约为2 000吨。由此可知，中国生产的自升式钻井平台在深水钻井能力方面较薄弱。中国离海洋工程装备产业先进国家还有很长一段路要走。

（一）自升式钻井平台领域

大连船舶重工集团海洋工程有限公司（大船海工）自主研发的300英尺自升式钻井平台于2013年3月完成建造，并投入采油作业，它可在9 000米深海进行油气开采，技术达到国际顶尖水平。大船海工2013年还在国内率先开发出350英尺自升式钻井平台。

金海重工股份有限公司（金海重工）首制90米海工自升式作业平台于2013年3月21日正式开工。该平台是目前中国第一座具有完全自主知识产权的带动力定位的自升式平台，达到世界先进水平。该平台的主要设备除发电机采用进口以外，其他均采用国产设备，如此大量使用中国制造的设备，在90米海工自升式作业平台制造中为国内首创。

2013年3月26日，由南通中远船务工程有限公司设计建造的“凯旋1”号（N407）自升式钻井平台顺利拖拉接载，这是国内首制WOEKHORSE级别的自升式钻井平台，填补了国内该领域的技术空白。

2013年6月19日，中国石油天然气集团公司旗下渤海装备辽河重工有限公司（辽河重工）设计的中国首座拥有完全自主知识产权的400英尺自升式钻井平台（CP-400）点火开工。该平台是辽河重工拥有自主知识产权的自升式海上钻井平台——CP系列平台的主要产品，也是国内首座通过中国船级社（CCS）审核的400英尺自升式钻井平台。

2013年8月，上海建造的第一座自升式钻井平台在上海外高桥造船有限公司码头顺利下水。该钻井平台是JU 2000E型自升式钻井平台。平台作业水深400英尺，钻探深度35 000英尺，其中桩靴、升降机构、三角型桁架桩腿、悬臂梁等均是上海首次建造的特殊钢结构。

2013年8月，扬子江船业（控股）有限公司（扬子江船业）宣布，其子公司江苏扬子江海洋工程有限公司（扬子江海工）准备对350英尺LeTourneau“super enhanced 116E”型自升式钻井平台切钢板开工。该自升式钻井平台为扬子江船业接获的首座自升式钻井平台订单，在“LeTourneau Super 116E”设计的基础上进行优化和加强，由美国Cameron公司提供钻井设备，美国船级社（ABS）入级。作业水深350英尺，最大钻深达3万英尺，定员120多人。

2013年8月，由烟台中集来福士海洋工程有限公司总承包、在俄罗斯船厂建造的自升式钻井平台“里海钻井”号抵达里海。这是中国首座在海外建造的海上石油钻井平台，其顺利交付实现了中国制造的海工装备在里海海域进行开采作业“零的突破”。

在修理自升式钻井平台方面，舟山亚泰船舶修造工程有限公司首次承修的自升式钻井平台“海洋石油942”于2013年顺利完工。“海洋石油942”平台三条桩腿的搭架高度需达142米，这也是目前国内自升式平台修理搭架的最高纪录。

2013年全球钻井装备市场持续火热，中国在钻井装备的订单量以及订单金额上有了大幅提升，全年新承接钻井装备共75座，其中自升式钻井平台57座，占世界自升式钻井平台新接订单总量一半以上。截止到2013年年底，在自升式钻井平台方面，中国的手持订单量超过了长期位居第一的新加坡，成为全球第一大自升式钻井平台建造国。新接订单详情如表5所示。

表5　2013年新接钻井平台订单

企业	名称	数量
大连船舶重工集团	自升式钻井平台	15
上海外高桥造船有限公司	自升式钻井平台	8
招商局重工集团	自升式钻井平台	11
大连中远船务工程有限公司	自升式钻井平台	4
烟台中集来福士海洋工程有限公司	自升式钻井平台	1
熔盛重工	自升式钻井平台	4
中船黄埔文冲船舶有限公司	自升式钻井平台	4
振华重工	自升式钻井平台	3
山海关船舶重工有限责任公司	自升式钻井平台	4
武昌船舶重工有限责任公司	自升式钻井平台	2
中航威海船厂	自升式钻井平台	1

（二）半潜式钻井平台领域

烟台中集来福士海洋工程有限公司（中集来福士）为中海油田服务股份有限公司（“中海油服”或COSL）建造的第3座深水半潜式钻井平台“COSL Promoter”号于2013年4月在挪威北海正式作业，开始执行与挪威国家石油公司（“Statoil”）为期八年的合同。该平台是中集来福士自2010年交付“COSLPIONEER”号以来，完成交付的第6座深水半潜式钻井平台，也是COSL投放至挪威北海市场的第3座半潜式钻井平台。

挪威North Sea Rigs As公司“North Dragon”号北海深水半潜式钻井平台在烟台中集来福士海洋工程有限公司（中集来福士）开工建造。该平台是中集来福士为挪威北海建造的第五座深水半潜式钻井平台。“North Dragon”号（维京龙）采用GM4-D设计，基础设计由Global Maritime与中集来福士共同承担。中集来福士完成全部详细设计和生产设计。“North Dragon”号最大工作水深500米，最大钻井深度8 000米，操作吃水21米，服务温度零下25度，满足冰级要求。该平台配置DP-3动力定位系统和8点系泊系统，满足挪威海事局（NMD）要求和挪威海上工业标准（NORSOK），入级挪威船级社（DNV）。“North Dragon”号是国内首次由承建方总包建造（EPC）的半潜式钻井平台项目。

烟台中集来福士海洋工程有限公司（中集来福士）为挪威Frigstad Deepwater公司承建的、世界上最大的超深水双钻塔半潜式钻井平台Frigstad Deepwater Rig Alfa在烟台海阳基地开工。Frigstad Deepwater Rig Alfa属最新一代超深水半潜式钻井平台，是中集来福士为Frigstad Deepwater公司建造的第二座超深水半潜式钻井平台。该平台将首次采用DP-3闭环设计、岩屑舱内处理存储系统、压载水处理系统。

（三）钻井船方面

2013年10月15日，广东中远船务工程有限公司（广东中远船务）为新加坡Energy Drilling公司设计建造的华南地区首艘海洋辅助钻井船“Edrill-1”号下水。“Edrill-1”号重总量为8 740吨，总长99.97米，宽29.87米，型深11.35米，可供170名船员工作、生活居住，作业水深可达到2 000米，钻井深度可达5 000米以上。

国内首艘自主设计并具有完全知识产权的钻井船生产取得重大进展。2013年12月20日，由中国船舶工业集团公司旗下上海船厂船舶有限公司总承包，与中国船舶工业集团公司第七〇八研究所联合设计、独立建造的全球首制Tiger钻井船下水，为后续钻井包的安装、调试及该项目的顺利交付奠定了基础。

2013年，借助全球高端船舶和海洋工程装备订单走强趋势，中国各船厂积极抢单，承接了一批半潜式钻井平台和钻井船订单。其中，半潜式钻井平台11座，广东中远船务工程有限公司、招商局重工（江苏）有限公司、大连船舶重工集团海洋工程有限公司各有1座，烟台中集来福士有8座；钻井船有7艘，由招商局重工（江苏）有限公司、上海船厂船舶有限公司和南通中远船务工程有限公司获得（见表6）。

生产装备

2013年，青岛武船重工有限公司为巴西国企Petrobras公司建造的2座FPSO浮标完工交付，上海中远船务工程有限公司为巴西石油公司建造的两套新一代FPSO模块顺利交付，由沪东中华造船（集团）有限公司为埃克森美孚/商船三井建造的17.2万立方米LNG首制船（H1670A）也顺利出坞。2013年中国船企在海工生产装备方面的新接订单如表7所示。

2013年上半年，南通迪施有限公司（南通迪施）承担完成了巴西石油FPSO钻井隔水套固定装置项目。该项目是南通迪施继完成南通中远船务SUPERM2Jackcase制作项目、风车船桩腿制作项目和舟山150米驳下水翻板及滑道项目后，承担的又一

表6　2013年新接半潜式钻井平台和钻井船订单

企业	名称	数量
广东中远船务	半潜式钻井平台	1
招商局重工（江苏）有限公司	半潜式钻井平台	1
大连船舶重工集团海洋工程有限公司	半潜式钻井平台	1
烟台中集来福士	半潜式钻井平台	8
招商局重工（江苏）有限公司	钻井驳船	1
上海船厂船舶有限公司	钻井驳船	4
南通中远船务工程有限公司	钻井船	2

项海工特种钢结构厚板焊接工程。

2013年4月，国内首艘双燃料机3万方LNG（液化天然气）船舶在宁波开工，由宁波新乐造船集团有限公司建设。该船总长181米，型宽28米，型深19米，吃水深7.8米，属于无限航区域船舶。该船的动力可双重选择，既能用柴油，也能使用LNG。这艘LNG运输船采用的独立C型货舱、双燃料发动机等各项新技术均在国内首次应用。

2013年4月，大连中远船务工程有限公司（大连中远船务）为日本MODEC公司改装的第七艘FPSO“松杰”轮（FPSO CIDADEDE MANGARATIBA MV24）完成了所有在厂改装项目，顺利开航。在MODEC公司和大连中远船务的密切配合下，该FPSO历经16个半月就完成了所有船壳部分改装工程和上部模块的底层平台工程；5月，大连中远船务工程有限公司（大连中远船务）与日本MODEC公司签订的FPSO改装项目“阿尔加维”轮项目合同正式生效，这也是继“松杰”项目后，大连中远船务接获的又一艘MODEC公司的FPSO改装大单。“阿尔加维”轮是大连中远船务承接MODEC公司的第8个FPSO改装项目，改装类型为VLCC改FPSO。

2013年5月，山海关船舶重工有限责任公司（山船重工）在15个月的工期内成功将新加坡OMNI公司的30万吨VLCC“北方之珠”改装成为浮式储油船（FSO）。这是目前国内最大的FSO海工改装。改装后的“北方之珠”总长387米，两柱间长317米，型宽59米，型深31.5米，设计吃水24.3米。它是集油气储存、外输、装卸、动力供应于一体的高科技海洋平台，其转塔式系泊中转和输出装置（UOTE）将配置两个悬链锚腿系泊浮筒，可将原油从3艘动力定位油船中转送到常规油船。

2013年上半年，广州广船国际海洋工程有限公司联合中船澄西远航船舶（广州）有限公司（中船澄西（广州））与船东SBM公司签订了“玛丽卡”号和“萨卡里玛”号FPSO改装项目主合同。“玛丽卡”号和“萨卡里玛”号前身为约30.8万吨原油船，本次签约的项目主要包括主甲板换新、采油平台、多点系泊系统、模块支撑以及上建结构及内装修的新建和安装，项目的详细设计将由SBM公司提供，其生产设计及相关资材和设备采购等由广州广船国际海洋工程有限公司负责完成。

2013年8月，上海中远船务工程有限公司（上海中远船务）为巴西石油建造的两套新一代FPSO模块顺利交付。P66/P67系列FPSO海洋工程模块制造是上海中远船务交付的首批产品。这两套FPSO模块通过了巴西石油监造组、ECOVIX监造组以及ABS的严格审查和检验试验。人机工程设计、噪声控制效果、吊运和绑扎方案等通过了世界权威专业机构的评估或现场验证。

2013年9月，由舟山中远船务工程有限公司（舟山中远船务）承担的总重约19 000吨的“FPSO”艏半段顺利下水。“FPSO”为巴西石油公司在所属船厂ECOVIX建造的“FPSO”（P67）项目的艏半船，主体工程由舟山中远船务承建。该段总长147.6米，型宽54米，型深31.5米。

2013年10月，全球同类型浮式生产储卸油装置（FPSO）改装中工程量最大、最复杂、最先进的项目——“伊利亚贝拉”号FPSO完工出厂。这是中国船舶工业集团公司与SBM公司联合为巴西国家石油公司所做的首个超大型油船（VLCC）改装FPSO项目。“伊利亚贝拉”号是一艘由VLCC改装的集采油、生产处理、储存和卸载为一体的FPSO，是SBM公司在中国的第一个改装项目，由中船澄西远航船舶（广州）有限公司（中船澄西（广州））总包，广州广船国际股份有限公司分包部分工程，开创了中国华南地区FPSO改装之先河。“伊利亚贝拉”号改装工程历时20个月，改装项目包括增加多点系泊系统、采油平台、主甲板更换、舱内加强、新建造生活区和燃烧塔基座、机舱恢复及舱室打砂、特涂等工程。由于在“伊利亚贝拉”号改装项目中合作顺利，中船澄西（广州）已经于2013年7月与SBM公司签订了“玛丽卡”号和“萨卡利玛”号两个FPSO改装项目合同。

海洋工程船舶

2008年金融危机后，由于世界各国对海洋工程装备的需求保持增长，拉动了海洋工程船舶（OSV）建造市场的逆势上扬。中国船企在这波行情中努力接单，取得了突出业绩，部分OSV形成品牌。从2010年之后，中国OSV手持订单总量超越韩国、新加坡等国，成为世界OSV建造大国。中国企业建造的主要船型为平台供应船、三用工作船等。

2013年3月，浙江造船有限公司为欧洲船东建造的高科技海洋平台供应船——U10528系列首制船签字交付。该船总长88.8米，垂线间长82.0米；型宽19.0米，型深8.0米，航速15.5节（吃水5.0米时）。其为钢质结构，单甲板、机舱布置于船的艏部主甲板以下，X-BOX船艏设计，舯艉设宽大甲板。

2013年4月12日，华南地区首艘载重3 200吨电推平台供应船“PX1011”在富山工业园由珠海太平

表7　2013年新接主要生产装备订单

企业	名称	数量
太平洋海洋工程公司	DRAGON27 500系列液化天然气（LNG）运输船	8
大连中远船务工程有限公司	28 000CBMLNG运输船	1
沪东中华造船（集团）有限公司	LNG船	6
中船澄西远航船舶（广州）有限公司	FPSO改装项目	2

洋粤新海洋工程有限公司交付船东新加坡POSH公司使用。“PX1011”船体总长78米、设计吃水5米、总吨位2 644吨，是一艘主要用于运输干散料、泥浆、盐水、燃油、淡水和浮油回收的供应船。“PX1011”由四台船用柴油发电机提供电力，以变频马达驱动全回转螺旋桨运转作为动力，是华南地区截至目前所制造的最大电推平台供应船。

2013年4月16日于英国阿伯丁，太平洋造船集团向Deep Sea Supply交付PX105首制船，太平洋造船集团承建的高科技海洋平台供应船PX105由挪威乌斯坦（Ulstein）设计公司设计。该船总长88.8米，垂线间长82.0米，型宽19.0米，型深8.0米，最大载重量4 543吨，航速15.7节（吃水5.0米时），船体外形采用了X-BOW设计，减小了强风大浪对船舶的强烈冲击，确保了船舶在恶劣海洋环境下的安全和稳定。发电机尾气排放达到欧洲汽车标准,全船达到噪声振动和温度湿度舒适度3级标准；为海上浮油回收和海上灭火功能的升级提供了全面的软硬件准备。

2013年5月，武昌船舶重工有限责任公司（武船）建造的具有世界先进水平的三用工作船——VS4616“活力”号在上海交付。该船总长83米，型宽22米，型深9米，载重量4 100吨，总功率达18 000千瓦，可用于为海洋平台提供拖带，货物供应、浮油回收等服务。该船按一人驾驶设计，具有clean、C3V3等入级符号，配置了DP-2动力定位系统，采用箱式冷却器，并集成了船舶功率管理系统、货物系统等管理系统，可以实现在驾驶室、集控室多地同时操作，自动化程度高。

2013年5月10日，福建省东南造船厂为Vroon Offshore Services （VOS）建造的首艘平台供应船（PSV）——“VOS Prudence”完工交付。“VOS Prudence”长75米，宽17.25米，配备两台2 235kW Nigata主机，能够供15名船员和35名客员住宿。

2013年5月16日，由浙江汉力士控股有限公司投资的一艘三用工作船“汉力士1”号在广州新会航通船业有限公司正式交船并开始首航。“汉力士1”号三用工作船由武汉武船海洋工程船舶设计有限公司设计，中交第四航务工程局下属企业广州新会航通船业有限公司承建。船长77米，宽18米，型深7.5米，吃水6.2米，功率10 800马力，总造价1.5亿多元。

2013年7月31日，厦门船舶重工股份有限公司（厦船重工）为马来西亚船东Bumi Armada承建4艘75米级平台供应船（PSV）中的首艘交付。厦船重工交付Bumi Armada的75米平台供应船入级ABS，配备DP-2动力定位系统，总长75米，型深8米，型宽17.25米，垂线间长67.85米，航速12.5节，最大载重吨3 300吨，甲板空间700平方米，住宿50人，具有消防能力和C级溢油回收船能力。

2013年8月，中远船务工程集团有限公司（中远船务）承接的中海油田服务股份有限公司两艘9 000HP供应船和两艘8 000HP三用工作船的建造合同正式生效。此次签约的两型四艘深水工作船，将由中远船务所属大连中远船务工程有限公司和广东中远船务工程有限公司完全自主设计并建造，建成后将进一步提升中海油在深水油气作业的能力。

2013年9月11日，福建福宁船舶重工有限公司（福宁重工）为新加坡船东建造的第一艘75米平台供应船（DN75M-18）成功交付。该船为钢质、双机、双桨，双艏侧推的多功能海洋工程船，机舱位于舯部，上层建筑、甲板室位于艏部。总长75米，两柱间长6.5米，吃水结构72.88米，型宽17.25米，型深8米，载重吨3 000吨，甲板面积为700平方米，甲板负载为5.5吨/平方米，2 899总吨，869净吨，主机功率3 000HP。入级美国（ABS）船级社。该船具备以下功能：①可输送燃油、淡水、散装水泥、泥浆、供应材料和设备；②

对外消防；③可全天候24小时运作，具备在工作点工作14天的能力等。

2013年10月23日，浙江造船有限公司为Seatankers Group建造的12艘Ulstein PX105 PSV中的第四艘“Sea Spark”顺利交付。该系列船由ULSTEIN设计的PX105型PSV，X-BOW船体设计，为柴油电力推进系统，电力推进包由Ulstein Power & Control提供。PX105型PSV长88.9米，宽19米，甲板面积为1 000平方米，为4 700DWT，安装Rolls-Royce Azipull 100螺旋桨，航速为15.5节。符合挪威船级社（DNV）相关的环保和设计标准。

2013年11月25日，广州航通船业有限公司承建的1艘76米多用途海洋平台供应船下水。该船全长76米，型宽17.6米，型深7.8米，入级美国船级社（ABS），航行于无限航区，具有DP-2动力定位系统，带外消防功能，可供应泥浆、盐水、甲醇、燃油等物质，获得了无人机舱ACCU入级符号。

2013年11月28日，由武昌船舶重工集团有限公司（武船）建造的海洋平台工作船“探险者”号，在江苏省南通市正式交付希腊船东Toisa Company。至此，由武船打造的整套四种类型共11条VS系列海工船全部交付，这是中国首套自己建造和参与设计的海工船系列。“探险者”号长83米，宽22米，主机功率18 000千瓦，可在1 000米至3 000米深海海区进行石油开采等海工辅助作业。该船配备了最先进的定位系统，与船上动力直接相连，通过电脑自动操作，可在9级大风中全天候保持平稳作业。

2013年12月，南通润邦海洋工程装备有限公司（润邦海洋）为厦门国贸集团股份有限公司建造的PX121H平台供应船正式开工。该项目将成为第一个在欧洲以外生产但完全满足欧洲建造标准的高端海工平台供应船。

2013年12月12日，江苏新东方海洋装备有限公司首艘PSV海洋平台供应船正式开建。该船型号为UT755，建造周期为18个月。它由RRM设计公司设计，总长76.7米、型宽16米、最大吃水5.8米。该船配备了DP-2定位系统，在风浪下也可保持平稳；装有双主机；具有对外消防功能。该船每艘合同额为1.25亿元。

2013年12月，振华重工为中海油田服务股份有限公司（中海油服）建造的2艘15 000HP深水三用工作船正式点火开工。该船具备海上石油工程供应物资、进行起抛锚作业、对平台和大型船驳拖带三个功能。船长81.2米、型宽19.2米，型深8.3米。航速16节，系柱拉力180吨，动力定位2级，无限航区，入级中国船级社（CCS）。

海洋工程配套

2013年1月，武汉船用机械有限责任公司（武汉船机）成功承接了“雪龙”号科考船吊机订单。该订单包含2台25吨-22米货仓双吊和2台3.2吨-14米食品吊，均为武汉船机自主品牌吊机。“雪龙”号科考船用吊机是该船甲板上最重要配套设备之一，承担装卸考察站物资、设备等方面的工作。

2013年2月和2013年7月，大连中远船务工程有限公司（大连中远船务）为巴西EEP公司建造的四个FPSO生活区模块两两分别开工。这四个生活区模块长15.6米，宽30.5米，高21.76米，总重约1 550吨，建成后的生活区模块共六层，可供110人生活居住，满足挪威石油标准化组织（NORSOK）技术标准要求。这是大连中远船务首次承建高标准FPSO海工生活区模块工程。

2013年4月，武汉船用机械有限责任公司（武汉船机）首次研制生产的LNG船锚绞机顺利通过了美国船级社（ABS）、船东、船厂以及设计监造方IHI的现场验收。此次武汉船机研制生产的LNG船配套的甲板机械，包含2台K111U3起锚机、8台320KN系泊绞车和1套液压控制系统。武汉船机交付的产品质量及性能满足ABS规范，OCIMF规范、ISO和IEC标准。

2013年4月7日，中远船务集团所属大连迪施船机有限公司为中国海洋石油总公司建造的“BZ25-1/S TOWER YOKE”单点系泊项目在大连顺利完工交付。该项目主要包括高强钢焊接、TKY管结构焊接、电仪安装调试、管系预制安装及试验、单点系泊核心铰接部件的特种焊接、机加工及装配等工程项目。该单点系泊核心铰接部件所用的大型环锻件、轴锻件及高强度铸件是国外知名单点公司在中国进行的首次采购，实现了国家海洋装备制造业关键设备国产化的重大突破。9月，大连迪施船机有限公司为埃克森美孚建造的塔架软刚臂式单点铰接装置完工交付。

2013年7月，南通中远船务工程有限公司（南通中远船务）与挪威船东正式签订了“SEVAN 300”圆筒型半潜式海工生活平台改装合同。“SEVAN 300”原为圆筒型半潜式FPSO半成品，共两座。根据合同，南通中远船务将把其改造成圆筒型半潜式海工生活平台，入级挪威船级社（DNV），这也将是世界首座圆筒型半潜式海工生活平台。

2013年8月22日，南通中远船务工程有限公司（南通中远船务）为墨西哥船东设计建造的半潜式海洋生活服务平台“高德2”号（N583）项目顺利开工。“高德2”号采用荷兰GUSTO MSC公司提供的OCEAN 500船型，由南通中远船务完成详细设计、生产设计和全部设备采购建造及设备系统安装调试。该生活服务平台全长95米，型宽67米，型深35.7米，平台总高近60米（相当于20层楼高）；平台设计吃水8.6–20米，最大排水量达33 300吨。平台配备世界先进的DP-3动态定位、8点锚泊辅助定位系统等。平台满足国际海事组织船舶噪声级规则以及A468（XII）决议，同时满足挪威船级社（DNV）规范、国际海事组织IMO、国际劳工组织ILO、英国大陆架UKCS相关标准，以及美国船级社（ABS）和美国海岸警卫队规范要求。

2013年9月，南通中远船务工程有限公司（南通中远船务）为挪威船东公司设计改建的“希望7号”（N380）海工改装生活平台项目顺利开板建造。“希望7号”原为圆筒型半潜式FPSO半成品，此次将改建成圆筒型半潜式海工生活平台，入级挪威船级社（DNV）。改装后的平台主甲板直径66米，主船体直径60米，型深27米，设计吃水19米，配备DP-3，该平台可供490人同时入住。

2013年9月，由烟台中集来福士海洋工程有限公司（中集来福士）承建的中国首座自主设计建造的深水半潜式起重生活平台“开拓勇士号”正式交付。该平台为兼具“海上吊车”与“海上酒店”功能的可移动平台，交付后将用于墨西哥湾作业。

2013年11月25日，两座由烟台中集来福士海洋工程有限公司（中集来福士）自主设计建造的深水半潜式起重生活平台在烟台交付，将赴巴西作业。该半潜式起重生活平台总长118米，型宽70米，型深38米，最大可变甲板载荷5 000吨，额定居住500人，最大工作水深1 000米，可提供大型海洋工程建设需要的甲板货物存储空间。

2013年12月，衡阳华菱钢管有限公司与中船黄埔文冲船舶有限公司签订了1 356吨自升式海洋钻井平台桩腿支撑用管合同，该批钢管钢级为X100、规格分为Φ324×64和Φ273×19两种，一举在国内同品种中创造了钢级最高、壁厚最大两项记录。中国以往X80钢级以上的海洋钻井平台支撑用管基本依靠进口，此次1 300多吨的X100钢级钢管订单是海洋钻井平台承建方向中国钢管生产企业下达的首份X100高钢级钢管合同。

（编写：李　响　闫　阳　李东亮　李保坤　周长江）

第五章 2013中国海洋工程装备技术发展情况

海洋工程装备技术研发

钻井装备方面，相关装备技术研发取得重要进展。中国首座具有完全自主知识产权的带动力定位的自升式平台投产；大船海工自主研发的300英尺自升式钻井平台完成建造，并投入采油作业；中集来福士承建的世界上最大的超深水双钻塔半潜式钻井平台开工；振华重工自主研发的“振海1”号300英尺钻井平台顺利下水；渤船重工承制的世界首创2 500米超深水修井/完井船先后交付；中国首艘自主设计并具有完全知识产权的钻井船下水。

生产装备方面，在多类相关装备技术领域有新的进展。中国自主研发、亚洲最大的深海油气平台“荔湾3-1”天然气综合处理平台顺利完工；中国首艘双燃料机3万立方LNG船开工；中远船务承建的国内首个FPSO总包项目进展顺利；中国自主研发、设计、建造的首艘挂中国旗的液化石油气（LPG）船交付；南通太平洋海洋工程有限公司获17 000立方米和22 000立方米乙烯液化气船（LEG船）的设计建造订单。

海洋工程船舶方面，多型海工船舶取得技术突破。国内第一艘完全自主设计建造的海洋工程导管架18 000吨下水驳船“海洋石油228”号成功交付；振华重工承接的首份国外铺缆船订单“NDEAVOR”号多功能铺缆船下水；由上海船舶研究设计院设计、武船建造的中国建造的马力最大、系柱拖力最高、续航能力最强的远洋拖船下水；国内主尺度最大、每小时挖掘方量最大的绞吸式挖泥船“5 000m^3/h绞吸挖泥船”开工建造；振华重工首次为国际知名石油公司总承包建造高技术含量的海洋工程船舶“DLS-4200”号起重铺管船交付；振华重工自主设计和建造的国内首艘800吨自升式近海风电施工安装船“龙源振华2”号下水；南通润邦海洋工程装备有限公司自主设计、建造、调试的国内首艘适用于中国国内近海海域作业的的自升式海上风电安装平台成功进行海上风电安装、维护工作。

海洋工程配套方面，中远船务集团所属大连迪施船机有限公司建造的单点系泊项目“BZ25-1/S TOWER YOKE”完工交付；迄今世界上建造的最大型水下立管支撑浮体系统——由武船建造的水下浮体成功交付；由广州广船自主研发、设计，拥有完全自主知识产权的中国首台“横补动态加载装置”完成试验；此外，“大功率（3 500kW）全回转舵桨装置”、“3 000米钻井船波浪补偿装置研制”、“海洋平台吊机研制”、“海洋工程装备总装建造技术研究”等项目也在进行或取得成果。

海洋工程科研项目

（一）工业和信息化部海洋工程装备科研项目

为进一步落实《“十二五”国家战略性新兴产

业发展规划》和《海洋工程装备制造业中长期发展规划》，加快提升中国海洋工程装备制造业创新能力，提升行业技术水平，工业和信息化部编制发布了《海洋工程装备科研项目指南（2013年版）》。

该指南从工程与专项、关键系统和设备、共性技术与标准三个方面，提出了深远海浮式基地、深海天然气浮式装备、水下油气生产系统三个工程专项，并针对中国海洋工程装备制造业较为薄弱的关键系统和设备、共性技术和标准的研究给予了重点引导，将海洋平台及FPSO用大容量发电模块研制等十大系统和设备，海洋工程数据库研究开发、潜水器标准体系研究等共性技术和标准，列为重点研究方向。《指南》提出了“十二五”后三年海洋工程装备制造业的40余个重点科研方向（见表8），旨在通过这些项目的实施，大幅提升中国海洋工程装备制造业的创新能力。

（1）突破天然气预处理系统及液化系统、再气化系统、内转塔式单点系泊系统、LNG 货物外输/转驳装置等设备和系统设计、制造、试验验证等方面的关键技术，部分系统和设备完成样机研制；开展FLNG建造、安装及调试关键技术研究；开展处理能力为20~50 万方/天的天然气液化工艺和设备试验验证；初步建立起FLNG 设计建造规范与标准体系。

（2）开展水下油气生产系统的总体设计和集成技术研究、各子系统及其关键设备的研制。

（二）国家科技部海洋工程装备科研项目

科技部863计划海洋技术领域本着挺近深远海、深化近浅海的原则，坚持军民结合，以维护国家海洋战略利益和培育海洋新兴产业为导向，以形成海洋技术作业能力为目标，突破一批前沿核心技

表8　“十二五”后三年2013年海洋工程装备的重点科研方向

工程与专项	深远海浮式基地	小水线面半潜箱型组合浮式结构工程化研制
		多功能筒形桁架组合型浮式结构工程化研制
		多功能单船体型浮式结构工程化研制
	深海天然气浮式装备（一期工程）（一）	天然气液化系统设计、集成及试验验证
		天然气预处理用大型塔器研制
		天然气液化用大型混合冷剂压缩机研制
		天然气液化用大型板翅式换热器冷箱研制
		大型LNG 绕管式换热器研制
		海水–混合冷剂换热器研制
		LNG 液力透平研制
		LNG 潜液泵研制
		天然气液化系统硫回收装置研制
		LNG 蒸发汽再液化装置研制
		货物外输/转驳装置研制
		内转塔式单点系泊系统开发及液体旋转接头研制

（续表）

工程与专项	深海天然气浮式装备（一期工程）（二）	水下生产系统设计及关键设备研发
		水下控制系统与关键设备研发
		水下安防系统研制
		水下混输增压泵研制
		水下两相湿气流量装置研制
		水下立式采油树研制
		水下立式采油树配套工具研制
		海底管道作业工具研制
		硬质土海底管道施工技术与装备研发
		卷管式海底管道铺设装置研制
		软管铺设系统研制
		综合生产脐带缆研制
		水下阀门工程化研制
		高强度钢配套水下焊接材料研制
		水下作业仿真测试技术与配套装备研制
关键系统和设备		海洋平台及FPSO 用大容量发电模块研制
		浮式钻井补偿系统研制
		FPSO 系泊监测系统研制
		井口防喷器就位系统研制
		海洋油气压裂作业系统研制
		深水液压打桩锤研制
		基于漏磁的海底管道内检测器研制
		高性能深水浮力材料研制
		大排量潜液泵系统技术研究
		大型铺管船深水绞车系统技术研究
共性技术与标准		海洋工程涡激振动和涡激运动专用工程计算软件开发
		海洋工程数据库研究开发
		FPSO 失效数据库及风险评估系统研发
		潜水器标准体系项目研究

术，产学研用相结合，开发重大装备和技术系统，初步形成深海环境观测、运载作业和资源勘探开发的技术能力，为实现海洋技术由近浅海向深远海的战略转移，建设海洋强国提供高技术保障。

2013年4月，科技部发布国家863计划、科技支撑计划2014年备选项目征集指南，其中给出国家高技术研究发展计划（863计划）在海洋技术领域的支持重点（见表9）。

（三）国家发改委海洋工程装备科研项目

为加快培育发展战略性新兴产业，推动海洋工程装备产业快速发展，贯彻落实《海洋工程装备产业创新发展战略（2011–2020）》的总体工作部署，2013年国家发改委继续组织实施海洋工程装备研发及产业化专项。根据“市场为牵引、创新为驱动、总装为龙头、配套为骨干”的发展思路，结合海洋工程开发进展需要，面向国内国际两个市场，通过总装制造带动配套设备，着力突破海洋勘探装备、钻采设备、运输装备、生产装备、工程船舶的设计建造核心技术，全面提升自主研发和设计、专业化制造及配套设备能力，为中国发展海洋经济提供有

表9　2014年科技部863计划海洋技术领域支持重点表

类别	专题	方向	内容
（一）深远海海洋动力环境监测关键技术与系统集成重大项目	1.海上移动观测平台及组网应用技术	（1）波浪滑翔器无人自主观测系统	研制一型以波浪能为主驱动力的远程海洋环境观测系统，具有通信、定位和自主航行控制能力，能够实现大范围、远距离的海表温度、盐度、流场及海面风、温、湿、气压等环境参数的实时测量。提交工程样机3台，并完成海上试验，考核续航能力大于2 000公里，连续工作时间大于180天
		（2）远程复合动力快速无人艇监测系统	研制可用于浅海、油气平台周边及特定海域测绘、海洋环境监测的远程复合动力快速无人综合监测艇工程样机。最高航速不小于50节，续航能力不低于1 000公里；搭载能力不少于300公斤，可实现多波束测深及水文气象参数测量，具有视频监视、实时通信、定位及无人自主和无线电遥控航行控制功能，可工作于3级海况，完成海上试验
		（3）船载无人机海洋观测系统	针对特定区域海洋观测的需求，以海洋环境和海上目标机动快速监测为目标，研制船载基于无人机平台的观测系统工程样机。重点研究小型化、低功耗测量技术和无人机平台传感器适装及配平集成技术；系统具有实时监测、通信和自主飞行能力，无人机平台飞行高度不低于3 000米，巡航半径100公里。完成海上船载飞行试验
		（4）自主航行潜水器（AUV）组网观测关键技术	利用已有成熟的AUV平台，研究水下移动观测系统智能控制、多水下移动平台协同通信、导航、定位及协作观测技术，开发水下移动平台组网观测控制软件，形成相关技术标准；完成组网观测系统海上试验，组网系统平台数量≥3个
		（5）便携式无缆剖面监测仪及其组网技术	研制具有低功耗环境测量、坐底、垂直往复式运动、水平位移修正、卫星及水声通信等功能的无缆便携式剖面仪，可通过船载/机载投放，实现固定位置附近长期连续剖面监测与水平方向多台组网立体监测。组网观测剖面仪数量≥6，完成300–1 000米水深海上试验，正常工作时间≥3个月

（续表）

类别	专题	方向	内容
（二）海洋生物资源利用技术主题	1. 海洋生物功能蛋白高效发掘与产品开发	（1）海洋生物重要功能基因发掘	建立和完善海洋生物功能基因发现、活性筛选和功能验证技术平台，对重要基因进行重组表达和功能验证，获得一批功能明确、可重组表达、有潜在应用前景的全长功能基因序列
		（2）海洋生物高活性功能蛋白质产品研发	选择具有重要应用前景、研究基础好的海洋生物高活性功能蛋白进行深入研究，规范化地开展功效评价和应用前期开发，为形成一批在医用、农用、生物探针等领域有良好应用前景的高活性功能蛋白产品奠定基础
		（3）高附加值海洋生物酶产品研发	瞄准医药生产、食品加工、环境保护等领域高端用酶需求，结合海洋极端环境下生物酶的特殊优势，选择具有重要应用前景、研究基础好的海洋生物酶进行深入研究，规范化地开展功效评价和应用前期开发，为形成一批高附加值的海洋生物酶产品奠定基础
	2. 高附加值海洋生物制品开发	（1）高附加值海洋生物制品开发	围绕中国海洋生物制品产业升级转型的实际需求，利用海洋生物资源提取物，开发医用生物材料、高附加值多糖、高EPA/DHA甘油三脂型鱼油等高端生物制品制备新技术和生产工艺，建立先进高效、绿色节能的产品生产示范线，获得一批市场竞争力强、附加值高、具有自主知识产权的海洋生物制品
（三）前沿技术探索	海洋传感器技术	（1）新型海洋监测探测传感器研发	围绕海洋科学研究、海洋环境监测、海洋工程和资源开发的未来需求，研发适用于海洋环境监测、目标探测、地质与资源探查的新型监测传感器，探索海洋物理、地质、化学、生物等传感器新原理、新方法、新材料、新工艺及前沿新技术，研制原理样机，完成各项测试工作

力支撑。

根据《海洋工程装备产业创新发展战略（2011–2020年）》安排，结合中国海洋工程装备研发及产业化基础，市场需求和工程订单情况，专项采取自上而下、上下结合的方式组织申报。基本原则如下：

一是战略导向。按照《海洋工程装备产业创新发展战略（2011–2020年）》提出的未来10年中国海洋工程装备创新发展的战略目标和重点，不断提高中国海洋工程主力和新型装备、关键配套设备和系统等的自主创新能力和研制能力。

二是订单优先。按照海洋工程装备发展的市场需求，对已获得工程设备的装备或设备研制，优先予以支持。

三是技术先进。对于市场急需且代表国内先进水平的技术和装备研制，优先予以支持。

四是统筹兼顾。针对需求，开展部分关键装备的工程化设计和论证，适当兼顾前瞻性研究，为未来海洋工程装备发展做好技术储备。

2013年专项支持研发重点及目标如表10所示。

海洋工程领域专利情况

中国海洋工程装备产业领域的专利申请基本上呈逐年递增趋势。特别是从2007年至今，申请量快速增加，这表明了近年来海洋工程装备产业领域的专利申请呈现极为活跃的态势。相当多的船企与新兴资本将目标对准了利润丰厚的海洋平台、浮式生产系统等这些细分产业，使得海洋工程装备产业在近几年得到了迅猛发展和长足进步。

2013年，中国公开的海洋工程装备领域专利申请总量为595项，比2012年增长62.1%。从海洋工程装备产业领域国内专利申请的分类号统计中可以看出，与其他领域的分类号相比，海洋平台（即B63B35/44分类号）的申请量远大于其他领域的申请量，也就是说，海洋平台领域的专利申请十分活跃，属于目前技术研发的重点区域。从海洋工程装备领域排名靠前的申请人的省市、国别分布情况中可以看出，国内企业分布以从大连至上海等一线沿海省市为主，国内申请的国外申请人大多分布在美国、挪威、荷兰等欧美传统海上采油、造船国家。

表10　2013年重点支持项目

类别	研发重点	研发目标
主力海洋工程装备及配套设备和系统研发及产业化	自升式钻井平台	形成具有自主知识产权的300-500英尺自升式钻井平台系列化设计与建造方案，完成两型以上平台的实船设计和建造
		实现伸缩式悬臂梁、升降及锁紧装置、螺杆式空压机、平台环境及结构测量系统等配套设备和系统的产业化
	多缆高性能地球物理勘探船	完成12缆及以上高性能物探船实船设计和总装建造
		实现海洋物探系统、转叶式舵机、推进器等配套系统和系统的产业化
	3 000米深水钻井船	完成实船设计和总装建造
		实现动力定位系统、锚泊系统、波浪补偿装置、自动化系统综合集成等配套设备和系统的产业化
	7.6万吨半潜运输船	完成实船设计和总装建造
		实现压载水压处理系统、动力系统、自动化系统综合集成等配套设备和系统的产业化

（续表）

类别	研发重点	研发目标
	深远海多功能工程船	重点支持深远海大功率多功能工程船、海洋救助船、海洋环保船等，完成实船设计和总装建造
		实现动力定位系统、液压系统等配套设备和系统的产业化
	5 000吨起重铺管船	完成实船设计和总装建造
		实现铺管系统、动力系统、自动化系统综合集成等配套设备和系统的产业化
	大型起重船	完成实船设计和总装建造
		实现动力定位系统、波浪补偿起升绞车控制和执行系统等配套设备和系统的产业化
新型海洋工程装备研发	浮式钻井生产储卸装置（FDPSO）	完成FDPSO基本设计并通过船级社审核，力争取得工程订单
	远海大型浮式结构物	完成工程化平台结构设计、建造论证，形成总体设计方案并通过船级社审核，力争取得工程订单
海洋工程水下关键设备研发及产业化	水下采油树	形成设计方案并通过船级社审核，完成工程化样机研制、试验和检测，力争取得工程订单
	小井眼成像测井系统	形成设计方案并通过船级社审核，完成工程化样机研制、试验和检测，力争取得工程订单
	大吨位水下防喷器（BOP）成套装置	形成设计方案并通过船级社审核，完成水下防喷器及传输、就位系统工程化样机研制、试验和检测，力争取得工程订单

（编写：李　响　唐晓丹　徐正海　郭腾飞　尹　旭）

第六章 2013主要省市海洋工程装备产业发展情况

辽宁省

（一）企业和科研院所

辽宁省拥有船舶及海洋工程装备制造企业200余家，其主要集中在大连市、葫芦岛市，海洋工程装备制造代表企业有5家，分别为大连船舶重工集团有限公司、大连中远船务工程有限公司、渤海装备辽河重工有限公司、渤海船舶重工有限责任公司和葫芦岛华越重工有限公司。

（二）主要产品

辽宁省主要海洋工程装备产品包括风电安装船、钻井平台、钻井船、浮式生产储油卸油装置（FPSO）等。

（三）生产经营情况

辽宁省海洋工程装备产业起步早、起点高，现已形成以自升式钻井平台、半潜式钻井平台、钻井船、FPSO为主的海洋工程装备设计、建造能力。

2013年，大连船舶重工集团有限公司海工产值同比增长15%以上，手持订单中海洋工程装备合同金额占比达57.6%，新接订单中海工产品合同金额占比达70%以上；渤海船舶重工有限责任公司与天津德赛海洋船舶工程技术有限公司签订了2座海洋平台建造合同；大连中远船务工程有限公司承接了2.8万立方米液化天然气（LNG）船、模块运输船、打捞工程船等“双高”产品订单，填补了辽宁省相关领域空白。渤海装备辽河重工有限公司则完全退出三大主流船型市场，集中全部资源发展CP-300和CP-400等系列自升式钻井平台、风电安装船、物探震源船、搜救船等海工产品。

（四）科技开发与技术进步

2013年11月，大连慧昌海洋工程技术有限公司与德国SDC公司成功签署“国内首艘自主知识产权560吨远洋重吊船”联合开发设计合同。远洋重吊船一直是我国的一项技术空白，尤其是大吨位船用起重机和稳性平衡系统两项核心技术，技术复杂，自动化程度高，配套及材料要求高，限制了我国重吊船技术发展。此次合作，大连慧昌海洋工程技术有限公司负责开发大吨位船用起重机，单台起重能力280吨，两台联吊达到560吨，具有起升高度高，臂展幅度大的特点。

2013年12月，大连船舶重工集团有限公司、通用电气公司海洋事业部和英国劳氏船级（LR）社宣布联合设计开发燃气轮机驱动的LNG运输船，这种新型的LNG运输船将使用目前在全球众多飞机上使用的燃气轮机核心系统。

河北省

（一）企业和科研院所

河北省海洋工程修理及改装的主要企业为山海关船舶重工有限公司。

（二）主要产品

河北省主要的海洋工程装备产品和服务包括FPSO和浮式储油船（FSO）改装，自升式钻井平台及海洋风电安装船的建造，生活模块及其他配套产品。

（三）生产经营情况

2013年，中海油田服务股份有限公司的大型钻井平台“海洋石油922”号进入山海关船舶重工有限责任公司，进行悬臂梁等主要设施改造，以提升平台钻井作业能力和效率。该平台最大作业水深200英尺，最大钻井作业深度6 000米，主要用于渤海油田的钻井作业，同时兼顾其它同类海域。

2013年2月，山海关船舶重工有限公司承担的巴西30万载重吨“北方之珠”号FSO改装工程顺利完成98米高、1 600吨重的艏部单点系泊装置塔楼吊装合拢定位，其中在漂浮状态下进行的吊装吨位、吊装高度和吊装难度均创历史最高纪录；2013年5月，山海关船舶重工有限公司与新加坡OMNI公司成功举行了阿芙拉型油轮“白令海”号改装FSO工程的签字仪式，这是继“北方之珠”之后，山海关船舶重工有限公司承接的又一重大海洋工程项目；2013年7月，山海关船舶重工有限公司与新加坡FTS DERRICKS PTE LTD公司签订2+2座CJ50-X120-D Rig（CJ50-01/02/03/04）自升式钻井平台的建造合同，合同总价达8.72亿美元，每座2.18亿美元。

（四）科技开发与技术进步

2013年10月19日，CJ50型系列自升式钻井平台1号平台在山海关船舶重工有限公司造船联合厂房正式点火开工。CJ50型自升式钻井平台是国内首次承接的新型平台，全部实现自动控制，具有国际领先水平。

天津市

（一）企业和科研院所

天津市主要有5家海洋工程装备及服务企业，分别为渤油船舶工程有限公司、新港船舶重工有限公司、博迈科海洋工程股份有限公司、海洋石油工程股份有限公司和俊昊海洋工程有限公司。

（二）主要产品

天津市在海洋工程装备领域的主要产品和服务包括：海上平台维修、钢结构的设计与建造、生活模块设计与建造、电气模块设计与建造、海上工程施工以及海洋工程装备相关的机械、电气、管线、仪表的设计安装与维修。

（三）生产经营情况

天津市海洋装备制造近年来发展迅速，海上钻井平台逐步形成比较优势，具备了300米水深以内的模块和平台建造能力；形成了200万吨造修船能力，开发了物探船、工程勘察船、15万吨FPSO等海洋工程装备；抗高压、耐腐蚀石油套管和海底柔性复合深水域软管技术等海洋装备技术取得突破，产品已经应用于海上钻井和海底输油。

2013年，海洋石油工程股份有限公司先后运行 27 个海上油气田开发项目和 3 个陆上 LNG 模块建造项目，主要分布在渤海、南海海域，海外项目 4 个。南海荔湾 3-1 深水海管、澳大利亚 Gorgon 等 9 个项目先后完工，其余项目均安全有序运行。

2013年新港船舶重工有限责任公司承修并改装多座钻井平台，在海洋工程项目上取得突破。

（四）科技开发与科技进步

海洋石油工程股份有限公司以“荔湾3-1”天然气开发等深水工程项目为依托，紧密围绕中国海油26个重大专项和18项关键技术展开科研攻关，2013年内累计投入研发经费2.9亿元，重点推进40余项科研课题，课题完成率达100%，综合成果转化率达80%以上，为深水油气开发储备了多项关键技术，提升了核心竞争力。截至2013年10月底，海洋石油工程股份有限公司已有87项专利获受理，59

项技术创新成果获国家授权专利，获省部级以上科技奖励10项。

深水工程领域，海洋石油工程股份有限公司3项高端深水水下产品实现重大突破，自主研发制造的PLET产品应用于“流花4-1”项目，水下卡爪式连接器、跨接软管研发取得阶段成果，海底管道铺设水深达到1 409米；传统海洋工程领域，完成了3万吨级组块浮托安装，使中国成为世界上第三个掌握3万吨级浮托成套技术的国家。此外，“高效制管作业线”、“H型钢管智能切割系统”投入工程应用，施工效率提升1倍以上。

山东省

（一）企业和科研院所

2013年，山东省拥有规模以上海洋工程装备制造企业7家，分别为青岛北海船舶重工有限公司、烟台中集来福士海洋工程有限公司、海洋石油工程（青岛）有限公司、青岛武船重工有限公司、大宇造船海洋（山东）有限公司、国营青岛造船厂和黄海造船有限公司。

（二）主要产品

山东省拥有青岛、烟台、威海三大海洋工程装备制造基地，主要海洋工程装备产品包括自升式钻井平台、半潜式钻井平台、FPSO、三用工作船、平台供应船以及水下驳船等。其中，自升式钻井平台涵盖从150英尺、300英尺、375英尺到400英尺、425英尺等不同工作水深的产品序列；半潜式钻井平台拥有COSL系列深水半潜式钻井平台以及Schahin系列深水半潜式钻井平台等品牌产品。

（三）生产经营情况

截至2013年底，山东省造船完工量居全国第五位，船舶产业年产能超过600万载重吨。

2013年，中集来福士海洋工程有限公司实现销售收入69.82亿元，比上年的18.29亿元增长281.67%。2013年中集来福士生效订单约18亿美元，手持订单累计约40亿美元。截至2013年年底，中集来福士海洋工程有限公司手持半潜式钻井平台订单5座，占全球当年市场份额的20%。

武昌船舶重工有限责任公司建造的水下浮体在青岛海西湾建成交付，该产品是迄今世界上建造的最大型水下立管支撑浮体系统。

（四）科技开发与科技进步

我国自主研发、亚洲最大的深海油气平台“荔湾3-1”天然气综合处理平台在海洋石油工程（青岛）有限公司生产基地顺利完工。这标志着我国海油工程在深水超大型油气平台设计、建造能力上取得了标志性突破,对于带动国内海洋工程装备业发展有着重要而深远的意义。这次建造完成的组块项目是深海油气平台“荔湾3-1”中心平台的上部模块，组块浮托重量约3.2×10^4吨，建造规模国内最大，是具有世界级建造难度的超大型海洋钢结构物。

由中集来福士提报的“非对称无横撑型深水半潜式起重生活平台”项目荣获2013年度山东省科学技术进步一等奖。“非对称无横撑型深水半潜式起重生活平台”是以中集来福士目前已经交付的半潜式起重生活平台SSCV218为载体，该半潜式起重生活平台取得了多项重大自主技术创新。平台创造性的采用了无横撑结构，减小了拖航时的阻力和动力定位时的环境载荷，同时为将来升级为铺管平台做储备；平台下船体采用左右舷非对称结构，并配备气动排压载水系统，与传统船型及压载调节方式相比可以实现快速调载以配合起重作业；通过与中国船舶重工集团公司第七〇二研究所合作研发及水池和风洞试验，优化了船体线型，航速明显提高，试航平均航速达到11.9节。项目研究期间共发表学术论文10余篇，获得授权专利6项，拥有100%自主知识产权，科技创新、性能指标、关键参数等方面科技成果均获得山东省科学技术厅组织的国内行业专家的肯定。

青岛双瑞海洋环境工程股份有限公司收到了英国劳氏船级社（LR）颁发的型式认可证书，该公司自主研制生产、拥有完全自主知识产权的BalClor™压载水管理系统，成为全球第一个也是唯一一个同时手持英国、挪威和中国三大世界权威船级社型式认可证书的压载水管理系统。

中国海洋大学研制的国内首台100千瓦潮流能发电装置安装成功并进行调试。

江苏省

（一）企业和科研院所

2013年，江苏省拥有13家主要造船企业，其中从事海洋工程装备制造的主要企业有江苏熔盛重工有限公司、惠生（南通）重工有限公司、南通中远船务工程有限公司、扬子江船业（控股）有限集团、南通润邦海洋工程装备有限公司、江苏省镇江船厂（集团）有限公司和招商局重工（江苏）有限公司等。

（二）主要产品

江苏省在海洋工程装备制造领域已经具备了一定的技术基础和较强的建造实力，海工装备产品覆盖从近海到深海的所有种类。主要海洋工程装备产品包括自升式钻井平台、半潜式居住平台、FPSO、浮式天然气液化再气化生产存储平台（FLRSU）、LNG再气化装置、钻井包、铺管起重船等。

（三）生产经营情况

据统计，2013年江苏省共交付各类海洋工程装备、海洋工程模块产品8个，主要有钻井辅助船、自升式驳船、圆筒型钻井储油平台以及LNG再气化模块、FSO海洋工程电气模块等。全省新接海洋工程装备订单约36亿美元，同比增长约33%。目前，全省手持海洋工程装备订单达80亿美元。产品覆盖从近海到深海的各类海工装备，其中的半潜式居住平台、浮式天然气液化再气化生产存储平台（FLRSU）、钻井包等产品，填补了国内海工装备制造领域的空白。

（四）科技开发与科技进步

南通润邦海洋工程装备有限公司自主设计、建造和调试的自升式海上风电安装平台完成了海上风电安装、维护工作。该船是国内首艘适合近海风电安装的平台作业船，所用的升降系统及吊机工装系统均为润邦自主设计、建造；南通中远川崎公司为中远航运公司建造的四艘同型船中的首制船——多用途重吊船“大安”号在南通命名交付。这艘船集散货船、集装箱船、多用途船、重吊船功能，吊运能力迄今为止亚洲最大；南通中远船务为该公司设计建造的半潜式海洋生活服务平台“高德2”号（N583）项目开工。该平台全长95米，型宽67米，型深35.7米，平台总高近60米（相当于20层楼高）；平台设计吃水8.6-20米，最大排水量达33 300吨，是目前世界同类产品中，满足规范最多、要求最高、设备设施最先进的半潜式海洋生活服务平台；南通振华建造的大型铺管船“CPP601”由半潜船装载，安全驶出长江，将赴非洲投入坦桑尼亚海洋石油管道项目建设，成为进军非洲海洋能源市场的中国第一艘铺管船。该船是中石油迄今为止最大的铺管船，全长121.2米，具有起重吊装、海管铺设、海上生活支持等三大功能，是一艘世界级高端海工船舶。

熔盛重工集团控股有限公司接获来自新加坡买家的1+1座自升式钻井平台的总包合同。据了解，此次承接的CJ-46型自升式钻井平台是具有世界先进水平的350英尺自升式钻井平台，主要用于海上石油和天然气勘探及开采工程作业。此次项目以包括“设计、采购、建造”在内的总包（EPC）合同形式签定，由熔盛重工集团旗下的熔盛海事有限公司及江苏熔盛重工有限公司共同负责。

中国船舶重工集团公司第七〇二研究所研制的首个实验型深海移动工作站，历经十年科技攻关，在完成总装集成和陆上联调的基础上，在该所露天水池圆满完成第一期水池试验。该工作站为35吨级，在海底工作的时间为12到18个小时，可载6人。这是继“蛟龙”号成功研制后我国深海装备研发的又一项前沿探索，为研制首艘千米潜深、百吨级小型深海空间站奠定了技术基础。

上海市

（一）企业和科研院所

上海市拥有上海外高桥造船有限公司、上海船厂船舶有限公司、上海振华重工（集团）股份有限公司、上海中远船务工程有限公司、中国船舶重工集团公司第七〇四研究所、中国船舶工业公司第七〇八研究所、上海船舶研究设计院、上海佳豪船舶工程设计股份有限公司、上海交通大学等数量众多的海洋工程装备制造企业及科研院所，在海洋工程装备设计、建造安装、配套、工程管理等方面居于国内首位。

（二）主要产品

上海市主要海洋工程装备产品包括自升式钻井平台、半潜式钻井平台、深水钻井船、多缆物探船、FPSO上部模块、铺管船、挖泥船、抛石平整船以及风电设备安装船等。

（三）生产经营情况

2013年1月，上海振华重工（集团）股份有限公司为荷兰BOSALIS公司建造的“NDEAVOR”号多功能铺缆船建成下水。该项目共有2艘同类型的船，船体型长99米，能完成海底电缆的布放、埋设、打捞等多种海洋工程任务，是中国制造企业承接的首份国外铺缆船订单。

2013年，上海外高桥造船有限公司完工交付船舶34艘，总计565.95万载重吨。承接自升式钻井平台6座，签订4艘平台供应船建造合同。2014年5月28日，上海建造的第一座自升式钻井平台在上海外高桥造船有限公司位于临港的海洋工程基地命名交付。这是继30万吨海上FPSO“海洋石油117”和3 000米深水半潜式钻井平台“海洋石油981”之后，上海外高桥造船有限公司开发建造的又一高端海洋装备。

（四）科技开发与科技进步

2013年，上海中远船务工程有限公司申报的《货舱C段总装合拢结构》、《FPSO模块吊耳安装结构》、《FPSO用生活楼模块》、《FPSO货舱区环形总段分段结构》、《应用于FPSO的电力支持系统设备》等18项独创的实用新型专利获得了国家知识产权局授权。这些独创专利具有专业性、可行性、实用性的鲜明特点，为上海中远船务工程有限公司完成海工技术输出和建造任务提供了重要的技术支撑。

沪东中华造船（集团）有限公司总装二部围护系统科设计的埃克森美孚/商船三井LNG船围护系统安装平台取得了整体专利，并实现了国产化制造，获得船东认可。

上海振华重工（集团）股份有限公司“大直径钢圆筒制造方法”、“自升式钻井平台桩腿齿条标准段的制造”、“自升式钻井平台桩腿齿条标准段的制造”、“船用龙门吊的坞口安装方法”三项发明专利在第25届上海市优秀发明选拔赛中分获金、银、铜奖。

上海交通大学参与的“波浪－海工结构物－海床相互作用全动态耦合数值模拟理论与方法”项目获2013年度海洋工程科学技术奖。

浙江省

（一）企业和科研院所

浙江省涉足海工装备制造领域的有舟山中远船务工程有限公司、浙江造船有限公司、浙江半岛船业有限公司和太平洋海洋工程（舟山）有限公司等7家企业；拥有国家海洋局第二海洋研究所、杭州应用声学研究所（七一五研究所）和浙江大学等多所国内外知名的涉海科研院所和大专院校，杭州现代船舶设计研究有限公司、舟山欣海船舶研究院有限公司、浙江大学海洋研究所、浙江工业大学海洋研究院及浙江海洋学院，经过的近几年的发展，在海洋工程领域也取得了不错的成绩。

（二）主要产品

浙江省的海工装备制造业经过近几年的发展，海工产品类型已从先前单一的海工平台辅助船，开始进入海工装备主体产品领域。产品包括多用途工作船、三用工作船、平台供应船，海洋工程生活平台、FPSO以及半潜式海洋钻井平台等。

（三）生产经营情况

2013年浙江省共交付海工辅助船26艘（三用工作船1艘，平台供应船2艘，多用途工作船23艘），新接海工订单20艘，总计10万修正总吨。2013年手持订单中包括有90米自升式作业平台、海工生活平台、FPSO、平台安装辅助船等相对高端的海工产品。

（四）科技开发与科技进步

2013年3月，浙江造船有限公司为欧洲船东建造的高科技海洋平台供应船U10528系列首制船签字交付，标志着浙江造船有限公司建造的海洋工程船已被欧洲顶级船东认可。U10528是全球范围内最通用的多用途平台供应船之一，该船型充分体现了现代化船舶安全、环保、舒适和大载重量的理念。其船体外形采用了乌斯坦公司最新理念的X-BOW设计，确保在恶劣的海洋环境中抵抗强风大浪的冲击；发电机尾气排放达到欧洲汽车标准；该船还配备有海上浮油回收装置、无限航区航行设备；在艏部区域，设计安装有一套可收缩的全回转推进器和超静音导管推进器，从而大幅提升了航行速度。

2013年12月，由浙江大学和舟山和泰船舶修造有限公司共同打造的国内首艘浮式海洋试验平台“华家池”号，通过专家组验收后正式交付使用。在该平台上可以进行多种海洋工程科研项目的试验，主要包括风浪流的测定、水下生产系统的安装测试、海底管道与立管的安装测试、风光互补试验、锚泊系统试验和海洋岩土工程试验等。

福建省

（一）企业和科研院所

福建省拥有马尾造船股份有限公司、厦门船舶重工股份有限公司、福建省东南造船厂等主要海洋工程船制造骨干企业。

（二）主要产品

福建省主要的海洋工程装备产品为各类海洋工程船舶，包括平台供应船、多功能平台供应船、三用工作船、半潜式支持船、工作拖船等。

（三）生产经营情况

据统计，截至2013年6月，福建省规模以上修造船、游艇企业实现工业总产值增长7%，出口增长13%，福建省手持海工船订单208艘。福建省《关于贯彻落实国务院船舶工业加快结构调整促进转型升级实施方案的意见》提出，到2015年末，福建省品牌特色海洋工程辅助船年产量超过80艘，国际市场（同类产品）占有率达20%以上的目标。

（四）科技开发与科技进步

东南造船厂对75米平台供应船的设计及工艺进行创新，取得了多项国家专利。该型船应用的全回转舵桨安装工艺取得国家级发明专利，水密门限位装置获国家实用新型专利；该型船球鼻艏柱板由传统的钢板加工改为铸钢艏柱的设计获国家实用新型专利。此外，东南造船厂的75米平台供应船获得2013年福建省新产品称号。

广东省

（一）企业和科研院所

广东省主要海洋工程制造企业有招商局重工（深圳）有限公司、广州中船黄埔造船有限公司、广州广船国际股份有限公司、中船澄西远航船舶（广州）有限公司、中船澄西船舶修造有限公司、广州广船国际海洋工程有限公司、广东中远船务工程有限公司、广东粤新海洋工程装备股份有限公司、广州航通船业有限公司等。

（二）主要产品

广东省主要海洋工程装备产品包括钻井平台、移动式多功能修钻井平台、钻井模块，生活模块、海上起重船、大型铺管船、挖泥船、物缆船和钻探船、多用途工作船、全回转顶推轮、三用工作船以及平台供应船等。

（三）生产经营情况

2013年，广东海洋工程装备及辅助船制造实现了快速增长，并在钻井平台等高端海洋工程产品制造上取得突破性进展，其中一个明显标志就是海洋工程及辅助装备业开始走向深海领域。

广东省船舶工业协会统计的数据显示，截至2013年9月底，广东省海洋工程装备及辅助船订单金额达66.4亿元，同比增长1.5倍。

广州广船国际股份有限公司2013年全年实现造船产值人民币26.49亿元，同比下降43.06%；海工产值6.92亿元，同比增长13.64%。海洋工程方面，公司承接了2艘FPSO改装分包工程及PANCAKE模块工程、5万吨半潜船加装运输支撑架及DP-2；完工1艘FPSO改装分包工程及PANCAKE模块工程。

广州中船黄埔造船有限公司成功承接了首座自升式海洋钻井平台订单；招商局重工（深圳）有限公司成功接获了6座钻井平台订单。广东中远船务工程有限公司为新加坡Energy Drilling公司设计建造的目前华南地区首艘海洋辅助钻井船“Edrill-1”号下水。“Edrill-1”号主要功能是为边际油田提供钻井、修井服务，或为需插桩定位的海域进行钻井作业，租金比自升式钻井平台更低、更经济，作业水深可达到2 000米，钻井深度可达5 000米以上。

（四）科技开发与科技进步

2013年3月，由广州广船国际股份有限公司自主研发、设计，拥有完全自主知识产权的我国首台“横补动态加载装置”完成试验。该装置主要用于船舶横向补给系统的试验。

2013年3月，广东中远船务工程有限公司与新加坡船东签署的SemiTenderRig（半潜辅助钻井平台）项目建造合同正式生效。该平台全长102米，型宽63米，型深31米，总高约72米，作业吃水13-18米，最大作业排水量达31 900吨。该平台建成之后可供170名船员生活居住，将是世界上最大最先进半潜钻井支持船。

2013年6月，广州文冲船厂有限责任公司为中国铁建港航局集团有限公司建造的“5 000m^3/h绞吸挖泥船”点火开工。该船为长航重工长江船舶设计院设计，为钢质、全电焊结构非自航绞吸挖泥船，是目前国内主尺度最大、每小时挖掘方量最大的绞吸式挖泥船；2013年8月，公司承担的“3 000米钻井船波浪补偿装置研制”项目可行性研究报告顺利通过审查。该项目是国家发改委批准立项的2013年海洋工程装备研发及产业化专项。

2013年7月，广州中船黄埔造船有限公司世界首艘采用LNG双燃料系统的港口作业船“海洋石油

521”下水。该船为双燃料发动机推进，可使用船用轻柴油、LNG气体作为燃料；7月26日，公司为中国海洋石油总公司旗下海洋石油工程股份有限公司建造的国内第一艘完全自主设计建造的海洋工程导管架18 000吨下水驳船“海洋石油228”号命名交付，该船是同时也是首艘获中国船级社（CCS）签发的IHM符号证明的绿色船舶。2013年10月，全球同类型浮式生产储卸油装置（FPSO）改装中工程量最大、最复杂、最先进的项目——“伊利亚贝拉”号FPSO在中船澄西远航船舶（广州）有限公司完工出厂。“伊利亚贝拉”号是一艘由超大型油船改装的集采油、生产处理、储存和卸载为一体的浮式生产储卸油装置，是SBM公司在我国的第一个改装项目。

湖北省

（一）企业和科研院所

湖北省共有船舶和海洋工程装备制造及配套企业近400家，科研设计机构21家，其中武昌船舶重工有限责任公司、武汉船用机械有限责任公司、中国舰船研究设计中心、武汉第二船舶设计研究所、武汉船用电子推进装置研究所、武汉理工大学等企业尤为显著。目前，湖北省已形成了较为完备的产业体系。2013年初，武汉国家高端船舶及海洋工程装备高新技术产业化基地，得到国家科技部正式授牌。

（二）主要产品

湖北省主要海洋工程产品包括平台供应船、多功能平台供应船、三用工作船等。此外，湖北省还可为海洋工程船和海洋平台提供配套，产品涵盖特种甲板机械、海洋工程起重设备、平台升降系统、推进及动力定位系统、原油装卸系统等。

（三）生产经营情况

2013年湖北省船舶工业完成总产值580亿元，同比增长13.28%；海洋工程产业发展取得突破，2013年全省海洋工程产值增速高于全行业增速1.2个百分点，龙头企业海洋工程装备发展取得成效显著。

（四）科技开发与科技进步

2013年武汉船用机械有限公司向国家发展和改革委员会申报的3个海洋工程装备科研项目，即“自主知识产权系列化自升式钻井平台升降与锁紧系统技术研发及产业化”、“3 000米深水钻井船动力定位系统技术研发及产业化”、“深远海多功能工程船甲板机械液压系统技术研发及产业化”获得立项批复；2013年8月，公司承担的国家高技术船舶科研计划项目——3 500千瓦大功率全回转舵桨装置研制成功，这是国内迄今自主研发的最大功率全回转舵桨装置，将打破国外企业在该领域的垄断。全回转舵桨装置可广泛应用于海上钻井船、电缆或管道敷设船等特种船舶。2013年4月19日，国内企业自主研发制造的直径最长的船用陶瓷活塞杆液压变幅油缸在武汉力地液压设备公司正式下线，打破了该型产品市场完全被国外厂家垄断的局面。

2013年7月，武昌船舶重工有限责任公司建造的水下浮体在青岛海西湾建成交付。据悉，该产品专为巴西国家石油公司定制，主要用于深海石油开采，是迄今世界上建造的最大型水下立管支撑浮体系统。其成功交付标志着我国进入世界最高端深海海工装备制造商行列；2013年8月，公司为上海打捞局建造的16 000千瓦多用途海洋拖船下水。该船是目前国内建造的马力最大、系柱拖力最高、续航能力最强的远洋拖船；2013年11月，公司自主设计建造的海洋平台工作船“华虎”号在武汉下水。该船主机功率1.6万千瓦，是目前世界上最先进、功率最大的海洋平台工作船。武昌船舶重工有限公司具有完全自主知识产权。

（编写：尹　旭　唐晓丹　王文祥　李　响　王　婧）

第七章　海洋工程产业园区建设

葫芦岛龙港海洋工程工业区

（一）基本情况

葫芦岛龙港海洋工程工业区位于葫芦岛半岛北麓，南依丘陵，三面环海，西南距葫芦岛3公里、东北距锦州港10海里，是国家沿海经济带和葫芦岛市“三点一线”重点区域开发开放的重要组成部分。园区规划面积19.6平方公里，深水海岸线6 700米，是葫芦岛市海洋工程装备制造基地和船舶修造基地。园区内骨干企业有：渤海船舶重工有限公司、葫芦岛华越重工有限公司、辽宁东宝集团船舶制造有限公司、葫芦岛新宇重工钢构有限公司等。

（二）发展目标

葫芦岛龙港海洋工程工业区发展目标为打造中国北方船舶制造和海洋装备基地，重点生产大型船舶、特种船舶、大型海洋工程、各种船舶配套产品等，着力发展海洋工程装备和船舶修造、石油钢管生产制造和海工配套、精细化工三大产业板块。预计2015年总产值达200亿元。

（三）建设成果

葫芦岛龙港海洋工程工业区积极推进重大项目建设。截至2014年3月底，渤船重工海洋工程装备基地项目、海洋工程装备制造基地项目、石油钢管制造基地项目和碧海舟葫芦岛海洋石油装备有限公司腐蚀防护材料及石油装备项目已取得一定进展。

渤船重工海洋工程装备基地项目。2013年4月2日，渤海船舶重工有限公司与葫芦岛龙港海洋工程工业区签约建设海洋工程装备制造基地。海洋工程装备制造基地占地1 600亩，由中国船舶重工集团公司投资50亿元人民币建设，主要生产钻井船台、海工船、大型储油船等产品。计划2015年完成一期工程建设，预计年产值达70亿元；2020年全面达产，年产值将达120亿元。

海洋工程装备制造基地项目。2013年4月10日，中油天宝集团与辽宁东宝集团就合作建设海洋工程装备制造基地项目签约，由中油天宝集团出资10亿元人民币与东宝集团合作，占地1 000亩，修建17万吨级船坞一座、5 000吨杂货码头一座，完善船台等生产设施，建设年产50万吨海工装备制造基地。

石油钢管制造基地项目。2013年4月10日，中油天宝集团与葫芦岛龙港海洋工程工业区签约建设石油钢管制造基地。基地占地810亩，由中油天宝集团投资50亿元建设。项目计划建设4条石油钢管生产线和一条钢管防腐生产线，形成年产100万吨油气管道生产能力，实现产值100亿元。

碧海舟葫芦岛海洋石油装备有限公司腐蚀防护材料及石油装备项目。该项目总投资6.13亿元，占地333亩，达产后可年产防腐材料6 500吨，海洋石油装备类产品6万吨。年销售收入可达10亿元。2014年计划产值1 500万元（不含税），产量3 000吨。

除此之外，凌云锦华精密锻造有限公司金属制品生产线搬迁技术改造项目、葫芦岛江浙海洋装备有限公司海洋工程装备制造项目和葫芦岛市龙港石化管件厂管件加工项目等项目也取得进展。

盘锦海洋工程装备制造基地

（一）基本情况

盘锦海洋工程装备制造基地位于辽东湾新区，基地规划区域面积27.6平方公里、内海海域面积11.3平方公里、内海岸线22.4千米、水深可达18~20米、设计地耐力30吨/平方米。基地主要企业有渤海装备辽河重工有限公司、辽宁宏冠船业有限公司、忠旺铝材、合力叉车等企业。主营业务包括船舶设计、制造、维修，船舶钢板、船用舱口盖、精密铸造管件、各类压力容器等船舶配套设备制造，海洋平台及装备、海上作业装备设施研发等海洋工程装备制造。

（二）发展目标

产业园区紧紧围绕打造国家级海洋工程装备制造产业集群这一目标，重点引进以海工装备、特种车辆制造、港口机械设备、化工装备、石油天然气装备、节能环保装备等相关装备制造为主的项目。

按照发展规划，“十二五”期末，形成以半潜式钻井平台、自升式钻井平台、海上钻井船等为发展重点的海工装备制造集群，预计实现销售收入200亿元，建设成为国内乃至国际重要的海洋工程装备制造基地。

（三）建设成果

2010年4月，盘锦海洋工程装备基地被辽宁省政府确定为省级重点海洋工程装备制造产业基地。截至2012年完成投资118亿元，实现销售收入53.7亿元。截至2013年9月，拥有规模以上工业企业14家。

青岛海西湾船舶与海洋工程产业基地

（一）基本情况

青岛海西湾船舶与海洋工程产业基地是山东半岛蓝色经济海洋特色园区，始建2001年，位于胶州湾南口西海岸，紧靠胶州湾海底隧道出口和青岛港，处于中日韩世界船舶制造业“金三角”中心地带，是国家商务部、工信部批准的首批国家级船舶出口基地和新型工业化产业示范基地。总规划面积超过8平方公里，总投资超过270亿元，总岸线长12公里，平均码头水深12米。其中，船舶产业区6平方公里，总投资约200亿元；海洋工程产业区2平方公里，总投资约70亿元。基地内有包括北海船舶重工有限公司、青岛武船重工有限公司、中海油海洋石油工程（青岛）有限公司、中石油集团海洋工程（青岛）有限公司、青岛海西重机有限责任公司等百余家船舶制造、海洋工程及各类配套企业。

（二）发展目标

依照规划，到2015年，海西湾年造船能力将达到668万载重吨，海洋工程钢材加工能力50万吨，修船200余艘；船舶与海洋工程产业产值700亿元，年均出口额36亿美元。形成集造船、修船、海洋工程、科研等为一体，高效集聚、配套功能最完善、规模最大的船舶与海洋工程装备制造产业基地之一。

（三）建设成果

海西湾船舶与海洋工程产业基地是我国四大海洋工程基地与重要的船舶修造基地之一，是国家商务部、工信部批准的首批国家级船舶新型工业化产业示范基地。2013年5月，该产业基地被认定为首批山东半岛蓝色经济区海洋特色产业园。目前已经形成了以船舶修造和海洋工程为龙头，具备从船用钢板加工与配送、大型船舶主机曲轴到大型低速船用柴油发动机、船舶电力推进系统、港口及船用机械等完整产业链和产业配套能力的大型产业集群。

基地内现有大型造修船坞7座，其中50万、15万、10万吨级船坞各1座，30万吨级船坞4座；海洋工程滑道11条；大型龙门吊17台，已形成年造船668万载重吨、修船200余艘、海上石油生产平台年钢材加工量35万吨的生产能力。累计投入20多亿元实施了园区内道路、供水、供电、通信等九通一平工程，为园区内企业发展和项目入驻打造了高端平台。

2013年，基地完成产值322亿元，同比增长18%，纳税3.38亿元，产业主要产品包括18万吨散货船、海洋工程模块、自升式钻井船、导管架、钻进平台等。

海西湾船舶与海洋工程产业基地不断引进建设国家重量级战略保障性重大项目，全力推进和服务于国家深远海开发战略。目前，推进较快的重点项目有4个，分别为：

中石油海工基地项目，由中国石油集团海洋工程有限公司投资22.8亿元，注册资本5亿元，主要生产建造海洋钻井平台；海洋油气生产设施的建造、安装；海洋石油工程船舶服务和后勤保障。全部建成后年产值达40亿元。

七一二研究所船舶电力推进系统产业化基地项目，由中船重工集团第七一二研究所和中船884厂合作投资10亿元，占地约200亩，主要规划建设一个国际先进的大型特种电机生产基地，产品包括系列化永磁（发）电机、低速大功率先进异步机，项目建成后，将填补国内空白，替代进口，年产值可达20亿元。

大型深海装备试验检测基地项目，中国船舶重工七〇二研究所总投资5.5亿元，项目占地77亩。项目建设周期四年，预计达产后实现产值每年8 000万元，税收400万元，建成后将为我国深海装备研发、生产提供技术支持和模型试验及产品实物检测支持，是深海装备研制过程中不可或缺的环节，技术达到国际先进水平，使我国成为继美国、俄罗斯之后第三个拥有大型深海装备试验检测能力的国家。

中船重工海洋装备研究院项目，总投资10~15亿元，主要从事船舶（新型船舶、邮轮、游艇等）、海洋工程装备（钻井平台、半潜式平台、FPSO、海工模块等）、深海潜器等产品开发、科研、设计（报价设计、合同设计、详细设计、生产设计）及试验等，属总成总装级研发。项目建筑面积约14~16万平方米，2015年规划达到300~400人，项目远期规模约1 000人，将打造一个综合实力较强、专业特色明显、部分专业具有国际影响力的国内领先、世界一流的海洋装备研究院。

蓬莱海洋装备制造产业园

（一）基本情况

蓬莱海洋装备制造产业园位于蓬莱经济开发区北部沿海地带，海岸线总长8公里，航道平均水深–25米。该产业园拥有港口腹地10 986亩，整体规划了海洋工程装备加工区、海洋装备配套生产区、船段加工区、游艇制造基地、大型钢结构件加工区、船舶电子设备生产区、物流中心、维修区、生活区、服务区等功能分区。目前，园区拥有蓬莱中柏京鲁船业有限公司、蓬莱巨涛海洋工程重工有限公司、永和重工（蓬莱）有限公司等50多家海洋装备及相关企业。

（二）发展目标

蓬莱海洋装备制造产业园依托港口、岸线资源，按照“修造船与海洋重工并举、主导产品与配套产品并重”的发展思路打造海洋装备制造产业园。发展海洋工程装备、船舶制造、海工改装维修的同时，逐步吸纳动力设备、发电机组、深海钻机成套设备、井控设备、水下生产系统及海底电缆、海洋工程用钢、系泊链、螺杆钻具、钻井泥浆泵等产品生产企业，逐步达到聚集发展，形成完整的产业链条，打造海洋装备制造优势产业集群。

根据园区产业规划，力争到2015年，发展修造船、海洋工程及配套企业60家，海洋工程、船舶产业本地产品配套率达到10%。培育年产值超50亿元企业1家、产值超30亿元企业2家，产值超10亿元企业4家。造船完工量达到150万载重吨，海洋工程钢材加工量40万吨，实现产业销售收入200亿元，利税25亿元。重点推进中柏京鲁船业10万吨海洋工程装备、巨涛重工重型海上采油生产平台模块设计制造、大型机械结构建造等项目，建设北沟镇和蓬莱经济开发区2个船舶配套园区，引进船舶配套企业30家。到2015年，产值达到500亿元，成为国内有较强影响力的海洋工程装备制造业基地。

（三）建设成果

蓬莱海洋装备制造产业园于2012年7月成功申报“山东省新型工业化产业示范基地”，2013年4月成功申报“山东省蓝色经济区海洋特色产业园”，2013年7月成功申报第三批山东省高端装备制造产业园区。

园区拥有5万吨级以上码头5个，规划建设万吨级以上泊位6个，可生产大型导管架、海洋工程模块、吊机、FPSO船段及船舶配套等产品，年加工钢材20万吨。

园区可生产大型导管架、海洋工程模块及船舶配套等产品，年钢材加工能力达20万吨。园区内规模以上工业企业有效发明专利59个，先后研制成功海洋平台控制系统软件、大型法兰平面度检测方法、超高强钢与异种高强钢焊接工艺、低温环境海洋工程大厚钢板埋弧焊工艺方法、斜角度超声冲击枪等先进技术。2013年，实现规模以上企业主营业务收入72.1亿元，实现海洋业务收入63.5亿元。

青州海洋装备产业园

（一）基本情况

青州海洋装备产业园位于山东省潍坊市青州经济开发区，邻近长深高速路，规划占地面积2.6万亩。园区企业182家，其中高新企业16家，省级以上企业中心、工程技术研发中心5家，海洋装备配套企业中心2家，潍坊市以上企业中心、工程技术研发中心24家，拥有省级以上知名品牌（商标）23个。代表企业有：荣利中石油机械、石油机械厂、山东山工机械有限公司、山东威猛工程机械有限公司、山起重型机械股份公司、山东亚泰机械有限公司等。

（二）发展目标

青州将传统装备制造业与涉海产业结合，率先发展石油矿业机械产业和海洋物流，大力发展海洋装备制造业。青州海洋装备产业园主导产业为大型港口、船舶起重装卸设备，石油钻采设备生产及配套，临港工程机械装备及配件，高档工程液压件4大门类。力争到2015年，培育5家以上有较强带动能力的海洋装备制造龙头企业，完成工业总产值 100亿元。

（三）建设成果

2013年5月，山东省首批18个蓝色经济区海洋特色产业园名单公布，青州海洋装备制造产业园获认定为省级海洋特色产业园。2013年涉海企业实现业务收入667亿元。该园区在海洋油气和探矿装备、海洋工程建筑装备和临港工程机械装备等方面取得了突出成果。

海洋油气和探矿装备。以荣利中石油机械、石油机械厂为骨干企业，重点建设荣利中石油9 000米陆地撬装钻机等项目，2013年内新增销售收入30亿元，利润3亿元，税金2亿元。

海洋工程建筑装备。以山东山工机械有限公

司、山东威猛工程机械有限公司为骨干企业，重点发展大中小型装载机、推土机等工程机械。山东山工机械有限公司投资20亿元扩大产品生产能力，2013年内达到工程机械年产3.5万台能力。

临港工程机械装备。以山起重型机械股份公司、山东亚泰机械有限公司为骨干企业，大力发展轮式门式起重机、轨道式门式起重机等产品，力争到2015年临港机械产业总产值增长实现翻番，形成潍坊市重要临港机械产业基地。

南通海洋工程船舶装备工业园

（一）基本情况

南通海洋工程船舶装备工业园位于南通经济技术开发区沿江区域，规划面积12平方公里。园区依托良好的长江岸线，重点发展海洋工程和船用装备制造业。主要企业有南通中远川崎、南通中远船务、吉宝（南通）等。

（二）发展目标

南通海洋工程船舶装备工业园重点鼓励发展生产船用装备、设备及其配套产品制造、海上石油钻井平台模块、大型港口机械装备、集装箱岸桥场桥的制造以及属于资金密集型、技术密集型的海洋工程设备制造业项目等。

（三）建设成果

惠生重工总投资1.5亿美元，主要发展船舶配套、港口机械、海上钻井平台模块。

上海振华重工总投资50亿，开展系列项目；南通振华重型装备制造有限公司二期锻造分厂项目，总投资7亿元，占地200亩，年产5万吨铸件。南通振华港机配件公司的精密铸造项目，占地240亩，年加工滑轮铸件4万吨。

日本日立金属与上海宝钢集团的热轧辊注册6 500万美元、总投资8 446万美元。

东方重工起重机械加工项目配套1万吨级码头260米，占地约180亩，总投资约8亿元，年产值20亿元。

南通晟巍重工公司由香港晟巍船务公司和南通民兴船务公司投资，总投资2 900万美元，注册2 000万美元，占地91亩，总建筑面积3万平方米。建成后年产钢结构5万吨、港口机械10套，产值5亿元。

启东海工船舶工业园

（一）基本情况

启东海工船舶工业园成立于2011年11月，位于江苏省启东市东南、长江北支口三条港至连兴港段，距启东市区18公里，距上海市城区60公里，距上海浦东机场80公里。园区规划用地面积35.8平方公里，近期控制规划用地面积约23.8平方公里，预留中远期发展用地11.9平方公里，利用沿江岸线20.8公里，腹地纵深1至2.5公里。主要代表企业有：中远船务海洋工程（启东）有限公司、南通太平洋海洋工程有限公司、南通蓝岛海洋工程有限公司、宏华海洋油气装备（江苏）有限公司、江苏京沪重工有限公司、南通润邦海洋工程装备有限公司、启东丰顺船舶重工有限公司、启东胜狮能源装备有限公司、上海振华重工启东海洋工程有限公司等。

（二）发展目标

启东海工船舶工业园以海工船舶工业园为主，产业涉及海洋工程装备、特种船舶制造、重大技术装备、海工船舶配套等领域，计划总投资超过300亿元。

未来启东海工船舶工业园将以海洋工程装备产业为核心，以重大技术装备产业为支撑，以高技术船舶为辅助，以海工船舶配套为拓展的装备制造业产业集群。计划到2020年底，建成“海洋工程装备产业特色明显、重大技术装备产业规模较大、生产服务体系较完整”的千亿元级产业基地，形成海洋工程装备、重大技术装备、海工船舶配套、高技术船舶“四业并举”的发展格局，将园区打造成为国家级海洋工程装备产业基地。

（三）建设成果

园区已形成海洋石油钻井装备制造、海洋特种船舶制造、港口能源装备制造三大产业板块。2013年，启东海工船舶工业园实现产值126亿元，完成应税销售83亿元，入库税收2.5亿元。2011年以来，园区企业研发新产品31个，取得相关专利100余个。

2012年2月，以南通中远船务为主研发的“深海高稳性圆筒型钻探储油平台的关键设计与制造技术”获2011年国家科技进步一等奖，该平台的SEVAN650系列也是当今世界海洋石油钻探平台中技术水平最高、作业能力最强的高端领先产品。

2013年，南通太平洋海洋工程有限公司核心再气化模块成功突破氮气高压强度试验，顺利交付挪威Wartsila-Hamworthy公司。这是中国首次用气体完成195巴的高压强度试验，是太平洋海工继成功交付首个LNG再气化模块后又一次核心技术的新突破，标志着太平洋海工成功实现了此类海工模块的系列化、专业化生产。

上海长兴海洋装备产业园

（一）基本情况

上海长兴海洋装备产业园区成立于2007年4月，位于长兴岛中南和东南地区，位于长兴江南大道以北、兴冠路以东、新潘圆公路以南、兴港路以西的区域。园区规划面积7.13平方公里，可施工面积6.78平方公里。园区以高新技术船舶及海洋工程装备配套产业为中心，是上海六大产业基地之一与九大高新技术领域之一。园区代表企业有：振华重工、综合中远集团以及沪东中华造船集团等。

（二）发展目标

上海长兴海洋装备产业园区以低碳、环保为产业发展前提，以高新技术船舶及海洋工程装备高端配套项目的引进为招商主线，逐步与其他先进制造业、战略性新兴产业、生产性服务业形成联动发展的局面。

依照规划，上海长兴海洋装备产业园划分为：生产性服务业功能区、船舶及海洋工程配套区、高新产业集聚区与综合配套区四大区域。其功能布局如下：

生产性服务业功能区：主要发展总部经济、教育培训、金融、认证、物流等服务产业。

船舶及海洋工程配套区：规划为具有国际先进水平、为远洋船舶及海洋工程装备提供专业配套设备的产业集聚区。

高新技术产业集聚区：以自主创新为核心，吸引高新技术企业落户，引领高新技术船舶及海洋工程装备产业发展，形成高新技术产业集群。

综合配套区：以附加值高、科技含量高的船舶机电、通信导航与自动化设备配套企业为主。

（三）建设成果

2012年，上海长兴海洋装备产业园区实现工业产值5.4亿元，完成固定资产投资6.8亿元。

2012年12月28日，上海长兴海洋装备产业园区与中船重工七〇四研究所举行军品配套建设和民品产业化项目合作框架协议签约仪式。根据协议，中船重工七〇四研究所将把民品发展重心落户长兴产业园区，预计到“十三五”末产值可达20亿，同时凭借中船重工七〇四研究所在船舶设计、制造行业的重要地位，将带动更多高端船舶配套企业进驻长兴产业园区。

2013年7月3日，上海长兴海洋装备产业园区与上海船舶运输研究所签订投资意向书，双方就“航运技术与安全科研设施基地”设施建设项目落户长兴产业园区达成一致意见。

2013年11月6日，上海长兴海洋科技港项目开工仪式在上海长兴海洋装备产业园区举行。该项目位于长兴产业园区7号地块，毗邻中船江南造船基地，占地面积约203亩，总建筑面积约25万平方米。长兴海洋科技港项目定位于聚焦发展船舶及海洋工程相关生产性服务行业，预计2015年全部建成。

舟山船舶装备高新技术产业园区

（一）基本情况

舟山船舶装备高新技术产业园区成立于2012年12月，位于浙江定海工业园区，规划面积6.58平方公里。园区代表企业有：长宏国际产业园、浙江增洲造船有限公司、太平洋海洋工程（舟山）有限公司等。

（二）发展目标

舟山船舶装备高新区技术产业园根据园区产业主攻方向，结合科技创新服务功能和园区配套功能的建设需求，积极推进园区建设。重点发展大型海上平台和高端船型制造，依托大型龙头企业，合理布局研发设计、制造修理、配套加工、仓储物流等上下游产业链。

依照规划，舟山船舶装备高新区技术产业园将围绕海洋工程、高端船舶装备和港航物流服务两大重点产业，加大对科技创新的投入，建立健全创新创业体系，加快创新平台建设。鼓励企业加强与高等学校、科研院所合作，加快技术创新和产品创新。此外，园区积极培育企业船舶研究院，引进一批创新能力强、设计成果产业化绩效明显的设计企业，引导有条件龙头企业研发机构分离，鼓励成立独立运营的设计公司、研究院，重点引导舟山长宏国际船舶修造有限公司、太平洋海洋工程（舟山）有限公司建立研发机构，支持浙江舟山增洲船舶设计研究院建设。

（三）建设成果

至2013年，舟山船舶装备高新技术产业园区初步形成以长宏国际产业园、浙江增洲造船有限公司、太平洋海洋工程（舟山）有限公司建设为依托的海洋工程装备和高端船舶产业园，以中海石油舟山石化二期、舟山世纪太平洋二期、中浪国际、中国外运长航汽车滚装物流等重大产业项目为依托的港航物流服务产业园，以培育科技创新型海洋工程和船舶配套企业的创新型中小企业园以及服务于中小型企业、海洋工程装备企业的科技创新与配套服务功能区。

截至2013年底，舟山船舶装备高新区技术产业园共有规模以上企业9家，战略性新兴产业企业9家，高新技术产业企业3家，高新技术企业1家。2013年，船舶装备高新技术产业园区完成固定资产总投入37.5亿元，实现工业总产值约229.6亿元，同比增长19.7 %。截至2014年5月，园区入园企业数共计80家，已投产企业数28家，其中规模以上工业企业10家。

舟山长宏国际船舶修造有限公司通过实施“绿色拆船”带动工业设备、用品回收及再利用产业产值大幅增长。同时，该公司还与中海油田服务股份有限公司达成协议，合作生产海工平台模块，建设海工后勤保障基地，成功介入海工装备领域。浙江增洲造船有限公司把“目光”瞄准中东、东南亚等新兴市场，抓住伊拉克战后重建的机遇，成功承接了2艘6 000立方米耙吸式挖泥船，并形成了后续订单承接能力。太平洋海洋工程（舟山）有限公司海洋生活平台的建造，也使园区高端装备制造产业实现新的突破。

在船舶企业转型升级、做大做强的同时，园区进一步加大园区布局整合力度，规划约400亩的中小企业科技创业中心，协助组建浙江舟山增洲船舶设计研究院，组织实施太平洋海洋工程（舟山）有限公司“半潜式海工生活平台”及汇力绳缆公司“超高分子量聚乙烯纤维缆绳的研制”科技项目，着力引进海洋国际高端船舶推进器等产业，以创新促进船舶高新园区产业转型升级。

浙江中科海洋科技园

（一）基本情况

浙江中科海洋科技园成立于2013年10月，位于舟山经济开发区新港园区二期区域西侧，规划用地面积约8 000亩，其中产业用地占总用地45%，科技研发用地占10%，商住用地占20%，公共设施用地占25%。园区规划、建设期限为2014年至2023年。

（二）发展目标

浙江中科海洋科技园按照“统一规划、合理布局、分步建设、封闭运作、自求平衡”的原则，“三年打基础，五年见成效，八年上规模，十年全部建成”的进度推进建设。3年内产业、科技研发用地总开发面积达880亩，投资额50亿元；5年内产业、科技研发用地总开发面积将达1 760亩，累计投资额100亿元；8年内产业、科技研发用地总开发面积将达3 520亩，累计投资额200亿元；10年内各类用地开发完成，累计投资额250亿元，实现总营业收入500亿元以上，税收50亿元以上，其中产业投资不低于100亿元。

浙江中科海洋科技园将以浙江中科海洋技术研究中心为核心，开展具有前瞻性与应用性相结合的技术工程及产业化研发,实现产业关键技术的突破和技术集成创新,引领带动海洋精密制造、涉海新材料、海洋系统集成等高新技术产业发展及相关科技成果研发、转化。园区还将积极引进产业引擎项目和科研院所，预计将吸引中科院系统在研究中心内设立分支机构、院士工作站、博士后工作站5家以上，累计引进科技转化项目超过100个。

武汉国家高端船舶与海洋工程装备高新技术产业化基地

（一）基本情况

武汉国家高端船舶与海洋工程装备高新技术产业化基地是充分发挥湖北、武汉地区技术优势、人才优势、产业优势，整合武船、武汉船用机械有限责任公司、中船重工第七一九研究所、中石化石油工程机械公司、谢克斯特（天津）船舶工程有限公司、华中科技大学等企业和高校优势资源而组建定海洋工程装备“国家队”。该基地建设方案于2012年11月通过国家科技部专家组评审，于2014年3月公布列为2013年度A类国家高新技术产业化基地。

（二）发展目标

武汉国家高端船舶与海洋工程装备高新技术产业化基地重点围绕海洋工程大型装备、海洋工程船舶、海洋工程配套设备、海洋工程专用装备、基础共性支撑技术等装备和技术，面向海工装备产业链，面向国际海洋工程装备工程总包，积极开展自主创新和集成创新，培育具备武汉技术优势的自主品牌海工装备产品，快速抢占国内外行业制高点，全面提升湖北省海洋工程装备总包设计、系统集成和总承包能力。

（三）建设成果

船舶基地依托青山区和武昌区科技局，拥有以中船重工七〇一研究所、武昌造船厂等为代表的一批代表国家水平的设计和生产企业，基地内规模以上企业达到70家以上，高新技术企业12家，经认定的国家级和省级研发机构达到15家，省级以上科技中介机构19家。

武汉国家高端船舶及海洋工程装备高新技术

产业化基地已形成了船舶和海洋工程装备研发设计、船舶制造、船舶配套、海洋工程装备制造完整的产业体系。船舶与海洋工程装备产业链中的总体、系统和配套的各个环节，武汉都有国家级的研发和制造企业、大专院校和研究单位作为领头骨干，地方研发、制造企业为配套的产业化体系，产品对象涉及到海洋工程的水上、水下，门类齐全。在地域分布上，以武汉为中心，连接华中地区，辐射全国各地。

武桥重工桥梁与海工装备产业园

（一）基本情况

武桥重工桥梁与海工装备产业园位于武汉蔡甸区常福工业园内，站地1 500亩，制造研发海上风电、石油管道、打捞救援和海上钻井平台等高端海工装备。该产业园由中国最大桥梁装备企业武桥重工集团投资建设，总投资50亿元，已于2013年12月开工。

（二）发展目标

一期工程将于2014年12月投产，一期产值达到20亿元。预计5年后全部建成，建成后年产值可达百亿元。武桥重工桥梁与海工装备产业园将成为集技术研发、产品设计、承包施工、安装维护及仓储物流于一体，具有国际水平的现代工业产业园。预计到2015年，入园企业将超过10家，可提供1万个就业岗位，年销售额预计达100亿以上，创税收3.5亿。

中船海洋工程装备产业园

（一）基本情况

中船海洋工程装备产业园位于江西省九江市开发区城西港区。该产业园成立于2013年，是由中国船舶工业集团公司投资建设的，总投资25亿元，其中一期固定资产投资约7亿元，占地565亩。

（二）发展目标

中船海洋工程装备产业园将分期建设船舶压载水处理系统、远洋船和海洋工程消防灭火系统、新型灭火剂等舰船和海洋工程配套装备项目。一期主要建设年产船舶压载水处理系统800台（套）、远洋船和海洋工程消防灭火系统400船（套）、新型环保灭火剂300吨、惰性气体生产系统/惰性气体压载水处理系统300船（套）、液位遥测和阀门遥控系统400台（套）、货油泵200台（套）、船用锅炉400台（套）等舰船和海洋工程配套装备系列项目以及科研生产综合管理区。项目建成后，估计可实现年主营业务收入20多亿元。

（三）建设成果

作为首期建设的子项目之一，九江精密测试技术研究所自筹资金研发成功的“海博士”压载水管理系统，在运营成本、产品可靠性以及操作难度方面，兼具先进性和实用性，是国际海事组织（IMO）推荐使用的6种压载水处理技术之一。船舶压载水处理系统具有广阔前景，预计国内每年需安装该装置的远洋船舶约1 500艘，国际市场6 000多艘。

珠海高栏港海洋工程装备制造基地

（一）基本情况

珠海高栏港海洋工程装备制造基地位于珠海高栏港经济开发区内。珠海高栏港经济开发区又称“珠海经济技术开发区”，在2013年正式升级为国家级经济技术开发区，是依托华南沿海主枢纽港高栏港而设立的经济功能区，开发总面积380平方公里。高栏港拥有珠江三角洲最大吨位的液体化工品和散货码头泊位，具备建设30万吨石化大码头的良好自然条件，主航道距国际航道（大西水道）–27米等深线11公里。珠海高栏港经济开发区利用岸线资源，规划了近40平方公里的海洋工程装备制造基地，大力发展临港装备制造产业。基地代表企业有：中海油、三一重工、珠江钢管、武桥重工、巨涛海洋工程、海重钢管、杭萧钢构、太阳鸟游艇等。

（二）发展目标

依托规划面积约40平方公里的高栏船舶和海洋工程装备制造基地，重点发展海洋钻井平台、海上油气田设施、船舶、港口物流机械等重型制造产业项目，打造配套齐全、技术先进的海工产业集群，铸造海洋油气开发重要的产业支柱。

高端海洋工程装备方面，依托三一海洋重工产业园，发展港口机械、近海施工机械及海工辅助船舶、综采平台（石油、天然气的综合开发及存储）及勘察钻井平台。重点发展海工装备配套及零部件设计、海洋平台与FPSO建造、配套设备制造，以及发展大型海工装备配套设备的模块化建造。实现从总装建造向配套设备和零部件制造领域延伸。

（三）建设成果

珠海高栏港海洋工程装备制造基地重点推进重大项目建设，中海油深水海洋工程装备制造基地、三一海洋重工产业园、三一海洋重工研究院、珠江钢管项目等项目已经取得了一定进展。

中海油深水海洋工程装备制造基地。2012年11月20日，中国海洋石油总公司海洋石油工程（珠海）有限公司深水海洋工程装备制造基地一期工程开工仪式在珠海高栏港举行。该基地总占地面积约207.2万平方米，主要从事深海大型浮式设施建造、水下产品制造、海底管道卷铺等业务。按照规划，该基地设计年生产能力23万吨，总投资近百亿元人民币，2012年至2018年分五期实施。

三一海洋重工产业园。2012年4月24日，三一海洋重工产业园开工仪式在珠海市高栏港经济区举行。该产业园计划总投资100亿元，一期工程投资14.78亿元，预计2014年底投产，业务包括港口机械、工程船舶和海洋装备三大板块。

三一海洋重工研究院。2011年7月18日，三一集团港机事业部的三一海洋重工研究院举行开业典礼，研究院下设场桥所、门座所、电液控制所、船舶工程所等科研所，主要从事大型港口机械、海工产品的研发设计，产品包括场桥、门座起重机等港机产品，工程船舶、海洋工程装备等海工产品。

珠江钢管项目。该项目由番禺珠江钢管有限公司投资建设，占地面积约68万平方米，主要生产和销售直缝焊接钢管，并可配套提供钢管防腐和钢管管件产品。项目计划总投资50亿港币，拟进行分期建设，首期投资约8亿元，建设国内首条用于深海油气输送管线的生产线。项目于2012年6月投产，可形成年产15万吨的生产能力。项目二期占地55万平方米，将建设包括直缝焊管生产线、核电用管生产线在内的多条管线生产线以及配套的大型钢管专用码头，建成后整个珠江钢管将形成年产50万吨高性能钢管的生产能力，为南海天然气开发和港珠澳大桥建设等项目提供产品。

（编写：王　婧　尹　旭　唐晓丹　张小凯　张广浩）

第八章　2013中国海洋工程装备主要建造企业发展情况

烟台中集来福士海洋工程有限公司

(一) 企业基本情况

烟台中集来福士海洋工程有限公司(下称“中集来福士”)是一家集设计、建造、调试为一体的,能够总包建造高端海洋工程装备及其它特殊用途船舶的海工企业。中集来福士前身是创建于1976年的烟台造船厂。1996年烟台普泰造船有限公司与胜利油田实业集团公司、新加坡泰山烟台造船私人有限公司投资成立了烟台泰山造船有限公司,2001年烟台泰山造船有限公司更名为烟台来福士海洋工程有限公司。2010年1月,中国国际海运集装箱(集团)股份有限公司(下称“中集集团”)完成要约收购,成为中集来福士的控股股东,烟台来福士海洋工程有限公司更名为烟台中集来福士海洋工程有限公司。

经过多年的积累与发展,中集来福士现有烟台、海阳、龙口三个工厂,总占地面积约2 000亩;拥有一支有40多年海工建造经验的国际化的专业管理团队;作为中集集团强化海洋工程发展的重要战略性举措,国家级海工研究院中集海洋工程研究院于2013年7月在烟台高新区正式启用,在山东半岛形成了中集集团海工板块“一个中心,三个基地”的产业布局。

目前中集来福士已成为中国拥有半潜平台、自升平台及海工特种船舶系列产品线的少数海工企业之一,在建造规模上属中国最大的海洋工程制造基地,目前已经成功交付9座半潜平台、5座自升平台以及多艘特种船舶。

(二) 主要产品

作为国内率先进入海洋工程行业的企业,中集来福士主要业务包括半潜式平台、自升式平台、浮式生产储油船、起重船、铺管船和其他特种船舶的设计及建造,产品涵盖了大部分海洋工程产品,在国内率先拥有批量化、产业化建造高端海工产品的能力。在半潜式钻井平台建造领域,COSL系列深水半潜式钻井平台以及SCHAHIN系列深水半潜式钻井平台已成为中集来福士品牌产品;在自升式钻井平台建造领域,中集来福士可设计和建造多种规格的自升式钻井平台,涵盖从150英尺、300英尺、375英尺到400英尺、425英尺等不同工作水深的产品序列,可满足不同海域要求。中集来福士利用世界一流的海工建造设施,开创了模块陆地建造、大型驳船下水、2万吨吊机坞内合拢、-18米深水码头水下安装推进器等一系列创新型建造工艺。

(三) 生产经营情况

2013年中集来福士在订单交付特别是在历史自

建项目的交付与销售方面取得重大突破。2座深水半潜式起重生活平台OOS Gretha、OOS Prometheus已于2013年12月交付予客户，并分别于2014年2月23日和3月9日运抵巴西，交付予最终用户巴西国家石油公司，上述半潜起重生活平台项目“是中国第一座真正意义上完全自主研发设计并建造的深水半潜平台”，实现了在主流客户、主流产品上的突破。2013年6月及11月，300尺自升式钻井平台MASTER DRILLER 与MASTER DRILLER II分别与船东签订交船协议。中集来福士继交付SUPREME DRILLER、CASPIAN DRILLER之后，已累计交付4座自升式钻井平台。1座自升式修井平台获得中海油服为期1年的租约。2013年，中集来福士基本交付全部历史项目。

中集来福士在项目建造方面取得较大的进展，2013年8月28日，中集来福士为挪威Frigstad Deepwater公司承建的、世界上最大的超深水双钻塔半潜式钻井平台FrigstadDeepwater Rig Alfa在海阳基地开工。2013年9月为中海油服建造的第四座半潜式钻井平台“兴旺号”COSL PROSPECTOR上下船体按计划实现合拢，进入项目调试期；2013年12月，自建的300尺自升式钻井平台项目顺利取得美国船级社（ABS）证书。

2013年，中集来福士在聚焦于半潜平台和自升式平台产品并不断巩固市场地位的同时，首次获得钻井船订单和生产平台订单，实现了新产品突破。陆续获得较大批量订单，其中包括“1+1”座半潜钻井平台、“5+4”座自升式钻井平台、“1+3”座钻井船、1座自升式生产平台订单。1座自升式支持服务平台获得中海油服租约。2013年生效订单约18亿美元，手持订单累计约40亿美元。

截至2013年底，中集来福士半潜式钻井平台手持订单5座，占全球当年市场份额的20%。在挪威北海市场，中集来福士已有3座半潜钻井平台在作业，另有3座半潜钻井平台正在建造，中集来福士已成为欧洲北海严酷作业环境下半潜钻井平台主流供应商。在巴西市场，中集来福士已有2座深水半潜钻井平台在作业，另有2座半潜起重生活平台获得主流客户巴西国家石油公司的长期租赁，将于2014年3月末开始为其服务。

（四）产品开发与技术进步

2013年度烟台中集来福士自主研发设计的半潜式起重生活平台项目获得山东省科学技术进步一等奖及国家能源局科技进步一等奖。

2013年7月，中集海洋工程研究院正式启动运行，作为“国家能源海洋石油钻井平台研发（实验）中心”，正在成为产学研结合孵化基地和国际间协同创新平台。研究院现有技术研发人员800余人，引进了3D产品设计软件、三维设计软件CATIA、力学分析软件ABAQUS、平台稳性分析软件NAPA以及水动力分析软件SESAM等，具备半潜式钻井平台和自升钻井平台的基础设计、详细设计和施工设计能力。

2013年8月，工业和信息化部批准立项，由上海船舶工艺研究所牵头，中远船务工程有限公司、烟台中集来福士海洋工程有限公司、海洋石油工程（青岛）有限公司、上海外高桥造船有限公司等5家单位共同研发的高技术船舶科研项目“海洋工程装备总装建造技术研究”通过了中国船舶工业集团公司的预验收。该项目研究涉及“优化总体技术、提升设计水平、攻克建造技术和夯实技术基础”4个方面，包含8个研究子专题。截至2013年8月，该项目已形成包括8份研究报告、8份指导性文件、5套应用软件、1份技术约定、1份技术方案，以及项目总报告、项目工作总结在内的共25个适用性极强的研究成果，突破了海洋工程装备总装建造模式、生产设计虚拟评估技术，主体结构的建造精度控制技术，关键部位、重要结构制造工艺技术，大型总段整体提升、移运、安装技术，典型海工装备模块建造技术等6项关键技术。项目包含的“缩短典型海工产品的建造周期20%”、“研究载体典型总段的管子和铁舾件预舾装率达到50%”、“海洋工程装备虚拟仿真数据转换软件平台形成船舶与海工装备虚拟仿真数据统一模型，且虚拟仿真系统对基于CATIA设计系统的数据的可重用率达到95%”等9项技术指标全部达标，为中国海工装备总装建造提供了指导和技术支持。

2013年11月，中集来福士与瑞典BASSOE TECHNOLOGY AB（简称BTAB）正式签署股权买卖协议，收购BTAB公司90%的股权，并顺利完成交割。BTAB是一家新兴的海工设计公司，成立于2007年，其核心员工有丰富的海工项目经验。BTAB基础设计能力很强，成立不到5年时间，推出钻井船、半潜钻井辅助平台、半潜修井平台、半潜钻井平台等设计，并获得多个实船项目。此次收购有利于取得市场订单特别是北海市场布局，整合资源促进海工快速发展。这是中集来福士在海工领域继续拓展的重要举措，对于提升海工的基础设计能力、丰富现有产品线，完善海洋工程产业链具有积极意义。2013年12月18日，中集来福士与中国海洋大学研究生院签订协议书。双方将依托省部级重点实验室和工程中心等研发平台，以海洋工程技术产业化为目标，重点围绕“恶劣海况系列化高端半潜式钻井平台EPC关键设计建造”等技术联合攻关，推动海洋工程产业升级发展，推动国家海洋工程行业技术进步。

大连中远船务工程有限公司

（一）企业基本情况

大连中远船务工程有限公司（下简称“大连中远”）成立于1992年9月2日，1997年10月28日正式开业。大连中远位于环渤海湾港口群的要冲——大连。占地120万平方米，岸线总厂 3 200米。大连中远拥有30万吨级浮船坞、15万吨级浮船坞和8万吨级干船坞各1座，坞容总量达到53万吨；拥有专用的修船码头8座，配有3台200吨门式起重机，1台400吨门式起重机等各类配套吊运设施。公司目前拥有员工3 700余人，具有大专（含）以上学历者达85%以上，是中远船务集团的核心企业之一。

（二）主要产品

大连中远以船舶与海洋工程产品的修理、改装、制造为主业，主要产品及业务包括浮式钻井生产储油船、自升式钻井平台、浮式生产储油船（FPSO）的建造、修理、改装等，市场遍及欧、美、亚多个国家和地区。大连中远曾先后承接了世界最大深水钻井船“大连开拓者”号建造项目、系列30 000吨重吊船建造项目、系列57 000吨/80 000吨/82 000吨/92 500吨散货船建造项目，并为韩国三星自主设计建造了世界最大的50万吨级浮船坞。同时，大连中远成功改装完成了“海洋骄傲”、“太阳神松寿”、“卡普”、“柏松”、“旭日东升”等5个FPSO改装工程，被业界誉为中国最大FPSO改装工厂。此外，大连中远还拥有OBO、PCTC、VLCC、VLOC等多种特殊船型的修理和改装实力。

（三）生产经营情况

在新接订单方面：2013年7月，大连中远与大连因泰集团、上海佳豪船舶设计公司共同签订的因泰型28 000立方米LNG运输船（N588）建造合同正式生效。该LNG运输船采用双燃料驱动，为国内首艘绿色新能源标准船舶，同时填补了中国中小型LNG运输船建造市场的空白，这也是大连中远接获的国内首艘小型绿色新能源LNG船舶的建造合同。

2013年8月，由中远船务承接、大连中远和广东中远完全自主设计并建造的中海油田服务股份有限公司2艘9 000HP供应船和2艘8 000HP三用工作船的建造合同正式生效。此次签约的两型4艘深水工作船，合计为人民币5.9亿元，建成后将进一步提升中海油在深水油气作业的能力。

2013年10月，大连中远与Deepwater公司签署的LeTourneauSuper 116E JackUp（自升式钻井平台）建造合同正式生效。该平台基于“Le Tourneau Super116E”设计进行建造，总长70.09米，型宽62.8米，型深7.92米，桩腿长度145.3米，最大工作水深350英尺，最大勘探深度3万英尺，配备工作人员120人，入美国船级（ABS），是继Foresight1号和2号自升式平台建造项目后，大连中远2013年生效的第3个自升式平台建造项目，该项目于2014年初开工，2015年第三季度交付。

2013年11月，大连中远从Bermuda公司获得2座LeTourneauSuper116E型自升式钻井平台，预计分别在2016年上半年和下半年交付，该合同还有2座自升式钻井平台备选订单，该自升式平台项目基于“LeTourneauSuper116E”设计进行建造，总长70.09米，型宽62.8米，型深7.92米，桩腿长度145.3米，最大工作水深350英尺，最大勘探深度3万英尺，配备工作人员120人，入美国船级（ABS），为大连中远已承接的3艘在建系列自升式平台的延续项目。

在改装项目方面，2013年2月17日，大连中远接受巴西EEP公司浮式生产储油船（FPSO）“PETROBRAS77”号改装项目的订单，完成改装后交付巴西国家石油公司使用。大连中远负责完成该船全部设备及生活区的拆除、4 000吨钢结构换新以及约12万平方米的舱内特涂工程等；2013年5月，大连中远完成了将日本三井重工（MODEC）30万载重吨超大型油船（VLCC）“松杰”号改装成浮式生产储油船的项目。“松杰”号VLCC于1992年建成，改装成FPSO后，其总长320米，型宽58米，型深28.1米，可日处理原油15万桶、天然气800万立方米，储油能力为160万桶，作业水深达 米，采用发散式锚链系泊系统，并达到了25年服役不进坞修理的要求。此次改装主体工程包括1.2万吨钢结构、30万平方米涂装、1 500吨管系铺设以及生活区改造等；2013年5月，大连中远与日本MODEC公司签订的FPSO改装项目“阿尔加维”船项目合同正式生效。“阿尔加维”船是大连中远船务承接MODEC公司的第8个FPSO改装项目，改装类型为VLCC改FPSO，按照技术设计，改装后的FPSO“阿尔加维”系泊方式为发散式系泊，日原油处理能力1.5万桶，日处理天然气8百万立方，储油能力160万桶。

在订单完成方面，2013年3月，大连中远建造的超深水钻井船“大连开拓者”按计划完成交船前的最后一次坞内工程，这标志着这艘世界最大的超深水钻井船完成前期建造工程，进入后期全面调试阶段。

（四）产品开发与技术进步

2013年11月，大连中远申报的“350英尺自升式钻井平台研发”项目被确定为2013年第二批辽宁省引进海外研发团队项目，获得政府200万人民币资金资助。116E型自升式钻井平台是一座用于海上石油和天然气勘探、开采工程作业的钻井装置，适用于世界范围内106米水深以内各种海域环境条件下的钻井作业，尤其适用于印度西海岸及东海岸特殊的软质海床环境作业。大连中远船务通过引进海外专家团队，将国外先进技术和自主创新研究相结合，突破国际上先进的自升式钻井平台的设计建造技术垄断，掌握新一代自升式钻井平台研制的关键技术，以实现对外批量承接同类型海洋工程产品，打造自主系列品牌。

大连中远船务技术中心共有设计人员450余

人，其中包括多名新加坡海工专家和韩国造船专家，主要致力于自主研发、广泛研究和吸收国内外同行业先进的船舶与海工设计、制造、改装和修理技术，已研发了多个拥有自主知识产权的船舶及海工项目，包括深水钻井船、350英尺自升式钻井平台、9 000马力深水平台供应船、28 000立方米LNG运输船、3万吨多用途重吊船，9.25万吨、8.2万吨、8万吨和5.7万吨系列散货船及FPSO改装船等。

南通中远船务工程有限公司

（一）企业基本情况

南通中远船务工程有限公司（下称“南通中远”）是由中远船务工程集团有限公司与中远投资（新加坡）有限公司合资经营的大型海洋工程装备制造和船舶修理改装企业。主要从事海洋工程装备制造、修理和船舶修理、改装等业务。客户遍布世界40多个国家和地区，已成为世界领先航运公司和海洋石油运营商在中国沿海首选的合作伙伴。

南通中远位于长江入海口北岸，拥有优良岸线1 120米，占地近40万平方米，资产规模57亿元。同时南通中远正在江苏省启东市规划建设中国最大、世界一流的现代化海洋工程装备制造基地。新的海工基地总体规划使用岸线2 030米，占地面积100万平方米。目前，启东海工基地一期工程建设已完成，进入“边建设、边生产”阶段。基地全部建成投产后，可实现年销售收入超100亿元人民币。

（二）主要产品

近年来，南通中远凭借雄厚的技术实力、专业的生产服务，在立足修船、做强改装的基础上，成功进入海洋工程装备制造领域，已先后成功建造并顺利交付了圆筒型超深水海洋钻探储油平台、圆筒型FPSO、半潜式海洋钻井平台、自升式海洋工作平台、八角型钻井平台，以及海上风电安装船、穿梭油轮、海洋生活服务平台、钻井辅助船等多个海洋工程产品，产品覆盖了从浅海到深海、从油气平台到海洋工程船舶的各种类型。

（三）生产经营情况

2013年，南通中远实现主营业务收入80.2亿元、纳税2.2亿元。目前南通中远手持海工订单量占全国船厂总订单量的1/3以上，同时开工建造海工项目达到18个。

在海洋工程装备建造交付方面，2013年10月28日，南通中远建造的第3座圆筒型超深水海洋钻探平台“希望3”号交付。2013年，南通中远先后交付了“T–16”、“T–17”、“T–18”钻井辅助船，“邦嘉”自升式驳船和“嘉运”配套运输驳船以及系列海工模块等。

在海洋工程装备承接订单方面：

2013年1月，南通中远成功接获1艘圆筒型浮式生产储油船（FPSO）和1座半潜式生活服务平台（OCEAN500）订单，总金额超过6亿美元。作为中国海工装备制造企业从海外获得的第一个从设计、采购到建造的FPSO总包合同，该项目的签约，标志着中国海洋工程装备制造业再次实现重大突破。

2013年6月，南通中远与挪威船东公司正式签订了“SEVAN300”圆筒型半潜式海工生活平台改装合同。“SEVAN300”原为圆筒型半潜式FPSO半成品，共2座。根据合同，南通中远将把其改造成圆筒型半潜式海工生活平台，这也将是世界首座圆筒型半潜式海工生活平台。改装后，该平台主船体直径60米，主甲板直径66米，型深27米，操作吃水14米，甲板工作面积2 200平方米，拥有DP–3动力定位系统，6台5 535千瓦全回转螺旋桨，9点定位锚泊系统，生活区有98个单人间、196个双人间、可供490人同时入住。平台设计使用年限20年，入级挪威船级社（DNV）。

（四）产品开发与技术进步

南通中远海洋工程技术研发中心，是专业从事海洋工程装备技术设计和研发的国家级企业技术中心，拥有一支400多人组成的专业技术设计队伍，配备有国际先进的计算分析、三维设计和系统管理软件系统，集海工产品科研开发、技术设计、总装建造技术、建造工法、质量检测、技术咨询服务为一体，是中国海洋工程装备行业产品研发水平最高、科研设备设施最先进、研究领域覆盖面最广的研发中心。研发中心多个自主创新的技术项目获得国家奖项和发明专利，其中，自主研发的“深海高稳性圆筒型钻探储油平台的关键设计与制造技术”项目成果获得2011年度国家科技进步一等奖。

2013年2月19日，在国际海洋工程领域著名的“OFFSHORESUPPORTJOURNALAWARD”年度评选中，南通中远为DongEnergyPowerA/S（丹麦国家能源公司）旗下A2SEA公司设计建造的世界最先进海上风电安装船“海上安装者”（东安吉1号），由于在海上风能再生能源方面的突出表现，在众多实力强劲的候选海工产品中脱颖而出，勇夺“海洋可再生能源奖”（OFFSHORERENEWABLEAWARDS）。

中海油田服务股份有限公司

（一）企业基本情况

中海油田服务股份有限公司（下称“中海油服”）是中国近海市场最具规模的综合型油田服务供应商之一。服务贯穿海上石油及天然气勘探，开发及生产的各个阶段。业务分为四大类：物探勘察服务、钻井服务、油田技术服务及船舶服务。1982年2月15日，国务院批准中国海洋石油总公司为国家石油公司，享有中国海域对外合作开采油气业务专营权，2001年12月25日中国海洋石油总公司将五家从事钻井、油井服务和石油物探的公司合并为中海油田服务有限公司。2002年9月26日中海油田服务公司正式注册成为股份有限公司。中海油服于2002年11月20日在香港联合交易所主板上市。2004年3月26日起，中海油服之股票以一级美国存托凭证的方式在美国柜台市场进行交易。中海油服于2007年9月28日在上海证券交易所上市。

中海油服拥有强大的海上石油服务装备群。截至2013年底，公司共运营和管理40座钻井平台（包括30座自升式钻井平台、10座半潜式钻井平台）、2座生活平台、4套模块钻机。另外，中海油服还拥有和运营中国最大、功能最齐备的近海工作船队，包括69艘各类工作船、3艘油轮、4艘化学品船、7艘地震船、2支海底电缆队、7艘勘察船及包括FCT（增强型储层特性测试仪）、FET（地层评价测试仪）、LWD（随钻测井仪）和ERSC（钻井式井壁取芯仪）等众多先进的测井、泥浆、定向井、固井和修井等油田技术服务设备。

（二）主要产品

中海油服主营业务涉及石油及天然气勘探、开发及生产的各个阶段，包括：为石油、天然气及其他地质矿产的勘察、勘探、开发及开采提供服务；岩土工程和软基处理、水下遥控机械作业、管道检测与维修、定位导航、数据处理与解释、油气井钻凿、完井、伽玛测井、油气井测试、固井、泥浆录井、钻井泥浆配制、井壁射孔、岩芯取样、定向井工程、井下作业、油气井修理、油井增产施工、井底防砂、起下油套管、过滤及井下事故处理服务；上述服务相关的设备、工具、仪器、管材的检验、维修、租赁和销售业务；泥浆、固井水泥添加剂、油田化学添加剂、专用工具、机电产品、仪器仪表、油气井射孔器材的研制；机电、通讯、化工产品（危险化学品除外）的销售（以上国家有专项专营规定的除外）；经营该企业自产产品的出口业务和该企业所需的机械设备、零配件、原辅材料的进口业务（国家限定公司经营或禁止进出口的商品及技术除外）；承包境外海洋石油工程和境内国际招标工程；承包上述境外工程的勘测、咨询、设计和监理项目；上述境外工程所需的设备、材料出口；对外派遣实施上述境外工程所需的劳务人员；为油田的勘探、开发、生产提供船舶服务、起锚作业、设备、设施、维修、装卸和其他劳务服务；国内沿海、长江中下游、珠江三角洲普通货船、成品油船、化学品船及渤海湾内港口间原油船运输；天津水域高速客船运输；国际船舶危险品运输；船舶、机械、电子设备的配件的销售；船舶代理、货运代理。

（三）生产经营情况

2013年，中海油服及时抓住国际和国内两个市场需求增长的时机，通过多种方式快速增加产能满足市场，同时调整了大型装备的结构，实现了业绩的快速增长。

在中海油服的钻井业务方面，2013年公司在新增钻井平台投入使用和上年度底投产的COSLInnovator、NH8全年作业的带动下，钻井平台作业船天同比增加1 731天至12 687天。其中，自升式钻井平台同比增加410天，半潜式钻井平台同比增加1 321天。由于2013年度钻井平台合同衔接紧密，日历天使用率上升2.4个百分点至95.6%。两座生活平台继续在北海作业730天，可用天使用率和日历天使用率均达到100%。

在油田技术服务业务方面，中海油服以客户需求为导向，持续加大科研投入，一批科技成果投入使用，高技术带动了业务的增长。

在国际业务方面，中海油服国际业务于2013年再创佳绩，区域化效应逐步显现。如钻井业务首次进入泰国湾钻井市场，成功获得卡塔尔海上钻井合同；新业务拓展获得突破，借助钻井业务板块优势，成功将部分业务带入国际市场。中海油服设立加拿大公司，积极开拓加拿大市场。

中海油服全年实现营业收入279.58亿元，同比上升23.6%，创下历史新高；净利润为人民币67.26亿元，较上年度增长47.2%。

（四）产品开发与技术进步

2013年，中海油服科研工作进步明显，公司年内获得专利158项，其中发明专利45项。目前公司累计有效专利621项，其中发明专利170项。期间，公司大批科技成果投入使用，有力地提高了公司的技术服务竞争力。

在国内，中海油服将核磁共振测井仪、微电阻率成像测井仪等一批高端技术陆续推入市场；运用高精度地震采集系统完成了多井场作业；高温高压泥浆新体系在南海应用效果良好；多元热流体稠油热采技术在渤海实现突破；随钻测井系统实钻试验效果良好。

在国外，中海油服新技术应用成效初显：地层测试仪在中东首战告捷；钻井液新技术在印尼应用效果良好，为后续钻井液业务扩大市场打下了良好基础；集团总包的伊拉克米桑油田项目，成功攻克世界性技术难题。

中国石油集团海洋工程公司

（一）企业基本情况

中国石油集团海洋工程有限公司（下称“中石油海洋工程公司”）是根据中国石油天然气集团公司加快海洋油气资源勘探开发步伐，持续推进专业化重组的战略部署，由中国石油天然气集团公司、辽河石油勘探局和大港油田集团公司三家联合出资，于2004年11月组建的海上石油工程技术服务公司，中国石油天然气集团公司控股。2007年12月，与原中国石油天然气第七建设公司和原中国石油集团工程技术研究院实施重组整合，2009年11月实施了持续重组。

中石油海洋工程公司注册资本39.4亿元，资产总额71亿元。员工总数近4 000人，其中高级职称占16%，中级职称占29%，初级职称占55%。现有各类移动式平台14座、模块钻机1套，船舶25艘；拥有青岛海工建造基地和唐山生产支持基地两大基地。

公司拥有海洋石油工程设计甲级、海洋石油工程承包二级、工程造价咨询甲级等资质，具有港口经营许可证、压力管道和压力容器等特种设备许可证。拥有海上丛式井钻井、高含硫油气田钻井、海上油层改造、海底油气管道建设、复杂油气井固井等特色技术，具备120米水深的海上油气工程技术服务和综合保障能力。

（二）主要产品

中石油海洋工程公司业务范围涉及海洋石油钻完井、井下作业、试油试采工程；海上运输、基地码头保障服务；海洋工程设计、建造、安装、维护以及海洋石油相关业务研究、设计；油井水泥外加剂和防腐保温产品与技术服务、质量检验、油气工程质量监督、石油工程建设标准化管理等领域。

（三）生产经营情况

2013年3月12日，由中石油海洋工程公司7平台承钻的CBG7–2井顺利完钻。CBG7–2井是胜利油田重点开发井。这口井完钻井深3 652米，常规四开三段制井身结构，是中油海7平台在CBG7井组施工的最后一口井。

2013年4月10日，中石油海洋工程公司连续油管队承揽的丽水区块3口井连续油管作业，实施液氮气举诱喷作业，效果显著，全部获得成功。这是中石油海洋工程公司首次赴东海实施连续油管作业。

2013年6月22日，由中石油海洋工程公司工程设计院参与设计的首个中海油海工三维设计项目——SZ36–1II期调整详设项目最后一个平台顺利装船出海。本项目工程是在现有平台设施附近新建4座平台与现有平台栈桥连接，中石油海洋工程公司承担其中3座平台的三维设计工作。陆上建造期间，设计院派驻现场专业人员提供技术支持和施工指导。

2013年上半年，中石油海洋工程公司靠优质的服务和良好的信誉，续签了中油海9平台海外服务合同，并带动中油海10平台进入同一市场。另外，由于在西气东输二线香港支线海底管道项目建设积累了丰富经验，经过前期的积极沟通和深入细致的工作，中石油海洋工程公司赢得了渤海湾一个海底管道铺设项目。

2013年8月18日，中石油海洋工程公司承建的中海油锦州9–3项目CEPD导管架顺利完工，并采用滑移装船的方式完成装船，将于近期出海安装。锦州9–3项目CEPD导管架分为CEPD1–2和CEPD3–4两个4腿导管架，中间用40米辅助框架连接，钢结构总重量为5 178吨，是中石油海洋工程公司承建的尺寸最大、重量最重、结构最复杂的导管架。

2013年10月21日，中石油海洋工程公司收到中海油总公司招标中心发来的垦利10–1油田开发平台详细设计中标通知书。这个项目是中石油海洋工程公司设计院承担的首个中海油油田开发平台详细设计项目，也是继绥中、西江两项三维设计项目后，承担的第三项中海油项目。项目主要工作内容为垦利10–1油田WHPA、WHPB两座平台上部组块开展详细设计、采办支持以及现场服务等。

（三）产品开发与技术进步

2013年，中石油海洋工程公司工程技术研究院三项成果荣获天津市科技进步奖。其中，“渤海湾滩海高温储层酸化压裂增产技术研究与应用”荣获二等奖。这一技术有效解决了海上储层酸化压裂过程中高温缓速、深穿透及海上高温深井压裂成功率低的技术难题，填补了国内海上160摄氏度高温酸液、压裂液体系的空白。研究成果已在大港油田滨海区块、冀东油田南堡区块、胜利油田海上区块和渤海油田埕北区块等储层改造中推广应用。截至目前，这项技术已在现场实施40井次以上，有效提高了酸化、压裂增产效果。此外，由海洋工程公司工程技术研究院参与完成的“X80钢管道3PE防腐层低温涂敷技术研究与应用”以及“西气东输二线X80钢高效焊接关键技术及装备开发应用”两项成果荣获三等奖。

2013年11月4日，中石油海洋工程公司对锦州9-3项目技术成果应用进行了分析，首次实现零下25℃下CTOD试验成为最大技术亮点。海洋导管架平台作为一种大型焊接工程结构，使用钢板厚度大，其焊接区域是导管架结构中最薄弱的部位，同时导管架长期处于低温、海浪等恶劣环境下，焊接部位极易产生裂纹。通常在焊接后需要对关键焊接部位进行热处理，改善其低温断裂韧性，保证导管架平台的安全运行，但导管架平台结构大、焊接部位多，进行热处理施工周期长，成本高。CTOD断裂韧度是评价钢材和焊接头抗脆断裂特性的重要参数。试验不但可以选择材料韧度，而且可为海洋平台结构安全可靠性评定提供试验依据。中石油海洋工程公司结合锦州9-3导管架建造项目施工，以优化焊接工艺为手段，从制造工艺角度改善焊接部位断裂性能，CTOD试验取得成功，并首次在导管架建造中实现应用。

2013年11月22日，中石油海洋工程公司研发的可耐二氧化碳腐蚀的固井水泥获得国家发明专利授权，填补国内空白。固井水泥环的主要作用是支撑和悬挂套管，保护井壁，封堵地层流体，防止其层间窜流和保护套管。可耐二氧化碳腐蚀的固井水泥是一种热力学上不被二氧化碳腐蚀的非硅酸盐水泥，为磷酸盐水泥。它的水化产物仍具有硅酸盐水泥石特性，不仅可用于高二氧化碳油气藏、二氧化碳驱油井以及二氧化碳捕集与埋存井等的固井作业，而且可用于高含硫化氢油气藏，为在腐蚀环境下井的长效封固提供有效解决措施。

2013年11月25日，中石油海洋工程公司设计院“120米自升式钻井平台关键技术研究”科研项目通过法国必维船级社（BV）的审查。这项课题是公司重点科技项目，项目组历时3年，按照计划任务书的要求，对120米自升式钻井平台总体布置与性能、船体结构、桩腿桩靴技术、升降系统和平台稳性等方面的关键技术进行了深入研究。

海洋石油工程股份有限公司

（一）企业基本情况

海洋石油工程股份有限公司（下称“海油工程”）是中国海洋石油总公司在上海证券交易所上市的控股公司，是国家甲级工程设计单位、国家一级施工企业和中国钢结构特级资质企业，是集海洋石油、天然气开发工程设计、陆地制造和海上安装、调试、维修以及液化天然气、炼化工程于一体的大型工程总承包公司，是亚太地区最大的海洋石油工程EPCI（设计、采办、建造、安装）总承包商之一。

海油工程现有员工7 900余人，拥有场地面积近350万平方米，拥有包括世界上首艘同事具备3 000米级深水铺管能力、4 000吨级重型起重能力和DP-3级动力定位能力的船型深水铺管起重船—“海洋石油201”、“世界单吊第一吊”7 500吨起重船—“蓝鲸”号在内的工程作业船舶19艘，海上作业水深由150米增至1 500米，海上安装与铺管能力在亚洲处于领先地位。

（二）主要产品

通过40多年的建设和发展，海油工程具备了海洋工程设计能力、建造能力、安装能力、海上油气田维保能力、水下工程作业能力、LNG模块化建造与高端撬装产品制造能力、海洋工程质量检测能力和海洋工程项目管理能力，拥有3万吨级超大型海洋平台的设计、建造、安装以及300米水深水下检测维修、海底管道修复、海上废旧平台拆除等一系列核心技术，具备了1 500米水深条件下的海管铺设能力。

（三）生产经营情况

2013年，海油工程生产经营实现跨越式发展，发展质量和发展速度明显提升，作业能力大幅增强。全年实现销售收入203.39亿元，同比增加79.56亿元，增长64%，主要得益于完成工作量保持较快增长，海上安装工程量同比增长尤为突出，设计、陆地建造、维修等其他业务也延续良好发展趋势。

2013年，海油工程先后运行27个海上油气田开发项目和3个陆上LNG模块建造项目，主要分布在渤海、南海海域，海外项目4个。海油工程通过合理调配场地、船舶、人力等各项资源，始终如一得强化安全与质量管理，实施设计标准化、设计采办建造一体化、海上安装管理区域化等有针对性的措施，使得工程项目进度按计划运行，成本得到有效控制。南海“荔湾3-1”深水海管、澳大利亚Gorgon等9个项目先后完工。

（四）产品开发与技术进步

2013年，海油工程持续加大研发投入力度，科研项目增加，研发支出共计8.45亿元，较上年增长93%。期间，海油工程开展大型科研项目78项，着重加强“深水海底管道铺设技术”、“3.2万吨组块浮托技术”、“水下产品设计、制造、测试及安装技术”、“往复式压缩机成撬技术”、“超低温焊接”等重要技术攻关，积极推动科技成果转化，为海油工程生产经营提供了重要保障。2013年，海油工程和青岛子公司相继通过国家高新技术企业认证，有助于海油工程获得税收优惠，进一步提升效益。

近三年来，经营业绩稳步增长的同时，通过“四大能力”建设，海油工程作业能力、深水能力、项目管理能力、国际市场开发能力明显增强。以圆满完成南海“荔湾3-1”深水气田项目3万吨级超大型导管架和组块的设计、建造、海上安装和1 409米深水海管铺设为标志，海油工程作业能力实现了从万吨级到3万吨级的里程碑式突破，形成了深水铺管能力。

大连船舶重工集团公司

（一）企业基本情况

大连船舶重工集团有限公司（简称“大船重工”）隶属于中国船舶重工集团控股的上市公司——中国船舶重工股份有限公司。大船重工是目前国内规模最大、建造产品最齐全、最具有国际竞争力的现代化船舶总装企业，也是拥有军工、造船、海洋工程、修船和重工五大产业的综合企业集团。大船重工是目前国内唯一有能力提供产品研发、设计、建造、维修、改装、拆解等全寿命周期服务的船舶企业集团，也是国内唯一汇聚军工、造船、海洋工程装备、修/拆船、重工等五大业务板块的装备制造企业集团。大船重工先后取得了挪威船级社（DNV）颁发的ISO9001、OHSAS18001和ISO14001质量、健康安全和环境认证证书。

大船重工是国内最早建造10万吨级以上船舶和出口船舶的企业，是国内唯一拥有从千吨级、1万吨级、3-10万吨级直至30万吨级各级船舶专用建造设施的船厂，可以满足从驳船、拖船、渔船、军船到货船、集装箱船、化学品船、滚装船等各类别船舶建造需求。先后为国内外用户设计建造各种船舶3 000余艘。同时，大船重工是中国首家具有自升式钻井平台自主知识产权和总承包业绩的海洋工程装备制造企业。从浅海区的50英尺、300英尺、350英尺及400英尺自升式平台，到OceanRig的Bingo9000型、F&G的9500型、BassoeTechnology的BT3500型深海半潜式平台，以及海上浮式生产储油船（FPSO）、海洋综合检测船、海洋工程辅助船等，大船重工可以为客户提供各类海洋工程装备的建造和改装服务，被誉为“中国造船业的旗舰”。

（二）主要产品

大船重工主营业务范围是船舶、海洋工程及其配套设备的开发、设计、建造、修理，主要涉及船舶与海洋工程设计制造领域。大船重工主要产品包括：油船、散货船、集装箱船、矿砂船、化学品船、滚装船、LNG船、自升式钻井平台、半潜式钻井平台、浮式生产储卸油装置（FPSO）等。依靠现代化的生产设施和雄厚的技术力量，大船重工在自升式及半潜式平台、FPSO、生产及生活模块等产品建造方面拥有骄人的业绩，已成为国内海洋工程建造的优势企业。

大船重工拥有国内研发能力最强的国家级企业技术中心，成功开发并建造了VLCC、大型化学品船、大型集装箱船、大型滚装船、大型浮式生产储油轮、半潜式钻井平台、自升式钻井平台等多型高技术、高附加值船舶和海洋工程产品。所服务的船东遍布在丹麦、挪威、伊朗、比利时、希腊、瑞典、美国、德国、智利、日本、新加坡、巴基斯坦及香港等国家和地区，包括丹麦马士基、挪威TOM、新加坡太平船务、万邦，以及中远集团、中海运集团、中外运长航集团、招商轮船等国际知名的航运企业，都是大船集团多年合作伙伴。

（三）生产经营情况

2013年1月31日，大船重工与挪威船东Seadrill公司签署了“2+2”座自升式钻井平台建造合同，合同价值4.6亿美元，采用Tail-Heavy的支付方式，交付时间为2015年的第一季度和第二季度。备选订单的交付时间安排在2015年的第三季度和第四季度。该自升式钻井平台为F&GJU 2000E设计，F&GJU 2000E型自升式钻井平台型长70.36米，型宽76.00米，型深9.45米，悬臂梁总长55.60米，桩腿总长166.98米，最大作业水深400英尺（122米），最大钻井作业深度30 000英尺（9 150米）。JU 2000E型自升式钻井平台适合于世界范围122米水深以内的各种海域环境条件下的钻井作业。2013年6月20日，大船重工从Seadrill公司又获得2座F&GJU 2000E型自升式钻井平台订单，这2座自升式钻井平台分别于2015年第四季度和2016年第一季度完工交付，每座自升式钻井平台价格为2.3亿美元（包括项目管理、资本利息、钻井操作设备和调试等费用），付款方式为尾重式（tail-heavy）。2013年8月，Seadrill公司又同大船重工签署了建造2座F&GJU 2000E型自升式钻井平台合同，新建造的自升式钻井平台计划2016年第三季度交付。每座平台总价值大约2.3亿美元加上尾重付款条件。Seadrill公司目前在大船重工建造的自升式钻井平台总共有10座，其中2座计划2013年交付，5座2015年交付，3座2016年交付。

2013年大船重工交付的海工产品有：2013年3月，由大船海工自主研发的300英尺自升式钻井平台完成建造，并投入采油作业，它可在9 000米深海进行油气开采，技术达到国际顶尖水平，售价达10亿元；继10月份JU 2000E-10号钻井平台交工后，2013年11月5日、19日，JU 2000E-8号自升式钻井平台、BT3500-1号半潜式钻井支持平台相继交工。

（四）产品开发与技术进步

在海洋工程开发方面，大船重工已具备承接LNG船订单能力，并参与了市场竞标，2013年12月3日，通用电气公司（GE）海洋事业部、大船重工和英国劳氏船级社（LR）还宣布，将联合设计开发燃气轮机驱动的LNG运输船，这种新型的LNG运输船将使用目前在全球众多飞机上使用的燃气轮机核心系统；2013年12月，“BT3500型半潜式海洋钻井支持平台设计建造技术研发及应用”等海工项目成果得到了中国船舶重工集团公司组织的专家鉴定。

目前大船重工海工产品已经由最初的第一代海洋工程建造，升级换代为目前国内最先进的第六代半3 000米深水钻井平台建造。按照“开发一代、储备一代、生产一代”的研发理念，大船重工先后开发了拥有自主知识产权的DSJ300英尺、DSJ350英尺、DSJ400英尺等自升式钻井平台，并解决了总体设计、关键系统设计、桩腿建造等重大技术课题，成功推向市场先后获得订单，目前这些产品已经成为大船重工“品牌”产品。

武昌船舶重工有限责任公司

（一）企业基本情况

武昌船舶重工有限责任公司（下称“武船重工”）隶属于中国船舶重工集团公司，始建于1934年6月6日，2009年2月原武昌造船厂改制为武船重工，是中国以造船为主的大型现代化综合性企业。武船重工现有员工10 000余人，总资产300多亿，总占地面积600万平方米，形成了武昌总部、青岛海西湾、武汉双柳三大制造基地和军工军贸、民船、桥梁装备、海工装备、成套设备及钢结构六大产品板块协调发展的格局。

武船重工是中国最主要的海工装备建造基地，拥有海洋工程装备设计建造能力，与国际一流的海洋工程专业公司合资合作，发展FPSO、海洋平台等大型海洋工程装备，全面进军海洋工程装备市场。UT788三用工作船代表国际海工装备制造最高水平，VS系列海洋工程船出口到希腊、挪威等西欧国家。巴油水下浮体项目圆满交付、CJ46平台、DVC5000吨起重铺管船顺利承接，标志着武船重工成功迈入世界海工装备高端行列。武船重工正在青岛海西湾建设海洋石油平台和大型船舶建造基地，建造FPSO、半潜式平台等海洋工程装备，积极参与国际竞争。

（二）主要产品

武船重工的海洋工程产品包括各型海洋工程辅助船，公司已为欧洲船东建造了VS483MKⅡPSV、VS483MKⅢPSV、VS4612AHTS、VS4616AHTS，为中海油服建造了UT788CD等五型十几艘具备国际标准的海洋平台多用途工作船。同时，公司还自主设计开发了8 000马力三用工作船和1.6万千瓦多用途平台供应船。目前武船重工已形成了海洋工程船经营设计生产一体化管理，生产资源、设计团队、建造队伍都已配置到位，产业聚焦专业化发展战略日趋明晰。十年来，武船重工已建和在建的UT788CD、深潜水工作母船、VS4616等海洋工程船舶共30余艘，总合同金额70多亿元。

（三）生产经营情况

2013年，武船重工实现总产值136亿元，综合实力雄居中国船舶工业前8强。

2013年2月，青岛武船重工为巴西国企Petrobras公司建造的2座FPSO浮标完工交付。Petrobras公司的2艘浮式原油生产储卸设备（FPSO）将配备这些浮标，该FPSO即将服务在深海油田开发项目上。这些浮标为世界首次的Riser及Umbilical浮标，其位置在水下约250米的海域上，其运用时间到以后27年。

2013年3月，武船重工首个综合海工组块歧口18-1油田综合调整开发项目PAPB平台上部组块工程建造完工并顺利交付。该工程位于渤海湾西部，距离塘沽41千米，水深范围5-10米，是中海油渤海石油开发项目的重要组成部分，其顺利建造交付是武船重工公司与中油海友好合作的开端，标志着武船海洋工程项目建造迈出了坚实的一步。

2013年5月，武船重工建造的具有世界先进水平的三用工作船——VS4616“活力”号在上海交付。该船总长83米，型宽22米，型深9米，载重量4 100吨，总功率达18 000千瓦，可用于为海洋平台提供拖带，货物供应、浮油回收等服务。该船按1人驾驶设计，具有clean、C3V3等入级符号，节能环保、安全舒适。该船配置了DP-2动力定位系统，采用了箱式冷却器，以及集成了船舶功率管理系统、货物系统等管理系统，可以实现在驾驶室、集控室多地同时操作，自动化程度高。

2013年6月25日，由武船重工承制的Sapinhoa-LulaNEBSR水下浮体和深海锚座按时交付给世界第三大石油公司——巴西国家石油公司。该产品是迄今世界上建造的最大型水下立管支撑浮体系统，采用了最新一代的理念和技术，也是水下装备总包巨头Subsea7公司在中国的第一个水下设备订单。它的成功交付标志着中国进入世界最高端深海海工装备制造商行列。此次交付的4套浮体和16套锚座，将为位于巴西近海300公里桑托斯盆地的Sapinhoa和Lula NE两盐下层油田服务，使得油田产量从每天25.7万桶增加到每天45.7万桶，总产量增加40%。

2013年9月4日，武船重工将世界顶级海洋工程船“特使”号在江苏南通交付给希腊船东。“特使”号由武船重工建造，配置了DP-2动力定位系统，四机双桨驱动，能够抗风抗浪抗流全天候作业，具有为海洋工程装备守护、拖带、起抛锚作业等功能，将在1 000米至3 000米的深海海区进行石油、天然气开采等海工作业的辅助作业。“特使”号的建造交付，为中国海工船发展积累了丰富的设计、建造、关键设备调试等经验。武船也取得了深海海洋工程辅助船舶船型开发的自主知识产权，将为中国海洋工程船舶的发展奠定基础。

2013年11月19日，国内自主设计建造的最先进、功率最大的多用途海洋平台工作船“华虎”号在武船重工顺利下水。武船重工拥有该型海洋平台工作船完全自主知识产权，首次在国内同类船舶上设计建造了80立方米甲醇罐及甲醇装卸系统，配备了伸缩式全回转推进器、DP-2动力定位、450吨拖缆机等，代表了国内海洋工程船舶自主设计、建造的最高水平。与国际先进的同类船舶相比，设计航速提高0.5节，设计系柱拖力提高25%，装载量提高11%。该工作船主机功率16 000千瓦，总长89.2米，型宽22米，型深9米，设计吃水7.48米，船舶总吨位约为5 300总吨，载重量4800吨，可为钻井平台提供长途拖航、深水操锚、货物供应、守护等服务，同时兼有对外消防、ROV和饱和潜水支持等功能，航行于无限航区，建成后将显著提升中国周边深海海域海洋工作平台供应服务能力和远洋拖航运输能力。

2013年11月，武船重工与新加坡船东签订CJ46-X100-D自升式钻井平台“1+1”的EPC合同。项目单座平台价值约2.05亿美元，可选择平台将在6个月内生效，平台将于合同正式生效后26个月内交付。本次承接的CJ46自升式钻井平台主要适用于海上深水钻井作业，项目采用GustoMSC公司X100-D型设计方案，主要由三角形状的主平台、X-Y型悬臂梁、钻井系统和三条开放桁架式桩腿组成，空船重量10 625吨。平台单条桩腿长度为153.8米，可在世界范围内15~114.3米水深以内，包括东南亚、中东各种海域环境条件下钻井作业，最大钻井深度达9 144米，生活楼满足140人居住条件。

（四）产品开发与技术进步

2013年11月18日，武汉市人民政府与武船重工签署“国家（湖北）海洋工程装备研究院”共建协议，武汉市首家市企合作研究院正式揭牌。研究院规划占地420亩，选址武汉东湖高新区未来城，重点围绕海洋工程大型装备、海洋工程船舶、海洋工程配套设备、海洋工程专用装备、基础共性支撑技术等装备和技术，面向海工装备产业链，面向国际海洋工程装备工程总包，积极开展自主创新和集成创新，培育具备武汉技术优势的自主品牌海工装备产品。

此外，2013年武船重工采用最新一代的理念和技术建造了迄今为止世界上最大型水下立管支撑浮体系统。还自主研制开发了中国功率最大、功能最强的多用途海洋平台工作船，在湖北省首届“楚天杯”工业设计大赛中，该船同系列船型荣获船舶与海洋工程行业设计类唯一一个一等奖。近年来，武船重工在自主船型研发上取得了长足进步，自主研发了4 000千瓦到22 000千瓦系列海洋平台工作船、起重铺管船、钻井平台守护船等船舶，有的已经通过实船建造得到充分验证，在节能环保、安全高效、经济舒适等方面优势明显，“产、学、研”一体化的品牌效应已初步形成，有力推动了武船重工产业结构调整与转型升级。

渤海船舶重工有限责任公司

（一）企业基本情况

渤海船舶重工有限责任公司（下称“渤船重工”），是中国船舶重工公司所属骨干企业之一。是中国集造船、修船、钢结构加工、冶金设备和大型水电、核电设备制造为一体的大型现代企业和国家级重大技术装备国产化研制基地。

公司濒临中国内海渤海湾北岸，位于北戴河海滨、山海关长城、古兴城风光旅游带东端、依山傍海，风景秀丽。著名的葫芦岛港即为公司所在地。占地面积360万平方米，注册资金16.42亿元。拥有中国最大的七跨式室内造船台、两个30万吨级船坞、15万吨级半坞式船台、5万吨级可逆双台阶注水式干船坞等国内外先进的造船设施和一流设备。能够按CCS、DNV、BV、ABS、LR、NK等船级社规范规则和各种国际公约建造40万吨级以下各类船舶，年造船能力可达400万载重吨。

（二）主要产品

渤船重工海洋工程产品发展重点方向为市场需求量大的海洋油气开发装备，主要产品包括修井/完井船、钻井平台维修、2 500吨南极综合科学考察船、海洋工程部件制造。在研的主要产品包括132米铺管船、5 000吨打捞起重船、双体科考船及钻井平台。

（三）生产经营情况

2013年1月15日、2013年3月13日，渤船重工交付挪威EIDE公司两条2 500米超深水修井/完井船。这是公司进军海工市场后斩获的首套建造项目。它的顺利交付，使渤船重工成功跻身世界先进海工项目修造供应商行列，对企业进一步扩大占领海工市场份额赢得了信誉，打下了坚实的基础。

2012年渤船重工开展新的海洋工程装备项目，选址于北港工业区，主要建设船坞一座，水平船台2座以及舾装码头，联合车间、结构焊接车间、舾装车间、涂装车间等生产车间和设施。一期工程每年生产自升式平台2座、圆筒式平台2座、海工模块8座、钻井船1艘；二期工程每年生产大型FPSO（浮式储油卸油装置）1艘，钻井船1艘。总投资60亿元。年销售收入146亿元，利润16亿元。项目总投资为60亿元，计划2015年建设完工。

（四）产品开发与技术进步

2013年渤船重工承制的两条世界首创的2 500米超深水修井/完井船分别签字交船。2 500米超深水修井/完井船是世界上最先进的多功能深海工程船舶。

2013年9月，渤船重工获得中国新时代认证中心颁发的环境管理体系认证证书，认证范围为：钢质船舶的设计（转换）、建造、维修和服务，钻井平台的维修和服务及相关管理活动，证书有效期从2013年9月10日至2016年9月9日。认证证书的获取标志着渤船重工拥有了创建绿色企业的有效管理工具，达到了节能降耗、改善企业形象、提升企业国际竞争力的目的，使公司的生产经营管理不但能够服务于自身发展需要，更能满足社会环境和可持续发展的需要，为公司实现绿色造船、创建世界一流船舶企业的伟大目标迈出了坚实步伐。

青岛北海船舶重工有限责任公司

（一）企业基本情况

青岛北海船舶重工有限责任公司（下称“北船重工”）隶属于中国船舶重工集团公司的大型骨干单位，前身是创建于1989年的青岛北海船厂，2001年10月，经国务院批准，由国家开发银行、中国华融资产管理公司、中国船舶重工集团公司对青岛北海船厂进行资产重组，成立北船重工。2004年，北船重工从青岛老市区整体搬迁到青岛海西湾，建成了目前的现代化造修船基地：陆域面积330公顷、码头岸线长度5公里，规划设计年造船能力近期204万载重吨、远期扩大到468万载重吨，修船212艘，建造海洋石油开采平台4座，救生艇500艘。

北船重工可承接船舶建造、船舶修理与改装、海洋工程修造、大型钢结构件制造、玻璃钢艇和吊艇架设计及制造等业务，并拥有独立的技术设计能力与队伍，目前拥有2 000米码头，共55万吨的修船坞容量，50万吨级及30万吨级的造船坞。

北船重工主要辖设修船分厂、造船项目部门、游艇/船舶机械分厂，均已取得ISO9000质量体系认证。修船分厂承接各种船舶及海洋平台的修理和改装，外轮修理业务占85%以上，客户涉及印度、希腊、日本、美国、新加坡、挪威、韩国、瑞典、伊朗、俄罗斯等30多个国家。造船分厂/船舶机械分厂目前已承接建造各种船舶、海洋平台、大型浮船坞、大型钢结构件。

（二）主要产品

北船重工海洋工程装备产品主要包括3万吨导管架下水驳船、10万吨级海上浮式生产储卸油船（FPSO）、座底式钻井平台等。北船重工自1981年开始承接海洋钻井平台和海洋工程辅助船的修理、改装和建造工程，曾对“渤海四号”、“勘探二号”、“渤海六号”、“渤海十号”、“胜利一号”等海洋石油钻井平台进行过修理或改装，建造了“胜利二号”、“埕岛中心一号”、“胜利作业三号”、“辽河作业一号”等海洋平台和“三航桩15号”、“粤工桩8”等海洋工程辅助船。北船重工迁址海西湾以来，在新厂址上已建造交付了“试采3号”、“中油海5”、“中油海6”等7座钻井平台。

（三）生产经营情况

2013年5月，北船重工成功改装加强了目前世界最大的无动力驳船——“海洋石油229”船。

（四）产品开发与技术进步

2013年5月，由北船重工、东海航海保障中心上海海事测绘中心、上海大学、3家单位共同研发的水面无人智能测量平台工程样机项目在青岛通过中国海事局评审验收，标志着中国自行研制开发的首艘无人测量艇正式诞生，填补了中国海洋测绘远程操控无人驾驶测量的空白，满足了在浅滩、暗礁等危险水域及特殊海况下的测量工作需要。

上海外高桥有限公司

（一）企业基本情况

上海外高桥有限公司（下称“外高桥造船公

司”)成立于1999年，地处长江之滨，是中国船舶工业集团公司旗下的上市公司——中国船舶工业股份有限公司的全资子公司。外高桥造船公司全资拥有上海外高桥造船海洋工程有限公司、控股上海江南长兴重工有限责任公司、上海外高桥海洋工程设计有限公司、上海中船船用锅炉有限公司、中船圣汇装备有限公司，参股上海江南长兴造船有限责任公司。外高桥造船公司规划占地面积500万平方米，岸线总长度超过4公里，共有4个船舶舾装码头，2座干船坞，配有1台800吨、3台600吨龙门起重机，拥有7个冲砂车间和9个涂装车间。

上海外高桥造船海洋工程有限公司成立于2007年，是外高桥造船公司的全资子公司。位于上海临港重装备产业区西港区，拥有1 131米岸线。规划总用地面积103.53公顷，总投资概算30.876 3亿元，总建筑面积为28.05万平方米，新增建筑面积16.7万平方米。上海外高桥造船海洋工程有限公司以海工工程产品为主要经营目标，可承建海工装备特种船、生活楼模块及海工装备模块、特种钢结构等工程。迄今为止，上海外高桥造船海洋工程有限公司已承接多项海洋工程项目，如JU 2000E自升式钻井平台锁紧装置（JACKCASE）、桩腿、PSV海洋平台供应船等项目。

（二）主要产品

外高桥造船公司自成立起就确立了建造世界一流产品的目标，产品类型覆盖散货轮、油轮、超大型集装箱船、海工钻井平台、钻井船、浮式生产储油装置、海工辅助船等。在海洋工程业务领域，外高桥造船公司先后承建并交付了15万吨级、17万吨级、30万吨级海上浮式生产储油装置（FPSO），标志着中国在FPSO的设计与建造领域已位居世界先进行列。3 000米深水半潜式钻井平台是世界上最先进的第6代深水半潜式钻井平台，作业水深3 000米，钻井深度达10 000米，被列入国家“863”计划项目。外高桥造船公司于2011年圆满完成了“海洋石油981”项目的建造、调试任务及其相关的国家“863”计划和上海市重大科技专项的结题工作，填补了中国在深水特大型海洋工程装备制造领域的空白。正在建造的海洋工程产品有JU 2000E型和CJ46型自升式钻井平台，标志着外高桥造船公司在自升式钻井平台领域已经形成系列化生产能力。

（三）生产经营情况

2013年外高桥造船公司营业收入达141.5亿元。

2013年3月，外高桥造船公司从挪威IMSkaugen（IMS）公司最多获得了4艘乙烯/LNG运输船订单。该合同包括了备选2艘订单，确定建造的2艘17 000CBM级液化气船将在2015年进行交付，每艘船价约在4 000万美元以上。这些新造船配备了LNG动力系统，可以运输LNG及石油化学气体。

2013年3月18日，ProspectorOffshoreDrillingS.A.宣布与外高桥造船公司签署的两份独立造船合同生效，将在外高桥造船公司再建造两座高规格F&GJU 2000E型自升式钻井平台。每座平台的造价预计为2.2亿美元。这两座自升式钻井平台将按照北海海域的作业要求设计并建造。预计交付时间将分别安排在2015年3季度和2016年1季度。

2013年5月，外高桥造船公司的全资子公司外高桥造船海洋工程有限公司与新加坡船东签订了“2+2”艘海洋平台供应船（PSV）建造合同。这是外高桥造船公司首次承造PSV项目，标志着公司进入了高端海工辅助船市场。该船采用挪威乌斯坦公司PX121H系列设计，总长83.4米，型宽18米，型深8米，采用X-BOW专利型式船艏，配备全电力推进系统、DP-2动力定位系统，最大载重量为4 000吨，可装载多种货物及油料，并具备对外消防功能。

2013年7月中旬，外高桥造船公司又与新加坡船东签订了“2+2”艘CJ46-X100-D型自升式钻井平台的建造合同。至此，外高桥造船公司手持二型自升式钻井平台订单达历史性的“7+3”座，形成批量连续性生产，全面进入高端海洋工程装备国际主流市场。

（四）产品开发与技术进步

2013年外高桥造船公司海洋工程产品以第六代新型深海半潜式钻井平台、JU 2000E型自升式钻井平台、SWS12000型深水钻井船、FPSO为重点，产品承建以总承包为主。

上海船厂船舶有限公司

（一）企业基本情况

上海船厂船舶有限公司（下称“上海船厂”）创建于1862年，至今已有148年的历史，是中国最早的修造船厂之一，现隶属中国船舶工业集团公司，是一家以造船、修船为主体，兼有大型钢结构及海洋工程等综合生产能力的国有大型骨干企业。2005年5月，上海船厂在上海浦东陆家嘴地区的厂区全部搬迁至崇明岛，目前已成为中船集团公司五大造修船和三大海工生产基地之一。

上海船厂主要生产区域分布在上海市黄浦江西岸及长江口崇明岛南岸，占地总面积约163万平方米，码头岸线总长约2 750米。主要造船设施有浦西厂区8万吨级干船坞、3.5万吨级干船坞各一座，5.3万平方米船体加工车间和钢板预处理流水线，另一座6.4万平方米的分段制造车间已有3.2万平方米完工投入使用，崇明厂区海洋工程110米×270米港池一座、7万吨级船台一座，600吨龙门起重机1台，2 500吨浮吊一台，3 600匹以上拖轮4艘，100-200吨门座式起重机10台，各种加工设备300余台/套。主要修船设施有10万吨级浮船坞、4万吨级浮船坞各一座。具备了年造船100万吨、海工平台2座，年修船产值4亿元的生产能力。

（二）主要产品

作为国内主要海工装备制造基地之一，经过近年来发展战略的探索和调整，上海船厂现已确定了在海工装备领域的发展方向，制定了具有“上船特色”的海工发展路径，明确今后将以钻井船、物探船、三用工作船作为重点发展的产品，力争到“十二五”末成功实现结构调整，使海工业务产值达到总产值的一半。

（三）生产经营情况

新接订单方面，2013年6月，上海船厂与新加坡康帕特钻井公司签订了“3+1”艘钻井驳建造合同。根据合同约定，这批钻井驳的首制船将于2015年年中交付。

中船黄埔文冲船舶有限公司

（一）企业基本情况

中船黄埔文冲船舶有限公司（原广州中船黄埔造船有限公司，下称“中船黄埔文冲”）是中国船舶工业集团公司属下大型造船企业，由原广州中船黄埔造船有限公司和广州文冲船厂有限责任公司组成，是华南地区军用舰船、特种工程船和海洋工程的主要建造基地，也是目前中国疏浚工程船和支线集装箱船最大最强生产基地。

中船黄埔文冲现有3个厂区。其中，长洲厂区位于广州东南部的长洲岛，毗邻广州大学城和举世闻名的黄埔军校，占地近70万平方米，岸线长3 000米，码头长900米，具备3万吨级船舶的建造能力，主要产品有军用舰船、各类公务船、海洋救助船以及平台供应船等。文冲厂区位于广州市黄埔区，邻近黄埔港，占地面积70万平方米，码头岸线1 500多米，拥有2.5万吨级船台一座、2.5万吨级、7万吨级和15万吨级船坞各一座，具备5 600TEU以下支线集装箱船和7万吨级以下船舶建造能力，同时具备制造、安装各种大型金属结构件工程、成套机电设备的能力，主要产品有1 700TEU浅吃水集装箱、2 200TEU集装箱船、2 500TEU集装箱船、多种型号的大中型挖泥船等。龙穴厂区位于广州市南沙区龙穴岛，邻近香港、澳门，拥有10万吨船坞1座、600吨、900吨龙门吊以及海洋平台生产线等先进设施设备，具备10万吨级船舶以及海洋工程的建造能力，主要产品有76 000吨、65 000吨、57 000吨等各类散货船以及5万吨半潜船、3 000米深水工程勘察船、3 000米水下工程作业支持船、铺管船等海洋工程船舶。

（二）主要产品

中船黄埔文冲的海工产品主要包括半潜船、深水工程勘察船、起重铺管船等多种海洋工程船舶以及对钻井平台升级改造。在生产过程中中船黄埔文冲积累了丰富的海工产品建造经验，已经成为中国华南地区最大的海洋工程装备制造基地。先后成功建造了6 500马力三用工作船、8 000马力环保船、5万吨半潜船、3 000米深水工程勘察船等海洋工程船舶，而且在海工辅助船、铺管船、拖船、油田守护船等方面取得了较大的突破，近几年还承接了多功能水下作业支持船、平台供应船、LNG双燃料拖船等订单。

（三）生产经营情况

2013年5月，中船黄埔文冲从新加坡Alliance Offshore Drilling公司获得了“2+2”座自升式海洋钻井平台订单。

2013年6月30日，中船黄埔文冲为海油能源发展采油服务公司建造的LNG双燃料港作拖轮“海油石油521”在黄船长洲厂区举行下水仪式。该船为双燃料发动机推进，可使用船用轻柴油（0#）、LNG气体作为燃料，设有2个容积为25立方米的LNG罐。该船是国内首次研发的最环保新型沿海拖轮，其开发建造将成为非专业LNG运输船舶燃用天然气的标杆。

2013年7月26日，国内第一艘完全自主设计建造的海洋工程导管架18 000吨下水驳船“海洋石油228”号命名交付。该船是中船黄埔文冲为中国海洋石油总公司旗下海洋石油工程股份有限公司建造的第一艘海工船，同时也是首艘获中国船级社（CCS）签发的IHM符号证明的绿色船舶。

2013年12月，由中船黄埔文冲打造的两艘全球首制LNG和轻柴油双燃料港作拖轮——“海洋石油521”和“海洋石油522”完工交付。该型船与采用柴油机的常规船舶相比，CO_2减排25.5%，SO_2减排88.5%，氮氧化物减排85.0%，燃料费用节省约30%。

（四）产品开发与技术进步

2013年3月4日至5日，中船黄埔文冲、TSC集团控股有限公司和美国ZentechIncorporated在广州主持召开了对美国Zentech公司“R-550D型自升式钻井平台”的技术评审暨推介会。“R-550D型自升式钻井平台”基本设计获得美国船级社（ABS）审核认可。Zentech公司专业的设计能力，TSC集团在钻探相关设备总包的供应、安装调试及售后服务方面的丰富经验及优势，以及中船黄埔文冲卓越的综合钻井平台的建造能力，此三者核心能力的结合，也使得评审委员会认为R-550D性价比优良，能有效满足客户需求，具有较强的市场竞争力和良好的市场推广前景。2013年8月，中船黄埔文冲承担的“3 000米钻井船波浪补偿装置研制”项目可行性研究报告顺利通过审查。该项目是国家发改委批准立项的2013年海洋工程装备研发及产业化专项。该项目目标是与广州中船黄埔造船有限公司研发的3 000米深水钻井船配套，围绕钻井船钻机大钩升沉补偿系统与隔水管张紧补偿装置，开展其关键技术研究及系统研制。2013年9月，TSC海洋石油装备有限公司与中船黄埔文冲签订合约，为后者在建的R-550D自升式钻井平台提供整套钻井包，合同金额为5 469万美元。这是TSC集团与中船黄埔文冲、美国Zentech公司建立战略合作关系后，首次为中船黄埔文冲提供设备，标志着双方合作进入正轨。

沪东中华造船（集团）有限公司

（一）企业基本情况

沪东中华造船（集团）有限公司（下称“沪东中华”）由原沪东造船厂与原中华造船厂于2001年4月合并重组成立，是中国船舶工业集团公司旗下既建造军、民用船舶，又制造船舶和船用柴油机配套件的综合型集团公司。公司总部位于上海浦东新区，主要生产区域分布在黄浦江两岸，占地面积约为100万平方米，码头岸线2 600米；拥有360米×92米大型干船坞1座、700吨龙门吊2座，12万吨级和8万吨级船台各1座、2万吨级以下船台2座，具有年造船150万载重吨的生产能力。

（二）主要产品

沪东中华主要产品有各类大中型集装箱船、液化天然气（LNG）船、化学品船、滚装船、浮式储油船、成品油船、原油船、散货船等，共为国内外船东建造过3 000多艘船舶，其产品除满足国内用户需求外，还远销亚洲、欧洲、非洲、大洋洲、南美洲和北美洲等40多个国家和地区。

（三）生产经营情况

2013年7月30日，沪东中华为Royal Wagenborg建造的一艘冰级加强型21 000吨多用途船“Tiberborg”轮顺利交付。该船是第三艘1A冰级21 000吨系列多用途船。该船总长172.34米，宽21.50米，主机为瓦锡兰7 500 kW的6L46F型主机。

2013年，沪东中华承接32艘新船，再创历史新高。沪东中华以中船集团首次自行设计、建造的C28A军贸舰船，世界首次建造的4.5万吨集装箱滚装船，当今世界建造难度最大的化学品船——3.8万吨不锈钢化学品船以及为中国海运（集团）总公司建造的17.4万立方米电力推进液化天然气（LNG）船等为核心，全力以赴推进高新船舶生产技术准备工作，并取得了重要突破，在企业全面实现转型升级的道路上又前进了一大步。

（四）产品开发与技术进步

2013年，沪东中华在高技术船舶关键技术的研发上取得突破，进一步优化17.4万立方米LNG船，可靠性、安全性得到提高，全年获得10艘订单。

2013年12月13日，沪东中华首批40余名焊工通过培训获得了挪威船级社（DNV）颁发的不锈钢Ⅱ类焊接资格证书，为38 000吨化学品船开工建造打下基础。

招商局重工（深圳）有限公司

（一）企业基本情况

招商局重工（深圳）有限公司（下称“深圳招商局重工”）是招商局集团全资拥有的大型重工企业，业务范围主要涉及海洋工程、海洋工程辅助船、港口重型装卸设备制造、大型钢结构的建造以及超大型螺旋焊管制造。目前正向重大型工程和设备承建承包商方向发展，是招商局集团在重型工业中的核心企业。

深圳招商局重工所在的孖洲岛基地位于深圳港西部港区，地理位置非常优越，南与香港隔海相望，北临广州，四周水域开阔，水深条件良好。孖洲岛基地总面积约70万平方米，岸线长度3 400米。该基地生产、生活配套设施齐全，主要设施包括2座新建的超30万吨级干船坞（尺寸分别为：400米×83米×8米和360米×67米×8.5米），1座7万吨级浮船坞和1座3万吨级浮船坞，船台长370米、宽88米，配套各类起重机近百台，最大起重量300吨。

（二）主要产品

深圳招商局重工海洋工程装备产品主要包括海洋石油钻井平台、移动式多功能修钻井平台、钻井模块、生活模块，以及海上起重船、大型铺管船、挖泥船、物缆船和钻探船等特种工程船舶等。深圳招商局重工目前已成功交付了2艘多功能钻井平台、“海洋石油281/282”自升式工程生活支持平台、COSL21/222/223/225修井支持驳船和“海洋石油936”（350英尺）钻井平台等海洋工程装备。

（三）生产经营情况

在海洋工程装备建造交付方面，2013年6月7日，深圳招商局重工为荷兰船东Jack-UpBargeB.V.建造的海上风车安装平台——JB118在深圳招商局重工孖洲岛修造船基地顺利交船。JB118平台为矩形船体，船体总长75.9米，型宽40.0米，型深6.0米，设计吃水4.2米，四根圆柱形桩腿，桩腿长90.25米，直径3.5米，每个桩腿升降能力达3 250吨，在同型船中升降能力居首位。该平台由荷兰GustoMSC公司提供基本设计，船型为SEA-3250自升式平台，配备有四套MSC液压插销式升降装置，1台起重能力为1 000吨的主吊机（全回转），4台外挂式马达推动的动力定位系统，入ABS级。JB118平台主要用于45米水深范围内的风电设备海上安装和吊运等工程。

在海洋工程装备承接订单方面：2013年1月28日，新加坡BESTFORD OFFSHORE PTE.LTD.和招商局工业集团就建造“2+2”座CJ46-X100-D（350英尺）自升悬臂式钻井平台，在深圳孖洲岛修造船基地举行了建造合同签字仪式。该两座平台将由深圳招商局重工承建。CJ46-X100-D型钻井平台，是迄今具有国际领先水平的海洋石油钻探开采装备，主要用于海上石油和天然气勘探、开采工程作业，此两座平台作业水深可达350英尺，可加长桩腿增至375英尺，钻井深度达3万英尺。

2013年10月30日，深圳招商局重工与中海油田服务股份有限公司签订了“海洋石油944”钻井平台的建造合同。自升式钻井平台“海洋石油944”（CJ50）是中海油服首座大桩靴自升式钻井平台，将填补中海油服在软地层区域作业的装备空缺，平台设计最大工作水深400英尺（122米），最大钻井深度30 000英尺（9 144米）。自升式钻井平台预计将于2015年10月交付。

2013年11月4日，新加坡VikingOffshore&Marine公司计划建造一座以荷兰GustoMSC公司的CJ46-X100-D钻井平台设计为基础的Cantilever自升式钻井平台，制作投资额达1.8亿美元。该平台由海洋平台建造经验丰富的深圳招商局重工负责建造，安排在26个月之后交付。该平台经营在水深375英尺的海上，可容纳120余名的住宿。

手持订单方面，深圳招商局重工手持自升式平台订单达到21座，一举成为中国最大的自升式平台建造商和全球最大的CJ系列自升式平台建造商。

（四）产品开发与技术进步

深圳招商局重工为荷兰船东Jack-UpBargeB.V.建造的海上风车安装平台JB118，是深圳招商局重工首次出口至欧洲的平台建造项目，标志着公司在海洋工程平台建造质量与管理水平达到了国际水准，同时也填补了中国华南片区海上风车安装平台建造领域的空白。

深圳招商局重工自2006年向海洋工程装备和特种工程船转型以来，坚持以科技为先导，以科技创新促进企业不断发展壮大。随着深圳招商局重工拥有核心自主知识产权、自主创新的科技研发实力的不断增强，公司开展了国家高新技术企业申报工作。并于2012年获得国家认定管理机构的批准，被认定为国家高新技术企业。2013年3月，深圳市创新委员会和深圳市财政委员会、深圳市国家税务局、深圳市地方税务局联合为深圳招商局重工颁发"高新技术企业证书"（有效期3年）。获得高新技术企业认定对于深圳招商局重工的发展具有重要的现实意义，在3年有效期内，每年企业所得税减免至15%（一般企业为25%），每年的研发费用均可加计扣除。同时，深圳招商局重工还可以申报政府专项科技奖金扶持和贷款贴息、享受高级人才引进等政策。

招商局重工（江苏）有限公司

（一）企业基本情况

招商局重工（江苏）有限公司（下称"江苏招商局重工"）是招商局集团的全资子公司。2012年底，招商局集团成功收购在建的江苏海新船务重工，将其改造成大型海工及修造船基地，即江苏招商局重工。公司位于江苏省南通市国家级海门经济技术开发区内。公司主要从事海洋工程装备（含模块）的设计、制造和修理，现已承接包括CJ50、JU 2000E钻井平台、3 000T起重铺管船等多个海洋工程项目订单，是中国华东地区发展最快、最具潜力的海洋工程装备及特种工程船舶建造企业之一。

江苏招商局重工注册资金2亿美元，占地2 036亩，岸线长1 725米。大型干船坞、船台共三座，船体和分段车间面积达20万平方米，拥有各类造船、海工专用配套设备。预计年生产能力达20个海工项目，年钢材消耗量30万吨，达产后年销售额超100亿元人民币。

（二）主要产品

江苏招商局重工业务范围主要有：海洋工程装备及特种工程船舶建造，目标船型有海洋石油钻井平台、移动式多功能修钻井平台、钻井模块，生活模块、海上起重船、大型铺管船、挖泥船、物缆船和钻探船等特种工程船舶；设备工程的设计、制造及安装，包括集装箱岸桥、各类卸船机、场桥、轨道龙门吊、龙门起重机、门座起重机、桥式起重机等各型专业起重设备的制造；其他业务还有生产建筑钢结构，桥梁钢结构、码头及海上大型螺旋钢管桩等。

（三）生产经营情况

在海洋工程装备承接订单方面：

2013年4月23日，江苏招商局重工与新加坡钻井支持平台有限公司签约了深水半潜式钻井平台和深水钻井驳船项目，合同额约3亿美元。这是江苏招商局重工落户海门后签约的第一单海工装备合同。此次签约的深水半潜式钻井平台和深水钻井驳船项目以及之前招商局工业集团签约的由江苏招商局重工制造的"4+3"座自升式钻井平台，合同额已经超过10亿美元，这些项目是招商局工业集团首批在海门海工基地建造的项目。

（四）产品开发与技术进步

2013年12月12日，海门市政府及江苏招商局重工一行来访上海交通大学，双方就产学研合作问题进行了深入洽谈和交流，期望上海交通大学和江苏招商局重工在现有条件的基础上，全面启动教育培训、科技研发、成果转化、科技基础条件设施与条件建设等方面的相关合作。

上海振华重工（集团）股份有限公司

（一）企业基本情况

上海振华重工（集团）股份有限公司（下称"振华重工"）是重型装备制造行业的知名企业，为国有控股上市公司，控股方为世界500强之一的中国交通建设股份有限公司。公司总部设在上海，并在上海本地及南通、江阴等地设有8个生产基地，占地总面积1万亩，邻水外场面积达2 000亩，总岸线10公里，特别是长江口的长兴基地有深水岸线5公里，承重码头3.7公里，是全国也是亚洲最大的重型装备制造商。公司拥有22艘6~10万吨级整机运输船，可将大型产品跨海越洋运往全世界。所属南通基地定位于专业的海工装备生产基地，将打造成国内一流、国际先进的海洋工程装备生产基地。

（二）主要产品

振华重工强大的海工设备研发制造能力，可以提供各种海上工程船舶。公司主要以浮吊产品为切入点进入海洋工程领域，产品主要为大型起重船、铺管船、挖泥船、巨型浮吊、大型船厂龙门吊以及动力定位装置和齿条提升装置等。其中以起重船、起重铺管船和挖泥船等产品业绩最为丰富。

振华重工在海工配套设备方面，目前主要有锚绞机、平台的抬升系统、锁紧系统、滑移系统，以及电控系统的开发研究，还包括船用吊机、行车、铺管设备、动力定位设备、波浪补偿系统等。特别是重型锚绞机产品，振华重工掌握核心技术，具有自主知识产权，拥有完整的设计、施工和调试团队，并备有国内最大的500吨高塔试验台。

（三）生产经营情况

2013年，振华重工通过研究市场前景、分析自身优劣势及面临的挑战与机遇，科学、系统的制订了公司2013–2015年发展战略、目标规划、总体工作思路，坚持改革创新，全力增收节支，圆满实现全年扭亏为盈的总目标，各项工作取得显著进步。2013年完成营业收入为232.02亿元人民币，同比增长27.1%，其中出口产品约占72.0%，实现归属于母公司所有者的净利润1.398亿元人民币，全年经营性现金净流入9.39亿元人民币。

2013年公司营业收入较2012年的182.55亿元人民币，同比增长27.1%，收入增加主要系报告期内公司调结构、转方式、拓市场、促增量，全力推进并实现重大突破。其中在海工业务方面，成功销售“振海1号”、“振海2号”钻井平台、中标烟台5 000吨打捞起重船、出口平台抬升机构等，巩固海工中高端和配套市场。

2013年5月28日，上海振华重工宣布已接获欧洲船东“1+1”座400英尺自升式钻井平台订单，这是振华重工首个钻井平台订单。据悉，该公司自主研制平台关键核心配套件，如起重装置、桩腿升降系统、锁紧装置、液压驱动滑移装置等，都将在这座平台项目中得到应用。

2013年6月9日，振华重工为新加坡吉宝公司巴西Estaleiro船厂设计、建造的世界最大龙门吊完工发运。该龙门吊整机高150米，其起升高度为110米，起重吨位为2 000吨，起升高度和起重能力均创造了龙门吊产品新的世界纪录。

报告期内，振华重工的品牌影响力在传统港口机械领域得到进一步巩固、在海洋工程等重点市场实现新的飞跃，新业务市场得到初步发展，2013年振华重工全年新签合同额50.69亿美元，创历史新高，其中海工和钢构新签合同额为15.3亿美元，同比增长69.1%。

（四）产品开发与技术进步

振华重工的“国家海上起重铺管核心装备工程技术研究中心”经历3年建设，顺利通过中国科技部现场评估和综合验收，正式批准运行挂牌。这也是目前中国唯一的一个海工领域类的工程技术研究中心。

振华重工抓住全球开发海洋资源的趋势，充分发挥公司科技优势，高端切入海洋工程装备市场。起重船屡创世界第一，铺管船创国内首出口；钻井平台打破中国"壳"制造历史，自主完成平台75%以上的设计。打破国外海工装备核心技术垄断，成功研发自升式平台抬升系统、海洋平台钻井包等关键配套件，为“中国制造”向核心、高端的“中国创造”添砖加瓦。

江苏龙源振华海洋工程有限公司

（一）企业基本情况

江苏龙源振华海洋工程有限公司（下称“龙源振华”）于2010年6月在南通经济技术开发区成立。公司由上海振华重工（集团）股份有限公司与龙源电力集团有限公司各出资50%合资成立，注册资本2.6亿元人民币。

公司拥有25万平方米的钢结构加工车间，车间内配有400吨、200吨、150吨等各类行车100余台，可在车间进行大型构件的吊装、翻身作业，还拥有115万平方米的存放场地，配有1 200吨龙门吊2台，40–500吨门机20余台。

（二）主要产品

龙源振华在海洋工程装备领域产品和服务主要包括海洋工程设备安装维修、海洋工程施工、海底电缆系统工程施工及维护、海上风电设备基础施工（特别是海上风力发电管桩制作、施工，风机安装、调试、维修）等。

（三）生产经营情况

2013年10月20日，由中国振华重工（集团）股份有限公司自主设计、建造的国内最大风电安装平台—— “龙源振华2”号800吨自升式风电安装平台在常熟锚地成功下水，“龙源振华2” 号自升式风电安装平台，型长76.8米，型宽42米，型深6米，甲板面积相当于一块标准足球场，自重8 000吨左右，具备800吨的全回转起重能力，最深可在水下30米进行作业，拥有12级风暴自存能力。有别于传统海上平台将基础设施与设备安装分开设计的建造模式，该平台集风电运输、吊装、打桩、安装于一体，大大降低了施工成本。

（四）产品开发与技术进步

“龙源振华2”号采用先进的单管桩施工工艺，7天便可安装1台风机。凭借其配备的先进打桩装备和大吨位起重能力，最大可安装6兆瓦大功率风机，市场前景广阔。“龙源振华2”号的甲板核心设备包括全回转吊机、抬升系统、桩腿、液压抱桩器等，全部由振华重工设计、建造，具有完全自主知识产权。其中，振华重工在国内首创的双层液压抱桩器，此前已成功运用在其建造的“龙源振华1”号风电安装船上，并在国家首个海上（潮间带）示范风电项目中成功打下49根风电管桩，创下最高优于国际标准的打桩精度。振华重工的研发团队在此基础上，根据海上作业环境，开发出适用于“龙源振华2”号的第二代液压抱桩器，在抱桩方式和打桩精度上进行了技术完善和性能提升。

中国熔盛重工集团控股有限公司

（一）企业基本情况

中国熔盛重工集团控股有限公司（下称“熔盛重工”）是一家具有领先地位的大型重工企业集团，业务涵盖造船、海洋工程、动力工程、工程机械等多个领域。集团分别在香港与上海设立总部，并在上海设立研发、营销、采购中心，在江苏南通和安徽合肥分别设立大型生产基地，是国内唯一经国家发改委审核批准的民营海工制造装配企业。

熔盛重工南通生产基地，占地面积约1万亩，拥有岸线长达6公里，年钢材加工量120万吨以上，设计年生产各类船舶与海洋工程800万载重吨以上，拥有四座经国家发改委核准建设的大型船舶与海洋工程坞，并配备多台大型龙门吊和现代化的生产设施，其中4号干船坞主要用于海洋工程项目的建造，尺度为139.5米×580米，配备一台世界上最大起重吨位的1 600吨龙门吊。

（二）主要产品

熔盛重工作为唯一的经国家发改委审核批准的民营海工装备制造企业，已有数年研发的经验，有能力生产包括DPV、FSO/FPSO、LNG船型和钻井平台在内的多种海工产品。熔盛重工与中国海洋石油总公司签订战略合作伙伴协议，在海洋工程方面展开全面的合作。同时公司还与美国船级社（ABS）、挪威船级社（DNV）在海洋工程产品研发方面展开战略合作。熔盛重工计划将其海工板块最终形成4个大项，包括世界最先进的第六代半潜式钻井平台、FPSO、海洋工程船和液化天然气运输船。目前已具备钻井装置（半潜式钻井平台、自升式钻井平台、钻井船），生产装置（浮式生产储油船、浮式储油船）以及海洋工程辅助船（3 000米深水铺管起重船、海洋石油支持船）等海洋工程产品的生产能力。

（三）生产经营情况

2013年熔盛重工营业收入为13.44亿元人民币，较2012年同期的79.56亿元下滑83.1%；2013年熔盛重工归属于其权益持有人年度综合亏损为86.84亿元。

在海洋工程装备承接订单方面，2013年3月25日，熔盛重工成功签订了两份CJ46自升式钻井平台的总包合同，合同总价值逾3.6亿美元，这是熔盛重工首次获得自升式钻井平台订单。今次签订的两份“1+1”自升式钻井平台合同分别来自两名新加坡买家，每份合同包括确定订单和同类产品选择权各一。CJ46自升式钻井平台属高科技和高附加值的深水海洋工程装备之一，主要用于海上石油和天然气勘探及开采工程作业。该平台型长约65.25米，型宽62米，型深8米。其最大作业水深可达112米，钻井深度达9 144米，可以满足全球环境温和海域进行石油钻井作业。

（四）产品开发与技术进步

2013年1月22日，熔盛重工接待来访的挪威海事局总裁OlavAkselsen和挪威船级社副总裁TrondHodne带队的挪威海事高级代表团一行30人。该代表团汇集了挪威海事界知名企业与机构的高管与所有人，熔盛重工也是挪威海事高级代表团中国议程中参观并访问的唯一一家中国造船企业。熔盛重工表达了希望能够和挪威海事界在原有的合作基础上，进一步加大在科技创新、研发、设计、商务等领域的交流合作，进而缩小中国与欧美海工装备制造强国间的差距，进一步扩大海外市场。

太平洋造船集团

（一）企业基本情况

太平洋造船集团（下称“太平洋造船”）是合资民营企业，业务集船舶设计、制造、贸易于一体。主要产品包括散货船、集装箱船、液化气船及海洋工程辅助船等。

太平洋造船下属有扬州大洋造船有限公司和浙江造船有限公司2个企业。扬州大洋造船有限公司主要承建各类商船，现在的主打产品为自主设计的CROWN5.8万载重吨、CROWN6.3万载重吨、CROWN11.8万载重吨散货船及液化石油气船、集装箱船等。

浙江造船有限公司占地总面积约136万平方米，共有5条生产线，其中3条为海洋工程船舶产品专项生产线。这3条生产线中，有2条室内船台生产线，配有一座浮船坞，专门建造世界高端海洋工程辅助船。另一条为室外船台线，生产系列化海洋工程船舶产品。公司目前年海洋工程船产品交船能力达30–36条。

（二）主要产品

太平洋造船海洋工程装备产品主要集中在海

洋工程辅助船领域，如三用工作船、平台供应船等，可建造高端的海洋工程辅助船，如具有世界先进水平的PX105、SX130、GPA696等型号的海洋工程辅助船。

（三）生产经营情况

交付订单方面，2013年4月16日，太平洋造船在英国阿伯丁向DeepSeaSupply交付PX105首制船，该船命名为“SEAFALCON”。太平洋造船集团承建的高科技海洋平台供应船PX105由挪威乌斯坦（Ulstein）设计公司设计，在全球范围内堪称最为复杂的多用途平台供应船之一。2013年11月13日，太平洋造船将命名为“SeaFrost”的PX105新船交付给挪威船东DeepSeaSupply。

新接订单方面，2013年2月1日，太平洋造船与俄罗斯海运公司——FEMCO集团签订4艘中型锚作三用拖船（AHTS）的订造合同，预计在2015年内陆续交付。2013年5月21日，太平洋造船与三菱重工业株式会社联合开发的CROWNMHI82（82 000DWT）散货船获得首个订单。2013年6月，太平洋造船与MarineCapitalLtd共同签署4艘CROWN63的订造合约，订单合同总额超过1亿美元。2013年12月6日，太平洋造船获得希腊船东TIMESNavigation公司的“6+2”艘CROWN63新造船订单。

（四）产品开发与技术进步

2013年，太平洋造船集团推出了CROWN63、CROWNMHI82、CROWN121等3型极致节能环保散货船，分别出击6万吨级、8万吨级、12万吨级散货船细分市场。这3型产品均以“节能环保”为首要设计理念，油耗降低20%以上。

太平洋造船的设计团队先后自主研发了SPP17、SPP35、SPP45、SPP50、SPA60，SPA150等一系列自主品牌的多功能OSV。该系列船大多采用全电力推进系统，其快速性、参数指标、船舶配载、环保节能、自动化程度，船员舒适度和载重量乃至拓展能力方面的表现均十分优异。

值得一提的是，平台供应船SPP35的成功交付将太平洋造船的自主OSV品牌带入了一个更高的高度，目前，已有数艘SPP35新船成功交付并深获船东好评。该型船是一型设计精良的节能环保型船舶，全面满足国际散装化学品船公约（IBC）破舱稳性要求和特种工程船（SPS）破舱稳性要求，安全指标很高。

SPP35可保持至少7天以上不对外排放各类污水和垃圾，完全满足法国船级社高等级的“BV clean ship（7+）”（7天零排放清洁船舶）的要求。而且，其污油回收能力超过1 000立方米，且能回收低闪点的危险浮油。SPP35为船员创造了舒适环境，并具备守护和救助功能，能够搭载的获救人员可达200余人。

由于SPP35的出色性能和优异表现，在由美国海事权威杂志《Marine LOG》评选的“2013年世界经典船舶”中，成为最终当选的7型船舶之一，而这也是其中唯一由中国设计的船型。

广东粤新海洋工程装备股份有限公司

（一）企业基本情况

广东粤新海洋工程装备股份有限公司（下称“粤新海工”）的前身是2000年成立的广州市番禺粤新造船有限公司，2012年粤新造船有限公司整体变更为广东粤新海洋工程装备股份有限公司。

粤新海工占地面积约10万平方米，拥有半封闭滑道船台2座、轨道船台4座、干船坞2座、浮船坞3座。钢板预处理生产线、钢结构制作加工生产线、船体加工、装焊、分段制作车间和修船车间；各类制作加工设备齐全，其中包括自动焊接、自动切割、弯板机、肋骨弯制机、折边机、剪板机、喷沙除锈装置等。船厂拥有丰富的海岸线，厂内的舾装码头可同时停泊6艘船；船厂距离珠江口仅30公里，交付5 000吨以下船舶可直接驶出珠江。

（二）主要产品

粤新海工的海洋工程装备产品主要集中在海洋工程辅助船领域，如三用工作船、平台供应船等，至今已交付各类海洋工程船舶100多艘。粤新海工专业建造4 000马力至16 000马力系列海洋工程船，产品出口至东南亚、中东和欧美等国家。

（三）生产经营情况

2013年，粤新海工共交付了11艘海洋工程服务装备，完成工业总产值119 570万元。2014年截止7月，公司共交付15艘海洋工程服务装备，完成工业总产值66 932万元。

新接订单方面，2013年4月11日，粤新海工与印尼西亚船东新签了一份“2+2”艘65米锚拖供应船合同。该船入级美国船级社，沿用FOCALMARINE&OFFSHORE公司初步设计，粤新海工自行生产设计。船长65米，型宽16米，型深6.2米，最大吃水5米，设计航速为13节，而设计拖力为80吨。可载50名员工，并装载570立方米燃油，300立方米淡水，370立方泥浆和170立方米干散水泥，总载重约1 500吨。该船采用两台3 000马力Niigata柴油机作为主机，并具备2级动力定位功能。2013年12月12日，粤新与新加坡港务局在粤新海工南沙建造基地签订了32米全回转拖船“2+2”建造合同。此次合作的项目同样采用加拿大RobertAllan公司Rampart3 200的基础设计，满足MLC2006相关规定，拖船型长32米，型宽11.6米，型深5.36米，设计吃水约5.8米。入级英国劳氏船级社（LR）。

锚拖供应船交付方面，2013年2月5日，粤新海工为新加坡MARTENSMARINE公司建造的第2艘58.7米锚拖供应船KINGJESUS成功交付，成为MARTENSMARINE公司“E65T系列”船的其中一员。2013年4月11日，粤新海工为新加坡MARTENSMARINE公司建造的第3艘58.7米锚拖供应船SMSENDEAVOUR成功交付，成为MARTENSMARINE公司“E65T系列”船的又一位成员。2013年8月，粤新海工58.7米锚拖供应船BERKATTENANG正式交付。该船是粤新海工为新加坡MARTENSMARINE公司建造的第4艘58.7米锚拖供应船。

其他订单交付方面，2013年8月，粤新海工建造的32米全回转拖NOORADEN和MAKOHE分别交付给中东船东和南美洲船东。2013年8月31日，粤新海工为美国潮水公司建造的66米工作维护船CONSTRUCTTIDEⅡ正式交付，该船由新加坡WARTSILASHIPDESIGNSINGAPOREPTELTD设计，入级美国船级社（ABS），40吨吊车是该船一大特色，最大起吊能力能达到60吨，吊车吊臂几乎与船身同等长度，且该船全船覆盖无线信号。

2013年6月，粤新海工中山基地项目在中山市翠亨新区（火炬开发区临海工业园）正式动工。新厂区建成投产后将进一步提升粤新海工的生产技术水平，巩固其在4 000~16 000马力系列海洋工程船领域的市场竞争力。该项目总用地面积为24万平方米，总投资15亿元。其中，一期工程投资5亿元，预计于明年二季度实现部分投产，产值可达12亿元。项目整体预计将在5-8年内全部完成并投产、达产，届时年销售收入有望达到50亿元，实现利税5亿元。

借着在市场及技术方面的先发优势，公司获得了充足的订单，截至2013年底，公司手持订单量为31亿元人民币，意向订单约13亿元人民币仅完成目前手持订单，生产任务已排至2016年。

(四)产品开发与技术进步

2013年，粤新海工被认定为“广州市第三批创新型试点企业”。

在新船型开发方面，公司技术研发中心2013年完成新船型30M ASD TUG、50M AHTS、70.2M AHTS的研发工作。另外，技术研发中心还致力于新技术和工艺的开发，全年完成高新立项7项，获得授权实用新型专利7项，进入实质审查阶段发明专利1项，受理专利4项，其中发明专利3项，实用新型1项。

2013年度中本单位在项目申报工作中取得了突出成绩，被评为了广东省加工贸易转型升级示范企业、广东省战略性新兴产业培育企业、广州市制造业转型升级示范企业、广州市重点帮扶高成长性民营企业、广州市创新型试点企业。

2014年公司重点海工产品研发项目：85米海上平台支持维护船开发研究，项目完成后，将使公司PSV类产品实现最大尺度和最大装载量的突破；使公司PSV类产品实现最大载人的突破；计算机网络管理，实现系统的自动控制，全面提升船舶信息化、智能化；在同类型船舶上免除长尺寸轴系、大型减速齿轮箱和推进主柴油机装船，节约空间、及大地降低建造和运营成本；低噪音、恒定负荷低排放，创造良好船员工作和生活环境，满足《国际劳工公约组织》关于《国际公约组织–船员住宿公约ILO 092》入级认证要求。

宏华集团有限公司

(一)企业基本情况

宏华集团有限公司(下称“宏华集团”)是专业从事石油钻机、海洋工程及石油勘探开发装备的研究、设计、制造、总装成套的大型设备制造及钻井工程服务企业，是中国最大的石油钻机成套出口企业和全球最大的陆地石油钻机制造商之一。2008年3月，宏华集团在香港联交所主板上市，成为中国第一家上市的钻机制造商。集团总部位于四川省成都市，陆地和海洋装备制造基地分别位于四川广汉和江苏启东，并在海外设有10余个子公司(或办事处)，以及4个部件及维修服务中心。

(二)主要产品

宏华集团主要业务包括陆地装备制造、海洋工程装备制造、油气工程服务、资源开发四大板块。在海洋工程装备制造方面，宏华集团主要产品包括自升式钻井平台、半潜式钻井平台、固定式钻井平台以及圆筒形海洋钻井平台等。

(三)生产经营情况

2013年，宏华集团收入约人民币80.47亿元，较去年同期收入增长58.8%，毛利约为人民币19.05亿元。较去年同期上涨9.1%。

其中海洋板块：基地建设方面，港池工程已通过验收，“宏海吊”一号机主梁合拢工作已顺利完成，预计2014年5月将完成整体提升，二号机预计其整体提升工作将在2014年年底完成，整机交付时间将在2015年年初完成；Tiger系列钻井船钻井设备包项目第一套总体进度完成约80%，涂装和内场结构件制作已经完成大部分，其主船体已经成型，预计将于2014年5月下水，9月完成交付。

2013年7月25日，宏华集团与北京大学工学院控股子公司(北京工道能创科技有限公司)、中国对外建设有限公司在海南省三沙市共同投资设立三沙宏道建远海洋科技有限公司。

(四)产品开发与技术进步

2013年5月9日，宏华集团参加OTC展会，推出的各种新技术、新产品获得全球各大石油商的一致好评。轻型三缸泵组和40直驱顶驱实物吸引了国内外大量客户驻足参观询问。宏华海洋的宏海吊模型也激发了客户对其建造理念浓厚的兴趣，不少客户表示期待看见宏华集团建成万吨吊的效果，同时也对启东的海洋基地大加赞赏。除展品外，宏华集团还重点推出了以页岩气整体解决方案、海洋整体解决方案、宏美一号钻机为主的3D视频，3D视频的演示是本次展会的一大亮点，实现了与客户的互动，更直观有效的让客户了解了宏华集团的产品。

TSC 集团控股有限公司

（一）企业基本情况

TSC集团控股有限公司（下称“TSC集团”）是一家为全球海洋、陆地及页岩气钻探行业提供产品和服务的供应商。TSC集团是国内领先的海上钻井平台整体解决方案及钻井全套设备交钥匙供应商，也是全球能够提供海上钻井平台整体解决方案的为数不多的几家公司之一。

TSC集团在全球有22家分公司或全资子公司，其中TSC集团在美国、英国、中国设有3个工程技术中心，在北美洲、南美洲、中东、亚太、欧洲、俄罗斯、中国等世界主要的石油和天然气产区有生产、制造、销售及服务设施，可以在第一时间为客户提供优质的产品和服务，满足客户需求。公司现有员工1200人，其中国际团队200人。

（二）主要产品

TSC集团集研发、生产、制造、销售及安装于一体，向全球客户提供各种创新性的钻井平台设备和钻井设备钻机总包方案。TSC集团可以为用户提供完整的自升式钻井平台、半潜式钻井平台以及模块化海洋钻井设备包。包括悬臂梁及钻井报的系统设计、钻井设备、固控系统、电控系统、钻井控制、防喷器吊机和控制、排管系统，深海隔水导管，防喷器吊装系统等，全球有超过23%的半潜式钻井平台使用TSC集团的设备，此外，TSC集团已经为多个钻井平台提供钻井整包。

TSC集团还可以为客户提供半潜式/自升式平台、钻井船及平台模块钻机等提供钻井包交钥匙解决方案、钻井供应链解决方案、升级与维补解决方案，以及满足客户特定要求的定制化解决方案等服务。

（三）生产经营情况

2013年，TSC集团为中集来福士提供2套自升式平台钻井包；为大船重工4座JU 2000E型自升式钻井平台提供4套防喷器吊机（BOP吊）、套管张紧系统（CTU）和3套齿条切割，签约金额为1 760万美元；为上海外高桥造船的400英尺JU 2000E型自升式钻井平台提供两套套管张紧系统（CTU）、悬臂梁及滑道系统、“1+2”套齿条切割（目前生效启动一套），并为平台的升降操作提供服务技术指导，合约金额约为548万美元；与广州黄埔文冲签订合约，为其在建的R-550D自升式钻井平台提供整套钻井包，签订合约金额为5 469万美元。

2013年7月11日，TSC集团与兰州兰石石油装备工程有限公司签署战略合作协议，正式结成战略合作联盟。双方今后将在设备供货、推广、售后服务和全球网络等方面展开多形式的战略合作，以此提高双方在陆地及海洋钻机市场的份额和地位。

（四）产品开发与技术进步

2013年3月4日至5日，广州黄埔文冲、TSC集团和美国ZentechIncorporated在广州主持召开了对美国Zentech公司“R-550D型自升式钻井平台”的技术评审暨推介会。“R-550D型自升式钻井平台”的设计具有当今世界该类平台先进的性能指标，适合于水深400英尺的海域作业。该平台基本设计已获得美国船级社（ABS）审核认可。

美钻能源科技（上海）有限公司

（一）企业基本情况

美钻能源科技（上海）有限公司是目前国内唯一成功实现海洋水下油气生产装备国产化，并成功投产运行的企业。以石油天然气行业精英为公司中坚力量，专业从事海洋与陆地高端石油天然气钻采设备的研发设计、生产制造和工程技术服务。美钻能源科技（上海）有限公司一直致力于填补国家深海水下油气钻采装备制造领域空白，并取得了一系列填补国家空白的突破性成绩：成功研制并投产应用了我国首套水下采油树、水下连接器、水下控制系统、水下隔水导管伸缩系统、水下防喷器，并成功组建了我国首支水下工程技术服务作业队伍。这些突破性的成果，不但结束了我国深海水下油气钻采被西方国家垄断的历史，还为国家海洋能源安全和海防安全做出了相应贡献。同时，依托于具备丰富海洋水下装备研发制造经验和国际化的管理、技术团队，美钻能源科技（上海）有限公司还成功完成了“十一五”国家科技重大专项南海深水油气勘探开发示范工程“水下生产系统单元测试基地”任务，并继续承担了“十二五”国家科技重大专项南海深水油气勘探开发示范工程“荔湾3-1及周边气田水下生产系统测试系统完善”任务。

（二）主要产品

深海水下油气开采设备工程技术是支撑世界深水油气开发的核心。发展深海水下油气开采设备，形成具有我国自主知识产权的核心技术。深海水下油气开采设备是指对深海水下的油气开采中运行的设备，与开采系统，领域包括：水下井口、水下采油树、水下管汇、水下防喷器、水下控制系统、水下连接器、水下隔水导管、水下油气泄漏监测系统等设备。

（三）生产经营情况

2013年5月，成功完成中国首套海洋水下采油树的研发制造和工程技术安装服务，顺利投产并安全运行，至今已有4套水下采油树下水成功并安全运行。目前已顺利完成中国首套自主知识产权深海采油树、深海管道连接器，并已投入南海海域使用。同时还顺利完成了国家科技重大专项：“十一五”——“南海深水油气勘探开发示范工程水下生产系统单元测试基地”，并且继续承担了国家科技重大专项：“十二五”——“荔湾3-1及周边油气田水下生产系统测试系统”。

建设并形成以研发中心为主体的配套研发平台，拥有与中海油公司共同研制的“南海深水油气勘探与开发示范工程水下生产系统单元测试基地”平台；（属国际一流、国内唯一的PR2试验室，承担中海油公司所有水下采油树、水下控制系统等水下生产系统的整体项目测试。）拥有非金属密封腐蚀性能实验室；5 000PSI压力舱实验室；砂浆冲损实验室；耐火烧实验室；振动实验室；悬挂承载实验室；液压元件可靠性实验室；理化实验室；焊接实验室；超音速喷涂实验室；水下高压密封测试站等平台，这些技术研究平台和实验技术平台，均达到国内或国际先进水平，不仅直接服务于本公司发展的需要，还可以满足相关产业发展的技术需求。

（四）产品开发与技术进步

美钻能源科技积极承接和参与国家重大科技专项，与中海油开展了富有成效的科研开发和项目合作，取得主要科研成果如下：①成功设计制造中国首套机械锁紧式深海管道连接器、首套液压锁紧式深海管道连接器；②成功设计和制造中国首套自主知识产权水下采油树；③成功建成中国第一个“南海深水油气勘探开发示范工程水下生产系统单元测试基地”，出色完成国家“十一五”重大科技攻关项目；④参加“十二五”项目：国家科技重大专项——南海深水油气田开发示范工程—荔湾3-1及周边油气田水下生产系统测试系统完善项目。

拥有发明专利和实用新型专利总计11项，正在申请中的各类专利约20余项，在产品自主研发及技术创新方面拥有着强大的生命力。已取得深海水下生产系统国家实用新型专利11项，分别是：①水下井口用防磨套取送工具；②水下井口用密封总成；③补偿式钻进钻头；④万向组合密封器；⑤一种具有自封缓冲功能的闸板阀；⑥一种液压打捞装置；⑦一种液压扭力工具；⑧金属密封圈；⑨水下组合阀；⑩液压式水下管道连接器；⑪机械锁紧式水下管道连接器。其中，液压式水下管道连接器和机械式水下管道连接器两项专利处世界领先地位，发明专利初审已通过，正在走后续的审批程序。

山海关船舶重工有限责任公司

（一）企业基本情况

山海关船舶重工有限责任公司（下称“山船重工”）前身为山海关船厂，是中国船舶重工集团公司所属的国有大型一类企业。2007年转股改制为山海关船舶重工有限责任公司。

山船重工厂区面积311.6万平方米，其中陆地面积208.8万平方米，港池水域面积102.8万平方米。造船坞2座（主尺度分别为240米×28米×9.8米和440米×100米×12米），修船坞4座（主尺度分别为240米×39米×11.4米、340米×64米×12.8米、320米×56米×13.3米和260米×50米×13米）；码头19个，总长5 641.6米。山船重工现有钢材综合加工厂房、管系铁舾加工厂房、船体联合工场、分段装焊工场、四喷九涂厂房等主要生产设施；600吨龙门吊、拖轮、1 250吨油压机、大型剪板机、大型刨边机、钢材预处理线、板料校平机、弯管机、10米车床、埋弧自动焊接机、CO_2气体保护焊机、数控切割机、等离子切割机等各类设备6 000多台套。公司正式职工2 700余人，其中高级技术工人、专业管理人才、工程技术人员1 000余人；派遣工1 400余人；外协工12 000余人。

（二）主要产品

山船重工主要经营船舶修理、制造、改装、拆解，海洋工程建造、维修，港口机械及钢结构制造，船舶备件供应，热浸镀锌，工程项目建筑施工，码头装卸及仓储等。山船重工通过了ISO9001-2000质量体系认证，1995年获得对外贸易进出口经营权，2001年获得独立的港埠经营权和指泊权。

山船重工年承修大中型船舶200余艘，可以按照中外船级社规范、国际公约对VLCC等油轮、钻（修）井平台、散装船、杂货船、滚装船、集装箱船、冷藏船、矿砂船、起重船、救捞船、供给船、港作船、化学品船、特种运输船等各类船舶和海洋工程产品进行改装和专业修理。山船重工年造船能力140万载重吨，曾成功完成世界首艘海洋风车安装船、70 000吨举力浮船坞、35 000吨半潜式驳船、30 000吨散货船、35 000吨散货船、93 000吨散货船等船舶的建造工程。现与韩国、希腊、新加坡、印度、丹麦、美国、香港、台湾等30多个国家和地区的航运公司保持着良好的业务关系。

（三）生产经营情况

在海洋工程装备建造交付方面，2013年5月31日，山船重工顺利完成存储容量为34万立方米的大型浮式储油卸油船（FSO）的改造工作，并交付船东。该储油卸油船命名为“FSOUOTE1”号，前身是1993年建造的载重30万吨的巨型油轮“北方之珠”，改造前总长334米，型宽59米，型深31.5米，改造后总长为387米，存储容量为34万立方米，是集油气储存、外输、装卸、动力供应于一体的高科技海洋平台，服务对象为巴西国家石油公司。

在海洋工程装备承接订单方面：2013年7月5日，山船重工与新加坡FTSDERRICKSPTELTD公司签订“2+2”座CJ50-X120-DRig（CJ50-01/02/03/04）自升式钻井平台的建造合同。合同价格为2.18亿美元/平台，合同总价达8.72亿美元，折合人民币53.88亿元。2座平台合同于2013年7月5日生效，另2座选择权合同的生效时间拟定于首两座平台生效后的3个月。

2013年11月14日，山船重工承接的中海油公司“1+1”艘“HY92”系列自升式钻井平台悬臂梁改造项目合同正式签署生效。该系列平台隶属CCS、ABS船级社，总长57.2米、型宽53.34米、型深7.62米、桩腿总长94米。此次改造目的是实现钻井作业能力与作业效果的提升与优化，主要工程包括悬臂梁加长、悬臂梁移动/随动装置改造、冲桩管线改造，预计钢结构新增约160吨、管路新布约1 200米、电缆更换约12 125米。其中的“海洋石油922”钻井平台于2014年1月份进厂。

（四）产品开发与技术进步

2013年10月19日，颇受业界关注的CJ50型系列自升式钻井平台1号平台在山船重工正式点火开工。CJ50型自升式钻井平台是国内首次承接的新型平台，全部实现自动控制，具有国际领先水平。该项目的工程量及合同金额均创山船重工历史之最，是山船重工实施结构调整，加快产业升级的重要经营成果。该项目的顺利开工，标志着山船重工从此正式进入了高端海洋工程装备的主流国际市场，对山船重工海洋工程业务的发展具有里程碑式的意义。

武汉船用机械有限责任公司

（一）企业基本情况

武汉船用机械有限责任公司隶属于中国船舶重工股份有限公司，是世界500强企业中国船舶重工集团公司的重要成员单位。公司集大型、成套、非标装备研制、生产、销售和服务于一体，产品涉及海军装备、交通物流、能源装备和焊接材料等多个领域，并在船用配套设备、海洋工程装备、港口起重机械、焊接材料、桥梁产品等方面获得了长足发展。

武汉船用机械有限责任公司为国家高新技术企业，建有国家级企业技术中心，拥有一流的技术创新团队，具备先进的装备制造能力，主要产品研制始终保持与国际先进技术发展同步。旗下拥有青岛海西重机有限责任公司、武汉铁锚焊接材料股份有限公司、武汉海润工程设备有限公司等3家控股子公司，并与日本川崎重工、德国GEA、中冶南方等国内外著名企业建有合资公司，形成了包括16家控股参股子公司在内国际化、集团化经营格局，经营规模和发展水平国内行业领先。

（二）主要产品

武汉船用机械有限责任公司作为中国海工装备模块化配套和系统集成（EPCI）的先锋，主要为海洋工程船和海洋平台提供配套，具备模块化配套、系统集成和平台建造总包的能力，产品涵盖特种甲板机械、海工起重设备、平台升降系统、推进及动力定位系统、原油装卸系统等5大系统及相应产品系列，产品技术标准及性能以替代进口为目标，坚持标准化、系列化、模块化设计和专业化配套原则，满足用户个性化需求，符合API-2C和各大船级社设计规范。

（三）生产经营情况

2013年1月18日，武汉船用机械有限责任公司首次承制的采用保温隔热设计、满足冰区极寒工况工作的船用吊车顺利完成模拟远海航行工况会检。该吊车在塔身倾斜5.384度的情况下顺利完成起升、变幅、回转、负载、超载等标准动作，试验结果证明吊车各项性能优良，各项指标均达到客户要求，具备发运条件。该吊车是公司为扬帆船厂一散货船配套的30吨26.2米船用吊车，主要在北冰洋等极寒地区作业，工作环境温度最低达到零下30℃，对吊车的整体品质，特别是抗低温能力，有着更高的标准和更加严格的要求。

2013年10月24日，武汉船用机械有限责任公司与厦门飞鹏签订6条船喷推项目合同，喷推型号为DJ100，这是公司首批喷推合同。喷水推进装置适用于主机为100kW到4 000kW的各类工作船、高速巡逻船、快速客渡轮、水上的士、潜水船、渔船、登陆艇、消防船、浮油清理船、救援打捞船、船员艇、领航船、勘察船、帆船、游艇等，具有简单高效、吃水浅、易安装、寿命长、安全性高、操作性好等优点。

（四）产品开发与技术进步

武汉船用机械有限责任公司为国家认定高新技术企业，建有国家级技术中心、湖北省博士后产业基地和武汉市船舶配套技术研发中心，拥有500余人的科研技术团队，产品研发和技术创新实力雄厚。先后承担了一大批包括863项目、高技术船舶专项等在内的国家科研项目，获得了100多项省部级科研成果和180余项国家专利，在国内船舶配套领域率先迈出了从引进技术到自主研发、从联合品牌到自有品牌的历史跨越，并成功实现了中国自主品牌船舶与海洋工程等高新技术装备的自主研发和产业化。武汉船用机械有限责任公司与日本IHI、日本川崎重工、德国MAN公司、澳大利亚DOEN公司等世界著名企业建立了长期稳定的技术合作关系。通过自主研发与引进技术相结合，主要产品始终保持与国际先进技术发展同步。

延伸阅读：

国内主要法律服务企业简介

广东敬海律师事务所

众所周知，由于陆地石油产量能力不断下降，勘探和开采新的石油储备资源已成为当前国际能源巨头的当务之急。而从近10年发现的大型油气田来看，近60%位于海洋，海上石油特别是深海石油的勘探和开采吸引了大量的国际资本的目光。正因此，用于勘探和开采海上石油的海洋工程装备需求呈现出快速增长态势。比如2012年，全球订单总额超过600亿美元，而2013年上半年则达到330亿美元，同比增长22.2%。

海洋工程以及海洋工程装备的发展前景

从我国的情况来看，相比陆地石油资源贫乏，我国拥有着丰富的海洋石油、天然气等资源，对这些领域资源的开发必然导致我国对深海装备有着迫切的需求。我国政府也意识到这点，将海洋工程纳入国家支持领域范围，从《全国海洋经济发展“十二五”规划》可看出，“十二五”期间在中国的近海大陆架和大陆坡将会再建设5 000万吨的产能，带动的海工装备总投资将超过2 500亿元，这意味着在海工方面无论是政策还是资金支持力度都会有很大提升，这必然推动我国海工企业的转型与发展，我国海工企业将面临重大机遇与挑战。

从现有全球海工产业分布来看，欧美企业垄断着海洋工程装备开发、设计、工程总包及关键配套设备供货；韩国、新加坡则在钻井船、FPSO改造等高端海工装备的总装建造领域占据领先地位；而目前我国的深海油气开发技术和装备尚处于价值较低端阶段，不过我国海工企业已开始通过各种方式参与到这个竞争领域，有一些海工企业以通过收购兼并国外海工企业的方式迅速提升企业的技术水平与生产能力。比如中交集团于2010年收购海上钻井平台开发设计商F&G，依托其全球领先的海上钻井平台设计服务能力，使其在海洋工程装备设计及制造能力大力提升。中航国际北京公司也通过新加坡上市公司中航国际投资有限公司，收购了擅长专业研发、设计、改装各种船舶的芬兰德他马林船舶设计公司（Deltamarin）79.57%股份的收购，从而完善了自身产业链，推动产业升级。而其他企业如中国重工、中国船舶等也在试图通过发展海工能力而摆脱造船业持续低迷的束缚。

我们认为从目前整个大环境来看，我国海洋工程装备企业应通过不断提升技术开发以及建造能力等提高自身竞争力，迎接海洋经济的大发展，将传统船舶制造业逐步向高端的海工装备业布局和转型。也可以同全球海工技术发达的国家一样，通过建立海工产业战略联盟，使各研发、制造、检验以及用户等单位通过相互持股和换股，形成利益共同体，在科研开发、市场开拓、业务分包等方面开展深入合作，从而使我国的海工产业向高端产品进军。

但与此同时，海工企业在参与到海工竞争时也要结合实际情况避免盲目投资与建设。目前由于开采难、设备价高等各种因素，已出现了一部分船东推迟接收设备甚至弃船的现象，海工企业在海工发展的机遇之时也要注意各种法律风险的防范与应对。

海工产业链中的法律需求以及律师的作用

一般来说海工项目涉及金额巨大，交易和融资方式复杂，交易文件繁琐，并且海工项目一般都具有很强的国际性，世界各地的公司在融资、招投标、采购、安装、运输、结算等方面展开合作。因此，无论是单个海工项目还是各海工企业之间的联盟化合作，都存在一定法律上的风险也需要专业的律师提供法律服务。

以单个海工项目为例。所谓知己知彼，百战不殆，在合同协商之前，律师首先会了解国外当地的海工政策、相关法律规定，并向客户就此项目可能带来的法律、经济以及商业等风险进行提示并提出相应的防范建议;其次，传统的海工订单交易方式已经难以满足海工市场的要求，这时律师会根据项目的具体情况设计交易/融资框架和交易模式，与客户就各种交易框架和交易模式进行分析，寻找最符合客户利益的可行性方案。

进入合同协商阶段，由于合同条款的约定对以后风险的防范可以说是举足轻重，如果合同条款约定得严谨、准确，则对合同双方对项目责任和风险的认识以及避免双方日后的争议将起到重要作用。律师在这个阶段通常会对合同中可能引起较大风险或争议的条款，比如船东资信和履约保函、设计风险、价款支付和还款保函、船东迟延提供BUYER'S SUPPLIES、交船、合同解除、责任限制、合同转让、选择权等具体条款向客户提供风险提示，并给出相对的应对策略。

此外，由于参与到海工项目的律师均是精通英语、日语、法语等外国语言，拥有扎实的法律基础并具有丰富的谈判经验的专业化律师，因此，正式开展项目谈判之时，律师也会根据客户的要求参与到项目谈判中，并以合同的形式确立谈判结果，将各方的权利义务以严谨的法律语言明确的进行约定，以避免对方从法律上钻空子或为我国海工企业设立法律上的“陷阱”。

所谓金无赤足，即使在合同协商谈判阶段已经尽可能的降低公司的风险，但也很难绝对的避免所有风险。而通常情况下，企业在签订合同时会基于商业上的考虑而接受具有一定风险的条款。因此，在合同履行过程中，律师会提醒企业应当注意可能会存在偏离合同条款或法律风险的情形和行为，这样在遇到这些情况后，企业的法律部门都会积极的与律师进行沟通并听取律师的建议。

考虑到海工项目常常标的额巨大，且前提投入成本高，一旦发生纠纷，如果没能及时处理，企业也将可能面临巨大损失。在面对一般的争议如技术争议，常见的非技术类争议时，一般企业的法律部门就能够给出相应的防范措施与应对建议。但是面对重大和复杂的争议，则需要听取外部律师的意见。

而除了合同争议以外，海工过程中发生事故有时也不可避免，伴随事故也很可能产生人员或者财产的索赔和争议，并对公司声誉产生影响。律师在此时除了能保证事故在法律框架下进行之外，还能与公关公司一起前往现场处理事故，保障公司的利益和声誉。

可以看出，海工业务由于标的额大，风险相对较高，从合同准备阶段到后期履行及争议的产生阶段，都需要律师参与其中进行及时有效的法律防范，以保护企业的利益。

广东敬海律师事务所作为一家自创立之初就专注于涉外法律服务的律所，得益于20余年与世界各地优秀律师的合作，积累并整合了国际上优质的法律服务资源，形成了较完善的国际网络。此外，敬海也是国内少数几家拥有专门的海商/海洋工程法律服务团队的律所，其团队从我国海工产业发展初期就开始替各大海工企业提供专业的法律服务并进行法律风险防范。因此敬海团队积累了丰富的处理海工纠纷的经验也具备了在国际范围内管理和调动法律服务资源的能力，能很好的为客户提供法律服务。

上海瀛泰律师事务所

上海瀛泰律师事务所(下称“瀛泰”)成立于2005年，是一家以金融保险、海事海商、建筑工程法律服务为主营业务的综合性律师事务所。事务所总部位于上海，目前在广州、天津、宁波及舟山设有分所。经过近十年的稳健发展，事务所在主营业务领域已取得同行业领先地位，并在知识产权等新兴法律服务市场不断取得突破。

瀛泰目前拥有20余位合伙人，近百名专业律师和助理。所有专业人员均毕业于国内外知名法学院校，60%以上获得硕士以及博士的专业学位，兼具有深厚的理论功底和丰富的实践经验。多名合伙人及律师拥有在英国、加拿大、日本、比利时、香港等国家和地区的教育、培训或工作经历，具有国际化的视野并能够熟练使用英文进行工作。

作为公司化运作的事务所，在内部实行科学的管理，组建了专业化的服务团队，设立了全国性服务网络，使国内外客户都可以便捷有效的共享事务所所有资源和法律服务。事务所一直与国内各级法院以及政府机构保持良好的工作关系，能及时知晓各专业领域最新的立法和司法信息。同时，事务所与英国、美国、加拿大、德国、法国、希腊、新加坡、荷兰、丹麦、挪威、瑞士、澳大利亚、新西兰、日本、韩国、香港等国家和地区的顶尖律师行有着密切的业务协作关系，客户得以藉此获得第一流的国际化、专业化的服务。

瀛泰始终秉承"专业创造价值"的服务理念，致力于深刻理解客户需求并向客户提供真正有价值的专业服务，以协助客户实现其目标和利益。

服务范围：

（1）提单、租约等海上货物运输合同；

（2）多式联运与物流合同；

（3）船舶融资；

（4）船舶建造和修理；

（5）船舶买卖；

（6）船舶扣押；

（7）船舶碰撞、搁浅；

（8）海难救助；

（9）共同海损；

（10）船舶保险、保赔保险、货物保险和其他海上保险；

（11）海上人身伤亡；

（12）港口经营合同；

（13）船员劳务；

（14）自贸区、新区开发。

海事及海商事务法律服务一直就是瀛泰的核心业务，拥有强大的专业团队和丰富的实践经验。该领域自瀛泰创立伊始便成为我们的优势业务，如今在行业内已取得领先地位并具有良好的口碑。

瀛泰的海事海商律师曾代表众多国内外著名保险公司、船东互保协会、船东、货主、货运公司、船厂、银行等客户成功处理大量涉及海事或海商事务的重大案件，广受好评。

瀛泰代表客户成功处理大量涉及海事或海商事务的案件，除此之外，2013–2014瀛泰律师事务所给多家海洋工程类公司提供了专业的法律服务，服务水平也日趋成熟完善，比较典型的是为新加坡某船东在国内建造海工服务船舶提供法律服务；给国内某大型海洋工程公司融资购买海上石油钻井平台提供法律服务；代表保险人处理"海洋石油682"沉没事故等。卓越的服务成果为瀛泰律师事务所赢得了多项荣誉，:如"上海市律师行业2013年度贡献奖"、"诚信示范所"等。

（编写：战玉萍　闫　阳　徐正海　郭腾飞　栗超群）

第九章 2013中国主要海洋工程装备研发设计单位发展情况

中国船舶及海洋工程设计研究院

（一）基本情况

中国船舶及海洋工程设计研究院，创建于1950年11月，是中国船舶行业成立早、规模大、成果多的研究开发机构，是船舶设计技术国家工程研究中心的依托单位，是国际拖曳水池会议（ITTC）、国际船舶结构会议（ISSC）的成员单位，是流体力学和船舶与海洋结构物设计与制造的硕士、博士研究生培养单位。建所60多年来，主要业务领域不断拓展，自主开发出多种具有世界先进水平的各类船舶、海洋工程装备和船用装备，为中国船舶工业、海洋事业的发展和国民经济建设做出了重大贡献。作为中国最早涉足海洋平台的研发单位，在20世纪70年代设计了中国第一艘双体钻井船，以后又开发设计了中国第一艘自升式钻井平台，第一艘坐底式钻井平台，第一艘半潜式钻井平台，第一艘浮式生产储油船（FPSO），第一艘耙吸挖泥船和第一艘绞吸挖泥船。近几年，中国船舶及海洋工程设计研究院在海洋工程研发领域不断拓展，由中小型向大型化、浅水向深水领域发展。

（二）重点方向

中国船舶及海洋工程设计研究院从20世纪60年代开始进行海洋工程设计，积累了较多的海洋工程设计经验。主要完成了渤海一号自升式钻井平台，勘探三号半潜式钻井平台，胜利三号坐底式钻井平台。先后为中海油研制多型FPSO，并开发设计了30万吨级超大型FPSO。十一五期间，开展了新型多功能半潜式钻井平台研究，取得了开拓性成果。近年来完成第六代深海半潜式钻井平台“海洋石油981”的详细设计。MARIC在海洋工程产品结构上形成了“以主流海工装备研发为龙头，海工辅助船、工程作业船研发为两翼”的业务架构，主流海工装备研发有：半潜式钻井平台、半潜式生产平台、钻井船、自升式平台、FPSO、SPAR、TLP等；海工辅助船研发有：物探船、钻井支持平台、钻井支持驳、起重船/敷管船、半潜船、OSV、DSV、科考船等；工程作业船研发有：挖泥船、风电安装船、拖船、测量船、航标船、水工作业平台、浮船坞等。

（三）产品开发

2013年，MARIC先后参与设计了外高桥造船厂建造的POD400英尺自升式钻井平台和“中油海16”400英尺自升式钻井平台，上海船厂建造的TIGER钻井船和钻井支持驳，中海油的“海洋石油118”15万吨FPSO、物探船“海洋石油721”和钻井支持驳、中海油的2D物探船和震源船，招商重工的POG钻井支持驳，裕廊船厂为HELIX建造的修井船，天津汇众301起重铺管船，广州打捞局50 000吨半潜船，江南造船厂建造的残雪平台生活模块，新加坡裕廊船厂用于巴西船厂85 000吨浮船坞。

早在20世纪60年代，受中海油的委托，在世界信息完全闭塞的状况下、依靠有限的文字与图片资料，艰苦开拓、研制了我国第一座自升式钻井平台（也是我国第一项海上油气开发装备）“渤海一”号，填补了国内在这项重大工程科技领域的空白。以后又陆续研发、设计了我国第一座半潜式钻井平台“勘探三”号（1984年建成，现在仍在服役），我国第一艘FPSO“渤海友谊号”（1989年建成），我国第一座入级的坐底式钻井平台“胜利三”号（1990年建成）。在20世纪90年代“八五”攻关期间，完成了极浅海和滩海自升式钻井平台“港海一”号（1998年建成），解决了国际上极浅海区石油开发的一大难题。近年来，MARIC又设计了“中油海3”号、33号坐底式钻井平台，“中油海5”号、6号、7号、8号、16号自升式钻井平台，中海油的“海洋石油981”深水半潜式钻井平台，TIGER钻井船，30万吨“海洋石油117”等十多FPSO，4 000吨起重船“华天龙”、3 000吨起重船“威力号”、起重敷管船“海洋石油202”，3万吨半潜船“华海龙”、5万吨半潜船“海洋石油278”。与此同时，七〇八研究所还完成了数10项海洋开发的课题，内容包含半潜式钻井平台、400英尺自升式钻井平台、导管架、浮式生产储油装置、单点系泊、钻井和公用模块等。

1. FPSO（浮式生产储油船）项目

我国新设计FPSO的历史，比国外早4–5年。早在1989年4月，七〇八研究所海工部为JCODC（中日石油株式会社）设计了中国第一艘“渤海友谊”号FPSO，是我国FPSO研制零的突破。至今已研制设计了10艘各种类型的FPSO（见表12）。

其中“南海奋进”号和“海洋石油111”号FPSO是15万吨级在强台风海域服务，永不解脱、内转塔式的FPSO。中国海洋石油总公司与美国

表12　至今已研制设计的10艘各种类型的FPSO

船名	作业地区	系泊系统	载重吨
“渤海友谊”号	渤中28–1油田	软钢臂式（单点）	52 000
“渤海长青”号	渤中34–2油田	软钢臂式（单点）	52 000
“渤海明珠”号	绥中36–1油田	软钢臂式（单点）	58 000
“渤海世纪”号	秦皇岛32–6油田	软钢臂式（单点）	160 000
“南海奋进”号	文昌13–1/13–2油田	内转塔式（单点）	150 000
“海洋石油111”号	番禺4–2/5–1油田	内转塔式（单点）	150 000
“海洋石油112”号	曹妃甸11–1/2油田	软钢臂式（单点）	160 000
“海洋石油113”号	渤中25–1油田	软钢臂式（单点）	170 000
“海洋石油115”号	新文昌油田	内转塔式（单点）	100 000
“海洋石油117”号	蓬莱19–3油田	软钢臂式（单点）	300 000

Conocophillips石油公司共同合作开发“蓬莱19-3”油田，已投产的超大型30万吨级的FPSO-“渤海蓬勃”号，是当今世界最大的FPSO之一。

2. 海洋平台项目

（1）深水半潜式钻井，当今世界最先进的第六代半潜平台，作业水深可达3 000米，钻井深度达10 000米，采用DP-3级动力定位系统。

（2）“勘探三”号，是国内最早自行设计建造的半潜平台。

（3）“胜利三”号，“中油海-62”，“中油海-5”，“中油海-33”，“中油海-1”。

（4）春晓生活模块。

（5）新一代半潜式转载平台。

（6）“港海一”号自升式钻井平台。

（7）“5万吨半潜打捞工程船设计项目”。该船是一艘具有二级动力定位能力、采用电力驱动的自航式半潜打捞工程船，可在无限航区航行及作业，主要用途包括大型船舶的应急抢险打捞、破损船舶的装载与调遣。

（8）由中国船舶工业集团公司旗下上海船厂船舶有限公司总承包，与中国船舶及海洋工程设计研究院联合设计，独立建造的Tiger钻井船下水。该Tiger钻井船是中国首批自主研发、设计、建造的海洋工程项目之一，而且是全球首制船。

3. 喷水推进装置

表13为MARIC Jet 喷水推进装置在低速重负荷特种工程船上的应用。

上海船舶研究设计院

（一）基本情况

上海船舶研究设计院（SDARI）成立于1964年，隶属于中国船舶工业集团公司，是目前我国民船设计领域最大、船型最丰富、市场占有率最高、人才队伍最稳定的研究设计单位之一。

SDARI现有员工600余人，各专业人才齐全，具有三维设计平台和各种先进软件。SDARI的服务范围涵盖了前期可行性论证、方案设计、基本设计、详细设计、直至生产设计的全过程。设计产品主要包括散货船、集装箱船、液货船、矿砂船、滚装/客滚船、多用途船、特种工程船、海洋工程辅助船、海洋工程作业船、海洋平台等。自建院以来，SADRI凭借国际化视野，超卓的研发设计能力，累计开发新船型1 000余型，产品远销全球40多个国家和地区。多次承担并出色完成国家重大科技攻关项目和重

表13 MARIC Jet 喷水推进装置在低速重负荷特种工程船上的应用

项目	装置型号	功率（kW）	装船年份
胜利油田2 000 hp超浅吃水多用途供应船（“胜利221”号）	ZH1350	735×2	1987
胜利油田1 000 hp超浅吃水多用途供应船（“胜利211”号）	ZH1140	368×2	1988
中油集团海洋工程公司2 000 hp浅吃水多用途工作船	ZH1455	1000×2	2006
中油集团海洋工程公司2 000 hp浅吃水多用途工作船	ZH1455	1000×2	2008-2009
中石油多用途工程船	ZH1455	1650×2	2008
胜利油田胜勘测量船	ZH1455	1000×2	2010

大技术装备攻关研制任务，截至2013年底，共获得国家、省部级和学会科技成果278项。

SDARI现有1个船舶研究开发部，3个船舶设计室，1个军品设计部，1个船舶生产设计部，国家船舶舱大容积计量站，国防容量计量专业站和中国船舶工业基础船舶舱容计量检测中心挂靠于该院。

（二）主要方向

SDARI不断追求技术创新，积极开发海洋工程，以“安全、节能、环保、经济”为研发理念，全面推动SDARI的发展进入全新境界。在2013年主要设计研发的海工产品如下：

1. 海洋工程辅助船系列

凭借着过硬的技术实力，在AHTS和PSV领域为国内外船东尤其是中海油服提供了优质的服务，继续保持SDARI在国内海洋工程辅助船中的领先地位。

截至目前，SDARI在海洋工程辅助船领域已成功设计建造70余艘，积累了丰富的海洋工程辅助船设计经验，并在AHTS、PSV方面形成系列船型，AHTS形成了TUNA A-060/070/100/150/200/260系列，PSV形成了TUNA P-2000/ 3000/4000/5000系列，各类船型系列齐全，可满足不同海域作业要求。

2. 海洋工程作业船

1）3 000米深水多功能水下支持船

近年来，中国海油相继建成深水勘察船、深水铺管船、深水钻井平台等重大深水油田开发装备，但深水系列尚缺少具备水下设施安装、脐带缆及软管铺设和锚系处理的专业船型。“海洋石油286”3 000米深水多功能水下支持船的建造，弥补了深水油气田开发船型上的空白，将成为中海油挺进深水的又一利器，有效提升公司的装备实力。

该船作业水深3 000米，能够在各种复杂的海况环境条件下，进行各种深水水下施工作业，可以满足我国南海和东南亚、中东、西非、巴西、墨西哥湾等世界主要海区的作业要求。

至此，SDARI在为中海油建设的3 000米深水油气开发舰队中承担了“海洋石油201”深水起重铺管船、“海洋石油708”深水勘察船以及“海洋石油286”深水多功能水下支持船，为SDARI海工走向深海领域又跨出了坚实的一步。

2）“海洋石油707”综合勘察船

“海洋石油707”是一艘电力推进，可航行于无限航区的综合勘察船。该船由SDARI进行基本设计和详细设计，是具有完全自主知识产权的综合勘察船。其总长80.3米，型宽17.8米，吃水5.85米，能在250米水深海底200米内钻探取芯，可完成下列作业：水深、地形测量；浅地层剖面和海底地貌及障碍物调查；高分辨数字地震调查；海底表层取样；海洋水文环境观测；工程地质钻探/取样；原位静力触探测试（CPT）。

该船通过工程地质调查，能够获取土质分布状况及工程设计参数等。主要应用于钻井船桩腿极限荷载与入泥深度关系、锚抓力计算，海上建筑物的基础稳定性分析、打桩计算，海底管线的承载力、液化、弱化、冲刷和滑移稳定性分析等。通过工程物探调查，能够获取海区水深、地貌、地层信息等。可以识别海底地貌及障碍物，分析浅层气分布、埋藏古河道、古沙丘、断层等灾害性地质分布情况并评估对工程的影响。通过海洋环境调查，能够获取潮位、海流、水温、泥温等海洋环境信息。因此，该船能够广泛运用于海洋工程地质调查、海洋工程物探调查、海洋环境调查和水质调查，作业范围广，实用性强。

3）3 000米深水综合勘察船项目

继“海洋石油708”深水勘察船之后，SDARI继续为我国深海油气开发服务，承接“海洋石油

701/702”深水综合勘察船。深水综合勘察船主要作业海域为南海深水海域，兼顾北海、墨西哥湾、巴西、西非等海域。该船配备有DP-3动力定位系统，可完成各类海上施工作业，最大作业水深3 000米，抵抗蒲氏12级台风，航行于无限航区，可完成下列作业：水下井口维护、完井修井和压井支持、水下弃井作业、路由调查、水下结构物/管线/电缆检测，维护和维修、ROV作业、饱和潜水支持。该船采用中国船级社（CCS）和挪威船级社（DNV）现行的规范和规则进行设计、建造，并受之检验，取得CCS和DNV双船级（Double Class）证书，其采用无人值班机舱、一人桥楼设置，配备DP-3动力定位系统和船舶自动化管理系统，双机舱设置，每个机舱配备3台发电机组，采用电力推进。

随着“海洋石油701/702”深水综合勘察船与“海洋石油707”综合勘察船，“海洋石油708”3 000米深水工程勘探船，“海洋石油709”综合检测船，“深潜号”深潜水工作母船，“海洋石油286”3 000米深水多功能水下工程船等系列船型的成功建造和开发，SDARI也相继形成了深水勘察船系列，为我国海洋油气开发做出积极贡献。

4）18 000吨导管架下水驳船

2013年，SDARI设计的18 000吨下水驳船成功交付。18 000吨下水驳船为我国第二、世界第四“T”形下水驳，也是我国第一艘自主设计的“T”形下水驳。该船主要用于导管架的运输和下水及其他海上设备的运输，并具有组块浮托法安装功能。导管架下水能力为18 000吨，浮托能力为18 000吨。可在青岛、湛江、赤湾三地进行装船，并可在无限航区调遣运输（按CCS规范）。装船稳性及下水稳性满足IMO驳船衡准，同时还满足DNV规范对装船稳性要求。驳船上设2条滑道，2个摇臂，摇臂可在艉部转动。滑道和摇臂可在距船中心线6~12米间任意调整，可以运输不同宽度的导管架。该船是海油工程“十二五”期间重要的装备投资建设项目，建成后将解决组块浮托和导管架下水驳船资源紧张的问题。

SDARI研发的8 000吨、18 000吨、30 000吨系列导管架下水驳船，为海工的模块安装提供了强有力地技术保障。

5）双体居住船项目

双体居住船是SDARI为大型海上油田开发工作人员提供生活和娱乐而开发的船型。该船主要服务于固定平台、SPAR、TLP以及FPSO，可容纳660人，包括625名工作人员及35名船员，配有一台100MT海工吊，具有较大的工作甲板面积。负责与钻井平台对接实现人员转移的人行栈桥，能与动力定位系统对接信息，并实现波浪条件下的运动补偿。同时该船设置6台推进器，满足ABS以及PETROBRAS（巴西石油）关于 DP-2的要求。该船填补了国内双体居住船设计空白，被誉为中国首家“海上宾馆”。

6）8 000马力油田增产作业支持船

目前国内渤海湾勘探开发已进入到关键时期，只有通过压裂改造才能释放产能。而相关船型为国外公司所垄断。SDARI针对目前国内海上油气开发现状，开发了8 000马力油田增产作业支持船，以促进我国海洋油气增产。该船为国内首艘自主设计的油田增产作业船，主要用于油田酸化压裂增产，通过放置在船舶上的压裂和酸化设备，将支撑剂（如石英砂）、压裂液和酸液或其他增产液体等，经过钻井平台上的井筒注入到油藏所在的地层，解除近井地带的污染或在地层创造裂缝，增加原油流动能力，从而达到增加油气井产油和产气量的目的。同时，满足压裂和防砂作业，一次出海能够进行两口井的水力压裂或一口井的酸化压裂作业。通过更换混砂撬、液体和添加剂种类方式，完成作业类别的更换。

3. 海洋钻井平台

2013年，SDARI与黄埔文冲船厂签订了“R-550D自升式钻井平台”详细设计和生产设计合同。“R-550D自升式钻井平台”是一款适合于水深400英尺的海域作业，具备独特竞争优势的自升式钻井平台，主要技术参数符合当今世界该类平台先进的性能指标。基于环保理念，该平台采用零排放的标准设计，完全符合相关作业区国家海洋法规要求。其所有钻井设备均符合CDS2012 要求，安全等级更高。在328英尺水深最大可抵御72ft/15sec的海况，在400英尺水深最大可抵御60ft/15sec的海况，能够在墨西哥湾极恶劣环境下安全工作。同时该平台还采用了大马力（4 600马力）绞车设计，3台泵压和排量达到钻井最高要求的2 200马力泥浆泵，能有效提高钻井效率。此外，其可变载荷高达4 989吨，这些技术参数均使得该平台与同类型自升式钻井平台相比，具有作业能力强、重量轻、易于建造和造价低等优良特点。

与黄埔船厂 400英尺自升式钻井平台的成功合作预示着SDARI已逐步形成了300英尺/350英尺/400英尺自升式钻井平台的系列化产品。

4. LNG 船型

2013年，SDARI研发的30 000方LNG成功签约。该船为国内首艘小型LNG支线运输船，也是世界上舱容最大的C型舱LNG船，采用“双燃料发电机组+舵桨推进”方式，排放指标远低于目前国际相关标准的要求，是一艘真正意义上的节能减排、环境友好型船舶。该船将用于国内大型LNG接收终端和LNG卫星站间的支线转运，以解决沿海、沿江城市天然气季节性调峰和月度不均匀供气的运输问题。

在成功开发30 000m^{3}LNG船的基础上，SDARI在LNG船的系列化方面也迈出了步伐，在成功研发了进江/沿海型8 000/10 000/16 500/22 000/ 24 500m^{3}LNG系列船，同时开发了12 000/17 000/27 500 /35 000 m^3 LPG/LEG, 5 000/6 000/8 000 m^{3}级LNG加注船，为拓展LPG/LED/LNG市场奠定了基础。

（三）产品开发

1. 动力定位能力分析软件 DPPLOT 应用与对比分析

目前，动力定位大量应用于在海洋工程船舶。SDARI自主开发了动力定位能力分析自主软件DPPLOT，并在海工部的日常设计和科研项目中得到了大量的应用，并进一步针对性的与成熟软件开展了对比分析。目前已完成计算分析的项目主要有：8 000马力深水三用工作船、16 000kW多用途海洋拖船、8 000kW海洋救助船、8 000马力油田增产作业支持船、综合勘察船、深水多功能水下工程船、100T/150T AHTS、100米驳船等。并针对动力定位推进系统功率消耗，将DPPLOT计算结果与成熟软件计算结果进行了对比分析，结果显示两者吻合较好，可为船东船厂等提供相关技术咨询。

2. 水动力性能分析

通过SDARI自主开发的软件等相关软件，SDARI可进行耐波性、作业率评估，波浪增阻评估，导管架下水模拟与分析，锚系泊设计与分析，码头系泊设计与分析，快速性，液舱晃荡载荷预报等分析，可为船东船厂等提供相关技术咨询。

3. 被动式减摇水舱性能评估技术

目前，被动式减摇水舱大量应用于海洋工程船舶。基于三维时域耐波性势流理论，并结合计算流体力学（CFD）方法，SDARI建立了被动式减摇水舱性能评估技术。运用该技术，可针对水舱尺寸、格栅数目、水舱装水量、GM值和作业环境等相关参数，开展平面被动式减摇水舱的设计与优化研究，为今后海洋工程船舶减摇水舱的设计和优化提供切实可行的技术手段。

4. 海上油田环保作业船研发

海上油田环保作业船是用于海上石油勘探开发工作的专业环保工作船，主要用于勘探测试过程中的测试井液接收/返输，及海上溢油防治工作，具有溢油应急指挥功能。其收集溢油的速度和效率明显优于非专业船舶。专业环保船的设计与建造，将对我国的溢油应急能力建设极大的提升，将溢油应急事故的处置提升到了一个新的高度，极大的提高了溢油应急响应的速度与效率。

5. 水下支持船

"海洋石油286"多功能水下支持船作业水深3 000米，能够在各种复杂的海况环境条件下，进行各种深水水下施工作业，可以满足我国南海和东南亚、中东、西非、巴西、墨西哥湾等世界主要海区的作业要求。

6. 三用工作船

8 000HP油田增产作业支持船为国内首制自主设计的油田增产作业船

7. 多用途海洋拖船

16 000千瓦多用途海洋拖船。该船是目前国内建造的马力最大、系柱拖力最高、续航能力最强的远洋拖船。

上海佳豪船舶工程设计有限公司

（一）基本情况

上海佳豪船舶工程设计有限公司（上海佳豪BESTWAY，下称上海佳豪）创立于2001年10月29日。几经搬迁，于2010年5月搬迁至松江莘砖公路518号10号楼，拥有一万多平方米的基于数字化船舶设计模式建设的现代化的研发大楼，是目前国内规模和综合实力最强的专业民用船舶与海洋工程综合性科技服务企业之一。2003年12月通过上海质量体系审核中心19001质量管理体系认证，2009年10月成为首批在深圳创业板挂牌的上市公司，2012年10月通过上海质量体系审核中心QHSE（三标一体）管理体系认证，荣获上海市"设计创新示范企业"和上海市"创新型企业"。公司高度重视对产品研发的投入和自身研发综合实力的提升，2012年公司研发支出976万元，占营业收入的比例为3.66%。

上海佳豪拥有船舶工程设计研发中心、海洋工程设计研发中心、协同设计信息中心以及船舶与海洋工程设计虚拟仿真实验室和电力推进数字化仿真实验室。公司下设全资子公司：上海佳豪船舶与海洋工程研发有限公司、上海佳豪科技发展有限公司、上海佳船工程设备监理有限公司；公司控股子公司：上海佳豪游艇发展有限公司、上海佳豪游艇运营有限公司、上海佳豪美度沙游艇装饰有限公司等；还在武汉、青岛、广州、南通、扬州、北京设立了多个分公司和办事处。

上海佳豪下属全资子公司上海佳船工程设备监理有限公司是中国设备监理协会的副理事长单位，具备国家级的设备监理单位资格和上海市工程设备监理单位甲级资质。自2004年成立以来已为国内外船东和业主监造和监理了100多艘船舶和海洋工程产品以及40余项水工及起重机监理项目，也是目前国内最大的船舶监理单位之一。

（二）主要方向和重点领域

上海佳豪船舶工程设计股份有限公司2013年以来从事研发设计的主要海工产品有四类：第一类是海洋平台支持船，主要有深水物探采集作业支持船、15 000马力深水三用工作船、60.5米三用工作船、6 000HP三用工作船\远海施工多用途拖轮、潜水支持船和78米平台供应船等；第二类是半潜驳、浮船坞及驳船，如10 000吨举力半潜驳船、"华东"号浮船坞、130米甲板驳船和5 000吨油驳等；第三类是具有起重、打捞、铺管、挖泥等施工类船舶，如风电安装作业船、10方抓斗式挖泥船、108米打桩船、100米架高打桩船、烟台打捞局5 000吨打捞起重船、英国Petrofac5 000吨起重铺管船和浅滩海坐底式铺管船等。第四类是平台项目，如南通润邦的自升式海上风电作业平台。这些海工船舶的船东有中海油、中石油、交通运输部上海打捞局和烟台打捞局、中交集团和中铁建等大型国有企业，也有英国Petrofac石油工程公司、新加坡Martens海洋有限公司、阿联酋CCC公司和德国NORDIC船厂等国外知名企业。

上海佳豪船舶工程设计股份有限公司2013年以来从事研发设计的主要科技项目有：发改委的5 000吨起重铺管船研制和5 000吨起重铺管船动力系统与自动化系统集成科研课题项目和申报松江区产学研专项扶持资金高压岸电研发科研课题项目。2013年以来公司内部海工科研项目有8 000kW海洋平台供应船基本标准化定型技术研究、浅滩海域铺管作业船坐底技术研究、自升式工作平台开发设计、适用于南海岛礁应用的平台可行性研究、4 000HP浅吃水多用途拖轮关键技术研究和12 000HP 级深水作业AHTS的研究与开发等。

上海佳豪不断完善和提升现有的主力船型的技术指标和经济及社会效益，研究和开发海洋平台支持船、三用拖轮以及半潜船的初步方案和关键技术，开发具有佳豪特色的优秀船舶，目标将新船型推向市场。重点开发风电安装和溢油回收领域内的高技术和高附加值船型和平台，加大研发钻井船、半潜式钻井平台和自升式平台力度，掌握设计理念、关键技术和核心难题，为承接这些项目奠定技术基础和培育技术人才。

（三）产品开发与技术进步

上海佳豪船舶工程设计股份有限公司于2013年在公司内部开展了自升式工作平台开发设计工作，并为两家国有大型企业开展了自升式工作平台可行性研究工作，培养了一批自升式工作平台设计人员，并且逐渐掌握了其中的关键技术。2014年海洋工程设计中心正式签订了自升式工作平台合同，使上海佳豪在“浮式FSO改装设计”后又一大海工产品。上海佳豪在现有船舶工程设计中心和海洋工程设计中心基础上，于2014年成立了平台工程部，并已承接了自升式工作平台基本设计和详细工作。

坐底式浅滩海铺管船是上海佳豪为中石油管道局开发设计具有坐底功能和浅滩海作业功能的铺管船，通过船模试验研究、性能和结构分析计算及船型论证，使该船的坐底功能和浅滩海作业功能达到了设计任务的要求，并完成了该船的详细设计和送审工作。该船的研制和设计，标志着上海佳豪在超浅吃水和坐底类型的船舶设计具备了坚实的技术基础和设计能力。

2013年以来上海佳豪曾经做过“海上别墅”项目的方案设计，也曾与船东及相关设计单位一起做过“海上机场”和“4 000HP纯电动港作拖轮”的概念设计。海工装备具有许多新奇的理念，上海佳豪将不断秉承开拓创新的理念和多元化发展思路跟踪世界上新兴装备概念设计，通过学习、消化和吸收汲取养分，在已进入大海工领域的大好形势下，将涉猎更多的大海工项目。

广州船舶及海洋工程设计研究院

（一）基本情况

广州船舶及海洋工程设计研究院（GUMECO，下称广州船院）建院于1974年，是中国船舶工业集团公司（CSSC）在华南地区最大的科研设计单位。主要从事海洋工程、船舶产品、机电产品、钢结构工程设计、工程总承包和项目管理以及船厂技术改造、技术咨询等业务，具有国家颁发的船舶工程及海洋工程勘察设计甲级资质证书。现有高、中级技术人员150多名，专业涉及与船舶及海洋工程设计研究相关的学科，例如总体设计、结构力学和流体力学、海洋环境、油气集输和加工、海底管线、轮机和机械、HVAC、电气及导航、仪器仪表和自动化技术、工程经济、项目管理、质量控制等。在建院早期，主要从事船舶产品的科研和设计。上世纪80年代初起，业务逐步扩展到高性能船舶及海洋工程的科研和设计领域，设计的船舶包括各种客船、集装箱运输船、货船、油船、工程船和高性能船等。近年来开发海洋工程技术和市场，为我国南海油田、渤海油田的开发提供了大量的服务。

（二）主要方向和重点领域

广州船院本院从20世纪80年代初拓展海洋工程业务。与国内外的专业公司、科研机构和院校开展了广泛的合作，引进先进技术，并通过吸收和创新，形成本院的海洋工程技术专长，在浮式生产储卸系统（FPSO）、半潜平台、海洋平台模块和人工岛设计与研究方面拥有丰富的经验，在海洋工程单点系泊、多点系泊和输油终端技术研究方面处于国内领先地位。1991年本院攻克了单点系泊系统核心设备“SS800型输油旋转接头”的设计技术,2006年研发了“SS1200多通道流体旋转接头”。1984年以来，本院为我国南海油田、渤海油田、沿海石油化工厂以及国外客户完成海洋工程科研和设计项目五十余项。

（三）产品开发与技术进步

广州船院在海洋工程平台模块、浮式生产装置、海上结构物系泊工程、输油终端工程的设计研究领域拥有丰富的技术积累。尤其在海洋工程单点系泊、多点系泊和输油终端设计方面，拥有多项技术成果和专利，保持国内领先的优势。

建院以来，为我国南海油田、渤海油田、沿海石油化工厂以及国外客户完成海洋工程科研和设计项目四十余项，包括：国家经委重点攻关项目“南海东部油田早期浮式生产系统概念设计项目”（获部级奖）；渤海SZ36—1油田80 000吨浮式生产储油装置的基本设计，这是国内最早的FPSO设计项目之一。还包括：渤海JZ9—3油田人工岛基本设计、SZ36—1油田生活动力平台、北部湾W11—4油田生活平台设计、以及挪威Statoil石油公司15万吨浮式生产储油轮结构与管系部份的详细设计及生产设计；新加坡远东船厂的“SANA1500半潜式钻井平台结构生产设计”；新加坡GSI公司“印尼G163原油工艺流程处理撬块的结构、配管基本设计和详细设计工作”等项目等。1999年承接的明思克航母改装和系泊系统工程设计项目，采用了广船院的“扇形风标多点配重系泊系统”专利技术，解决航母在停泊区能抵抗25年一遇的台风袭击不滑移的技术难题。2002年5月曾抵御了11级台风吹袭而安然无恙。2002年度，“‘明思克’航母系泊工程”和“‘明思克’航母改装设计”两个项目，分别获得中国船舶工业集团公司第二届优秀工程设计一等奖和二等奖。为了攻克悬链式单点系泊装置核心设计和建造技术，研制出具有自主知识产权的悬链式单点系泊装置，实现装置国产化，打破国外公司在该领域的垄断地位，2012年该院承担了工信部高技术船舶科研计划项目“悬链式单点系泊装置研制”。

中船重工船舶设计研究中心有限公司

（一）基本情况

中船重工船舶设计研究中心有限公司（简称民船研发中心，CSDC）创建于2003年12月8日。中心本部现有职工150余人，其中，研究员15人，高级工程师34人，工程技术人员占总人数的85%以上。内部机构设有总师办、船型开发部、技术开发部、设计部等7个部门，1个分公司（大连），一个国家能源局海洋工程研发（实验）中心。中心与天津新港重工合作成立天津分中心；与高德曼公司有限公司合资合作，成立大连中船重工高曼海洋工程技术有限公司；与七一九研究所等5家企事业单位共同投资成立上海中船重工船舶科技有限公司。

中心主要业务板块为船舶研发、设计业务和海洋工程装备研发、设计业务。上述2个板块业务包括概念设计、报价设计、合同设计、基本设计、详细设计、生产设计等；技术咨询、服务、转让等；除以上两个业务板块以外还涉及船舶及海洋工程设备系统集成业务和船舶及海洋工程装备工程项目管理业务。民船研发中心是国家级重点科研任务承担单位，是国家能源海洋工程研发（实验）中心，是北京市高新技术企业，是中船重工集团公司民船及海工装备科技创新的主导力量。

（二）主要方向和重点领域

1. 总布置设计

包括功能区域布置、防火区域划分、危险区域划分。

2. 静水力计算和水动力分析

（1）静水力计算：引进NAPA软件，可实现海洋工程项目的静水力计算及稳性分析，包括完整稳性分析、破损稳性分析、舱容计算等。

（2）水动力分析：引进SESAM软件和HARP软件，可实现海洋工程项目的水动力计算与分析，包括响应谱分析、运动及气隙分析、系泊计算、动力定位系统分析等。

3. 总体结构强度与疲劳分析

采用SESAM结构强度分析软件和PATRAN，可实现海洋工程项目的总体结构强度和疲劳强度计算。

4. 振动与噪音分析

5. 电力载荷计算

6. 管系原理设计

7. 电气原理设计

民船研发中心未来海工产品的详细设计将涵盖三维设计，专业涉及结构、电气、管路、设备、舾装、HVAC等专业，以三维设计为基础，生成结构、电气、管路、设备、舾装、HVAC等专业的二维施工设计图纸，缩短设计周期，保证施工图纸下发的同步性，提高建造舾装率。

（三）产品开发与技术进步

民船研发中心以国家能源局海洋工程装备研发中心为平台，完善海工装备三维设计与仿真试验等详细设计能力，优化设计开发与基础建设平台，建立海工研发设计产业基地，推进开展海洋工程装备研发、全过程设计。主要开发的产品涵盖自升式钻井平台、半潜式钻井平台及多功能海洋工程船等领域。

公司已承接多项国家海洋工程科研课题。包括SPAR平台、TLP张力腿平台、半潜式钻井平台、自升式平台及海洋工程船等。根据科研成果，独立开发了多个海洋工程产品。承接的海洋工程领域的科研项目（见表14）。

中石化石油工程设计有限公司

（一）基本情况

中石化石油工程设计有限公司（原胜利油田勘察设计研究院）（SPE）位于山东省东营市，始建于1965年，是国家甲级勘察设计单位，全国石油系统油田注水及采出水处理、滩海油田地面工程技术指导性设计院，注水及水处理技术中心站站长单位，中国石化重点科研院所，胜利油田博士后科研工作站分站，全国百强勘察设计企业、全国百强工程总承包企业、百强工程总承包企业。

中石化石油工程设计有限公司拥有油气集输、

表14　承接的海洋工程领域的科研项目

序号	项目名称	承担单位	参加单位	项目来源	研究周期
1	新型深水SPAR平台、TLP平台概念设计与关键技术	中船重工船舶设计研究中心有限公司	中国船舶科学研究中心，利策科技有限公司，大船重工	国家科技部	2007–2009
2	深水半潜式平台研制	大连船舶重工集团有限公司为项目责任单位	中心承担“平台主结构的评估及优化技术研究”专题的研究工作，正在进行中	国家发改委	2008–2009
3	工信部深海半潜式钻井平台工程开发（708所）（设计技术研究）	中国船舶科学研究中心	中船重工船舶设计研究中心有限公司	工信部	2008–2011
4	工信部深海半潜式钻井平台工程开发	中国船舶科学研究中心	中船重工船舶设计研究中心有限公司	工信部	2008–2011
5	150米自升式钻井、生产及储油成套装备关键技术研究	大连重工集团有限公司	中船重工船舶设计研究中心有限公司	国家科技部	2009–2011
6	深海油气资源开采装备项目	中船重工船舶设计研究中心有限公司	中国船舶科学研究中心，大连船舶重工，武昌船舶重工	能源局	2009–2012
7	立柱式生产平台（SPAR）关键设计技术研究	中船重工船舶设计研究中心有限公司	中国船舶科学研究中心，中国石油集团海洋工程有限公司，天津大学，上海交通大学等	工信部	2010–2012
8	大型海洋工程装备深水定位系泊系统研制	上海船舶设备研究所	中船重工船舶设计研究中心，南京中船绿洲机器有限公司，中船重工重庆液压机电有限公司，中国船舶及海洋工程设计研究院，中国海洋石油工程有限公司	工信部	2009–2012
9	大型海洋平台电站集成技术研究及关键设备研制	上海船舶设备研究所	山西汾西重工有限责任公司，上海大学	工信部	2011–2013
10	多功能海上风电工程船联合开发	中船重工船舶设计研究中心有限公司	山海关船舶重工、大连船舶重工	科技部	2011–2013
11	海洋浮式平台工程设计分析校核一体化软件系统开发	上海利策科技科技有限公司	中船重工船舶设计研究中心有限公司	国家科技部	2012–2014
12	30万吨深水浮式生产储卸装置（FPSO）设计建造技术研发及产业化	武昌船舶重工有限公司	大连船舶重工、武汉船用机械、陕西柴油机重工、中国船舶科学研究中心、中船重工船舶设计研究中心有限公司	国家发改委	2012–2014
13	1200米水深半潜式海洋钻井支持平台设计建造技术研发及产业化	大连船舶重工集团有限公司	中国船舶科学研究中心、中船重工船舶设计研究中心有限公司	国家发改委	2012–2014
14	3000米水深多功能水下作业支持船设计建造技术研发及产业化	武昌船舶重工集团有限公司	武汉船用机械、中国船舶科学研究中心、中船重工船舶设计研究中心有限公司	国家发改委	2012–2014
15	中深水大陆架油气开采张力腿（TLP）式平台研发设计	中船重工船舶设计研究中心有限公司	中国船舶科学研究中心、大连船舶重工	国家发改委	2012–2014
16	自升式生产储卸油平台研发设计	大连船舶重工集团有限公司	中国船舶科学研究中心、中船重工船舶设计研究中心有限公司	国家发改委	2012–2014
17	新型SPAR深水平台的总体压载方案设计	中船重工船舶设计研究中心有限公司	中船重工船舶设计研究中心有限公司	工信部高技术船舶科研项目	2013–2015

储运、油气加工、城镇燃气、油气田化工及综合利用、油田注水、采出水处理、机制、机修、总图运输、城市规划、工业与民用建筑、热力、采暖通风、给排水、消防、水利、海工、道桥、电力、通信、计算机、仪表自动化、防腐、油田化学、科技情报、环境污染防治、工程地质、岩土工程、工程测量、技术经济等涵盖石油天然气（海洋石油）行业油田地面建设全部领域的30多个专业。现有员工1 200余人，其中，专业技术人员占总数的90%以上。建立了项目管理体系以及与工程项目管理和工程总承包相配套的组织机构，形成了油气处理、注水及采出水处理、海洋工程、管道工程、设备材料与应力分析、节能环保等6大优势特色技术，拥有18项全国石油和化工勘察设计专有技术，采用具有国际先进水平的数字化集成设计系统（SmartPlantEnterprise），满足国际EPC项目数字化移交的需要。能够承担国内外油气田工程、长输管道工程、海洋工程、建筑工程、电力工程、通信工程、市政公用工程、电子系统工程等勘察、规划、设计、工程咨询、工程造价咨询、工程总承包、工程监理；油田地面建设工艺技术、市政工程技术等综合性科学研究试验；非标设备压力容器的设计、研制、开发；化学驱采出液处理剂的研制、生产；集输系统用化学药剂的性能评价；油、气、水分析检测；工业及生产自动化系统的设计、研制、开发、安装，各类自动化仪表的开发、生产等。

在40多年的发展中，中石化石油工程设计有限公司先后完成了以胜利油田、埕岛、冀东南堡、新疆东河塘、哈得4、塔河、春风、四川普光、科威特西部油田等为代表的国内外60多个油气田的地面建设工程以及川气东送管道工程、外钓岛–册子岛–镇海海底管线穿越工程、鲁皖成品油管线工程、广东LNG接收站和输气干线工程、川东北至川西输气管道工程、福建炼油化工有限公司海底管道工程、松南气田10亿方天然气产能建设工程、甬台温天然气管道工程、广西液化天然气（LNG）项目输气管道工程、中石化新疆煤制天然气外输管道工程等大型工程项目的勘察、设计、规划、监理和工程总承包、项目管理。SPE与美国、日本、德国等10多个国家以及中国科学院、清华大学、北京大学、中国石油大学等20余个科研院所进行了广泛的技术交流与合作，先后完成了科威特西部油田、秘鲁塔拉拉、委内瑞拉英特甘博、哈萨克斯坦Sagiz等国外油田地面建设工程的设计以及肯尼亚西部成品油管道扩建工程、沙特丙烷管道项目、加蓬TBEP项目等项目工程设计，完成了印尼SES天然气项目、美国EDC项目等工程总承包以及阿尔及利亚扎尔则油田地面建设工程项目管理。

中石化石油工程设计有限公司共有596项勘察、设计、总承包、科研成果获奖，其中，国家级41项，省部级250项，国家优质工程金奖1项，国家优秀工程设计金奖4项、银奖9项、铜奖13项，全国工程总承包银钥匙奖2项、铜钥匙奖1项，3项科技攻关课题获得全国科学大会奖，5项课题获得国家科技进步奖，拥有103项国家专利。合同综合履约率100%，是全国质量守信企业，连年荣获山东省“重合同守信用单位”称号，1998年以来，连年被评为全国综合实力百强勘察设计单位，2005年以来，连年名列全国工程总承包百强排行榜。连续22年保持山东省“省级文明单位”荣誉称号。

（二）主要方向和重点领域

中石化石油工程设计有限公司承担国内外油气田工程、海洋工程、建筑工程、电力工程、通讯工程、市政公用工程、环保工程、电子系统工程的规划、勘察、设计；工程监理、工程咨询、工程造价咨询、工程项目管理、工程总承包；油田地面建设工艺技术、市政工程技术等综合性研究以及配套产品的制造、安装与技术咨询服务；非标设备和压力容器、石油专用设备的设计、制造、安装；油田化学助剂的研制、中放、生产，各类化学药剂的性能检测评价；油、气、水分析检测以及特殊分析项目；工业生产自动化系统的设计、开发、安装，各类自动化仪表的开发、生产；油田地面信息系统的开发、研制；计算机网络建设及维护；工程设计软件的开发；对外经济合作业务（凭经营资格证书经营）；自营和代理各类商品和技术的进出口。

1. 工程设计

工程设计是中石化石油工程设计有限公司的业务主体。在设计程序上，实施设计文件的多版次出版，方便设计、采购和施工之间的深度交叉作业，缩短了建设周期。在设计方法上，采用计算机辅助设计，设计速度快、质量好。在设计组织上，采用以项目经理为核心、专业室为基础的矩阵式管理，实行进度、质量、费用、安全和合同管理五大控制。SPE拥有齐全的工程设计标准及规范，可根据用户要求全面采用国内标准或国际标准进行设计，并出版全套中文、英文设计成品。

（1）石油天然气地面工程：油气集输管网、站、场，油库（终端），天然气处理厂（脱硫、脱碳、脱水），油气田化工及综合利用，长输管道（油、气、水），压缩机增压站。

（2）海洋工程：中心平台、卫星平台、海底管线。

（3）水处理工程：油田采出水处理工程，油田注水及注聚工程，消防工程，给排水、净化水处理工程。

（4）市政工程：城市天然气管网，热力工程。

（5）电力工程：电力线路，变电站，发电站，电力系统保护，海洋工程电力系统。

（6）自动化工程：SCADA系统，DCS系统，SIS系统，F&G系统。

2. 工程总承包

中石化石油工程设计有限公司（SPE）可以按照国际通行的项目管理方法，对资质范围内的工程项目实行设计、采购、建设和开车总承包，或对其中任意单项进行总承包。先后承担了科威特西部油田地面工程、印度尼西亚PBA岛天然气处理厂、埕岛EDC注水和生活橇块、外钓岛—册子岛—镇海海底管线穿越工程、胜利油田现河首站等工程的总承包，以及胜利油田河口首站污水处理、青海尕斯油田注水井井口水质达标等技术总承包。

3. 工程项目管理

中石化石油工程设计有限公司（SPE）可以受业主委托，以工程项目管理承包商的形式对项目进行全过程管理。

在项目定义阶段，负责组织或完成基础设计，确定所有技术方案、专业设计方案；确定设备、材料的规格与数量；编制工程设计、采购和建设的招标书，通过评标确定工程中各个项目的总承包商。

在项目执行阶段，负责对顶目的详细设计、采购、建设、开车等方面进行全面管理协调和监理，并协助业主进行性能考核。

先后承担了鲁皖成品油管线工程、广东LNG接收站和输气干线项目等大型工程项目的项目管理。

4. 工程咨询和工程造价咨询

中石化石油工程设计有限公司（SPE）拥有全国工程咨询和工程造价咨询甲级资质，能够编制和审查建设项目的投资估算、经济评价、设计概算、施工图预算、施工结算、竣工决算、招标标底、投标报价等工程造价文件；可以开发概（预）算、经济评软件、编制投资估算指标、概（预）算定额、单位估价表等；能够从事总承包项目的费用控制。先后主持编制了科威特GC27、28集油站及传输管线工程、叙利亚输气管线工程、绥中36-1陆上终端工程、新疆牙哈凝析气田产能建设、埕岛中心二号平台、长庆—呼和浩特输气管线工程、塔河油田6号油区产能建设、春晓气田群陆上终端站、胜利电厂二期工程等多个项目的投资估算和经济评价、设计概预算；工程投标报价方面中标了岙山—镇海海底管线穿越总承包工程、印尼天然气处理厂总承包工程，并实施了项目的费用控制；完成了投资1.1亿元的聊泰天然气管线投资审计；编制了《石油建设工程概算定额胜利油田单位估价表》、《胜利石油基本建设工程非标设备定型预算》、《油田地面建设投资估算指标》等行业标准；开发了长输油（气）管道工程、油（气）田开发工程等经济评价软件以及建筑、安装、电力、市政、公路、水利、浅海石油等工程的概预算软件。1995年以来，先后完成“胜利油田‘九五’规划”、“胜利油田矿区建设‘十五’规划”、“胜利油田‘十五’规划”、“胜利海上埕岛油田200×104t/a产能建设工程”、“胜利油田‘十五’滩海油田规划”、“胜利油田地面建设图册”、“胜利油田三年滚动计划”、“胜利油田‘十一五’规划”、“胜利油田‘十一五’石油（天然气）工程技术发展规划”等各类大型工程咨询项目10余个，总投资约500多亿元。

5. 工程监理

中石化石油工程设计有限公司（SPE）拥有的双胜监理公司持有国家甲级工程监理资质，具有雄厚的技术实力和众多的优秀的监理工程师。能够承担化工、石油工程、房屋建筑工程、市政工程、电力工程的监理，为业主提供从工程的设计阶段、采购阶段、工程建设阶段、到试车保运阶段的全过程监理服务。先后完成了塔中四－轮南输油、输气管道及光缆工程、轮南－库尔勒石化厂输气管道工程、四川宣汉－达县天然气管道工程、永－姚油品管输工程、东方－洋浦－海口输气管道工程、新疆塔里木牙哈凝析气田地面产能建设工程、吐哈油田丘东天然气处理厂工程、塔河油田增建道路工程、东营市北一路工程、塔里木河大桥、塔里木指挥部高层住宅、东营市经济适用房住宅小区、胜利石油管理局基地集中供热首站工程、塔河油田七号油区电力线工程等大型重点工程的监理。

6. 工程勘察

中石化石油工程设计有限公司（SPE）持有国家工程勘察综合类甲级资质，拥有GPS全球卫星定位系统、全站仪、电子水准仪、地下管线探测仪、测深仪、DPP-100工程钻机、ZIYY车载静探仪、FEI桩基动测仪、桩基静载仪、静三轴土工试验仪、REMAC探地雷达、SWS地震影像仪、E60BN高密度电阻率仪等先进的勘测设备60多台（套）。自行开发了测量LSIS和GEI岩土工程勘察软件和线路勘察设计一体化软件。能够承担工程测量、岩土工程勘察、设计、治理、监测等业务。先后在科威特、哈萨克斯坦、印度尼西亚、山东、新疆、江苏、浙江、广东、福建、四川、广西、云南、内蒙、陕西、河南等地完成400多项大型工程勘测项目。完成了科威特西部油区等5项国外工程勘察项目，完成的黄河三角洲莱州湾防潮堤岩土工程勘察项目2005年获国家优秀工程勘察铜奖，完成的纯化水库岩土工程勘察、临南油田GPS控制测量等13个项目获省部级优秀勘察奖。完成了国家863项目《数字海底中国石化胜利油田数据库建设》等大型科研攻关项目5项。

7. 科学研究

中石化石油工程设计有限公司是中石化上游重点研究院，胜利油田博士后科研工作分站，中国石油大学研究生工作站，中石化上游地面工程领域唯一成建制的专业种类比较齐全的专业化科研队伍。拥有集团公司上游最大的油气集输专业实验室—油田地面工程综合试验楼，建筑面积4 100m^2；设有

600m²的大型油气集输试验厂房和原油流变、油气计量、原油脱水、污水处理、PIV分析、油水常规分析、油田自动化等试验室；油田化学试验室设有色谱分析、原油物性分析、化学合成、水分析、油气组份分析、防腐等试验室；拥有高压液相色谱仪、气相色谱仪、红外光谱仪、界面张力仪、模拟蒸馏仪等大批引进的先进化学分析测试仪器及各类合成釜；油田化学实验室1999年通过了国家计量认证。公司初步形成了具备油气集输处理、油田采出水处理、油田自动化控制、油田化学和防腐、油田生产过程环境保护以及地面工程装备等科研、试验于一体的综合性工程研究实验室。可承接国家和集团公司级的综合型科研课题，同时面向集团公司为各油田进行开放式服务。2000年被确定为胜利油田首批重点实验室。坚持科技为先导，设计为纽带，不断创新勘察设计水平。通过持续推进技术创新，为提高油田地面工程技术水平发挥了重要支撑作用。逐步形成了达到国内领先水平的特高含水期地面工艺配套技术、滩海工程设计技术、油田注水和水处理技术、特高稠油热采地面配套技术、沙漠油田地面工程技术、三次采油注水工艺和采出液处理技术等十余项特色技术和专有技术。

8. 科工贸产品

中石化石油工程设计有限公司（SPE）能够向用户提供原油电脱水器成套装置/液--液旋流分离装置/水力旋流除砂装置/油井两相分离变压控制仪表计量装置/高效三相分离器/油罐气微压自控回收装置/SL系列高效污水处理设备/集成式油田采出液分离及污水处理装置/阴极保护智能监测系统/SL-2缓蚀阻垢剂/SLHMO核膜结构（纳米）破乳剂/SLCMD-01除油剂/SJSC井口游离水脱除装置/SZWL微正压燃烧无机传热工质加热炉等拥有自主知识产权的成套设备和化学药剂，技术先进，高效实用。

（三）产品开发与技术进步

胜利油田胜利勘察设计研究院在海洋工程方向主要开发的产品涵盖采油生产平台、海底输油管线等领域。

1. 胜利海上埕岛油田200×104t/a产能建设工程

胜利海上埕岛油田开发建设于1993年。现已建成各类固定式海上采油平台88座，海底输油管线68条，总长120千米，海底注水管线35条，总长42千米，海底电缆82条，总长165千米，已形成产油220×104t/a的规模，是我国第一个200万吨浅海大油田。胜利海上埕岛油田200×104t/a产能建设工程包括卫星平台40余座；中心平台2座；海底管线50余条约70余公里；海底电缆40余条约60余公里；陆上配套油站4座；管线30余公里；卸油码头1座；110kV变电所1座。“胜利海上埕岛油田30×104t/a产能建设”1995年荣获全国优秀工程设计铜奖，“胜利海上埕岛油田200×104t/a产能建设工程”2000年荣获全国优秀工程设计金奖。

2. 胜利海上埕岛油田中心二号平台

胜利海上埕岛油田中心二号平台是胜利浅海地区最大的综合性油气生产平台，由生活平台、动力及注水平台、油气及水处理平台、储罐平台和注水罐及天然气处理平台等5个平台组成。平台的主要功能为：油气计量、油气处理、供配电、供热、污水处理、海水处理、注水、原油外输、生活和通讯等。含水原油处理能力13 125t/d，外输能力10 800m³/d，污水处理能力10 000m³/d，海水处理能力10 000m³/d，注水能力16 000m³/d。

3. 胜利海上埕岛油田中心一号平台

胜利海上埕岛油田中心一号平台是胜利浅海地区第一座综合性油气生产平台，由生产平台、动力平台、储罐平台、生活平台和消防平台等5个平台组成。主要功能为：油气计量、油气处理、发电、供配电、供热、污水处理、注水、原油外输、生活和通讯等。含水原油处理能力1 556m³/d，外输能力10 800m³/d，污水处理能力3 100m³/d，注水能力3 100m³/d，发电能力6 000kW。

4.CB35 单井平台

CB35单井平台由井口平台、计量平台和靠船平台组成，是一座单井拉油平台，由于水深较浅，结合当时胜利海上的施工能力，该平台最大的特点是在结构方面采用化整为零的方式，解决了当年胜利海上施工能力不足的矛盾，于1993年当年建成投产，是胜利浅海地区第一座油气生产单井平台，为胜利浅海1993年实现"零"的突破，产油10万吨做出了重大贡献，是胜利浅海从"勘探"到"开发"的标志性采油平台。

5.CB11A 井组平台

CB11A井组平台是一座6井式采油平台，由井口平台和计量平台组成，计量平台采用四腿桩基导管架平台结构型式；油气经计量和简单分离后由海底管线输送上岸；建成于1993年，是胜利浅海地区第一座油气生产井组平台。

6. 南堡 35-2 平台

南堡35-2油田开发工程包括2个平台，即1个中心平台（CEP），1个井口平台（WHP）。CEP平台为8腿海上带井口的生产、生活、动力中心处理平台，主要功能有钻井、修井、完井；采油、油、气、水分离处理、计量；供热；发电、供配电、消防、自控、通讯；平台人员生活楼和倒班用直升机甲板等。CEP平台上部组块8 000吨，是渤海湾内最大的单体平台。WHP平台为6腿海上钻采综合井口平台，主要功能有钻井、修井、完井；采油、油、气、水计量；供热；发电、供配电、消防、自控、通讯；平台人员生活楼和倒班用直升机甲板等。

7.CB271 单井平台

该平台是我国浅海有冰海区第一座水下三桩塔式支撑单立柱轻型平台，自主开发了水下灌浆密封与机械齿合相结合的水下连接技术以及新型"环形颚式"封隔器，是国家重大办项目"浅海单立柱支撑平台的研制"的示范工程。

8.CB502—CB20 海底单壁输油管道

研究了适用于浅海领域的海底单壁输油管。其防腐、保温、防水、电化学保护、加重层新结构的各种性能指标满足输油工艺要求，安全运行寿命15年以上。形成了具有自主知识产权的"挤压振动混凝土加重层预制"工艺，解决了混凝土加重层的快速补口问题。

9. 埕岛 EDC 海上开发区块海底管线

海管总长8 400米，规格为Φ323x12.7/Φ219x11。项目运行严格按照国际惯例要求进行项目管理，出版语言为中、英文两版，设计采用美国石油学会（API）和挪威船级社（DNV）等国际通用的标准规范进行设计。

10. 渤中 19-4 油田 WHPA 平台

渤中19-4油田WHPA平台设计水深21米，平台共分3层，主要功能有修井、采油、油、气、水三相分离、计量、供配电、消防、自控、采暖通风、通讯，平台上布置有生活楼和直升机甲板等。设计文件图纸全部采用英文编制，按照API和DNV标准规范以及雪福龙的设计手册进行设计。平台管线总长4.5千米，项目各专业在PDS模型里面采用全3D设计。

11. 外钓岛—册子岛—镇海海底管线穿越工程

外钓岛—册子岛海底输油管线，长2.35千米，管径φ610mm，采用定向钻穿越方式。被誉为"世界管线第一穿"；册子岛—镇海海底输油管线，长36.5

千米，管径ϕ762mm。采用常规铺管船方式施工，铺管水深最深25米。

12. 福建炼油乙烯项目海底原油输送管道EPC工程

福建炼油化工有限公司海底管道工程是福炼一体化项目的重要配套工程，海底管线全长13.12千米，采用单壁混凝土配重层结构形式，设计输量2 400m^3/h。

13. 月东油田A1A2平台海陆工程设施总包

工作范围包括：月东油田A平台上部设施及辅助平台——A1平台（扩建钢制平台）及A2平台（2 000立方米储罐钢平台）的海、陆工程设施设计、采办、建造及安装调试、直至完工的全部工作。

14. 海上油田流动安全中试试验评价系统

该评价系统主要涉及两套模拟试验平台的研发和搭建。需完成“高粘易凝原油流动安全试验系统”和“深水多相动态腐蚀试验评价系统”的可行性研究报告和初设方案。这两部分工作难点在于模拟尺度大、仿真程度高、测试功能复杂，国内外尚没有成熟且可借鉴的设计建造方案，部分评价功能需要开展深入研究。

中国石油和化工勘察设计协会公布了2013年全国石油和化工勘察设计专有技术评定结果，中石化石油工程设计有限公司（SPE）“水下基盘式井口平台技术”、“高含硫气田地面集输湿气加热输送工艺技术”、“大型储油罐底板空隙监测技术”等13项技术成果获得工程勘察、设计专有技术认定，有效期为五年。此外，中石化石油工程设计有限公司另有“滩海油田桩板结构进海路及人工岛建造技术”、“稠油高温电脱水技术”等5项2008年评定的专有技术，因近几年在技术上持续创新、不断进步，在各自专业内依然处于领先水平，从而获批延期五年。截至目前，中石化石油工程设计有限公司共有全国石油和化工勘察设计专有技术18项。

中国船舶科学研究中心

（一）基本情况

中国船舶科学研究中心，即中船重工第七〇二研究所，1951年建立于上海黄浦江畔，1965年总部搬迁至无锡，设有上海分部和青岛分部。数十年来建有功能齐全、配套完整的大中型科研试验设施近30座，设有两个国家级重点实验室，两个国家级检测中心，一个国家能源海洋工程装备研发中心和一个省级重点实验室，占地1 300余亩，现有职工1 500余人，其中拥有中国工程院院士2名， 国家“千人计划”1人，国家“万人计划”1人，“新世纪百千万人才工程”重点培养对象2人，国防科技工业511人才工程学术带头人2人，享受国务院政府津贴专家42名，省部级有突出贡献中青年专家19名。中国船舶科学研究中心是国家首批博士、硕士培养点之一，现有两个博士学科点，四个硕士学科点和一个博士后科研流动站。多年来共招收培养博士、硕士400余名。1978年以来中国船舶科学研究中心共获国家级等各级科技成果奖600余项，1997年起连续获得江苏省文明单位称号。中国船舶科学研究中心是国际船舶界两大学术组织——国际船模试验池会议（ITTC）和国际船舶和海洋工程结构会议（ISSC）的重要成员单位，有多名中青年科技专家当选这两大国际组织相关技术委员会的委员。此外，中国船舶科学研究中心还与美、英、法、俄、日、德、荷、挪等国近百个院校、研究所和学术团体建立了密切的学术交流和技术合作关系。

中国船舶科学研究中心主要从事船舶及海洋工程领域的水动力学、结构力学及振动、噪声、抗冲击等相关技术的应用基础研究，以及高性能船舶与水下工程的研究设计与开发。中国船舶科学研究中心坚持科技创新，成功研制了大深度载人潜水器、掠海地效翼船、小水线面双体船、水翼船、援潜救生设备、Z型全回转推进器、高速游艇、水上游乐设施、环保型保温棉生产线、以蓝藻打捞与处理、生态清淤装备为代表的水环境治理装备等系列产品，开发了SHIDS船舶性能设计系统等专用软件。许多科研成果已转化为产品或应用于船舶设计、建造和标准规范的编制中，为我国船舶和海洋工程事业及地方经济发展作出了重要贡献。

（二）主要方向和重点领域

1. 船舶流体性能研究

通过理论和模型试验的研究，为水面船舶及水下运动物体等进行航行性能的预报和优化设计。深入研究其各项力学性能，为设计提供依据。研究试验测试技术，提高试验水平；对船舶及海军的装备等进行综合性能设计、整体优化，为其设计提供指导性文件。

2. 船舶结构性能研究

从作用于船舶的外载荷与船体结构的承载能力出发，对船舶结构及其强度、稳定性、疲劳与可靠性作出预报、评估和优化；研究应用于大深度水中运动体的新型材料的结构和疲劳问题；船舶结构模型和实船结构测量技术；研究制订船舶强度标准及军船、民船规范中许用应力的标准；研究船舶设备在非接触时的冲击环境条件和设备抗冲击能力；研究船舶抗水下和空中爆炸冲击能力；水下、空中爆炸测量技术。

3. 船舶推进技术研究

从事研究船舶各种高性能螺旋桨的设计技术；低噪声推进装置声学技术；泵喷推进器性能综合技术；喷水推进技术及新型特种推进技术的机理、性能、预报技术和设计技术。

4. 船舶抗爆抗冲击研究

在核空/水爆条件下船舶结构强度分析与评估、水中和舱内爆炸条件下船舶结构强度分析与评估、水中爆炸船舶设备冲击环境预报、船舶设备系统抗冲击性能设计与评估、人员及防护装置抗冲击性能预报和评估等方向形成了大量的科研成果，并在海军装备建设中得到充分应用。近年来，充分发挥优势条件，逐步转向交通/水利工程、矿山/海洋装备等民用领域的研究。

5. 新型船舶研究与设计

主要从事掠海型地效翼船、水翼船、小水线面双体船、各类高性能复合船的研究、开发和设计，并努力向产业化方向发展。在这几类高性能船的研制上拥有雄厚的技术力量和技术储备，在未来的高速艇研制中能承担总体设计任务，并承担技术责任。

6. 海洋工程

主要从事海洋结构物的运动参数与外载荷、强度、疲劳及特殊结构的试验分析；海上结构物安全性检测与评估、海洋工作站设计及大系统优化。主要任务来源是海洋高科技项目及横向委托任务。

7. 水下工程研究与开发

水下工程主要从事深海载人潜器、常压单人潜水装具、遥控无人水下机器人、无人无缆自治水下机器人、救生钟、水下拖体、水下作业工具（有动力、无动力）、潜水器用吊放回收装置以及其它种类和用途的潜水器的总体设计、水密结构、操纵控制、液压机械等研制任务。

8. 信息技术

该专业是中国船舶科学研究中心从事船舶流体动力学、结构力学理论及试验研究成果的最终体现，其目标是形成船舶总体性能综合优化设计CAD系统和船舶综合性能仿真系统。中国船舶科学研究中心的CAE技术研究侧重于以试验数据库为依托的船舶总体性能（流体、结构、振动、噪声）预报、评估及优化的集成系统，覆盖面广，精细度高，可靠性好。

（三）产品开发与技术进步

中国船舶科学研究中心近年来承接的海洋工程领域的科研项目主要有：

1. 深海装备产业

依托在船舶总体性能和船舶结构方面的研究优势，通过总结多年来的军民科研成果，开发出多种深海装备产品，如单人常压潜水装具Ⅰ、Ⅱ，8A4水下机器人，移动式救生钟，“探索者”自治水下机器人，“CR-01、02”自治水下机器人等。研制的国家“十五”863重大专项“7 000米载人潜水器”已进入海试阶段。“蛟龙”号载人潜水器研制与海试于2013年4月27日在江苏无锡通过科技部组织的专家验收。标志着中国已系统掌握大深度载人潜水器设计、建造和试验技术，实现从跟踪模仿向自主集成、自主创新转变，并跻身于世界载人深潜先进国家行列。

由中国船舶科学研究中心历经10年科技攻关研制的中国首个实验型深海移动工作站，在完成总装集成和陆上联调的基础上，2013年11月21日在中国船舶科学研究中心露天水池开展并圆满完成第一期水池试验。这是继“蛟龙”成功研制后中国深海装备研发的又一项前沿探索。首个实验型深海移动工作站是在科技部、工信部的大力支持和推动下研制的，是中国未来深海“空间站”的雏形。工作站为35吨级，在海底工作的时间为12~18个小时，可以载6人。本次水池试验分陆上吊放训练、船坞试验、水池试验和训练试验4个阶段实施，共开展18项试验项目。据悉，实验型深海移动工作站还将于2014年开展第二期水池试验，届时将重点进行水下作业技术的演示验证。在此基础上开展试验平台在浅海域的总体性能和水下作业试验，进一步在海洋环境中考核小型深海空间站技术的成熟度，为研制首艘千米潜深、百吨级小型深海空间站奠定技术基础。

2. 船艇产业

高速玻璃钢船艇、高性能船艇、水上游览艇。

3. 软件产业

船舶数据库应用开发、船舶专用软件集成、CAE二次开发：母型船型及性能数据库系统、船舶设计技术数据库、船舶航行性能实验室数据库和互联网技术应用研究、螺旋桨数据库应用系统、快速性拖曳水池模型试验数据库、实船振动试验数据库。

4. 船用配套产业

2013年6月18日至7月11日，中国船舶科学研究中心与德国船舶咨询公司和航运公司展开合作，在大西洋海域针对3 600箱集装箱船开展了实船螺旋桨空泡观测试验。此次试验检验了中国船舶科学研究中心自主开发的实船空泡观测设备，在国内首次获得了指定工况下的螺旋桨空泡观测试验录像和实船脉动压力数据，为下一步开展空泡和空泡脉动压力相关性分析提供了宝贵的试验资料。空泡发生在各类船舶的螺旋桨、舵、减摇鳍、支架等船体各类突出运动部位，甚至突出船体的管路进出口都会产生不同类型的空泡，容易引起船体严重振动、噪声以及剥蚀等后果。实船空泡观测在解决各类实船空泡发生的问题中起到了重要作用，国外已开展了大量的实船观测，国内针对此类问题研究一直仅限于模型试验及理论研究。这次试验的圆满成功，建立了实船空泡观测的技术手段，填补了国内空白，为提高螺旋桨空泡设计水平打下了良好的基础。

2013年，中国船舶科学研究中心申报的重点项目“旋涡空化流动结构及抑制机理研究”通过国家自然科学基金的评审，另有两项目获得了资助。这是中国船舶科学研究中心首次获得此类重点项目的资助，标志着其在基础研究领域上了一个新台阶。旋涡空化一直是水动力学研究的前沿课题，可望为提高水面船舶的临界航速提供科学依据，具有较高的研究价值。

5. 环保产业

综合型蓝藻打捞船：立足于蓝藻打捞作业的最终无害化处理，不仅大大减轻水陆转运及岸上处理的困难，且最终能获得可供后期开发利用的藻饼。

分离型蓝藻打捞船：用于重点水域保护作业，适用于人工无法打捞的低浓度蓝藻清扫作业。

吸取型蓝藻打捞船：直接将高浓度蓝藻大流量从水体中吸取到装载驳船或岸上，主要用于港湾、河道等蓝藻打捞点处高浓度蓝藻打捞。

杭州欧佩亚海洋工程有限公司

（一）基本情况

杭州欧佩亚海洋工程有限公司由白勇博士（中组部“千人计划”国家特聘专家）于2006年在美国休斯顿创立，经过几年的快速发展，已形成总部位于杭州，在上海、哈尔滨、天津、深圳、休斯顿、吉隆坡等全球各地设有分、子公司，在南京和张家港建有两大管业制造基地的全球布局，为全球市场提供海洋工程全产业链服务与产品，业务范围遍及设计咨询、钻采工程、海上工程、管业制造、船海设计等。

作为一家技术先进、注重创新的国家级高新技术企业，欧佩亚充分开发和利用海内外人才资源，并联合挪威船级社、美国船级社、浙江大学、哈尔滨工程大学、哈尔滨工业大学、美国加利福尼亚大学伯克利分校等高校、机构，建立技术联盟，以“用户第一，技术第一，质量第一”的经营理念，以专业的技术团队、优质的产品服务，为全球客户打造国际一流的海洋工程装备。

（二）主要方向和重点领域

在海底管道和立管方面，欧佩亚具有国际领先的技术理论储备与丰富的项目实施经验，掌握了海洋管道和立管的核心技术，以白勇教授为领军人物，聚集了30余名海底管道和立管研发和项目实施的国内外专业人才，可为客户提供设计与咨询、实验测试、采购制造、海上施工安装、检测与维修、完整性管理、软件开发、工程总承包的一站式服务，业务领域涵盖增强热塑型复合管（RTP）、内衬管、深海柔性管、隔水立管、脐带缆等。

在海洋工程装备方面，欧佩亚可提供设计咨询和采购服务，业务领域囊括自升式钻井平台设计，海上风机安装平台，自升平台升降系统，海工吊机、管子自动化处理系统、防喷器与采油树处理系统、隔水管处理系统和海洋工程船。

在水下生产系统方面，欧佩亚可提供设计咨询和采购服务，业务领域涉及水下钢结构、水下井口、水下采油树系统、水下管汇和PLET/PLEM、水下跨接管、水下连接器的设计以及水下生产系统仿真及试验等。

（三）产品开发与技术进步

欧佩亚以海洋工程的设计咨询为主业，积极打造海洋管道的全产业链，已在南京建立了RTP管制造基地，初步完成管业和海洋工程装备制造的产业化布局，并向海洋工程总承包商发展，为客户提供一站式的海洋工程服务和产品。

公司2013年的销售额为3 200万元，2014年预计能实现销售额6 000万元以上。

通过国家级高新技术企业认证；拥有几十项国家技术专利，多项海洋工程核心专利；通过ISO9001：2008质量管理体系认证。

2014年1月13日，公司正式通过HSE体系认证，取得ISO 14001环境管理体系认证证书、OHSAS 18001职业健康安全管理体系认证证书及中石化和中石油的HSE管理体系评价证书。

上海交通大学

（一）基本情况

上海交通大学船舶海洋与建筑工程学院下设船舶与海洋工程系、工程力学系、土木工程系、建筑学系、国际航运系和港口航道与海岸工程系，涵盖了六个一级学科。目前有 5 个本科专业、6 个硕士点和 5 个工程硕士点，具有船舶与海洋工程、力学、土木工程 3 个一级学科博士学位授予权，建有船舶与海洋工程、力学、土木工程 3 个博士后流动站；拥有海洋工程国家重点实验室，船舶与海洋结构物设计制造、工程力学 2 个国家重点学科以及流体力学、岩土工程 2 个上海市重点学科。全院共有教职工 315 人，多名教授分别在国际船模试验池会议（ITTC）、国际船舶与海洋工程结构力学会议（ISSC）、海洋技术委员会（M.T.S）、世界工程组织联合会（WFEO）等国际学术组织和中国造船工程学会、中国海洋学会、中国力学学会、中国土木工程学会等国内学术组织担任重要职务。

拥有海洋工程国家重点实验室（包括：海洋工程水池、船模试验水池、空泡水筒实验室、水下工程实验室、CAD/CAM实验室、结构力学实验室）、工程力学实验中心、土木与建筑实验中心和计算机辅助设计计算中心等科研基地。同时设有一系列建于学科基础上的研究所，主要包括：船舶与海洋工程设计研究所、水下工程研究所、结构力学研究所、港口与水利工程研究所、动力装置及自动化研究所、新型船舶与海洋结构物开发研究所、水下技术工程研究中心、工程力学研究所、土木建筑工程研究所、岩土力学与工程研究所、安全与防灾工程研究所、空间结构研究中心、飞行器设计研究所、航天器动力学与控制研究所、流体力学与工程仿真研究所、固体力学与工程结构强度研究所、结构工程研究所、建筑设计与景观环境研究所、工程管理研究所、建设工程质量检测站、上海安地建筑设计有限公司和上海建通工程建设有限公司。

船舶与海洋工程系成立于 1943 年，是我国船舶与海洋工业科技研发和人才培养的策源地。拥有一个国家一级重点学科（船舶与海洋工程）及三个二级学科（船舶与海洋结构物设计制造、轮机工程和水声工程），涵盖船舶与海洋工程理论研究、工程技术和设计开发等诸多领域，在历次全国船舶与海洋工程一级学科评估中排名第一。半个多世纪以来，为我国船舶工业、国防建设、海洋资源开发、交通运输等行业和部门培养了大批专业技术和管理人才，是国内领先、国际知名的船舶与海洋工程人才培养高地。现有研究重点主要集中在新船型与新概念海洋工程结构物研发设计、各种海洋工程开发技术与装备研发、数字化造船等先进造船技术研究、流体力学与结构力学等船舶与海洋工程基础理论、船舶与海洋工程先进试验、海洋资源开发水下技术与装备、水声探测与对抗、船舶内燃机性能、船舶动力装置及自动化等方向。该系师资力量雄厚，有中国科学院院士杨槱教授为代表的一批国内外知名教授。该系除了船舶与海洋工程本科专业以外，还拥有船舶与海洋工程结构物设计制造学科的硕士点和博士点及一个博士后流动站。此外，近期还新增了海洋工程博士点。

（二）研究方向

海洋工程深水技术、计算流体力学、船舶流体力学、波浪理论、高性能数值计算、计算力学和仿生力学、仿生潜水器和飞行器、船舶智能设计、船舶虚拟制造、深水平台设计、海洋工程水动力学、结构可靠性、推进节能装置、特种推进器、海洋波浪的理论与数值计算、海洋科学（河口海岸学）、水利科学（河流及海岸动力学）、船舶与海洋工程结构安全性评估理论及应用、结构冲击动力分析、海洋可再生能源、数值水池及流体力学高性能计算、船舶与海洋工程计算结构力学、结构动力学、海洋深水平台结构设计和建造技术研究、水波动力学、河口海岸动力学、深水浮式平台系统水动力学、海洋波浪能、船舶推进CFD研究、螺旋桨优化设计、船舶结构优化设计、深海平台及其定位系统研究、新船型开发暨波浪中船舶性能及优化研究、船舶可靠性工程与质量工程、分层流内波水动力学、流动主动控制、港口与海岸工程、泥沙输移与水环境保护、水动力噪声与流致振动、船舶与海洋工程结构强度和设计；结构抗爆设计和仿真；船舶与海洋工程水动力学；船舶与海洋工程结构物运动响应与载荷预报；船舶及其他海洋运载器操纵与控制；数值船池技术及其在船舶与海洋结构物设计中的应用；船舶与海洋工程水动力学；水波与结构物相互作用。

（三）科学研究

2013年，上海交通大学科技成果和奖励保持全国前列，各类奖项不断涌现。四项成果获2013年国家科学技术奖；30项成果获上海市科学技术奖，获奖数及一等奖数均居上海地区首位；15项成果获教育部高等学校科学研究优秀成果奖，获奖总数居全国高校第一；8项成果获行业奖；3人荣获“上海科技精英”称号（含提名）；生命科学技术学院张大兵教授荣获上海市自然科学牡丹奖。论文质量和数量双双名列前茅。国内科技论文数、被引次数，继续保持全国高校第一；SCI论文居全国高校第二；Medline 论文居全国高校第一；EI居全国高校第四。国际被引论文跃升全国高校第二。知识产权管理改革稳步推进。发明专利申请突破1 000件。国家自然科学基金项目再创佳绩，共获得873项资助，总经费6.5亿元，获资助项目总数连续4年全国排名第一，面上项目连续4年全国第一，青年基金项目连续5年全国第一；基金委国家重大科学仪器专项获得了突破，单项合同经费达到8 500万元。973重大科学研究计划创历史最好成绩，共获得八项资助，并列全国第二。上海市各类人才资助项目继续保持全市第一。各类项目验收通过（结题）率100%。新增校企联合研究中心21家等。2013年度，上海交通大学共推进和启动了14项科研专项工作。2014年，上海交通大学科研工作将围绕4个方面的常规基础工作和3个方面的重点拓展工作有序开展，努力构建 “大科研” 管理和服务工作体系。

部分承担项目如表15所示。

表15　部分承担的科研项目

序号	项目名称	项目类别/所获奖项
1	海洋内波环境中深海平台安全性分析评估技术	国家高技术研究发展计划863计划
2	高速磁浮交通系统集成技术测试验证系统研制和综合试验基地建设	国家自然科学基金
3	变拓扑柔性多体系统动力学若干关键问题的理论与实验研究	国家自然科学基金
4	深埋圆形地下结构土压力分布模式研究	国家自然科学基金
5	松散堆积体坡的降雨入渗耦合作用和多场信息融合稳定性评价	国家自然科学基金
6	波流-海床—结构物相互作用及海床失稳机理研究	国家自然科学基金

（续表）

序号	项目名称	项目类别/所获奖项
7	复杂受力条件下含水层砂土的屈服变形机理和过大变形的发生机制研究	国家自然科学基金
8	气助式膜结构分析理论与方法研究	国家自然科学基金
9	干湿循环和腐蚀环境下混凝土桥墩抗侧向冲击性能研究	国家自然科学基金
10	复合受力钢筋混凝土构件承载力统一计算模型研究	国家自然科学基金
11	疲劳荷载和环境耦合作用下服役配环氧涂层钢筋混凝土构件耐久性性能	国家自然科学基金
12	既有工程桩性状测试的旁孔透射波法原理研究	国家自然科学基金
13	浮帘促淤系统安装设计参数与施工工艺的研究	国家自然科学基金
14	船舶多类型电源集成管理及最优控制策略研究	国家自然科学基金
15	锚泊辅助动力定位系统研究	国家自然科学基金
16	岩石疏浚切削机理研究与实验	国家自然科学基金
17	河流生态系统中柔性淹没植物对水流垂向结构和底床泥沙沉积的影响机理实验研究	国家自然科学基金
18	船舶结构声传递的理论分析及阻波技术的研究	国家自然科学基金
19	重水潜器多学科设计优化理论与方法研究	国家自然科学基金
20	含夹杂压电材料的蠕变特性与夹杂的演化	国家自然科学基金
21	裂纹尖端塑性区对金属材料疲劳行为的影响	国家自然科学基金
22	岩石细观断裂机理与多尺度本构模型研究	国家自然科学基金
23	典型钝体结构流致效应和机理分析与计算方法研究	国家自然科学基金
24	硬质泡沫夹层复合材料疲劳损伤演化及影响机制	国家自然科学基金
25	基于泡群动力学的混合欧拉-拉格朗日型云雾空泡数值模拟方法	国家自然科学基金
26	可渗透细胞膜的力学建模及在血管中运动的流固耦合问题研究	国家自然科学基金
27	波浪、洋流场中水下航行体带空泡出水过程流动特性研究	国家自然科学基金
28	楔形海域典型目标的声散射特性研究	国家自然科学基金
29	深海细菌耐压的生理与遗传机制研究	国家自然科学基金

（续表）

序号	项目名称	项目类别/所获奖项
30	畸形波的动力学机理及其对深海平台强非线性作用的研究	国家自然科学基金
31	压电功能梯度材料断裂力学行为研究	国家自然科学基金
32	柔性多体系统主动控制	国家自然科学基金
33	薄膜涂层材料的界面强度与寿命	国家自然科学基金
34	液滴（气泡）之间的相互作用及其它们的热毛细迁移	国家自然科学基金
35	考虑热效应的柔性多体系统动力学建模理论和实验研究	国家自然科学基金
36	刚柔耦合动力系统的主动控制研究	国家自然科学基金
37	多晶与单晶金属材料复杂加载下循环蠕变的微观变形机理与本构关系研究	国家自然科学基金
38	鱼类附鳍运动的力学机理和非定常流动控制研究	国家自然科学基金
39	复杂大规模生物神经网络系统的混沌动力学研究	国家自然科学基金
40	柔性多体系统耦合动力学建模理论及仿真技术研究	青岛市科技发展计划
41	高低温下复合材料层压结构自由边缘分层与分层屈曲研究	国家自然科学基金
42	光栅应变化及其在复合材料残余应力测试中的应用	国家自然科学基金
43	不对称速度分布对颈动脉分叉壁面切应力的影响	国家自然科学基金
44	船载计算机及减摇水舱业务委托	国际合作项目
45	Basic Engineering Studies for Malikai Deepwater Project-Malikai TLP/TADSystem Model Test	国际合作项目
46	WAVE BASIN TEST-FOR THE CAFB WELL INTERVENTION	国际合作项目
47	BIG FOOT PROJECT-HULL DRY TRANSPORT MODEL TESTS	国际合作项目
48	Easy 技术支持协议	国际合作项目
49	FABRIC TENSIONED ROOF-GSG project, Palembang	国际合作项目
50	近岸及邻近海域海底实时长期观测网关键技术研发及应用	国家海洋局
51	自由状态下深海立管的晃动抑制理论研	教育部留学回国人员科研启动基金
52	时空分析在辨识施工进度计划潜在危险中的应用	教育部留学回国人员科研启动基金

（续表）

序号	项目名称	项目类别/所获奖项
53	海洋内波中深海浮式平台整体水动力性能研究	博士点基金优先发展领域
54	基于流固耦合的隔水管涡激振动控制机理研究	国际合作项目
55	基于流固耦合的隔水管涡激振动控制机理研究	国家海洋局
56	波浪中船舶操纵运动建模与航向保持研究	博士点基金博导类
57	钻孔局部壁面应力解除法在大陆科学深钻孔地应力测井应用中的关键技术研究	博士点基金博导类
58	刚柔耦合多体系统动力学建模理论与实验研究	博士点基金博导类
59	微动疲劳新理论	博士点基金博导类
60	刚柔耦合多体系统动力学若干问题研究	博士点基金博导类
61	基于泡群动力学的欧拉–拉格朗日型云雾空泡数学模型	博士点基金博导类
62	基于大涡模拟（LES）的“相变式”通气空泡动力学和热力学特性的研究	博士点基金博导类
63	楔形海底波导中目标的低频声散射特性建模及优化方法研究	博士点基金博导类
64	软黏土的非共轴蠕变特征及模拟研究	博士点基金博导类
65	基于大涡模拟（LES）的“相变式”通气空泡动力学和热力学特性的研究	博士点基金博导类
66	新一代大型绞吸挖泥船研发及产业化	江苏省科技厅科技创新与成果转化课题
67	海洋超大型浮体复合系泊系统动力学研究	科技部
68	分层复合结构消声瓦的低频吸收性质	中科院声学所
69	柔性多体系统刚柔耦合动力学若干问题研	上海市自然科学基金
70	柔性多体系统主动控制中若干关键问题研究	上海市曙光计划
71	哈密顿体系理论与弹性力学及波传播问题	上海市启明星计划

大连理工大学

（一）基本情况

大连理工大学1949年4月建校，2001年启动实施“985工程”建设，拥有4个一级国家重点学科，6个二级国家重点学科，3个国家重点实验室，2个国家工程研究中心，1个国家工程实验室，1个国家大学科技园，1个国家级技术转移中心，1个国家级技术中心，4个教育部重点实验室，16个省级重点实验室。2001年以来，学校共获国家级科技奖励33项，省部级科技奖励302项。该校船舶工程学院船舶与海洋工程本科专业是国家级高等学校特色专业建设点。学院的船舶与海洋工程学科为国家“211工程”和“985工程”重点建设学科，学科实力雄厚，现有船舶与海洋工程国家一级学科博士点和船舶与海洋结构物设计制造国家二级重点学科，拥有船舶与海洋结构物设计制造、水声工程和轮机工程3个二级学科的博士学位和硕士学位授予权，并设有船舶与海洋工程博士后科研流动站。学院的船舶与海洋工程实验室是辽宁省高校重点实验室，设有船舶CAD工程中心、船模拖曳试验水池、造船工艺实验室、船舶结构振动实验室、声学实验室和结构环境损伤控制实验室，实验室的实验设施达到当前国内先进水平。学院与国内船舶与海洋工程领域相关单位有着密切的联系，大连船舶重工和渤海船舶重工在学院设有国家认定的企业技术分中心。依托船舶与海洋工程学科，学校的“大连市先进船舶工程技术研究中心”、“辽宁省先进船舶工程技术研究中心”和“船舶制造国家工程研究中心”先后批准成立，这些中心的建立，创新了产、学、研用合作模式，实现了校企优势互补并推动了学科和企业的发展。

（二）主要方向和重点领域

船舶工程学院科学研究主要集中在六个研究方向：

1. 船舶与海洋结构物设计与数字化技术

“船舶与海洋结构物设计及关键技术研究”学科研究方向，由“船舶CAD工程中心”、“船舶与海洋工程设计中心”和“船舶虚拟实验室”组成，依托于“船舶与海洋结构物设计制造”国家重点学科和“船舶与海洋工程”一级博士点学科。该学科方向重点实施新船型开发、船舶设计、海洋平台设计以及相关的共性基础研究。包括：船舶设计及设计共性基础技术研究；海洋工程设计及设计关键技术研究；数字化设计方法研究与软件系统开发；船舶及海洋工程系统分析与规划研究；海上安全作业智能系统研制。

2. 船舶与海洋结构物振动与噪声

大连理工大学船舶结构振动噪声研究由赵德有教授从20世纪70年代开展，围绕建造船舶出现的有害振动，解决了大量商船和渔船的实船振动问题。80年代后，在国家自然基金和预研基金等纵向科研项目支持下，研究的领域逐渐扩展到舰船结构水下声辐射、结构动态有限元、结构损伤动力特性及声发射、表面裂纹的三维模拟、基于神经网络和支持向量机海洋平台振动主动控制、导管架海洋平台地震响应、精细时程积分的船舶动力载荷识别、船舶碰撞动力行为和不规则加筋板和槽形舱壁板的屈曲强度等方面的理论与实验研究。

3. 船舶与海洋结构物先进制造与管理技术

该研究领域主要从事船舶与海洋结构物先进制造技术及重大装备开发研究、造船生产与管理的信息化技术及应用软件研究。主要方向有：船舶与海洋结构物先进制造技术及重大装备开发研究；造船生产与管理的信息化技术及应用软件研究。

4. 船舶与海洋工程结构安全

该研究领域主要包括：海洋结构物全寿命期安全技术研究、海洋结构物强度分析技术研究、深海立管设计与安装关键技术研究、海洋结构物动力响应特性研究以及海洋工程装备总装建造技术研究等。近年来，团队承担了包括重大专项、支撑计划、973计划、863计划及国家自然科学基金在内的10余项国家级科研项目；该领域中重点研究方向包括：新型海洋工程浮式结构物及浮式生产储油系统研究；超深水海洋油气工程开发系统及其安装方法研究；超深水水下立管及其支撑装置研究；张力系泊式水中钻井系统及其安装方法研究。

5. 船舶与海洋工程水下噪声与振动

该领域主要研究方向有：船舶与海洋结构物水下振动噪声机理、预报和控制；水下结构声辐射机理、预报和控制；噪声源识别和定位及声场重构；船舶结构全频振动的建模方法和声振响应分析；船舶结构早期设计中的声学优化；结构振动噪声主被动控制与智能声学结构。

6. 船舶与海洋工程水动力学

该领域主要围绕船舶，海洋工程和水中兵器等的水动力学问题进行研究，包括对船舶快速性、操纵性和耐波性问题的计算及预报，新型高性能船舶如浅水船型、高速多体船、穿浪型船等的水动力性能研究，海洋平台的运动和载荷分析，深水锚泊和立管系统动力特性研究，水下爆炸对海洋结构物的破坏分析，船舶兴波理论计算与船型优化，船舶粘性绕流场的数值计算，螺旋桨理论设计等水动力性能方面的理论、数值计算和试验等研究，为船舶和海洋工程结构进行综合性能设计、优化和评估提供依据和指导。近年来承担了国家自然科学基金、国家科技支撑计划、海军装备、国际合作等大量的科研项目，在船舶与海洋工程水动力学的计算和试验方面积累了显著成果，开发了“海洋浮式结构物遭遇环境荷载及其动力响应的计算技术及软件”，“水下爆炸结构损伤计算技术”，“船舶阻力教学实验计算机模拟系统”等技术成果。

（三）产品开发与技术进步

1. 智能化特种海洋工程装置开发

（1）大连理工大学船舶与海洋工程设计中心于2007年2月，完成了适应特殊环境条件的小沉深、大举力的6 000吨举力水平的新式浮船坞设计，该浮船坞在天津新港船舶重工有限责任公司建成下水，并投入使用，当年经济效益显著，实现产值7 350万元，创汇800万美元，取得了社会效益和经济效益。该浮船坞是船舶与海洋工程特种大型装备之一，具有在单位主尺度（150米×30米×9.5米）举力最大化的特色，其新式结构形式浮船坞已经申报专利。同时研制了国内首创的用于浮船坞和半潜驳船的智能配载仪系统，并成功用于3艘浮船坞和半潜驳船的接载作业。

（2）针对装备受损沉入海底后的救捞需要，开发出模块式快速组装的集搜寻、打捞、运输为一体的新型打捞装置，解决了紧急情况下装备快速救捞的需要。其研究成果“车（船）载悬浮式海上抢救装置”，于2005年获得中国人民解放军总装备部科技进步二等奖。另外，还进行了杂货船战时改装标准化设计研究，为解放军征用民船运输重型武器及战车时的船舶改装进行了系列的标准化设计，为战时对民用船舶的快速改装提供了技术保证，该科研成果在2005年获得中国人民解放军总后勤部科技进步二等奖。上述两项科研成果还获得了3项发明专利。

2. 船体复杂外板水火成型工艺参数预报系统研究

开发了一个船体钢板水火加工成形工艺参数优化设计和自动预报的计算机软件系统。该系统已经在大连船舶重工集团有限责任公司、渤海船舶重工集团有限责任公司、江苏新世纪造船股份有限责任公司和辽河石油海洋装备制造总厂等国内多家大型造船企业推广应用，在100余艘船舶建造中使用了该研究成果。同时研制成功了具有完整自主知识产权的重要造船装备“大型复杂曲面钢板水火成型产品机器人”样机，该研究成果对实现水火弯板的自动化加工、提高生产效率和产品质量、减轻工人的劳动强度、改善工人的作业环境具有重要意义，同时该技术可以应用于其它制造业的曲面钢板特种加工中，对解决大型复杂曲面钢板的无模成形问题提供了技术支持。本成果1997年通过部级鉴定，鉴定结论为：成果水平在国际上具“领先地位”技术水平，“具有新的突破”，应用前景广阔。本项研究的“船体外板水火加工成形技术研究”分别于2001年获得国家科技进步二等奖、1999年获得中国船舶工业总公司一等奖、1999年获得大连市科技进步一等奖。

3. 海洋结构物重量控制技术研究

通过将尺寸链原理应用到船舶与海洋结构物建造精度控制技术研究中来，研制开发了具有自主知识产权的海洋结构物重量重心控制软件系统，实现了在海洋结构物建造过程中进行重量、重心误差的动态调整控制。本软件系统已经在船厂的实际工程项目上应用多年，实现了船厂在多产品同时建造过程中的重量和重心位置的实时控制，取得了良好的经济效益，该成果于2008年被鉴定为“在海洋结构物的重量控制方面取得了新的突破，成果整体处于国际先进水平，填补国内空白；其中的基于网络版的海洋结构物重量控制计算分析软件系统在国际上居领先水平”。

4. 船舶与海洋结构物现代防腐设计技术研究

针对船舶与海洋工程中腐蚀的准确预测和防腐系统的优化设计问题，开展了复杂偶合体系数值模拟计算方法研究，开发了相应的数值模拟计算软件，建立了杂散电流腐蚀问题及多电源外加电流阴极保护问题的数值模拟计算技术，为杂散电流腐蚀问题的准确预测、有效监测以及可靠防护提供了有效途径，同时为大型船舶及大规模海洋结构物多电源外加电流阴极保护系统的可靠设计提供了必要的技术手段。在该项研究中，所取得的研究成果处于国际同步水平，在国内处于领先地位，作为实用性技术填补国内空白。2007年承接了“863计划”目标导向类课题、国家自然科学基金面上项目，多年来承接了近20项重要舰艇腐蚀防护课题以及造船和海洋石油工程中的腐蚀防护工程项目，取得了重要的实际工程应用成果。在由中国海洋石油公司投资建造的国内首座3 000米作业水深的深水半潜式钻井平台中，采用此研究开发的防腐系统数值模拟优化设计技术实现了平台全部防腐系统的优化设计，标志着我国海洋腐蚀控制技术的重要进展。

5. 海底管道检测技术与装备

实施海底管道检测是实现海底管道安全运行的必要途径，本研究围绕着海底管道检测技术的工程实现问题，在相关关键技术研究的基础上，开发出了集成化软件系统和海底管道检测装备。本研究的主要核心技术包括：

（1）通过水上GPS定位技术、水下声学定位技术以及基于海底管道导致磁场突变的磁力探测技术的集成，实现ROV沿海底管道正上方航行的位置控制目标并完成电场测量任务。

（2）以“海底管道防腐状态要素-海底管道防腐系统诱导电场数据库”为基础，采用BP神经网络算法建立海底管道防腐状态要素与海底管道防腐系统诱导电场测量数据之间的相关关系，并对可能出现的测试误差和位置控制误差等实施量化补偿，从而能够确保防腐状态要素评价结果的可靠性。

（3）实现了ROV水下测试位置、电场测试结果、防腐状态要素评价结果等的实时可视化。

（四）2013 年科研获奖情况

2013年度海洋工程科学技术奖如表16所示 。

哈尔滨工程大学

（一）基本情况

哈尔滨工程大学设有船舶工程学院、航天与建

表16　2013年度海洋工程科学技术奖

序号	奖励类别	项目名称	主要完成单位	奖励等级
1	基础研究	海洋天然气水合物生成机理与分解安全机制	大连理工大学、中海油研究总院	特等奖
2	基础研究	海岸和近海环境中物质输运动力及污染机理研究	大连理工大学	二等奖
3	基础研究	离岸抗风浪网箱动力特性的数值模拟与应用	大连理工大学	二等奖

筑工程学院、动力与能源工程学院、自动化学院、水声工程学院、计算机科学与技术学院、软件学院、国家保密学院、机电工程学院、信息与通信工程学院、经济管理学院、材料科学与化学工程学院、理学院、人文社会科学学院、国际合作教育学院、继续教育学院、核科学与技术学院、国防教育学院、创业教育学院等19个学院，以及外语系、体育部、工程训练中心、思想政治理论课教学研究部等4个教学系、部、中心。哈工程设有40多个科研机构以及150多个科研和教学实验室，其中国防科技重点实验室2个，国防重点学科实验室2个，国家级学科创新引智基地2个，国家电工电子教学基地1个，国家级实验教学示范中心4个，国家大学生文化素质教育基地1个。

哈尔滨工程大学船舶工程学院前身系1953年创立的哈尔滨军事工程学院（哈军工）海军工程系造船科。目前已经成为我国船舶工业、海军装备和海洋开发领域科学研究与人才培养的重要基地。1961年开始招收硕士研究生，1982年招收博士研究生，1989年建立博士后科研流动站，是中国船舶工业和海洋开发人才培养的重要基地。该系学习环境优越，师资力量和科研实力雄厚，现有教授25人（其中博士生导师15人），副教授26人。近年来该系教师发表学术论文700余篇，出版专著、教材35部，有60余项科研成果获国家级和省部级奖。该系的船舶与海洋工程流体力学学科点是国际船模拖曳水池会议（ITTC）成员单位，船舶与海洋工程结构力学学科点先后有4名教授任国际船舶与海洋工程结构会议（ISSC）技术委员会委员。该系与加拿大诺瓦斯克蒂亚大学、西德汉堡大学造船学院、日本长崎综合大学、俄罗斯圣彼得堡国立海洋技术大学造船学院、乌克兰尼古拉耶夫造船学院以及挪威期塔万格大学有着长期紧密的合作关系。学院现有教师151人，其中中国工程院院士1人，正高级职称43人,副高级职称45人,中级职称64人。共有博士导师34人，硕士生导师77人。

（二）主要方向和重点领域

学院设有“船舶与海洋工程”、“港口航道与海岸工程”2个本科专业，具有 “船舶与海洋结构物设计制造”、“流体力学”、“港口、海岸及近海工程”、“工程力学”、“一般力学与力学基础”、“水力学及河流动力学”6个硕士学位授予权，具有“船舶与海洋工程”和“力学”2个一级学科博士学位授予权，具有“船舶与海洋结构物设计制造”、“流体力学”、“工程力学”、“一般力学与力学基础”4个二级学科博士学位授予权，设有“船舶与海洋工程”、“力学”2个博士后科研流动站，拥有国家级重点学科1个，国防重点学科1个，省部级重点学科1个。此外“船舶与海洋工程”专业为黑龙江省重点专业和国家特色专业。

学院下设船舶设计与制造技术研究所、船舶与海洋工程力学研究所、深海工程技术研究中心、舰船总体与系统工程研究所、港口航道与近海工程研究所、海洋可再生能源研究所、水运规划设计院等7个研究所，拥有军用水下重点实验室、船舶与海洋工程国家级实验教学示范中心、多体船技术国防重点学科实验室、国家“111”创新引智基地——深海工程技术研究中心和船舶科学与技术黑龙江省重点实验室等。

（三）产品开发与技术进步

在船舶工业领域，哈尔滨工程大学在高性能船船型设计、数字化造船、船舶力学等方面有很强的技术储备，在船舶控制与导航、船舶减摇、动力定位、船舶动力等领域代表着我国基础研究和应用研究一流水平，是我国船舶工业技术进步的重要推动力量。

在海洋开发领域，哈尔滨工程大学全面开展海洋浮式平台设计、海洋监测、特种船舶设计、水下综合探测AUV、浮式平台控位系统、水下作业技术、潮流能发电等领域研发工作，正在成为我国海洋工程装备领域的重要技术支撑力量。

以下为哈尔滨工程大学在海洋工程产品开发与技术研究方面取得的部分成果：

1. 深海探测型载人潜器

深海探测型载人潜水器是哈尔滨工程大学发挥学校在潜水器及水下机器人方面的优势而研制的。潜水器总长12.3米、宽3.2米、高2.4米，首部配备有机械手一部，可以完成一般的水下作业任务。推进系统采用了6个高效导管推进器，可以使潜水器灵活的进行空间六自由度运动，同时还配备了先进的定位、导航、通信、生命支持系统等。

该型载人潜水器具有：下潜深度大、内部空间宽敞、水下作业时间长、续航力大等特点。其作业深度可以在大部分海域进行探测任务，同时该型潜器强大的载荷代换功能，可以满足几十名人员和大量物资的运送任务，也意味着潜器具有很大的改造和升级的空间，该型潜水器所具有多功能特点为国内首创：集科学探测、物资和人员输送等多种功能于一体。

2. 智能水下机器人技术

该系列智能水下机器人是针对海中目标的探测与识别而研制的特种水下机器人。该机器人是目前海洋探测关键技术研究与开发的试验平台，包括深海热液的探测与追踪技术、水下磁探测技术、水下激光探测与识别技术等。

3. 海洋综合探测潜水器

海洋综合探测潜水器是针对目前海洋开发的需求，特别是海洋油气开发的需求而研制的自主式潜水器。该潜水器能够自主航行在复杂海洋环境中，并自主完成对海洋油气管道、海缆、海中目标等的探测、定位与跟踪。

4. 微小型水下无人探测器

微小型水下无人探测器是以小型化为目标，针对海洋声光环境探测的需求而研制开发的自主式潜水器。该潜水器能够自主航行在复杂海洋环境中，能够完成对海中目标等的探测、定位与跟踪。

5. 船舶与浮式海洋平台波浪载荷计算软件（WALCS）

WALCS是由哈尔滨工程大学自主开发的基于三维频域线性势流理论的船舶与浮式海洋平台结构物波浪载荷计算软件。应用该程序计算规则波中流场速度势、三维水动力系数、波浪绕射力、F-K力、浮体的运动响应、浮体湿表面压力分布、剖面载荷，进而可以对浮体的运动、湿表面压力以及剖面载荷进行长短期统计分析。WALCS软件适用于各类常规船型（如油轮、散货船、集装箱船、水面船舶）、双体船型、多体船型以及FPSO、半潜式平台等浮式海洋工程结构物的运动及波浪载荷的计算分析。此外，该软件还具有与现有的大型结构有限元分析软件的计算接口，可以方便的实现载荷的施加。

6. 动力定位装置

哈尔滨工程大学从事动力定位技术研究已有30年历史，创新研制了多项国内外领先的技术和产品，多次获得国家科技进步奖。装备在胜利油田“浅海海底管线电缆检测与维修装置”（2006年获国家发明二等奖）上的智能综合操纵和动力定位系统显控台IODP-1就是哈尔滨工程的科研成果，其主要包括：单运载器的多级动力定位技术（MC-DPS），多运载器的协调动力定位技术（CC-DPS）。

该装置应用了差分全球定位系统，数字滤波技术等先进技术，使其定位精度在几米之内，达到当今世界先进水平。该装置不仅应用于停船定位，而且还能应用于船与船间的行距固定。海上补给船在行进间进行补给工作时，需要安全可靠的航距保持操纵，该技术通过对船舶推进器的自动精确控制，使海上运动补给不再成为高难动作。

7. 其他方面

2006年4月，中国首个深海工程技术研究中心在哈尔滨工程大学成立。依托该中心，学校在深海油气开发浮式系统关键技术研究、深海钻井船初步设计、深海浮式结构的水动力及运动性能分析、半潜式平台的完整稳性及破舱稳性计算、半潜式平台的结构选型及锚泊系统设计、深海钢悬链立管的设计及分析、深海立管的VIV特性分析、FPSO系泊系统的操作管理和维护数据库研发、FPSO上浪冲击载荷研究、无动力船舶锚缆快速释放系统研究、海洋潮流能发电技术示范系统研究等方面均取得了一系列的研究成果。

2013年，哈尔滨工程大学船舶工程学院参与研究的“结构振动控制与应用”获得国家科技进步奖二等奖；“海洋作业母船与水下平台间移动水声通信关键技术研究”获得年度海洋工程科学技术奖。

中国海洋大学

（一）基本情况

中国海洋大学是教育部直属重点综合性大学，以海洋和水产学科为特色，学科门类较为齐全，涵盖理学、工学、农学、医（药）学、经济学、管理学、文学、法学、教育学、历史学 、艺术学等学科，是国家“985工程”和“211工程”重点建设高校之一。学校设有17个院，1个基础教学中心，1个社会科学部，69个本科专业。现有12个博士后流动站，13个博士学位授权一级学科，81个博士学位授权学科（专业），34个硕士学位授权一级学科点、193个硕士学位授权学科（专业），13个类别硕士专业学位授权点，是国家首批工程博士专业学位授权点。“十一五”以来，主持国家级各类项目900余项，获国家技术发明二等奖2项、国家科技进步二等奖6项、省部级科技奖励56项、人文社会学科省部级以上奖励33项。

中国海洋大学工程学院前身是始建于1980年的海洋工程系，1993年成立工程学院。学院现设有海洋工程系、土木工程系、机电工程系、自动化及测控系、实验室管理中心、建设工程检测中心、现代管理信息研究所、海岸与近海工程研究所、海洋灾害防治研究所、地震工程与地质工程研究所等教学科研机构；拥有港口、海岸及近海工程国家重点学科、水利工程博士后流动站、港口、海岸及近海工程山东省重点学科和海洋工程山东省重点实验室。目前共有教职工120余人，其中博士生导师11人，教授27人，教授级高工2人。

（二）主要方向和重点领域

1. 海洋工程方向

海洋工程结构动力分析与安全保障，海洋可再生能源利用，海洋工程环境动力学与工程应用。

2. 自动化测控方向

海洋仪器与装备：包括新型海洋监测传感器的开发与应用，海洋浮标、潜标设计开发与集成，海上数据采集、处理、存储与通信技术，水下浮力平台、水下滑翔机设计，海洋仪器设备的标定研究等。

机器视觉与机器人：包括基于结构光的三维测量、标定理论与方法研究，水下目标的三位探测技术研究，基于视觉的关节机器人运动控制、结构参数标定及视觉跟踪示教，并联机器人的运动控制，移动机器人的控制，仿生及特种机器人的设计与开发等。

智能信息处理与智能控制：包括最优估计与系统辨识，水下图像、视频压缩与处理、水声信号处理与水声通信，海洋运动平台的导航与运动控制，复杂系统的先进控制与优化等。

（三）产品开发与技术进步

表17为工程学院近年来承接的部分海洋工程领域的科研项目。

表19　工程学院近年来承接的部分海洋工程领域的科研项目

序号	项目名称	项目类别/所获奖项
1	气候变化对海洋结构设计标准的影响及结构健康监测技术	国家自然科学基金
2	深海资源开发新型立管系统的基础科学与关键技术	国家自然科学基金
3	各类水工建筑物的动力分析理论	国家自然科学基金
4	面向仿生机器人的水压电液驱动技术研究	国家自然科学基金
5	基于附加水动力振动反演的深海平台半隐耦合方法及试验研究	国家自然科学基金
6	振荡水柱波能电站冲击式透平的非定常动力性能研究与优化	国家自然科学基金
7	潮流能水轮机尾流场特性分析及多机组阵列影响规律研究	国家自然科学基金
8	海底管线的冲刷极限与动力调整研究	国家自然科学基金
9	潮流能发电系统只能预测维护方法研究	国家自然科学基金
10	深海环境长期作用下平台结构的累积损伤机理	国家重点基础研究发展规划项目计划（973计划）
11	海上环境及船舶运动实时监测系统研制	国家科技重大专项
12	300kW海洋能集成供电示范系统	国家高技术研究发展计划（863计划）
13	声学滑翔机系统研制	国家高技术研究发展计划（863计划）
14	海洋深水立管系统设计关键技术研究	国家高技术研究发展计划（863计划）
15	水下流浪潮综合测量技术	国家高技术研究发展计划（863计划）

(续表)

序号	项目名称	项目类别/所获奖项
16	海洋平台动力分析与损伤识别模型修正技术研究	国家高技术研究发展计划(863计划)
17	海洋监测技术成果标准化工程-波浪方向浮标	国家高技术研究发展计划(863计划)
18	海洋潮流能驱动的柔性叶片发电设备研究	国家高技术研究发展计划(863计划)
19	氨水溶液解吸-压缩制冷循环原理研究和样机研制	国家高技术研究发展计划(863计划)
20	海洋平台结构损伤探测与修复加固优化关键技术研发	国家高技术研究发展计划(863计划)
21	海洋深水立管系统设计关键技术研究	国家高技术研究发展计划(863计划)
22	浅海重力式平台水下储油技术	国家高技术研究发展计划(863计划)
23	海底管线的柔性导流促淤防护技术研究	国家高技术研究发展计划(863计划)
24	基于倾角法的多层海流测量技术	国家高技术研究发展计划(863计划)
25	基于传感器网络的深远海环境监测体系结构及关键技术研究	国家高技术研究发展计划(863计划)
26	碟型越浪式波能发电装置样机研发	国家高技术研究发展计划(863计划)
27	海洋能多能互补智能供电系统关键技术联合	国际科技合作重点项目计划
28	基于风险管理体系和城市全面可持续发展的灾区重建	国际科技合作重点项目计划
29	声学多普勒流速剖面仪海上比测关键技术研究	公益性行业科研专项
30	集约用海对海洋环境影响评估关键技术研究及重点海洋区域开发集约用海业务化应用研究	公益性行业科研专项
31	海洋维权执法目标探测识别与信息传输技术应用研究与示范	公益性行业科研专项
32	海上风能及波浪能联合发电装置研发	省部级其它
33	100kW潮流能发电装置研制安装	海洋可再生能源专项
34	组合型振荡浮子波能发电装置的研究与试验	海洋可再生能源专项
35	轴流式潮流能发电装置研究与试验	海洋可再生能源专项
36	用于海洋资料浮标观测系统的波浪能供电关键技术的研究与试验	海洋可再生能源专项
37	国家海洋局东海分局海洋资料浮标研发	海洋局其他
38	大型海洋资料浮标集成技术合作研发合同书	海洋局其他
39	山东省海洋工程重点实验室建设-海洋可再生能源研发中心	山东省、青岛市发改委项目
40	海洋能集成供电示范系统	青岛市科技发展计划
41	深海海洋仪器设备规范化海上试验	国家高技术研究发展计划(863计划)
42	海洋仪器设备海试技术标准及规范化研究	国家高技术研究发展计划(863计划)
43	基于观测网的海底动力环境长期实时监测系统研发和集成	国家高技术研究发展计划(863计划)

江苏科技大学

（一）基本情况

江苏科技大学下设14个学院，61个本科专业（含方向），有2个博士学位授权一级学科、6个博士学位授权点、12个硕士学位授权一级学科、48个硕士学位授权点，形成了船舶、国防、蚕业三大特色。学校先后承担了国家高新技术研究发展项目、国家科技支撑计划项目、国家自然科学基金、国家社会科学基金以及国防军工课题在内的一批高水平研究课题，近五年来，获国家级项目103项、省部级项目240项、获得科技经费5.8亿元，获得省部级以上科研成果奖励52项，其中省部级一等奖4项。

江苏科技大学船舶与海洋工程学院成立于2002年，其前身是学校最早设置的船舶工程系。船舶与海洋工程学院是江苏科技大学的传统学院和特色学院。学院现有教职工107人，其中教授11人、副教授24人。有1个“船舶与海洋工程”一级学科硕士学位授权点，“船舶与海洋工程结构物设计制造”、“工程力学”、“流体力学”等3个二级学科硕士学位授权点，1个“船舶与海洋工程”工程硕士培养领域。“船舶与海洋结构物设计制造”学科为国家重点学科培育建设点、“十五”、“十一五”江苏省重点学科。船舶与海洋工程专业是国家特色建设专业、国防科工委重点建设专业、江苏省品牌专业，船舶工程实验教学示范中心是江苏省高等学校实验教学示范中心。学院是江苏省船舶工业行业协会秘书处以及江苏省船舶先进制造技术中心挂靠单位。学院现拥有“江苏省船舶先进设计制造技术重点实验室”、行业公共技术服务平台“江苏省船舶先进制造技术中心”和科技公共服务平台“江苏省船舶数字化设计制造技术中心”。拥有结构疲劳试验系统、大型结构试验平台、船模拖曳水池、风浪流综合试验池、波浪水槽等重型实验设施和目前国内外先进的FD/CAE/CAD/CAM软件系统,高性能工作站等。

（二）主要方向和重点领域

1. 船舶与海洋工程结构力学

在船舶与海洋工程结构损伤强度、船舶建造工艺力学、潜器的结构稳定性、海洋工程结构振动控制技术等方面形成了鲜明特色及优势。近5年承担国家“863”重大专项子专题1项、国家自然科学基金1项，省部级项目7项，企业委托项目21项，获国防科学技术进步三等奖2项，发表学术论文96篇，其中EI收录15篇。

2. 船舶与海洋结构物先进设计制造技术

在船舶先进设计制造技术领域开展理论研究和工程应用实践，研究内容包括船舶先进制造技术理论、船舶数字化设计制造技术、船舶制造企业信息化、以及现代造船工程应用研究与实施等方面。学术队伍中有2名教授，3人具有博士学位，6人在职攻读博士。近5年来承担了国家自然科学基金、国防预研和省部级民船专项、重大成果转化等项目及大量企业委托课题，获得省部级科技成果二等奖1项、三等奖2项，软件著作权5项。

3. 船舶与海洋工程流体力学

近5年承担国家自然科学基金3项、国家863课题1项、国家973重大项目专题2项、国防基础研究2项，获国家专利8项；该研究方向针对船舶综合性能的多学科优化方法、强非线性瞬态自由面模拟、船舶与海洋结构物非线性水动力荷载、水下仿生推进理论与技术等热点问题开展了深入的理论分析、数值计算与模型试验等研究工作，在揭示复杂流体运动的内在机理、解决学科领域的工程技术问题等方面成果显著，特色鲜明。

4. 海洋工程结构物安全性评估技术

该研究方向针对现代海洋工程装备进行设计

和安全评估研究。目前已在FPSO、导管架平台、自升式平台和半潜式平台水动力分析、安全性评估、海洋平台风险评估等方向开展过较深入研究，形成了较鲜明的研究特色及学科优势，并承担过国家级、省级及企业合作等较多项目。近5年承担国家自然科学基金2项、国防基础研究2项，获专利1项，省部级科技成果三等奖2项，发表学术论文50篇，其中EI收录10 篇，SCIE收录1篇。研究工作及成果在国内同行中得到充分肯定。

（三）产品开发与技术进步

1. 海洋工程结构振动控制技术、风险评估技术

在国家自然科学基金等项目资助下对海洋平台结构振动控制技术、海洋平台模型试验技术、海洋平台风险评估方法等方面进行了较系统的研究，提出了基于模糊原理磁流变阻尼器的设计方法，形成了江苏科技大学海洋工程领域中的特色研究方向。

2. 近海结构物动响应及损伤机理研究

以国际热点研究方向“近海工程动力学”为切入点，针对具有多学科交叉特色的研究项目“近海结构物动态响应及损伤机理”，致力于正确描述风、随机海浪、船撞力及桩侧土与结构的相互作用下海洋平台结构的随机响应统计特性，在此基础上对其损伤机理进行深入研究，并探索有效的减振方法。研究不仅在理论上有着重要学术研究价值，而且其研究成果可为提出有效的减振方法奠定良好的基础，从而使海洋平台免受破坏，降低监测和维护费用，提高经济效益，为国家的海洋平台建设以及正常的使用提供技术储备及安全保障。

武汉理工大学

（一）基本情况

武汉理工大学是教育部直属的全国重点大学，是首批列入国家“211工程”重点建设的高校。学校学科涵盖工学、理学、文学、管理学、经济学、法学、哲学、历史学、教育学、医学、艺术学等门类。现有本科专业87个，一级学科国家重点学科2个，二级学科国家重点学科7个，国家重点（培育）学科1个，湖北省重点学科24个；一级学科博士学位授权点15个，一级学科硕士学位授权点38个，博士后科研流动站16个；有13个硕士专业学位授权类别，37个硕士专业学位授权领域。

武汉理工大学交通学院源于1946年成立的国立海事职业学校造船科，所设专业涉及船舶与海洋工程、土木工程、力学、交通运输工程4个一级学科，有船舶与海洋工程、交通运输、交通工程、港口航道工程以及道路桥梁与渡河工程5个本科专业。拥有船舶与海洋结构物设计制造、水声工程、海洋工程结构、水上运动装备工程、流体力学、工程力学、一般力学与力学基础、交通运输规划与管理、结构工程、道路与铁道工程、公路桥梁与渡河工程、物流管理、智能交通工程等13个博士点和硕士点；船舶与海洋工程、力学和交通运输工程3个一级学科博士后流动站。其中船舶与海洋工程为一级学科国家重点学科、“211工程”建设学科，交通运输规划与管理为湖北省重点学科。船舶与海洋工程学科是中国国内同类学科整体实力最强的学科之一，是中国内河船舶研究的主要力量，是华中、华南和西南地区最具实力的船舶与海洋工程技术领域高层次科研人才的培养基地。主要研究方向为船舶水动力性能研究及船型优化，包括内河限制航道船型和高速船船型方面开展船舶操纵运动水动力计算及运动预报、船舶兴波理论计算与船型优化、螺旋桨理论设计、船舶倾覆机理等领域的水动力性能理论、数值计算和试验等研究；新船型开发与现代船舶设计方法，包括内河船型开发与标准化、高速船船型开发、江海直达运输方式与船型研究、不确定性动态投资决策理论和应用、船舶多学科综合优化设计技术、敏捷与智能设计、虚拟采办等研究；船舶先进制造技术与装备，包括船舶先进制造技术与工艺方法、造船机械自动化装备和仪器研制与产品化、造船先进测量技术、船厂规划和船厂生产管理等研究；船舶与海洋工程结构直接设计法与可靠性研究，包括大开口船舶结构强度计算方法、高速船结构轻型化技术、内河船舶振动预报衡准及防治、船体结构可靠性分析及极限承载能力等研究；船舶航运安全性研究，包括内河航运环境为背景，重点开展内河船舶碰撞的水动力机理与碰撞力计算方法、船舶结构的状态监测监控、船舶运动控制等研究。船舶与海洋工程系现有教师32人，其中教授11人、博士生导师6人、副教授13人。

（二）主要方向和重点领域

1.船舶水动力性能研究及船型优化方向

主要围绕高性能船舶、内河浅水船型、高速多体船、高速气泡船等开展船舶操纵运动水动力计算及运动预报、船舶兴波理论计算与船型优化、船舶粘性流场的湍流模式、螺旋桨理论设计、船舶倾覆机理等水动力性能方面的理论、数值计算和试验等研究。

2. 新船型开发与现代船舶设计方法方向

主要研究内河船型开发与标准化、高速船船型开发、江海直达运输方式与船型研究、不确定性动态投资决策理论和应用、船舶多学科综合优化设计技术、船舶几何建模技术、船舶产品数据管理技术等。

3. 船舶先进制造技术与装备方向

主要从事造船先进制造技术与工艺方法、船舶CAM开发与应用、造船自动化装备、船舶高效生产模式及先进生产设计方法、船舶精度控制与先进测量技术、船壳板自动化成形技术等研究。

4. 船舶与海洋工程结构直接设计法与可靠性研究方向

主要从事大开口船舶结构强度计算方法、高速船结构轻型化技术、船体结构可靠性研究分析及极限承载能力、现役船舶结构状态检测与风险评估、船舶振动预报与控制技术、舰船结构抗暴设计、船舶结构机械噪声分析与控制原理、水下结构内部噪声场预测、流体动力噪声的产生机理与计算分析、高性能船舶噪声预报与降噪设计方法等研究。

（三）产品开发与技术进步

1. 造船重大装备肋骨冷弯机

装备性能优良，加工精度和质量符合《中国造船质量标准》，该装备已在著名的江南造船厂、渤海船舶重工、中船龙穴造船、韩国大宇造船海洋等国内外90多家船厂使用。近三年产生的经济效益达16.4亿元。设备已出口到韩国、日本、越南、泰国等国家，在国内外产生了重大影响，取得了重大经济和社会效益，仅几年时间国内市场占有率达50%，应用前景广阔。

2. 重型平板运输车

"重型平板运输车"项目是一个机电液一体化、技术含量高、附加值高的特种机械装备。全车采用液压驱动、液压悬挂、独立转向和车架液压调平等技术。驱动和转向液压系统均通过微电控制来完成。该产品是造船厂钢结构船体分段在工序之间转运的主要设备.也适用于大型钢厂和公（铁）路特大型混凝土预制构件的运输。作为牵引车，还可用于机场飞机的牵引。短短4年时间里，重型平板运输车由2004年以前依靠大量进口到目前已形成5大系列40多个品种，载重量覆盖了75~1 000吨范围，产品不仅成功打入中船重工、中船工业等国内大部分船厂应用市场，而且远销挪威、韩国、印度、美国等10

余个国家。

华南理工大学

（一）基本情况

华南理工大学土木与交通学院下设有土木工程系、交通运输工程系、工程力学系、船舶与海洋工程系、水利水电工程系、工程管理系，涵盖了土木工程、交通运输工程、力学、船舶与海洋工程、水利工程5个一级学科。目前有7个本科专业，有2个博士学位授权一级学科，12个博士学位授权二级学科，5个硕士学位授权一级学科，22个硕士学位授权二级学科，4个工程硕士培养领域；3个一级学科广东省重点学科，3个博士后科研流动站，1个博士后工作站。拥有亚热带建筑科学国家重点实验室，4个省级科研基地，2个广州市产业研究院科研平台及11个校级和院级科研机构。全院共有教职工204人，其中专任教师165人，教授47人，博士生导师38人，具有副高职称的72人，具有博士学位的133人。此外，学院有双聘院士5人，讲座教授2人，“长江学者奖励计划”特聘教授1人，“国家杰出青年基金获得者”1人，“珠江学者”1人。

华南理工大学土木与交通学院拥有华南地区最大的船模拖曳水池实验室（建筑面积1 900平方米，主体实验水池尺度为120×8×4立方米，主要用于船舶与海洋结构物的水动力试验，如船模阻力；水池中部设有深度为8米的4×4平方米的深井）；海湾河口潮流泥沙试验室、波浪水池试验室（建筑面积900平方米，波浪造波水池尺度为32×18×1米，可产生规则波、不规则波）、波浪水槽（尺度为32×1×1.5米，可产生规则波、不规则波和环流）、航道实验厅（实验室建筑面积900平方米，可用实验面积40×20平方米，具有造流系统、流速及河流断面测量系统、循环水槽系统）；风工程实验室（5米量级回流型大气边界层风洞）、岩土实验室、水力学水工实验室、船用材料验证试验中心等试验设备，并正在筹建水声工程实验室，可以进行船舶快速性、耐波性、船体节能装置、新型推进器、船舶与海洋新型材料、河道整治、工程泥沙及河流动力学、潮汐河口整治、海洋环境测量、防浪掩护与波浪对建筑物的作用等的试验工作。学院还拥有较完备的野外观测设备、数值仿真计算机和较齐全的流体结构分析软件。

船舶与海洋工程系成立于1958年，现有教授7人（其中1人为华南理工大学“百人计划”特聘教授）、副教授6人、讲师5人，船舶与海洋工程系具有船舶与海洋结构物设计制造专业二级学科博士点和船舶与海洋工程专业一级学科硕士点。船舶与海洋工程系设有广东省船舶与海洋工程技术开发中心、广东省甲级船舶设计资质的船舶与海洋工程研究所、广州现代产业技术研究院船舶技术研发中心、华南理工大学船舶海洋工程科学与技术大学生创新能力培养基地。

（二）主要方向和重点领域

华南理工大学船舶与海洋工程系经过50余年的发展，已形成了新型船舶与海洋工程结构物开发与设计、船舶节能技术、船舶与海洋工程结构力学、船舶与海洋工程水动力学、船舶与海洋结构物先进设计与制造方法、海洋能利用与水下系统、船舶与海洋工程振动与噪声、船舶与海洋工程先进材料、近岸与近海工程、水运系统等特色的研究方向。

（三）产品开发与技术进步

船舶与海洋工程系积极开展产品研发、成果转化、科技服务等方面的工作。承接海洋工程领域的科研项目如表18所示；申请海洋工程领域的专利如表19所示。

表18 承接的海洋工程领域的科研项目

序号	项目名称	项目类别/所获奖项
1	低频合成孔径声纳拖体流体动力分析及实验	国家高技术研究发展计划863计划
2	复杂钢索波动力学分析与应力、缺陷检测关键技术研究	国家自然科学基金
3	控制导管螺旋桨、机器人本体与脐带缆耦合作用下带缆遥控水下机器人水动力问题研究	国家自然科学基金
4	带缆遥控水下机器人水动力数学模型与控制特性研究	国家自然科学基金
5	大跨度预应力混凝土斜拉桥施工监控可靠度研究	国家自然科学基金
6	石墨烯和碳纳米管弹性性质及尺度效应的研究	国家自然科学基金
7	近海及海洋环境中FRP–钢筋混凝土高耐久性构件的研究	国家自然科学基金
8	海上风电浮式基础动力特性研究	国家自然科学基金
9	基于非完全相似和相关关系的框架节点性能研究	国家自然科学基金
10	基于多因素相关性的框架节点本构关系分析方法的研究	国家自然科学基金
11	近岸异常波的发生机理及其数值模拟研究	国家自然科学基金
12	强风作用下超高层建筑风效应的实测和风洞试验研究	国家自然科学基金
13	大跨屋盖结构风致雪漂移的模拟研究	国家自然科学基金
14	梯度泡沫填充混凝土的动态压剪实验方法与冲击破坏机理研究	国家自然科学基金
15	适应低能流密度的复合波浪能转换模式及关键技术研究	国家海洋局项目
16	海洋能独立电力系统示范工程	国家海洋局项目
17	80kW 波浪能液压转换与控制装置模块及千伏级动力逆变器关键技术	国家海洋局项目
18	南海维权保障基地项目波浪整体数学模型研究	国家海洋局项目
19	大万山岛波浪能示范工程总体设计，波浪观测子课题	国家海洋局项目
20	大万山岛波浪能示范工程总体设计，水文分析与数学模型子课题	国家海洋局项目
21	琼州海峡跨海工程海洋水文专题研究	铁道部、交通部项目
22	3 000 米钻井船波浪补偿装置研制	国家发改委项目
23	某战略核潜艇基地波浪研究	国防科研项目
24	功能梯度材料弹塑性本构关系及其圆柱壳塑性屈曲问题的研究	博士点基金博导类
25	多自由度喷水推进自主稳定微型带缆遥控水下机器人研发	广东省教育部产学研结合项目
26	多自由度可控制水下拖曳系统研发	广州市番禺区科技计划项目

表19　申请的海洋工程领域的专利

序号	发明名称	专利类型
1	一种多自由度推进自主稳定水下机器人	实用新型
2	一种多自由度喷水推进带缆遥控水下机器人	发明
3	一种潜水泵喷水推进带缆遥控水下机器人	发明

华中科技大学

（一）基本情况

华中科技大学国家教育部直属的全国重点大学，由原华中理工大学、同济医科大学、武汉城市建设学院于2000年5月26日合并成立，是首批列入国家“211工程”重点建设和国家“985工程”建设高校之一。学校学科齐全、结构合理，基本构建起研究型大学的学科体系。拥有哲学、经济学、法学、教育学、文学、历史学、理学、工学、农学、医学、管理学、艺术学等12大学科门类；设有95个本科专业，224个硕士学位授权点，183个博士学位授权点，35个博士后科研流动站；现有一级学科国家重点学科7个，二级学科国家重点学科15个，国家重点（培育）学科7个。

华中科技大学船舶与海洋工程学院的前身造船系是1959年4月18日受海军委托而创建。1980年，造船系改名为船舶工程系，1984年改名为船舶与海洋工程系，1997年以船舶与海洋工程学科为主体，成立交通科学与工程学院。2008年4月8日，华中科技大学船舶与海洋工程学院正式成立。船舶与海洋工程学院分别于1981年、1984年获得硕士学位、博士学位授予权，是全国第一批有学位授予权的学科点，1995年建立船舶与海洋工程博士后流动站，1998年船舶与海洋工程被批准为湖北省重点学科，1990年获轮机工程硕士授予权，2000年获一级学科博士、硕士学位授予权，2007年船舶和海洋水动力实验室获批湖北省重点实验室（筹），2008年船舶与海洋结构物设计制造被批准为省重点学科，2010年实验室通过省科技厅、教育厅组织的会评和现场论证，2013年船舶与海洋工程一级学科获批湖北省重点学科。船舶与海洋工程学院现设有船舶与海洋工程、轮机工程2个本科专业；船舶与海洋结构物设计制造、轮机工程、水下工程3个硕士点和博士点。目前学院有教职工48人，其中教授副教授23人，在校学生1 000余人。船舶与海洋工程学院曾获国家科技进步一、二等奖4项，省级科技进步一、二、三等奖30余项。

（二）主要方向和重点领域

华中科技大学船舶与海洋工程学院学科点目前已形成且有特色的、处于国内领先水平的研究方向：

1、船舶与海洋工程结构物水动力与流噪声性能分析、控制和多学科设计优化理论与方法

主要研究内容包括船舶与海洋工程计算流体力学、船舶阻力、推进、耐波性、操纵性、流噪声和舰船多学科设计优化理论与方法等。主要特色是将计算流体力学研究与船型设计相结合，改进与开发新船型；将船舶运动响应与控制相结合，提高船舶的操纵和耐波性能。建设了船舶与海洋工程水动力学湖北省重点实验室，完成大量基于计算流体力学的船型优化研究，有力地支持了新船型的工程应用；开发了舰船运动物理仿真系统，解决了舰船操纵系统的陆上联调试验的关键技术，为舰船操纵系统的开发提供了逼真的物理环境；开发了舰船多学科设计优化程序系统，为舰船多特性平衡设计提供了良好的支撑平台。本方向研究工作已获得国防预研基金和国家自然科学基金的资助。完成的科研项目获得了部级一、二等奖。

2、船舶与海洋工程结构物力学性能与声性能分析、控制与优化

主要研究内容包括船舶与海洋结构物的流固耦合分析，水下爆炸，导弹发射等动载荷作用下的结构响应分析，结构振动的主动、半主动控制，声辐射预测和控制，焊接变形分析与控制以及智能型优化设计方法，新型船用复合夹层结构等。该研究方向获得了多项国家自然科学基金项目、国防预先研究项目。研究人员提出了多种新型抗冲击结构，为新一代舰船的发展构造了具有重要参考价值的新型结构形式；深入开展舰船各种特殊部位的结构振动和声辐射机理和工程应用研究，为总体设计提供重要的技术支持；进行大型舰船总纵极限承载能力和损伤条件下的结构特性研究，为现代舰船设计奠定理论基础；提出高精度船舶焊接变形预测方法，为优化建造工艺提供了技术支撑；研究开发能普遍应用的智能型优化设计方法，开发了基于计算机复杂三维曲面上消声瓦模拟敷设设计软件；将结构分析与优化设计理论应用于大型船舶下水安全性分析，成功解决了大型汽车运输船在中型船台上下水的技术难题。完成的“7103深潜救生艇”等项目获得了国家科技进步一等奖、二等奖及部级科技进步一、二等奖。

3、水下作业综合技术与舰船机电控制技术

主要研究内容包括水下运载器及水下作业工具技术；水下智能作业控制技术；舰船机电装备的自动监测、控制与安全保障技术；舰船核心机电装备的半实物仿真技术；舰船用新型液压、气压驱动元件开发与控制技术。该研究方向获得了多项863、973子题及重点攻关计划和型号资助。主要特色是面向海洋开发和舰船机电装备，研究水下运载器及水下作业工具水动力学建模及伺服控制技术；将信息融合与综合理解技术、规划技术与控制技术相结合，实现水下智能作业；将气动技术、液压技术及计算机控制技术相结合，开发新型气动及液压伺服系统，实现舰船机电设备控制。完成的“智能水下机器人技术”获国家科技进步二等奖，国防科学技术一等奖及二等奖，获专利十余项。

（三）产品开发与技术进步

船舶与海洋工程学院在海洋工程领域主要开发的产品涵盖水下机械手、作业系统、标定系统等。

1. 水下机械手

8A4水下机器人用两型遥控水下机械手：缆控无人水下机器人的配套设备，工作使命是为水下机器人完成水下救捞和海洋油气开发的作业任务。1996年获国家教委科技进步三等奖。

鱼鹰I号潜器用两型水下机械手：攫雷手抓爪可以从手臂上自行解脱，供水面母船起吊三吨沉物，两只手可在水下任意状态应急抛弃。用于打捞水下不同直径沉物，水下抛锚定位，水下采样、安装、维修等作业。

蓝鲸号深潜器机械手：打捞机械手手爪可任意解脱，两只手应急可抛弃。用于海洋开发、水下打捞。

2. 位置反馈主/从遥控自行更换工具作业系统

功能：6个自由度及工具对接、驱动功能，主/从机械手的随动控制，作业工具自动更换，从手任意位置的直线运动、从手示教。

应用场合：水下、化学、核污染等有害环境中，完成比较复杂的作业任务。1997年获部级三等奖。

3. 船用计程仪旋转式标定系统

由李维嘉教授带领的课题组研制的船用计程仪旋转式标定系统，已于近期通过中船重工集团第七〇七研究所九江分部的验收并投入使用。该系统的最大线速度为20.5m/s（40节），显示精度为0.02m/s，控制精度为0.04m/s。

表20承接的海洋工程领域的科研项目。

海军工程大学

（一）基本情况

海军工程大学是一所以工为主、工管结合、指技合一、文理兼容、具有鲜明海军特色的全国重点大学，由原海军工程学院、海军电子工程学院和海军后勤学院合并而成，是全军五所综合大学之一。学校现有15个一级学科和70个二级学科硕士学位授权点、5个一级学科和25个二级学科博士学位授权点，并设有“兵器科学与技术”等7个博士后科研流动站。1997年在全国首批获得工程硕士专业学位授予权，现有12个工程领域面向全国招收工程硕士专业学位研究生。目前，学校拥有2个全国重点学科、8个军队“2110工程”重点学科专业领域、8个海军重点建设学科专业、2个省级优势学科、2个省级特色学科、3个省级一级学科重点学科和18个省级重点学科。学校曾被评为“全国学位与研究生教育管理工作先进集体”和“湖北省学位与研究生教育先进单位”。还设有“船舶与海洋工程”和“动力工程及工程热物理”等7个博士后科研流动站。学校担负着973、863等国家和军队及海军许多重点科研课题的研究任务，科研成果丰硕。截至2013年年末，近几年学校先后获国家和军队科技进步奖500多项，其中国家科技进步一等奖3项、二等奖6项，军队一等奖35项；申请专利600多项。国际首创的“交直流电力集成新技术”被国家科技部评为年度公众关注的十大科技事件，“交直流电力集成双绕组发电机系统”入选年度中国高等学校十大科技进展。先后在舰船动力系统、武备系统、信息系统等领

表20　承接的海洋工程领域的科研项目

序号	项目名称	项目类别/所获奖项	参与方式
1	基于受控结构动力特性和信息融合的海洋平台结构损伤检测	国家自然科学基金	主持
2	流-固冲击作用下轻质金属夹层结构非线性力学行为及失效机理研究	国家自然科学基金	参研
3	大型复杂曲面零件的数字化设计-加工-测量一体化理论与技术	国家自然科学基金	参研
4	水下拖体高度控制水池模拟试验	中国地质科学研究院项目	主持
5	深海精密作业机械手关键技术	863项目	主持
6	海洋XX潜器-安全系统	民用专项科研工程研制项目	主持
7	水下XX实验系统集成和性能评估技术-水下自救与取样作业技术	重点预研项目	主持
8	XX水下机器人技术	基础研究项目	主持

域共申请国家专利5项，国防专利9项。

（二）海洋工程装备重点研究方向

1. 海防工程与特殊船舶研制

(1)海防工程结构：主要研究海防工程特殊建筑结构的设计与施工、结构健康监测、工程防护、抢修抢建等。包括新型建筑材料的本构关系和工程应用（如新型钢——混凝土组合结构），新型结构的构造、性能和设计理论。组合结构和杂交结构的基本性能和设计理论，结构服役状态和实时监测、预警和评价等。

(2)海防工程维护：主要研究海防工程设施的无损检测、维护加固、腐蚀防护、延寿技术等。包括检测及其评定的理论和方法，维修加固技术及其设计和施工，混凝土结构腐蚀机理及其综合防护材料、技术，在役工程设施延寿机理及其技术等。

(3)港口浮动设施设计建造：主要研究港口浮动设施与海洋环境的相互作用以及浮动设施设计理论、制造安装技术。主要包括浮码头、水鼓、浮动靠泊系统、单点系泊码头、浮式防波提、浮动卸载平台等。

(4)补给与输转技术研究：主要研究海运补给与输转的基本理论、补给船与各类装备研制与运用。包括高架索补给系统的结构动力学分析及其安全性，补给和输转系统的稳定性分析，纵向、横向和垂直补给技术与装备运用，补给船与接收船的两船水动力响应，补给与输转系统仿真等。

(5)海上专用污水接纳船技术：主要研究污水的检测、储存、排放、清洗、防护等相关技术、设备的研究。

2. 海洋工程设备研制

(1)岛礁及船舶分布式发电智能微电网技术研究：主要开展满足海洋环境和船舶使用要求的可扩展多能源分布式发电智能微电网技术研究，包含太阳能光伏发电、风力发电、柴油发电并可扩展其他发电方式，配置惯性储能、蓄电池储能等多种储能方式。

(2)大功率电力电子器件适应海洋环境可靠性研究（基础共性技术研究）：主要开展海洋勘探、深海作业、岛礁平台建设等大型装置中关键电力电子设备在不同海洋条件下的使用可靠性研究，对关键设备中大功率电力电子器件的使用极限进行分析，指导设备的安全使用，对功率器件的实效机理进行全面分析，对不同工况及使用环境下的各种失效模式及其表征量进行系统的分析。

(3)独立系统离网型大容量光伏发电系统关键技术研究：主要开展基于离网型大容量光伏发电及储能系统关键技术研究，具备百千瓦级移动平台光伏发电系统的总设计能力。

(4)大功率海上风力发电变流器研究：主要围绕大功率风力发电并网接入装备的技术前沿研究和工程实现开展研发。

(5)海缆故障探测与定位技术与装备研究：针对海缆出现故障后对海缆本身及故障点的定位探测，开展基于有源与无源方法的海底光缆探测、定位与埋深检测等系统工程化关键技术研究。

(6)海缆施工专用设备的研制：主要开展海缆施工（布放、维护、反窃听）专用设备的研制与改造。

(7)干涉合成孔径声纳：研制干涉仪合成孔径声纳系统（简称INSAS)，能够进行高分辨海底地形/地貌测绘和水下目标成像，主要用于海洋水下工程勘测、固体废物抛撒检测、沉底水雷检测等。

3. 海洋环境科学与检测

海洋检测：

一是目标水下电磁场特性及其远程探测。主要研究运动舰船及海洋结构物磁场的产生机理、传播规律、数学建模与数值计算、目标远程探测等内容，在国内起步最早、系统最强。

二是水下物体地磁自主导航与定位。已经掌握了运动载体干扰磁场补偿与消除、基于运动载体的磁场矢量高精度测量及传感器技术、水下地磁异常场数据快速获取与数据建模等核心技术，正在此基础上深入研究。

三是地球资源磁性勘探技术。将航空磁性探测技术、电磁场浮标测量技术等用于地球物理调查和能源勘探领域，目前与中科院微电子所等单位合作，参加“国家重大研究装备研制项目”《深部资源探测核心装备研发》工作，负责子课题《直升机平台上地磁异常总场测量方法”研究。

四是海洋及结构物核辐射检测技术与装备。主要进行γ辐射监测仪系统的研制；海水的淡化设备的研制；放射性污水的处理技术与装备研制；水下清洗装备规划与研制。

4. 其他海洋相关技术

（1）舰船流体力学方向：具有国内最大的操纵水池和自主研发的国内最先进的操纵运动测试系统。在螺旋桨的非定常空泡、脉动压力理论预报方面处于国内领先水平。

（2）船舶结构力学方向：在新型复合式声隐身舵的研究、上层建筑振动治理研究、新型导流罩结构与工艺研究、复合材料结构稳定性理论等方面，在国内开创了新的研究途径，取得了国内领先的成果，达到了国际先进水平。

（3）船舶设计制造维修方向：研究舰船总体设计技术，涵盖船舶的全寿命（论证、设计、建造、使用）各阶段，在舰船结构防火设计、核防护设计、舰船寿命周期研究等方面走在国内同行的前列。

（4）船用材料与应用工程方向：在先进焊接材料—药芯焊丝研究方面目前处于国内领先地位，制成功了一系列低氢、高强度、高韧性药芯焊丝，其结果填补了国内空白，达到国际先进水平。主持设计了玻璃钢导流罩与钢构件的新型连接结构，为国内领先，达到国际先进水平。开展特殊环境要求的不透钢及有色金属材料耐腐蚀性的研究及材料研制，如阴极保护、新型牺牲阳极、表面工程及电绝缘等综合防腐蚀新技术研究。

西北工业大学

（一）基本情况

西北工业大学是国家“211工程”、“985工程”重点建设高校，设有16个专业学院，62个本科专业，122个硕士点，69个博士点和16个博士后流动站。现有2个一级学科国家重点学科，7个二级学科国家重点学科，2个学科国家重点培育学科，21个博士学位一级授权学科，31个硕士学位一级授权学科。建有1个国家重点实验室，6个国防科技重点实验室，2个国家工程中心（筹建），1个国防科技工业研究应用中心，33个省部级重点实验室和20个省部级工程技术研究中心。“十一五”以来，学校承担各类科研项目上万项，包括国家科技重大专项、武器装备型号项目、国防基础科研及预先研究计划、国家863计划、973计划、国家自然科学基金等国家重大科技项目。

西北工业大学航海学院主要从事水中兵器、水下航行器、海洋工程等领域的科学研究和人才培养。其前身是1956年5月始建于西北工学院的第三机械系，1989年4月成立航海工程学院，2003年7月更名为航海学院。拥有教职工150余人，其中院士3人，国家教学名师1人，千人计划1人。现设机械工程与自动控制、电子与通信、声学与信息和环境工程4个系，以及航空声纳研究发展中心和水下航行器技术等9个中心、研究所；拥有机械设计制造及其自动化、能源与动力、探测制导与控制、电子信息、水声工程、信息对抗、环境工程等7个本科专业，兵器科学与技术、信息与通信工程等2个一级学科博士学位授予点，水声工程、船舶与海洋结构物设计、声学等6个二级学科博士学位授予点，18个硕士学位授予点；有“武器系统与运用工程”、“水声工程”等2个国家二级重点学科，“兵器科学与技术”、“船舶与海洋工程”、“信号与信息系统”3个国家一级学科及其博士后流动站。建有“水下信息与控制”国家级重点实验室和“声学工程与检测技术”国家专业实验室，以及高速水洞、大型消声水池、水下物理场仿真、水下动力推进、声与振动控制、导航与控制仿真中心等多个大型实验室。

（二）主要方向和重点领域

表21为西北工业大学主要科研方向和重点领域。

表21　西北工业大学主要科研方向和重点领域

序号	主要科研方向	重点领域
1	声学	1.环境声学 2.物理声学 3.水声学 4.声信息处理
2	流体力学	1.水下航行器流体力学 2.减阻降噪技术
3	机械电子工程	1.先进机械电子装置及计算机数控系统 2.智能化信号检测与装备故障诊断 3.机电控制与自动化 4.仿生机电及智能机器人 5.现代应用电子技术与系统
4	热能工程	1.水下动力推进技术与能源技术 2.流体传动与控制工程
5	电力电子与电力传动	1.现代电力电子工程 2.现代电源技术 3.运动控制技术
6	信息与通信工程	1.信号、图像与信息处理的理论与技术 2.传感信号与信息的获取与处理 3.智能感知。目标识别与信息对抗 4.通信系统理论与技术 5.无线通信、多媒体通信与组网技术 6.微波、水声通信及卫星导航与定位技术 7.通信信息处理机软件无线电通信 8.通信信道建模与通信系统仿真
7	信号与信息处理	1.现代信号处理及其应用 2.多传感器及阵列信号处理 3.信号检测、估值与自适应处理 4.虚拟现实与多媒体技术 5.高速信号处理及其应用

（续表）

序号	主要科研方向	重点领域
8	控制理论与控制工程	1.现代控制理论及应用 2.计算机控制、智能控制、网络控制、容错控制 3.非线性及复杂系统控制 4.工业自动化 5.系统建模与仿真
9	检测技术与自动化装置	1.现代检测理论与传感器 2.物理场特征分析与智能检测系统
10	船舶与海洋结构物设计制造	1.水下运载与探测平台技术 2.深海新型结构物设计与力学特性研究 3.水下航行器总体技术 4.水下航行器动力推进技术 5.水下航行器测控技术
11	水声工程	1.声纳技术 2.水下信道与物理场 3.水声信号与信息处理 4.噪声控制 5.声学与电子工程
12	武器系统与运用工程	1.系统工程理论及应用 2.力学与振动噪声控制 3.先进控制技术及计算机仿真 4.水下信号与信息处理 5.计算机辅助设计与制造 6.动力推进与能源
13	兵器发射理论与技术	1.发射系统总体设计理论与技术 2.发射弹道与仿真技术 3.发射动力学智能控制与发控系统工程
14	环境科学	1.环境质量评价与规划 2.环境声学与振动 3.环境信息处理
15	环境工程	1.环境污染治理与环境模拟 2.噪声与振动控制 3.环境工程材料 4.环境信息处理
16	兵器科学与技术	1.武器总体设计技术 2.武器导航与控制技术 3.水下信号处理与自导技术 4.目标探测与识别技术 5.特种能源理论与动力推进技术 6.武器系统工程与仿真技术 7.发射回收理论与技术

（三）产品开发与技术进步

表22为承接的海洋工程领域的部分科研项目。

吉林大学

（一）基本情况

吉林大学是教育部直属的一所全国重点综合性大学，1995年首批通过国家教委“211工程”审批，2001年被列入“985工程”国家重点建设的大学之一。吉林大学于2000年6月12日由原吉林大学、吉林工业大学、白求恩医科大学、长春科技大学、长春邮电学院合并组建而成。

吉林大学学科门类齐全，涵盖哲学、经济学、法学、教育学、文学、历史学、理学、工学、农学、医学、管理学、军事学、艺术学等全部13大学科门类；有博士学 位授权一级学科39个，博士学位授权点240个，博士专业学位3个；有硕士学位授权一级学科52个，硕士学位授权点311个，硕士专业学位29个；有本科 专业124个；有博士后科研流动站37个；有一级学科国家重点学科4个（覆盖17个二级学科），二级学科国家重点学科15个，国家重点（培育）学科4个，吉林省“十二五”优势特色重点立项建设（一级）学科42个，吉林省“十二五”优势特色重点立项培育（一级）学科4个；新一轮“985工程”建设项目五类 33个；“211工程”三期建设项目三类23个。

吉林大学已成为我国目前办学规模最大的高等学府，在人才培养、科学研究、学科建设、师资队伍等方面呈现出更加广泛的发展前景。到2020年，学校的奋斗目标是努力建成国内一流、国际知名的高水平研究型大学。成为在国家和区域经济社会发展中具有重要地位的高素质创新人才培养、高水平科学研究和成果转化、高质量社会服务、先进文化引领的重要基地；成为让学生全面发展、让教职工引以自豪、让社会高度赞誉、让世界广泛认同的大学。

（二）主要方向和重点领域

团队依托于吉林大学地球探测科学与技术学院和机械科学与工程学院。

地探学院：原为长春科技大学地球探测与信息技术学院，目前下设4个教学系：地球物理系、地球化学系、测绘工程系、遥感与地理信息系统系；3个

表22　承接的海洋工程领域的部分科研项目

序号	项目名称	项目类别/所获奖项
1	基于海洋动能的水下系留平台能源技术	国家自然科学基金
2	UUV水下动态对接回收中的路径规划与路径跟踪控制研究	国家自然科学基金
3	UUV回收过程中的复杂水动力及运动性能研究	国家自然科学基金
4	基于多极子展开的超指向性矢量传感器阵列研究	国家自然科学基金
5	基于序贯集中式水下扩展阵浮标动态非线性系统融合技术研究	国家自然科学基金
6	基于地磁多参量多目标搜索的AVU仿生导航研究	国家自然科学基金

院管研究所：地球物理研究所、地球化学研究所和地学信息系统研究所；并代管吉林大学综合矿产信息预测研究所。

学院拥有国土资源部重点实验室—应用地球物理综合解释理论实验室、应用地球物理实验教国家级实践教学示范中心，“国家地球物理探测仪器工程技术研究中心”（合建）、地球信息探测仪器教育部重点实验室（合建）。

机械学院：吉林大学机械科学与工程学院的前身是始建于1955年的长春汽车拖拉机学院的机械系，下设机械制造及自动化系、机械设计及自动化系、机械电子工程系、工程力学系、工业工程系等5个系和机械原理与设计教研室、工程与计算机图学教研室等两个基础课教研室，拥有国家级机械基础实验教学示范中心和国家工科机械基础教学基地。学院设有机械工程、工程力学和工业工程3个本科专业，机械制造及自动化、机械设计及理论、机械电子工程、工程力学和工业工程5个博士授权点、机械工程和力学两个博士后流动站，是首批先进制造领域工程博士授权单位。

学院的机械工程学科，是一级学科国家重点学科，在国家“211工程”和“985工 程”中得到重点建设。学院科研实力雄厚，在智能精密制造、数控机床可靠性、工程机器人、工程装备现代设计理论与方法、流体传动与电液控制、结构振动分析与 控制、材料微观性能原位测试技术、制造系统集成等研究方向具有优势和特色，拥有机械工业数控装备可靠性技术重点实验室、吉林省车辆零部件先进制造技术及系统重点实验室、吉林省汽车零部件先进制造技术工程研究中心和工程装备先进设计制造重点实验室等4个部省级科技创新平台和工程装备实验中心国家认可实验室。近年来，负责承担了国家“973”课题、国家科技重大专项、国家自然科学基金及国家“863”重大/重点项目等一批国家级高水平科研项目。

（三）产品开发与技术进步

移动平台探测技术是一项将多学科探测手段和技术融为一体的高科技工程技术，发展适用于陆地车载、航空机载、飞艇搭载、水面船载和潜航综合地球物理探测的搭载平台和相关探测仪器系统；发展针对各类探测数据和移动平台参数特点以及计算机软件环境的高效率和高分辨率多参数海量数据处理解释方法和快速计算软件处理技术。

团队所研发的物探用无人机、高灵敏度传感器和大型软件系统三大内容均为对地探测的关键仪器装备，是国际前沿研究的热点技术，是展示国家高科技发展实力的战略性研究项目。团队取得的一系列阶段成果已经产生了积极社会效益，随着科研进展和攻关目标逐一实现，采用先进的快速移动探测技术将对军事探测工程和油气矿产资源探测工程带来变革性的推动作用，已成为行业内的共识和期待。

结合国家“深部探测技术与实验研究专项”（简称：SinoProbe）后续第九项目“深部探测关键仪器装备研制与实验”，研发大型地学信息处理解释一体化软件系统，解决地学海量数据的集成与管理；陆地大功率电磁勘探系统，突破数公里地下电性结构探测；无人机航磁探测系统，实现大面积高效率高精度对地探测任务；无缆自定位万道地震勘探系统，揭示深部构造和属性精细结构；万米超深科学钻探整机装备，直接获取和验证地下信息；仪器装备试验与示范基地，建设和完善高端装备研发、比对测试和相关规范化管理。团队主要负责研发大型软件系统部分。面向探测目标，针对多元和海量地球物理数据进行的大型数据库管理和应用开发，建立数据处理、解释、建模和决策一体化高效率软件分析平台，提高对隐伏目标的发现率，为减少快速决策带来的风险提供技术支持。

此外，团队开展科技部863“十二五”主题项目，航空高精度探测仪器装备军民两用敏感技术研究。团队还承担“国家矿藏保障工程”和“国家海洋能源资源保障工程”两个项目中的软件工程课题；承担“重载荷智能化物探专用无人直升机研制”课题；承担国防某探测装备技术课题，为海洋资源精确调查和国防安全提供技术支持。

迪玛尔国际海洋工程公司

（一）基本情况

迪玛尔国际海洋工程公司（DMAR Engineering, Inc.）成立于2000年，是世界上最具实力的海洋工程结构设计公司之一，是国际上仅有的几个可以独立设计张力腿平台（TLP）、浮筒式平台（SPAR）、半潜式生产平台（SEMI）及水下生产系统结构设计的公司。拥有一批高学历、高素质、经验丰富的项目管理人员、工程设计人员及建造和安装监管人员。迪玛尔公司的主要技术人员长期以来一直从事海洋工程中最前沿的设计工作，掌握和熟悉海洋工程的先进科技，明确海洋工程领域存在的问题及将来的需求。对工程项目中先进技术及急需设备的需求明确，创造的产品可以快速投入生产，推向市场。在美国的迪玛尔海洋工程设计及咨询公司是海洋工程领域世界知名的企业，为世界各地区的油公司从事深水海洋工程设备的设计及研发。目前DMAR公司在休斯敦、北京、天津、青岛、吉隆坡等地区设有分公司或办事处。

（二）主要方向和重点领域

迪玛尔公司团队先后参与了28个大型深海项目的规划、设计、建造和安装。其中包括17 个张力腿平台、7个单筒式平台和4个半潜式平台。

负责设计和管理的工程项目，多次获得工程界的好评，创立了很多世界深海采油技术的第一。

1990年，美国第一个，世界第二个海洋柔性软管制造公司Wellstream的软管设计及咨询；1994年，世界最深、最大，也是第一个采用浮托安装的张力腿平台：Shell公司Auger平台设计；1996年，世界最深的张力腿平台Shell公司Mars平台设计;1997年，世界最深的张力腿平台Shell公司Ram/Powell平台设计；1999年，世界最深、最大的张力腿平台Shell公司URSA平台设计；2000年，世界上第一个具有全生产和钻井能力的小型张力腿平台BP公司Marlin平台设计；2000年，世界第一个第五代新型深水钻井半潜平台Transocean公司的Nautilus平台设计；2001年，第一个MOSES张力腿平台的研发及设计；2003年，亚洲第一个张力腿平台，也是世界上首次使用辅助船协助钻井的浮式平台，Chevron公司的West Seno平台设计；2003年，McDermott第一个Spar平台Medusa设计；2004年，世界最深的张力腿平台Anadarko公司Marco Polo平台设计；2004年，世界最大，BP公司第一个Spar平台的设计；2005年，世界最深的 Spar平台，Dominion公司的Devils Tower平台设计；2007年，赤道几内亚第一个张力腿平台，Hess公司的Okume/Oveng双平台设计；2009年，世界上第一次采用全湿树，也是墨西哥湾首次采用最新设计规则的张力腿平台，BHPB公司的Shenzi平台设计；2010年，亚洲第一个、也是亚洲最大的生产半潜平台，Shell公司的Gumusut平台咨询；2010年，世界第一个三腿Spar平台，ATP公司的Mirage平台设计。

目前DMAR已具备浮式平台、立管与海底管线、水下生产系统等海洋工程全产业链的咨询、设计、制造、测试服务能力。

（三）产品开发与技术进步

目前世界上最大的张力腿平台美国Chevron公司的Big Foot平台主体详细设计；美国EXXON公司的

水下生产系统咨询；世界上最大、澳洲第一个半潜生产平台Ichthys上部结构的详细设计；澳大利亚公司Torosa张力腿平台前期设计；世界第一个具有储油功能的单筒式浮式平台挪威海域 Aasta Hangsteen的详细设计；中海油第一个浮式生产平台的先期设计；海水温差发电系统。

公司的技术成果不但解决了深水油气田开发中的技术难题，并且为我国自主开发深水油气田提供了技术保障，这些成果的工程应用，解决了深水油气田开发中的重大技术难题，并取得了巨大的社会效益和经济效益。

上海利策科技股份有限公司

（一）基本情况

上海利策科技股份有限公司（下称“利策”）于2003年以休斯顿为起点正式进入海工行业，目前以中国上海的利策科技作为经营主体。下属休斯顿、上海临港和香港三家全资子公司。通过香港公司在马拉西亚和一家拥有三个油田区块的上市公司建有合资公司，所占45%股份。在中国拥有上海、北京、天津、成都和深圳5个办公室。现有员工300余人，以休斯顿团队为技术核心，结合国内高效的工程团队，为全球客户提供世界一流水平的工程服务。业务领域包括海洋工程、陆上工程、深水技术三大领域。

作为国内最大的体制外从事海上石油天然气工程的设计和技术服务公司，10年来利策快速拓展自己的工程服务领域，从中国的全海域到陆上，从渤海、东海、南海的海洋平台到陆上生产设施，从中国到中东、直到墨西哥湾。目前利策业绩已经覆盖中国、东南亚、中东、西非、澳大利亚、墨西哥湾等国家和地区。

利策是国内领先的具备全专业、一站式海洋工程设计方案及工程技术服务能力的民营技术服务提供商，为客户提供全生命周期的工程设计和工程技术服务解决方案，服务内容涵盖海洋及陆上油气开发、生产、处理、储运等环节。利策不断提高技术能力，积极参与国家科技部、工信部及其他部委和石油公司的重点科研项目，在深水导管架平台、海底及陆上管道、终端处理设施、水下生产系统和浮式系统的关键技术等多个领域取得成果，拥有多项自主知识产权。

（二）主要方向和重点领域

利策具备国内领先的全专业、一站式海洋工程设计方案及工程技术服务能力，现利策提供的产品覆盖海洋工程、陆上工程、深水技术三大业务领域。

海洋工程：利策为客户提供全方位的海洋油气工程服务，领域涵盖油气田开发各个工程阶段的新设施（预）可行性研究、基本设计、详细设计、施工设计、调试开车服务、第三方的校核、在役设施的维修改造服务、操作优化、瓶颈解决、能力校核。同时根据客户的需求提供各类定制化的全生命周期管理、技术咨询服务和施工现场技术支持。利策公司提供各种中浅水深的海洋油气生产设施设计，包括各种水深的导管架平台，不同用途的上部组块（组块设施功能包括井口平台、中心处理平台、钻采平台、生产辅助平台、生活设施等），海底管道，海底电缆，水下生产系统等。

陆上工程：利策提供陆上油气处理、石化、化工项目的工程服务，能够承担从项目可行性研究、总体设计、基本设计、详细设计、设备材料采购到施工管理、开车服务全过程服务，具备工程项目EPC总承包能力和PMC能力。拥有一批高素质的专业人才，包括具有丰富经验的项目经理和工艺、配管、机械设备、仪表、电气、土建、给排水等各专业工程师。以技术为先导，设计为基础，工程项目承包和工程项目管理为主体，面向国内、国际两个市场提供技术服务和管理服务。

深水技术：利策在深水技术领域提供各类主流浮式系统、水下及海管系统相关的各类咨询和设计服务。既可按照不同设计阶段要求提供相应的设计与咨询服务，也可根据客户需要提供各类定制技术咨询服务或现场技术支持服务。咨询设计服务对象包括：张力腿平台、半潜式平台、水下生产系统、深水海管、生产立管、钻井立管等。

（三）产品开发与技术进步

利策重视海工技术的积累与开发，在海工核心技术关键领域紧跟国际发展趋势。在重点技术领域布局并持续投入研发力量与资源。目前，浅水开发、深水工程、海上LNG等领域的技术方向与领域进行的标准化设计、工程设计流程固化与软件开发、关键设备开发研制等工作正在持续进行。

浅水开发领域，整合公司多年工程实践经验，尤其是基于国内各海域固定水平台的经验总结，对浅水开发系统的工程方案进行了标准化与模块化设计。通过内部开发的设计工具，进一步提高的设计的效率，提高了设计成果的质量。

深水工程领域，在水下生产系统、立管海管系统与浮式平台工程设计分析领域通过实际参与研发及工程项目，进一步提升了技术能力。通过内部开发，形成了海管立管的工程设计软件工具，提高了设计的效率与准确性。并在国家专项支持下，系统地组织开发浮式平台工程设计软件，目前该软件项目正在进行中。

海上LNG技术领域，瞄准LNG市场的技术发展趋势，在技术发展与储备进行布局。并通过参与国家项目，在LNG浮式终端中的核心设备浮式再气化系统进行开发与研制。目前该设备的开发工作正在进行中。

南昌 ABB 发电机有限公司

（一）基本情况

ABB位居全球500强，是电力和自动化技术领域的领导企业。致力于帮助电力、工业、交通和基础设施等领域客户提高业绩，同时降低对环境的影响。ABB集团业务遍布全球100多个国家，拥有14.5万名员工。ABB在中国拥有研发、制造、销售和工程服务等全方位的业务活动，员工1.9万名，拥有37家本地企业和遍布全国109个城市的销售与服务网络。

南昌ABB发电机有限公司成立于2006年，隶属于ABB集团电机与发电机业务单元，公司地处江西省南昌市，厂区占地面积100余亩，年产发电机超过6 000台。作为ABB全球唯一一家低压同步发电机生产与研发基地，公司引进了ABB全球一百多年的领先技术，在设计技术、工艺标准、材料选用、质量控制等方面都经过了ABB芬兰专家的指导与认可。

公司不仅能提供性能稳定、品质卓越的标准化发电机产品，其一流的研发团队更可为客户设计与研发高定制化的发电机产品，以满足客户不同需求。目前产品出口欧美市场，得到客户的广泛认可。公司于2008年11月获得由挪威船级社（DNV）颁发的ISO 9001质量管理体系认证，ISO 14001环境管理体系认证和OHSAS18001职业安全及健康管理体系认证证书。

（二）主要方向和重点领域

由芬兰赫尔辛基研发中心主持的新一代低压船用发电机秉承ABB百年电机，质量为先，服务客户的理念，采用先进的电气机械设计手段，性能可靠的绝缘系统以及贴近客户的定制型解决方案，不断为客户创造价值。自2008年，第一台船用发电机样机通过型式试验，至2011年各机座号系列产品开发完成，目前已经承接ABS、BV、CCS、CR、DNV等的各大船级社认证的项目机型100余个，客户遍布海内外，如MAN、CAT、Wartsila、Rolls-Royce、STX等。产品最大容量5 000kVA，4~10极不同的设计可以满足不同转速的原动机要求，既可与柴油机、涡轮机连接作为船舶发电站的一部分，也可作为轴带发电机，用做直接驱动或与变速箱连接。产品定转子采用真空压力浸漆，并且所有的绝缘材料必须通过ABB芬兰绝缘实验室验证认可方可使用，保证了产品的可靠运行。多种防护等级、冷却方式、励磁及轴承配套方案适合于各种船舶、海上钻井平台等不同类型的应用场合。同时开发团队会根据各项目不同的电气性能要求，机组配套及运行环境特点，有针对性地为客户提供最适合的解决方案。另外，ABB也不断致力于为客户项目的各个阶段以及项目以外的领域提供积极的、全方位的服务。

（三）产品开发与技术进步

在不断完善系列产品的同时，我们也在前沿科技的相关领域取得了很多成绩，比如为应用于ABB船载直流网络而全新开发的变频直流发电机。该项目凭借对船载设备和线路的优化，不同工况下调整发电机组转速至最佳能源消耗点运行，高效节能，以及稳定的并网系统等多个技术优势，于2013年5月荣获了在休斯顿举办的国际石油石化天然气展（OTC）的创新技术奖。该奖项旨在表彰能为石油和天然气及相关能源领域的开发和生产带来巨大潜在影响的创新技术。从世界范围来看，各国越来越关注能源和环境问题，所以这种应用于高效低耗船载直流网络的变频直流发电机必将会有非常广阔的前景。ABB逐年不断地在产品开发上加大投入，建立了一支善于创新勇担责任的专家型本地研发团队，在励磁、系统、振动、流体等多个学科领域取得了很多出色的成绩。并且依靠ABB集团的行业影响力和优势技术资源，通过联合开发、跨部门合作等多种方式，不断开发和完善产品，提升公司实力。

延伸阅读：

国外海洋工程设计企业简介

美国 F&G 公司

F&G总部位于美国休斯敦，公司曾是美国Friede Goldman United集团海洋工程设计部门，2002年，Friede Goldman Halter集团破产后，该设计部门独立。

F&G目前是全球海洋工程移动式钻井平台领先设计商，主要从事海洋工程平台设计和平台配套设备设计、制造业务，拥有超过60年海洋工程平台设计经验。到目前为止，全世界有超过100个海上作业平台是由F&G设计的。20世纪90年代末，为了满足深水及恶劣气候作业的要求，开发JU-2000系列，该系列也是F&G公司市场运用最广的设计型式。

2010年8月10日，中交股份有限公司发布公告，已于2010年8月9日完成了对F&G的100%股权的收购。公开资料显示，中交股份以高出中集集团25%的溢价完成了F&G全部股权的收购，将俄罗斯MNP集团持有的75%股权、Goldman Offshore Design LLC（GOD）持有的25%股权悉数揽入怀中。

2012年，Friede & Goldman公司推出最新一代海洋平台JU3000n,单价在2.2~2.5亿美元，作业水深400英尺，钻井深度35 000英尺，悬臂梁外伸为23米，钩载为250万磅。

2014年2月，Friede & Goldman与中集集团签订了3份自升式钻井平台JU 2000E的基本设计合同。

2014年4月，Friede & Goldman与上海外高桥船厂签订协议，由Friede & Goldman 为JU 2000E自升式钻井平台提供基本设计。

2014年6月公司推出最尖端钻井船概念设计“magellan-class drillship”项目。此次“Magellan”项目是公司进行的史上最大的钻井船设计项目。其将配备忍耐20 000psi压力的油井控制系统；其还引进“Managed pressure drilling”及“Dual gradient system”等尖端技术，钻井深度相比眼下最深的12 000英尺更深。

荷兰 GustoMSC 公司

1862年，A.F Smulders先生投资创建了GustoMSC公司的前身公司。1904年，该公司总部迁至荷兰西南部城市斯希丹，并正式命名为GustoMSC。

20世纪50年代，GustoMSC公司开始涉足海洋油气开发领域。1959年，GustoMSC公司设计建造其首座钻井平台“seashell”。1977年开始开发CJ系列自升式钻井平台。1975年，GustoMSC公司设计并建造了该公司的第一艘半潜式钻井平台——Viking Piper号。随后，该公司先后开发了DSS系列、TDS系列和OCEAN系列半潜式钻井平台。20世纪90年代晚期开发了专利的S-Y悬臂梁系统以增强钻井效率。

2013年2月，Energy Drilling选中GustoMSC公司的OCEAN400-TD 型设计，建造其新的半潜式互助钻井平台，命名为EDrill-3。

2013年3月，合资公司CBI-MMEER采用GustoMSC公司的AJ-46-360-C型设计，建造一座自升式海上生活和施工支持平台，其作业水深350英尺，预计将于2015年第一季度交付。

2014年2月，GustoMSC公司正式签订设计尺寸最大的自升式海洋平台CJ80-X175-A。该平台作业水深为500英尺，甲板可变载荷为12 000吨，住舱配员150人，该平台突出之处是可以支持水下作业。

意大利 Saipem 公司

意大利Saipem公司是意大利石油巨头埃尼集团旗下从事油田服务业务的子公司，是一家大型国际石油和天然气工业交钥匙承包商。Saipem公司在石油和天然气等领域有着高超的专业技术，在设计、实施大规模的海上和陆上项目，尤其在边远地区和深水相关活动中，有着卓越的表现。在工程、采购、项目管理和建设服务等诸多方面的独特功能，都走在该领域的前列。

Saipem公司总部设在意大利城市米兰。设有三个业务部门：海上、陆上和钻井。该公司的陆上和海上项目是最艰难的、技术最有挑战性的项目，它的专业技术竞争力在业内具有无可争议的优越地位。同样它的钻井服务在石油和天然气行业有着广泛的市场，并形成了许多经营“热点”，经常与它的陆上和海上活动互相协作。

Saipem公司的项目遍布西非、北非、前苏联、中亚、中东等新兴地区，以及东南亚。但是Saipem公司的雇员除了来自其强大的欧洲市场以外，主要来自于发展中国家。Saipem公司拥有员工3.5万人，由100多个民族组成。它强大的本地化政策，使它用最具成本效益的本地人开拓并发展了它的市场，并在印度、克罗地亚、罗马尼亚和印度尼西亚拥有相当大的服务基地。

2014年4月16日，Saipem公司与法国能源企业Total签署了约相当于30亿美元的浮式生产储油船改装EPIC合同。根据此次签订的合同，Saipem公司将担任为Kaobo（位于安哥拉）油田开发项目所需的2艘FPSO改装项目工作，该项目包括从工程建造到FPSO启动的工作，然后为相关2艘FPSO提供为期7年的经营及维修服务。

法国 Technip 公司

法国Technip集团成立于1958年。最初是隶属于法兰西石油研究院（IFP）的股份制公司，如今是在纽约和巴黎上市的国际知名企业。泰克尼普集团主要从事石油、天然气、石油化工及其他工业项目的设计、技术和建设服务，尤其擅长深海石油开采。泰克尼普集团业务遍布五大洲，在设计、建设大型工业设施领域拥有丰富的经验，是西欧最知名的国际工程咨询设计商之一。现有员工46 000人，分布在46个国家。2008年泰克尼普的营业额达75亿欧元。泰克尼普集团的主要业务领域为：

（1）海底作业分部（Subsea）：海底油田开发，海底产品，铺管和海底施工，海底维修，海底工地退役，特别应用。

（2）离岸作业分部（Offshore）：海上油田开发，水下生产，水下管道与施工，水下维修，浮动式与固定式平台，停泊服务和钻探服务等。

（3）陆上与场区作业分部（Onshore）：陆上油田开发，天然气加工与液化，石油精练，氢化物，硫磺，陆上管线，石油化工、肥料，生物燃料和可再生能源，以及系统工程，炼油与岸上的应用等。

（4）其他工业分部，经营范围包括：化肥、烟花、化工和生命科学、农业、金属、发电、水泥、制造业和建筑业。

2013年4月，法国Technip与TotalE&PCongo公司签署了为西非海上MohoNord开发项目的5亿欧元以上大规模海底设备EPSCI合同。根据合同，Technip将提供长达230公里的管线、23公里的灵活管道、50公里的Umbilicals、50座海底结构、RigidJumpers等工程、采购、供给、制作、安装以及试运转等服务。该项目离刚果海岸75米左右，水深650~1 100米。该公司还接收Manifolds、泵、控制系统零部件以及MultiphaseJumpers的安装项目。Technip公司计划在2014-2016年投入海底安装支援船，进行海上工程项目。

2013年5月，法国Technip公司获Pacific NorthWest LNG Limited Partnership公司LNG船开发项目的FEED及早期详细设计服务供给项目订单。该项目为加拿大British Columbia洲Lelu Island气田开发项目所需项目，即包括了年均可生产600万吨规模气体的LNG train、处理装置及海洋设备、Inlet设备、发电系统以及外部辅助设施、Jetty上层结构等项目。Technip公司为此次联盟的代表公司，在位于意大利Rome的运营中心及在北京及首尔的联盟项目队联合进行相关工作，Technip公司将担任LNG train、处理装置及海洋设备的供给项目。该项目计划在2014年下半年完成。

2014年4月18日，由Technip公司及安哥拉国有石油公司Sonangol公司成立的合资企业——Angoflex和Technip公司的全资子公司DUCO为组成的联盟从Total E&P Angola公司获得了大型水下设备项目订单，总规模约为2.5~5亿欧元。

2014年5月15日，Technip公司签署了超大型俄罗斯Yamal LNG项目的EPC合同。该公司与其伙伴与JSC Yamal LNG公司签署了陆地LNG设备的工程、采购以及制作合同。该陆地LNG设备年均可生产1 650万吨LNG。

瑞典 GVA Consultants AB 设计公司

GVA Consultants AB设计公司的前身是Götaverken Arendal AB船厂。1989船厂关闭，在原有船厂技术部门的基础上，GVA Consultants AB设计公司成立。GVA公司的半潜式钻井平台形成系列，以满足不同需求。GVA公司设计半潜式平台包括：GVA半潜式钻井平台（GVA3 000、GVA3 800、GVA4 000、GVA4 500、GVA5 800、GVA7 500、GVA10 000）和半潜式生产平台（GVA4 500、GVA5 000、GVA8 000、GVA12 000、GVA21 000、GVA27 000、GVA40 000）。

GVA7 500是GVA目前的主打半潜式钻井平台，该型平台也获得了大量订单和好评。GVA7 500是在GVA前几个类型平台的基础上开发设计的，可在全球的中等和恶劣海洋环境中作业，包括挪威北海海域。该平台作业水深3 000米，钻井深度1万米，总长度118.6米，总宽度96.7米，上船体深度8.5米，下船体深度10.2米，作业吃水23米，自存吃水19米。

GVA10 000为最新型的第6代半潜式钻井平台，可在全球中等和恶劣海洋环境中作业。其作业水深最大可达3 600米，钻井深度最大可达12 000米。GVA 10 000型平台可装配单个或双井架结构，配备动力定位系统。该平台总长度135.7米，总宽度108.2米，下船体深度10.9米，上船体深度8.5米，基线至主甲板高度45.6米，立柱尺寸18.4×17.3米，拖航吃水10.6米，作业吃水23.6米，自存吃水19.6米。

（编写：许家琳　闫　阳　李东亮　栗超群　周长江）

第十章 2013中国海洋工程装备产业主要政策、法规

《国家海洋事业发展十二五规划》

2013年1月，经国务院批准，国家发展和改革委员会、国土资源部和国家海洋局联合印发了《国家海洋事业发展“十二五”规划》。该规划立足于2008年2月国务院批准的《国家海洋事业发展规划纲要》，结合新形势，根据党的十八大提出的“建设海洋强国”宏伟目标，对新时期海洋事业发展作出了全面深入的部署，这对于科学发展海洋事业，不断提高海洋开发、控制与综合管理能力，加快经济发展方式转变，促进沿海地区经济社会发展，维护国家安全和权益，全面建设小康社会具有重要意义。规划期至2015年，远景展望到2020年。相关内容如下：

一、总体要求

（一）“十二五”时期，海洋事业发展的目标

海洋科技创新能力大幅提升。我国海洋基础研究水平进入世界先进行列，海洋前瞻性和关键性技术研发能力显著增强。深海油气开发、深海资源勘探技术的自主研发能力取得实质性突破，海上风能工程装备、海水淡化和综合利用装备实现大规模产业化，海水淡化原材料、装备制造自主创新率达到70%以上，对海岛新增供水量的贡献率达到50%以上，对沿海缺水地区新增工业供水量的贡献率达到15%以上。海洋科技对海洋经济的贡献率达到60%。海洋事业从业人员中本科及以上学历比例达到55%，以重大海洋科技项目或工程为依托，培养100名左右具有国际水平的海洋科学与技术领军人才。

（二）到2020年，海洋事业发展的总体目标

海洋科技自主创新能力和产业化水平大幅提升。海洋开发布局全面优化，海域利用集约化程度不断提高。陆源污染得到有效治理，近海生态环境恶化趋势得到根本扭转，海洋生物多样性下降趋势得到基本遏制。海洋经济宏观调控的有效性和针对性显著增强，海洋综合管理体系趋于完善，海洋事务统筹协调、快速应对、公共服务能力显著增强。参与国际海洋事务的能力和影响力显著提高，国际海域与极地科学考察活动不断拓展。全社会海洋意识普遍增强，海洋法律法规体系日益健全。国家海洋权益、海洋安全得到有效维护和保障，海洋强国战略阶段性目标得以实现。

二、海洋资源管理

（一）加大海洋油气资源勘探与开发

加强黄海、东海、南海等海域油气资源战略调查与评价，完成重点海域油气资源普查。加大黄海、南海、东海油气勘探，加强深水区油气资源潜力的科学研究，加大深水勘探开发科技与装备的攻关力度，力争实现商业性油气开采。实施海域天然气水合物资源普查，积极研发勘探开采技术和装备，开展试采工程。

（二）推进海水资源综合利用

加快制定促进海水直接利用、海水淡化与综合利用的政策措施，扩大沿海城市海水利用规模。在沿海地区的电力、化工、石化、冶金等行业中实行海水直流冷却和循环冷却，2015年海水年直接利用量达到750~1 000亿立方米。积极创建国家级海水淡化与综合利用示范城市，继续支持天津、大连、青岛、上海、深圳、厦门、宁波等城市因地制宜地实施海水淡化工程。鼓励沿海省市率先选择一批沿海市县，开展海水淡化和海水综合利用试点，扩大海水淡化和海水综合利用规模。以辽宁长海、山东长岛、浙江舟山、福建平潭、广东南澳、广西涠洲和海南西沙群岛等海岛为重点，大力发展海水淡化，满足海岛居民生活用水。2015年，海水淡化量达到220~260万立方米/日。促进海水化学资源和卤水资源综合利用，加快浓海水制盐、提钾、提溴、提镁、提锂及其深加工等产业化进程，建设国家海水利用产业化基地。

（三）加快海洋可再生能源利用

加快海洋可再生能源勘查与评估，编制发展规划，利用国家海洋可再生能源专项资金加强海洋能开发应用。开展万千瓦级潮汐水轮发电、兆瓦级潮流发电、百千瓦级新型波浪能项目示范。探索开展温差能和海洋生物质能利用。因地制宜地发展海上风电，引导风电场布局逐步向深水远岸推进。委员会等国际组织的活动。发展与国际海洋学院、保护国际等非政府间

三、海洋环境保护

（一）提高海洋污染防控力度

实施污染物排海总量控制，编制实施近岸海域污染防治规划。加强对渤海、长江口、珠江口等重点海域海洋环境容量和污染物排海总量的监测评估，重点加强对直排海污染源的监管，加强近岸重点海域环境综合整治，实施流域——海域污染物排海总量控制示范工程。强化对海洋石油勘探开发、海洋工程建设项目、海洋倾废活动的全过程监督管理，加大海洋环境执法查处力度。实施船舶及其相关活动的油污染物零排放计划，建立船舶油污水、压载水、生活污水和固体废弃物跟踪系统，加强船舶污染物接收和港口污染处理设施建设。修订相关法规，建立健全海洋污染损害赔偿机制，实施船舶油污损害赔偿基金制度，开展石油勘探开发等海洋工程和大型临海企业海洋污染赔偿制度研究。沿海地区要依据海洋功能区划、近岸海域环境功能区划等，确定氮磷营养盐、化学需氧量、石油类等特征污染物的总量控制目标，制定并实施重点河口、海域各类污染物排海总量分配方案和削减计划，改善近岸海域环境质量。2015年中度和重度污染海域面积比2010年减少10%。

（二）加强海洋环境监测与评价

实现海洋环境管理由事后管理向全过程监管转变，继续完善国家、省、市、县相结合的海洋环境监测体系，开展海洋环境监测机构标准化建设。推进海洋环境监测网络建设，提升装备能力和技术水平，实现对我国管辖海域各类环境要素的监测。建

立海洋环境保护数据共享机制，深化海洋环境监测信息分析评价，完善海洋环境质量公告制度和环境状况通报制度。对入海排污口、直排海污染源、重大海洋工程等加强海洋环境监测监督；对赤（绿）潮易发区、集中海水养殖区、重要滨海浴场、珍稀濒危海洋生物主要活动区域等直接关系到经济社会发展、公众健康安全、海洋生态安全的海域开展海洋环境质量监测。对海洋石油勘探开发实行定期巡航监测，定期发布通报。加强对持久性有机污染物、重金属、内分泌干扰物、生物毒素等的监测与评价。

四、海洋科学技术

（一）深化海洋基础科学研究

围绕国家战略需求，在一批重大基础科学上取得突破，推动海洋科学整体水平的提高。重点开展海洋与气候、海洋生物多样性、海陆相互作用、海底深部过程等重大前沿问题研究。加强物理海洋、海洋生物、海洋地质与地球物理、海洋化学等优势领域研究。支持工程海洋学、极地海洋学、海洋观测技术学等新兴领域的研究。推进海洋科学国家重点实验室和科学创新基地建设。拓展野外科学观测站点建设，完善海洋科学观测网络，推进海上综合科学试验场建设。

（二）发展海洋战略性前瞻技术

深化深海探测技术研究，加快高新海洋工程装备研发，推进"蛟龙号"深海试验性应用。加强大深度水下运载、生命维持系统、高比能量动力装置、高保真采样和信息远程传输、深海装备制造等技术研发，实现重载作业型水下机器人装备与技术的国产化。发展海洋观测技术，提高自主创新能力，突破一批海洋生态和动力环境观测核心技术，加快推进海底观测网技术发展。发射海洋系列卫星，完善数据地面接收站建设，深化海洋卫星遥感技术的研发和应用。加强特种船舶装备技术研发，重点发展深海钻井船关键技术、大洋渔业船舶与装备关键技术、深远海多功能可移动式人工岛关键技术、海上救捞作业船和深潜救助打捞作业技术及配套装备。继续发展深海勘探技术，加强大洋、海底多参数快速勘测和三维勘查技术、热液区原位观测和综合评价技术、深海矿产资源和生物资源取样关键技术及工程样机研发。研究二氧化碳海底封存技术。

（三）推进海洋技术产业化

完善海洋科技创新体制机制，搞好海洋科技投融资平台建设，积极推进产学研结合，发挥企业在成果转化中的主体作用，推动形成区域海洋科技产业联盟。实施科技兴海工程，推进成果转化和产业化。支持海洋产业技术研发转化中心和孵化基地建设，推进海洋工程技术（研究）中心、海洋技术成果转化和高新技术产业化基地、海洋技术推广中心建设，引导海洋生物、海洋工程装备制造、海水综合利用、海上清污和海洋能等科研成果加快转化。

发展苗种繁育、绿色养殖和精深加工等海洋生物资源开发与高效综合利用技术。加快深海生物资源利用技术转化，在深海生物制品、工业酶以及生物冶金等方面实现产业化突破，规划建设海洋生物医药产业园和海洋药谷。搭建海洋可再生能源开发利用实验平台，完善海洋可再生能源标准体系，加速海洋能产业化进程。强化海水淡化技术研发、示范及运行机制的集成创新，开展新能源和海水淡化联合技术示范应用，实现万吨级以上大规模海水淡化、海水循环冷却等工程示范和产业化推广，到2015年，反渗透法和蒸馏法海水淡化单机规模分别达到1.5万立方米/日和2.5万立方米/日。大力推进深水油气生产作业装备、深海通用材料、基础部件产业化开发。

《"十二五"国家自主创新能力建设规划》

2013年2月，国务院正式批准印发《"十二五"国家自主创新能力建设规划》，这是我国历史上第一个系统部署加强自主创新能力建设的规划和指导性文件。规划针对经济社会科技实现创新发展对创新能力建设提出的重大需求，提出了"十二五"时期自主创新能力建设的7个方面重点任务。相关内容如下：

一、建设目标

到"十二五"末，我国自主创新能力建设的目标是：

创新基础条件建设布局更加合理。投入运行和在建的重大科技基础设施总量接近50个，形成一批世界一流的科学中心。重点建设和完善100家国家工程中心，新建若干家国家工程（重点）实验室，认定一批国家级企业技术中心，产业技术创新、重大技术装备研制和重点工程设计的支撑条件更加完善。

重点领域创新能力明显提升。农业、制造业、战略性新兴产业、能源和综合交通运输等产业创新能力大幅提升，教育、医疗卫生、文化和公共安全等社会领域创新能力建设取得重要进展。

创新主体实力明显增强。企业技术创新主体地位进一步强化，大中型工业企业研发投入占主营业务收入比例达到1.5%，一批创新型企业进入世界500强。建成若干一流科研机构，创新能力和研究成果进入世界同类科研机构前列；建设一批高水平研究型大学，一批优势学科达到世界一流水平，关键核心技术的有效供给能力明显提升。

区域创新能力布局不断优化。初步形成东中西部分工协作、功能互补、多层次合作的区域创新体系。区域性创新服务平台建设得到加强。

创新环境更加完善。创新人才队伍结构更加合理，涌现一批高端创新人才、工程技术人才和创新服务人才，每万名就业人员的研发人力投入达到43人年。知识产权保护得到切实加强。每万人发明专利拥有量提高到3.3件，专利质量和专利技术实施率明显提高。

二、加强科技创新基础条件建设

（一）科学研究实验设施

规划建设国家重大科技基础设施。瞄准科技前沿和国家重大战略需求，坚持有所为、有所不为，以能源科学、生命科学、地球系统与环境科学、粒子物理和核物理科学、空间和天文科学、材料科学、工程技术科学等7个领域为重点，统筹国家重大科技基础设施建设布局。"十二五"时期，综合考虑科学目标、技术基础、科研需求和工程队伍等因素，优先安排海底科学观测网、转化医学研究设施、中国南极天文台等16项重大科技基础设施建设。

（二）科技资源与信息平台

推动重点领域科技资源平台建设。在信息、生物、新材料、航空航天、能源、海洋、节能减排等重点领域以及新兴、前沿和交叉学科领域，推动多学科交叉集成、面向社会开放服务的科技资源平台建设。

（三）标准计量检测认证平台

加强检验检测平台建设。整合资源，构建以国家级机构为龙头、区域性机构为基础、企业及社会检测资源为补充的检验检测体系。重点支持战略性新兴产业、现代服务业、现代农业等产业和领域检验检测能力建设，研制关键检测技术、方法和装备。在产业集聚地和主要进出口口岸规划建设一批综合性检验检测平台，增强适应产业创新和国际化发展的检验检测能力。

增强重点产业持续创新能力

（一）制造业创新能力

（1）加强制造业共性技术创新平台建设。以制造业结构调整和优化升级必需的基础工艺、基础材料、基础元器件、关键零部件和软件系统为重点，集聚、整合产业链各环节的创新资源，创新组织模式，搭建一批关键共性技术研发和工程化平台，为提升制造业新技术和新产品开发能力提供有力支撑。

（2）提高重大成套技术装备开发能力。围绕重大成套技术装备设计验证以及节能减排、资源综合利用和循环经济等关键技术开发，完善和提升产业技术创新、检测检验和系统验证服务等平台，培育发展专业化的工业设计、研发机构。完善相应的研发和推广应用体系，提升重大成套技术装备的系统设计能力和集成创新能力、配套产业的新技术和新产品开发能力。

专栏1 制造业创新能力建设重点

1.装备制造

机械基础零部件、基础工艺、高端仪器仪表、先进实用农机装备、煤机装备、海洋技术装备等设计、实验及检测，制造信息化、快速制造和再制造。

2.船舶

散货船、油船、集装箱船等传统船型升级换代，船用中低速柴油机、船用电站，高技术船舶、绿色船舶设计制造，数字化船型设计数据库。

（二）战略性新兴产业创新能力

（1）加强战略性新兴产业创新平台和标准化建设。前瞻部署一批前沿技术研发平台，完善一批产业关键核心技术创新平台，重点建设一批工程化验证平台，为培育战略性新兴产业提供有力支撑。强化战略性新兴产业知识产权与技术标准前瞻布局，支持以企业为核心的专利战略联盟和技术标准联盟建设，掌握一批主导产业发展的知识产权和有国际影响力的技术标准，抢占战略性新兴产业技术发展制高点。

（2）推进战略性新兴产业创新成果应用示范。实施战略性新兴产业创新成果应用示范工程。依托产业创新资源聚集区，布局建设一批重大成果应用示范基地，支持商业模式创新，探索政府采购支持新方式，发展产业链完善、创新能力强、特色鲜明的创新集群，提升战略性新兴产业关键技术的工程化和产业化能力。

专栏2 战略性新兴产业创新能力建设重点

1.节能环保

高效节能、低耗零排、环境安全、资源循环利用。

2.高端装备制造

航空产品、卫星载荷研制，智能控制系统、高档数控机床、轨道交通装备、深海运载和探测技术装备、深部矿产资源探测装备。

3.新能源

新一代核电装备、大型风电机组系统集成及零部件设计试验平台，新型太阳能发电、智能电网、下一代生物燃料、大规模储能。

4.新材料

新型功能材料、先进结构材料、高性能复合材料、分离膜材料、有机硅材料、纳米材料、共性基础材料。

《战略性新兴产业重点产品和服务指导目录》

2013年2月22日，国家发展和改革委员会以2013年第16号公告公布了《战略性新兴产业重点产品和服务指导目录》。该目录是根据国务院《关于加快培育和发展战略性新兴产业的决定》，国家发展和改革委员会同科技部、工信部、财政部等有关部门和地方发展改革委，在相关研究机构、行业协会和专家学者建议，并公开征求社会各方面意见的基础上，研究起草的。目录涉及战略新兴产业7个行业、24个重点发展方向下的125个子方向，共3 100余项细分的产品和服务。其中海洋装备产业相关内容如下:

一、海洋工程平台装备

物探船、工程勘察船、滋生式钻井平台、自升式修井作业平台、半潜式钻井平台、半潜式生产平台、半潜式支持平台、钻井船、浮式生产储卸装置（FPSO）、半潜运输船、起重铺管船、风车安装船、多用途工作船、平台供应船、液化天然气浮式生产储卸装置（LNG-FPSO）、深赤水立柱式平台（SPAR）、张力腿平台（TLP）、浮式钻井生产储卸装置（FDPSO）、自升式生产储卸油平台、深海水下应急作业装备及系统，多金属结核、天然气水合物等开采装备，波浪能、潮流能等海洋可再生能源开发装备，海水提锂等海洋化学资源开发装备等。

二、海洋工程关键配套设备和系统

自升式平台升降系统、深海锚泊系统、动力定位系统、FPSO单点系泊系统、大型海洋平台电钻、燃气动力模块、储能电池组系统模块、自动化控制系统、大型海洋平台吊机、水下生产设备和系统、水下设备安装及维护系统、物探设备、测井/录井/固井系统及设备、铺管/铺缆设备、钻修井设备及系统、安全防护及监测检测系统，小型高效油气水分离设备，半潜式钻井平台钻柱补偿系统及隔水管补偿系统以及其他重大配套设备。

三、海洋工程装备服务

海洋工程装备研发实验（试验）服务、工程设计和模块设计制造服务，海洋工程装备安装调试服务、维修保障服务，海洋工程装备技术咨询和交易服务、中介代理服务、信息咨询服务，海洋工程装备投资咨询服务、信贷金融服务、保险担保服务、法律服务、海洋工程风险评价、评估与排查服务等。

四、海洋环境监测与探测装备

海洋水文气象岸基与海上平台基观测台站用传感器、设备与系统，船用水文气象观测传感器、设备与系统，水文、气象与水质观测浮标，潜标、海床基、移动观测平台（AUV、ROV、滑翔器等），海洋水质与生态要素测量传感器与设备，声学测量与探测设备、光学测量与探测设备、高频地波雷达、S/C/X波段测波雷达、水位与波浪雷达、海洋型通用通讯模块、船用水文与地质调查绞车、深海通用材料与接插件等辅助设备。

五、海洋能相关系统与装备

海洋能发电机组、包括万千瓦级环境友好型低水头大容量潮汐水轮发电机组、兆瓦级潮流发电机组，百千瓦级新型波浪能发电机组。

海洋能相关系统与设备。包括海洋能开发前期水文观测、地质地形观测、勘察设备、海底电缆故障检测设备、连接器，防附着及防腐蚀材料。

海洋能装置研发公共支撑平台相关系统与设备。包括海洋能海上试验场、海洋能综合检测中心、海洋动力环境模拟试验等公共服务平台所需要的相关设备。

《船舶工业加快结构调整促进转型升级实施方案（2013–2015年）》

船舶工业是为海洋运输、海洋开发及国防建设提供技术装备的综合性产业。受国际金融危机的深层次影响，国际航运市场持续低迷，新增造船订单严重不足，新船成交价格不断走低，产能过剩矛盾加剧，我国船舶工业发展面临前所未有的严峻挑战。按照稳增长、调结构、促转型的工作要求，为保持产业持续健康发展，2013年7月31日，国务院以国发〔2013〕29号文印发了《船舶工业加快结构调整促进转型升级实施方案（2013–2015年）》。相关内容如下：

一、总体要求

（一）指导思想

全面贯彻落实党的十八大精神，以邓小平理论、“三个代表”重要思想、科学发展观为指导，立足当前，着眼长远，以加快转变船舶工业发展方式为主线，以提高发展质量和效益为中心，适应国际船舶技术和产品发展新趋势，着力改善需求结构，实施创新驱动，推动技术和产品结构升级；发挥企业市场主体作用，加强宏观调控和引导，着力推进兼并重组和转型转产，优化产业组织结构和产能结构；积极应对国际船舶市场变化，着力加强企业管理和行业服务，稳定和巩固国际市场，提高产业国际竞争力，为实现船舶工业由大到强的转变奠定坚实基础。

（二）基本原则

强化需求引导，调整产品结构。发展技术含量高、市场潜力大的绿色环保船舶、专用特种船舶、高技术船舶，发展海洋工程装备，提高船用设备配套能力，扩大国内有效需求，推动船舶产品结构升级。

实施创新驱动，提高竞争能力。推进技术创新，全面满足国际新规范、新公约、新标准要求，提高船舶设计制造水平，增强产品国际竞争力，稳定国际市场份额。实施海外投资和产业重组，开展全球产业布局，积极拓展对外发展新空间。

控制新增产能，优化产能结构。遏制产能盲目扩张，利用骨干企业现有造船、修船、海洋工程装备基础设施能力，推进大型企业重组和调整，整合优势产能；调整业务结构，鼓励中小企业转型转产，淘汰落后产能。

完善政策体系，创新体制机制。尊重市场经济规律，顺应世界船舶工业深刻调整新形势，完善船舶工业转型发展的政策体系；推进重点领域改革和体制机制创新，加强企业管理，改善行业服务，不断增强船舶工业自身发展活力。

（三）发展目标

产业实现平稳健康发展。“十二五”后三年，国内市场保持稳定增长，国际市场份额得到巩固，骨干企业生产经营稳定，船舶工业实现平稳健康发展。

创新发展能力明显增强。新建散货船、油船、集装箱船三大主流船型全面满足国际新规范、新公约、新标准的要求，船用设备装船率进一步提高。高技术船舶、海洋工程装备主要产品国际市场占有率分别达到25%和20%以上。

产业发展质量不断提高。产业布局调整优化，建成环渤海湾、长江口、珠江口三大世界级造船和海洋工程装备基地。骨干企业建立现代造船模式，造船效率达到15工时/修正总吨，单位工业增加值能耗下降20%，平均钢材一次利用率达到90%以上。

海洋开发装备明显改善。运输船队结构得到优化，渔业装备水平明显提高，科学考察、资源调查等装备配置得到加强，海洋油气资源勘探开发装备满足国内需求，邮轮游艇产品适应海洋旅游产业发展需要。

海洋保障能力显著提升。行政执法船舶配置大幅提升，调配使用效率明显提高，适应海上维权执法需要；救助、打捞船舶升级换代，航海保障能力及海上综合应急救援能力显著增强。

化解过剩产能取得进展。产能盲目扩张势头得到遏制，产能总量不增加；企业兼并重组稳步推进，产业集中度不断提高；一批大型造船基础设施得到整合，产业布局更加合理；一批中小企业转型转产，落后产能退出市场。

二、主要任务

（一）加快科技创新，实施创新驱动

开展船舶和海洋工程装备关键技术攻关，培育提高科技创新能力，增强创新驱动发展新动力。加大主流船型符合国际新规范、新公约、新标准的节能安全环保技术开发，做好宣传、培训和推广，积极参与国际标准制订，支持数字化智能设计系统等重点技术研究和应用。开展液化天然气存储技术研究，突破液化天然气船双燃料、纯气体动力技术；组织豪华邮轮总体布置、减振降噪、海上舒适度等技术以及工程项目组织管理和特殊建造工艺研究。开展深海浮式结构物水动力性能、疲劳强度分析等关键共性技术攻关，提升钻井船、半潜式平台、液化天然气浮式生产储卸装置、水下生产系统等核心装备的概念设计和基本设计水平，掌握大型功能模块的设计制造技术。突破磷虾捕捞加工船、大型拖网加工船等大型远洋渔船设计建造技术，提高金枪鱼延绳钓船、金枪鱼围网船、秋刀鱼捕捞船等远洋渔船设计建造能力。加快产品开发，建立标准化船型库，加强防撞击、适航性等技术集成应用和创新，提高行政执法和公务船舶设计制造水平。

（二）提高关键配套设备和材料制造水平

重点依托国内市场需求，推进关键船用配套设备、海洋工程装备专用系统和设备以及特种材料的制造，提高产业核心竞争力。培育中高速柴油机、小缸径低速柴油机、甲板机械等优势产品自有品牌，加快转叶式舵机、污水处理装置、压载水处理系统、油水分离机等产品产业化，提高通信导航和自动化系统制造水平。加快液化天然气船动力推进系统、低温冷藏系统、低温液货装卸系统等关键系统的研制。开展透平和原油发电机组、单点系泊系统、动力定位系统、电力推进系统、海洋平台吊机、

水下井口装置、铺管专业设备等海洋工程装备专用系统和设备研制技术攻关。推进渔船探渔、诱渔、捕捞、加工、冷藏等专用设备制造。推进行政执法和公务船舶电子、通信、导航设备产业化。发展耐腐蚀、超低温、高强度、超宽超长超薄和异形船板，海洋工程装备、海洋油气输送管线用钢等特种钢材。

（三）调整优化船舶产业生产力布局。

严把市场准入关口，严格控制新增造船、修船、海洋工程装备基础设施（船台、船坞、舾装码头），坚决遏制盲目投资加剧产能过剩矛盾。通过优化产业组织结构，推进企业兼并重组，集中资源、突出主业，整合一批大型造船、修船及海洋工程装备基础设施资源，发展具有国际竞争力的船舶企业集团。通过调整中小船厂业务结构，发展中间产品制造、修船、拆船等业务，开拓非船产品市场，淘汰一批落后产能。在不增加产能的前提下，加快实施城市老旧船厂搬迁。依托环渤海湾、长江口和珠江口地区三大造船基地发展海洋工程装备，重点发展海洋工程装备专用系统和设备，形成造船、海洋工程装备、配套设备协调发展的产业格局。

（四）改善需求结构，加快高端产品发展

鼓励老旧船舶提前报废更新。加快淘汰更新老旧远洋、沿海运输船舶，推进内河船型标准化，发展满足国际新规范、新公约、新标准的节能安全环保船舶，优化船队结构，提高航运业竞争力。

大力发展海洋工程装备。加大海洋油气资源勘探开发力度，发展钻井平台、作业平台、勘察船、工程船等海洋工程装备。鼓励骨干油气、造船企业和科研院所等成立专业化企业或联合体，培育海洋工程装备设计、系统集成和总承包能力。

加强行政执法船舶配置。增加海上行政执法船舶数量，提高配置水平，开工建造一批海上行政执法船舶，改善装备条件，充实执法力量，尽快提高海上维权执法能力。

加快海洋综合开发和应急保障船舶建造。建设专业化海上应急救援队伍，开工建造一批大型救助、打捞船舶，提高海上综合救援能力。加快开发建造一批资源勘察、环境监测、科学考察船舶，改善海上科研条件，提高海洋科考能力。依托重大海洋基础设施工程，建造一批水上工程船舶，形成规模化海上施工能力。

开拓高技术船舶市场。大力发展大型液化天然气船，提高专业化设计制造能力和配套水平。加快培育邮轮市场，逐步掌握大中型邮轮设计建造技术。完善游艇产业链条，培育豪华游艇自有品牌。

实施渔船更新改造。逐步淘汰老、旧、木质渔船，发展选择性好、高效节能的捕捞渔船。加快老旧远洋渔船更新步伐，提升远洋渔业装备水平。发挥船舶工业研发和制造优势，整合科研生产要素，提高渔船开发设计和制造水平。

（五）稳定国际市场份额，拓展对外发展新空间

加强对国际船舶市场态势、产品发展趋势以及主要造船企业发展战略的分析和研究，加大国际市场开拓力度，稳定和努力扩大国际市场份额。

支持引进船舶和海洋工程装备开发、设计核心人才和团队。支持有条件的企业通过自建、并购、合资、合作等多种方式在海外设立研发中心，支持开展海外产业重组，掌握海洋工程装备、高技术船舶、配套设备等领域的先进技术。支持大型船舶和配套企业开展全球产业布局，在海外建立营销网络和维修服务基地。

（六）推进军民融合发展

促进军用与民用科研条件、资源和成果共享，促进船舶军民通用设计、制造先进技术的合作开发，加强军用与民用基础技术、产品的统筹和一体

化发展，推动军用标准与民用标准的互通互用。引导造船企业发挥技术优势积极开拓民用特种、专用船舶市场。立足民用船舶工业基础，依托重大民品研制项目，突破关键产品、材料、加工制造设备等军工能力建设瓶颈。

（七）加强企业管理和行业服务

引导船舶企业深化内部改革，加强制度创新，夯实管理基础。加强成本和风险控制，增强应对市场变化和抵御市场风险能力。全面建立现代造船模式，加快信息化建设，推进精益造船，应用节能、节材技术和工艺，降低资源和能源消耗，提高发展质量和效益。加强船员人才队伍建设，建立严格的船员培养、选拔、考核、退出机制，提高船员综合素质，满足可持续发展需要。加强船舶行业管理，完善行业准入条件，加强国际新规范、新公约、新标准的宣传、培训和推广，发挥行业协会、专业机构等在行业自律、信息咨询、技术服务、检验检测、宣传培训等方面的重要作用。

三、支持政策

（一）鼓励老旧运输船舶提前报废更新

调整延续实施促进老旧运输船舶和单壳油轮提前报废更新政策至2015年12月31日。鼓励老旧远洋、沿海运输船舶提前报废并建造符合国际新规范、新公约、新标准要求的绿色环保型船舶。

（二）支持行政执法、公务船舶建造和渔船更新改造

支持海上行政执法船舶以及救助打捞、资源调查、科学考察等公务船舶建造，支持航海保障设施、设备的配备，支持海洋渔船更新改造，满足船舶建造和更新改造资金需求。

（三）鼓励开展船舶买方信贷业务

鼓励金融机构加大船舶出口买方信贷资金投放，对在国内骨干船厂订造船舶和海洋工程装备的境外船东提供出口买方信贷。鼓励银行业金融机构积极拓展多元化融资渠道，通过多种方式募集资金。

（四）加大信贷融资支持和创新金融支持政策

鼓励金融机构按照商业原则，做好对在国内订造船舶且船用柴油机、曲轴在国内采购的船东的融资服务，加大对船舶企业兼并重组、海外并购以及中小船厂业务转型和产品结构调整的信贷融资支持。研究开展骨干船舶企业贷款证券化业务。积极引导和支持骨干船舶企业发行非金融企业债务融资工具、企业债券等。积极利用出口信用保险支持船舶出口。优化船舶出口买方信贷保险政策，创新担保方式，简化办理流程。鼓励有条件的地方开展船舶融资租赁试点。

（五）加强企业技术进步和技术改造

引导企业加大科研开发和技术改造投入，增强高技术船舶、海洋工程装备创新能力，开展生产工艺流程改造，加强高技术船舶、海洋工程装备、船用设备专业化能力建设，以及技术引进、消化吸收再创新和填补国内空白的产业化项目建设。

（六）控制新增产能，支持产能结构调整

地方各级人民政府及其有关部门不得以任何名义核准、备案新增产能的造船、修船和海洋工程装备基础设施（船台、船坞、舾装码头）项目，国土、交通、环保等部门不得办理土地和岸线供应、环评审批等相关业务，金融机构不得提供任何形式的新增授信支持。地方各级人民政府要立即组织对船舶行业违规在建项目进行认真清理，对未批先建、边批边建、越权核准的违规项目，尚未开工建设的，不准开工，正在建设的项目，要停止建设；国土、交通、环保部门和金融机构依法依

规进行处理。对停建的违规在建项目，按照谁违规谁负责的原则，做好债务、人员安置等善后工作，区分不同情况，采取相应的措施，进行分类处理。对已经建成的违规产能，根据有关法律法规和行业准入条件等进行处理。在满足总量调控、布局规划、兼并重组等要求的条件下，推动整合提升大型基础设施能力。加快淘汰落后产能，支持企业转型转产。

《国务院关于化解产能严重过剩矛盾的指导意见》

为积极有效地化解钢铁、水泥、电解铝、平板玻璃、船舶等行业产能严重过剩矛盾，同时指导其他产能过剩行业化解工作，2013年10月，国务院以国发〔2013〕41号文印发了《关于化解产能严重过剩矛盾的指导意见》。相关内容如下：

一、主要任务

（一）努力开拓国内市场需求

扩大国内有效需求。适应工业化、城镇化、信息化、农业现代化深入推进的需要，挖掘国内市场潜力，消化部分过剩产能。推广钢结构在建设领域的应用，提高公共建筑和政府投资建设领域钢结构使用比例，在地震等自然灾害高发地区推广轻钢结构集成房屋等抗震型建筑；推动建材下乡，稳步扩大钢材、水泥、铝型材、平板玻璃等市场需求。优化航运运力结构，加快淘汰更新老旧运输船舶。

着力改善需求结构。强化需求升级导向，实施绿色建材工程，发展绿色安全节能建筑，制修订相关标准规范，提高建筑用钢、混凝土以及玻璃等产品使用标准，带动产品升级换代。推动节能、节材和轻量化，促进高品质钢材、铝材的应用，满足先进制造业发展和传统产业转型升级需要。加快培育海洋工程装备、海上工程设施市场。

（二）积极拓展对外发展空间

巩固扩大国际市场。鼓励企业积极参加各类贸易促进活动，创新国际贸易方式。拓展对外工程承包领域，提升对外承包工程质量和效益，积极承揽重大基础设施和大型工业、能源、通信、矿产资源开发等项目，带动国内技术、装备、产品、标准和服务等出口，培育“中国建设”国际品牌。适应国际新规范、新公约、新标准要求，增强节能环保船舶设计制造能力，稳定船舶出口市场。

扩大对外投资合作。鼓励优势企业以多种方式“走出去”，优化制造产地分布，消化国内产能。建立健全贸易投资平台和“走出去”投融资综合服务平台。推动设立境外经贸合作区，吸引国内企业入园。按照优势互补、互利共赢的原则，发挥钢铁、水泥、电解铝、平板玻璃、船舶等产业的技术、装备、规模优势，在全球范围内开展资源和价值链整合；加强与周边国家及新兴市场国家投资合作，采取多种形式开展对外投资，建设境外生产基地，提高企业跨国经营水平，拓展国际发展新空间。

（三）增强企业创新驱动发展动力

突破核心关键技术。利用市场机制和经济杠杆倒逼企业增强技术创新的内在动力，推动企业转型和产业升级，提升以产品质量、标准、技术为核心要素的市场竞争力。着力构建以企业为主体、市场为导向、产学研相结合的技术创新体系，集中精力突破、掌握一批关键共性技术。鼓励企业实施技术改造，推广应用更加节能、安全、环保、高效的钢铁、电解铝、水泥、平板玻璃工艺技术，提升高技术船舶、海洋工程装备设计制造能力。

二、分业施策

船舶。提高海洋开发装备水平，加强海洋保障能力建设，充分挖掘航运、海洋工程、渔业、行政执法、应急救援等领域船舶装备的国内需求潜力，调整优化船舶产品结构。加大出口船舶信贷金融扶持，鼓励有实力的企业建立海外销售服务基地。提高满足国际新规范、新公约、新标准的船舶产品研发和建造能力，鼓励现有造船产能向海洋工程装备领域转移，支持中小企业转型转产，提升高端产能比重。提高行业准入标准，对达不到准入条件和一年以上未承接新船订单的船舶企业实施差别化政策。支持企业兼并重组，提高产业集中度。

《船舶行业规范条件》

为进一步加强船舶行业管理，化解产能过剩矛盾，加快结构调整，提升技术水平，促进转型升级，引导船舶工业持续健康发展，2013年11月4日，中国工业和信息化部发布了《船舶行业规范条件》。全文内容如下：

一、总则

（1）为进一步加强船舶行业管理，化解产能过剩矛盾，加快结构调整，促进转型升级，引导船舶工业持续健康发展，根据国家有关法律法规、产业政策和行业规划，制定本规范条件。

（2）国家鼓励企业做优做强，加强技术和管理创新，全面建立现代造船模式，提高船舶设计制造水平、生产效率和产品质量，提升环境保护、安全生产和职业健康管理水平，降低资源和能源消耗，淘汰落后产能。

（3）国家对符合本规范条件的船舶建造企业实行公告管理，企业按自愿原则进行申请。

（4）本规范条件适用于中华人民共和国境内（台湾、香港、澳门地区除外）符合CB/T 3000《船舶生产企业生产条件基本要求及评价方法》（以下简称CB/T 3000标准）定义的钢质一般船舶生产企业。

二、基本要求

（1）具有独立法人资格，取得工商行政管理部门核发的、经营范围包括船舶建造的有效企业法人营业执照。

（2）符合国家产业政策要求，禁止生产国家明令淘汰的产品，禁止使用国家明令淘汰的设备、材料和生产工艺。

（3）应具有生产场所用地长期的合法土地使用权，生产用地面积应与企业的生产规模相适应。

三、生产设施、设备和计量检测要求

（1）应具备与所建造船舶相适应的岸线、船台或船坞、舾装码头、起重设施、涂装设施、厂房和仓库，并应具有良好的交通环境及供电、供水、供气能力。

（2）应具备与生产规模相适应的船体加工设备、机加工设备、喷涂设备等主要生产设备，其性能和精度应能满足船舶建造的要求。

（3）应具备满足船舶建造要求的检测手段和检测仪器设备，包括密性试验用设备、倾斜试验用设备、无损检测设备、测厚仪、理化实验设备等检测设备及各类计量器具。

四、建造技术能力要求

（1）企业的造船生产应满足现代总装造船的要求，具备以中间产品组织生产为基本特征的总装造船体系和作业流程。造船生产管理体制和生产组织形式应与作业流程、工程分解方式相适应。

（2）应按照精细化管理和准时化生产的要求建立工程计划管理体系，能够进行生产能力测算、生产资源与生产任务的量化平衡分析，具有企业标准作业周期和作业指导书。

（3）应设有专门的生产设计部门，具有现代造船生产设计能力，建立区域生产设计模式，船、机、电等专业能够按区域配套出图，为区域造船提供完整、准确、可靠的工艺信息、生产信息、物量信息和管理信息。

（4）应具有与总装化建造技术相适应的信息化管理和信息集成能力，建立船舶建造基础数据管理体系和分析系统，企业资源计划（ERP）系统普及率应达到80%以上，数字化设计工具普及率应达到85%以上，关键工艺流程数控化率应达到70%以上。

（5）企业主要生产技术指标应达到：造船综合能耗每万元增加值不高于0.20吨标准煤，钢材综合利用率达到90%以上，焊接自动化和半自动化率达到65%以上，涂敷系数不高于2.2，分段无余量制造率不低于70%，分段上船台（进坞）无余量搭载率不低于80%，下水（出坞）前舾装工程完整率不低于80%。上述指标评定按照CB/T 4335《船舶建造技术水平评估方法》执行。

五、技术创新和产品要求

（1）企业应具有自主研发和创新能力，具有省级及以上部门认定的企业技术中心、工程研究中心、重点实验室等研发机构，年度研发经费投入不低于主营业务收入的2%。

（2）企业所建造的船舶产品应符合相关的标准、规范和国际公约，以及国家有关法律法规和安全、环保、节能等方面的要求。

（3）企业所建造的船舶应按照要求通过船舶检验机构的审图、相关建造工艺认可，完成船舶建造各阶段验收，获得船舶检验合格证书。

（4）应具有完整的售后服务管理体系和保修（包修）制度，为用户提供相应的技术咨询、技术培训和维修服务。

六、人员要求

（1）企业领导中应有专人负责技术、质量管理工作，并具有相应的技术职称和主管相关工作的经验。

（2）应配有适任的、能覆盖船体、船机、船电等专业的技术、检验和检测人员。

（3）应具有与生产规模和所建造的船舶相适应的技术工人，全部船舶焊工均应持有船舶检验机构颁发的焊工证书，持证上岗。无损检测人员应具备相应的资质，持证上岗。

（4）应建立企业发展规划、经济分析、风险控制、市场营销等方面的专业化管理队伍。

七、质量保证体系

（1）应按ISO 9000系列标准或GB/T 19000系列标准的要求建立质量管理体系，并通过第三方认证。

（2）应制定企业质量方针及质量目标，并建立采购质量控制制度、过程质量控制制度、库房及原材料管理制度、质量信息管理制度、技术管理制度、外包（外协）管理制度等。

（3）应建立与所建造船舶相适应的质量检验部门并配备专职质检人员，质检人员应具备相关岗位任职资格。归档保存船舶建造过程中全部检验资料和全套完工图样，交付时应有船舶检验机构颁发的检验合格证书，并建立质量追溯和责任追究体系。

八、安全生产、节能环保、职业健康和社会责任

（1）企业应按AQ/T 7008《造修船企业安全生产标准化基本要求》和相关规定的要求，开展安全生产标准化建设工作，并通过安全生产标准化达标评审。近两年内未发生重大安全责任事故。

（2）企业应按ISO 14000系列标准或GB/T 24000系列标准、ISO 50001或GB/T 23331《能源管理体系 要求》建立环境管理体系和能源管理体系并获得第三方认证，建立环境保护和资源节约利用规章制度，制定能耗限额标准和节能减排措施，落实单位产品生产能耗限额标准。企业生产过程产生的废水、废气、固体废弃物以及粉尘、噪声等处理要符合国家规定的标准。新建、改扩建项目应严格执行建设项目环境影响评价管理制度，落实各项环境保护措施，并应通过环境保护部门验收。

（3）企业应按OHSAS 18000系列标准或GB/T 28000系列标准建立职业健康安全管理体系并获得第三方认证，并按照《职业病防治法》的规定，开展建设项目职业卫生"三同时"工作，设置完善的职业病防护设施，确保工作场所各种职业病危害因素浓度（强度）符合国家规定的标准，并做好职业健康监护及档案管理工作。

（4）企业应合法、诚信经营，依法纳税，用工制度应符合《劳动合同法》的规定，并按国家有关规定交纳各项社会保险费。

九、规范管理

1. 企业规范条件的申请、审核及公告

（1）工业和信息化部负责船舶行业规范管理工作。申请企业须编制《船舶行业规范条件申请报告》（要求附后）并按要求提供相关材料，通过本地区船舶工业行业主管部门向工业和信息化部申请，其中中央企业（集团）总公司所属企业通过所在企业（集团）总公司向工业和信息化部申请，并抄送企业所在地省级船舶工业行业主管部门。

（2）各省、自治区、直辖市船舶工业行业主管部门负责对本地区船舶企业的申请进行初审，中央企业（集团）总公司负责对所属船舶企业的申请进行初审。初审须按规范条件要求对企业的相关情况进行核实，提出初审意见，附企业申请材料报送工业和信息化部。

（3）工业和信息化部委托相关行业组织、专业机构等依据规范条件组织专家对申请企业进行评审。

（4）工业和信息化部对通过评审的企业进行审查并公示，无异议后予以公告。

2. 工业和信息化部对公告企业名单进行动态管理

地方各级船舶工业行业主管部门、中央企业（集团）总公司每年要对本地区或所属企业执行规范条件

的情况进行监督检查。工业和信息化部对公告企业进行抽查。鼓励社会各界对公告企业规范情况进行监督。公告企业有下列情况的将撤销其公告资格：

(1)填报相关资料有弄虚作假行为的；

(2)拒绝接受监督检查的；

(3)不能保持规范条件的；

(4)发生重大责任事故、造成严重社会影响的。

撤销公告资格的，应当提前告知有关企业，听取企业的陈述和申辩。

3. 对不符合规范条件的企业应按照规范条件要求进行整改

各地应综合运用经济、市场和法律手段，积极推动企业改进和完善生产条件，促进企业兼并重组，加快淘汰落后产能。

4. 列入公告的企业名单将作为相关政策支持的基础性依据

对未列入公告名单的企业，相关政策将不予支持。

十、附则

(1)对本规范条件的第五至第十条、第二十至二十六条，应按照CB/T 3000标准的相关规定进行审查。

(2)本规范条件所引用的标准均以最新有效版本为准。

(3)本规范条件由工业和信息化部负责解释，并根据行业发展情况适时进行修订。

(4)本规范条件自2013年12月1日起实施。

《浙江舟山群岛新区发展规划》

2013年1月17日，国务院正式批复《浙江舟山群岛新区发展规划》。相关内容如下：

一 总体要求

(1) 发展目标

立足综合优势，围绕战略定位，未来10–20年，舟山群岛新区要推进实现五个方面的总体目标：

大宗商品储运中转加工交易中心。将舟山群岛新区建设成为上海国际航运中心的重要组成部分和大宗商品储运中转加工交易中心，全力打造国际物流枢纽岛，进一步提高对国家战略物资供应安全的保障能力。东部地区重要的海上开放门户。充分发挥舟山港综合保税区的功能、政策优势，集聚国际贸易、金融、航运、科技等方面的人才和资源，将舟山群岛新区打造成为对外开放门户岛，进一步提高我国东部沿海地区的对外开放水平。

重要的现代海洋产业基地。加快汇集产业、资金和人才，建设海洋科技研发和成果转化基地，发展技术领先、产品高端、特色鲜明的海洋产业集群，将舟山群岛新区打造成为海洋产业集聚岛，进一步提高我国海洋产业的总体实力。

海洋海岛综合保护开发示范区。统筹推进资源环境可持续开发利用，在严格保护风景名胜资源和符合风景名胜区规划的前提下，加强海洋旅游综合改革试验区、生态海岛城市建设，将舟山群岛新区打造成为国际生态休闲岛，进一步创新我国海洋海岛综合保护开发的体制机制。

陆海统筹发展先行区。站在全局和战略高度，综合考虑陆海资源配置、基础设施连通、产业项目对接、生态环境统筹等重大事项，推进魅力独具、山海兼胜、人海和谐的城市建设，将舟山群岛新区打造成为海上花园城，进一步探索陆海统筹发展的新路径。

围绕上述总体目标，舟山群岛新区发展的阶段性目标为：

到2015年，大宗商品交易平台、海陆联动集疏运网络、金融和信息支撑系统“三位一体”的港航物流服务体系建设取得重大突破，现代海洋产业体系框架基本形成，产业空间布局更加合理，海洋生态环境保护能力持续加强。海洋生产总值年均增长17%以上。海洋科技创新成果转化体系、城乡一体化制度体系基本形成，教育现代化基本实现。区域性服务功能明显提升，海上开放门户作用明显增强，港口货物年吞吐量达到4亿吨以上。

到2020年，海洋生产总值年均增长20%左右，港口货物年吞吐量达到6亿吨以上。海洋经济竞争能力和辐射功能显著增强，海洋科技与产业化发展水平全面提升，海洋生态环境进一步改善。全面实现教育现代化，成为全国重要的海洋科技研发和成果转化中心。国际物流枢纽岛、对外开放门户岛、海洋产业集聚岛、国际生态休闲岛和海上花园城建设初具成效。

到2030年，开放型经济体系进一步完善，建成国际领先的现代海洋产业体系。人民生活富裕，人海关系和谐，经济社会综合发展水平走在全国前列。基本实现国家对舟山群岛新区发展的战略定位和发展目标。

二、空间布局

根据舟山群岛新区的战略定位和发展目标，依托独特的区位条件、资源禀赋、生态环境容量、发展基础和潜力，科学优化空间布局，充分发挥比较优势，着力构建功能定位清晰、开发重点突出、产业布局合理、集聚效应明显、陆海协调联动的“一体一圈五岛群”总体开发格局。

（一）优化提升开发开放主体区域

舟山岛产业基础较好、城镇化水平较高，是舟山群岛新区开发开放的主体区域，也是舟山海上花园城市建设的核心区，要重点构筑“南生活、中生态、北生产”三带协调、功能清晰的发展格局。

北部海洋新兴产业带。在小沙镇至展茅街道区域范围内，重点发展临港装备制造、海洋生物、海洋探测装备、高端海洋电子信息、水产品精深加工等海洋新兴产业，加快形成产业转型升级先导区和海洋新兴产业集聚区。

（二）积极构筑五大功能岛群

根据岛屿自身特点，合理确定主体功能和开发利用方向，培育形成内涵丰富、特色鲜明、布局合理的五大功能岛群，为舟山群岛新区全面发展提供重要支撑。

六横临港产业岛群。以六横岛为核心，包括虾峙岛、佛渡岛、东白莲岛、西白莲岛、凉潭岛、湖泥岛等。现有企业重点发展高端特种船舶，积极发展港口物流、大宗商品加工等临港产业和海水淡化、深水远程补给装备、海洋新能源等海洋新兴产业。

三、建设现代海洋产业基地

围绕建设具有国际竞争力的现代海洋产业基地，加快培育海洋新兴产业，大力发展海洋服务业，改造提升传统海洋产业，做大做强一批具有区域特色和发展潜力的海洋支柱产业。

（一）海洋工程装备与船舶产业

大力发展海洋工程装备制造业。依托现有基础，建设海洋工程装备修造基地，培育国际领先的海洋工程装备制造业，大力发展深水勘探、深水生产、远洋应急救援、深水远程补给等装备产品。加强国内外合作，引进国际先进技术，重点发展自升式钻井平台、深水半潜式平台、浮式生产储油装置以及海洋工程装备关键系统和配套设备，提高本土化率，促进动力和配套装备技术跨越发展。

整合提升船舶工业。以大型集装箱船、大型液化石油气船、液化天然气船、豪华邮轮、游艇、远洋渔船、特种船舶等高技术、高附加值船舶为重点，集中力量研发现代造船技术，开发绿色环保新船型。积极发展大型甲板机械、舱室设备、船用通讯导航及自动化装置、船用电子产品等船配产品，加快关键产品国产化进程。提高绿色节能环保船舶修理改装和拆解能力。

（二）海洋资源综合开发利用产业

促进东海油气资源和大洋勘探开发，积极发展海洋新能源，大力推进海水综合利用，切实提高海洋资源综合开发利用效益。

积极利用东海油气和深海矿产资源。建设东海油气登陆、中转、储运、加工基地及作业补给、装备供应等后方服务基地，增强东海油气开发后方支持能力。设立大洋勘探基地，加强大洋深海资源及相关科学研究，积极建设海洋环境探测与监测、海洋资源勘探与利用、深海作业等领域的技术研发和装备制造基地，扶持发展大洋勘探开发业。推动建设远洋矿产资源接收储运与研发加工基地，提高深远海矿产资源开发和战略性资源接收储运加工能力。

开发利用海洋新能源。以嵊山、摘箬山、东极等海岛为主，建设具有示范意义的清洁能源岛，积极推进海上风能、太阳能、波浪能等新能源耦合开发与应用，推进风能、太阳能、柴油发电及储能蓄电池等综合利用工程。探索潮流能、潮汐能规模化开发，扩大海洋能利用范围。积极开展天然气水合物的勘查和开发利用研究。

大力推进海水综合利用。积极发展海水淡化及综合利用产业，加快建设海水淡化示范城市。将海水淡化作为水资源的重要来源，高耗水工业项目要优先使用海水淡化水作为工业用水水源；积极开展海水淡化水进入市政供水系统试点工作，在满足相关指标要求、确保人体健康的前提下，允许海水淡化水依法进入市政供水系统。鼓励海水直接利用和循环利用。

建设摘箬山岛清洁能源研发试验基地、长白岛清洁能源综合应用示范岛、长峙岛光电应用示范岛、龟山航道潮流能研发及产业化基地、舟山近海风电场、六横海水淡化以及LNG发电厂等项目。

《临港地区中长期发展规划》

本着2020年将临港地区基本建成高端制造要素高度集聚、先进制造业与现代服务业高效联动的“智造城”，宜业宜居、产城融合的现代化滨海新城，我国战略性新兴产业和先进海洋经济发展的示范基地，以及资源节约型、环境友好型的国家新型工业化示范基地的目标，2013年4月17日，上海市人民政府以沪府发〔2013〕30号文印发了《临港地区中长期发展规划》，相关内容如下：

为加快临港地区开发建设，为上海未来发展提供有力支撑，根据《国务院关于推进上海加快发展现代服务业和先进制造业建设国际金融中心和国际航运中心的意见》、《长江三角洲地区区域规划》、

《上海市国民经济和社会发展第十二个五年规划纲要》、《上海市主体功能区规划》、《上海市海洋功能区划（2011–2020年）》、《关于在临港地区建立特别机制和实行特殊政策的意见》、《上海市临港新城总体规划（2003–2020年）》等编制本规划。

本规划范围为，北至大治河，西至G1501高速公路–奉贤浦东新区界–浦东铁路四团站（平安站）预控制用地–三团港接规划两港大道接中港，东、南至规划海岸线围合区域。由主城区、重装备产业区和物流园区、主产业区、综合区以及临港奉贤园区组成。规划总面积315.6平方公里。

一、发展基础和机遇挑战

（一）10年开发取得明显成效

临港地区按照高端装备制造基地和国际航运中心重要组成部分的定位，以及体现国家战略、体现上海优势、体现国际竞争力的总体要求，经过10年的开发，在经济发展、城市建设、社会民生等方面取得了明显成效。

（1）高端产业加快集聚。以“高端制造”、“极端制造”项目为带动，先进制造业发展取得了积极进展。到2012年底，累计吸引产业投资720亿元，工业总产值年均增幅达到45%，税收收入年均增幅超过22%，基本形成了发电及输变电设备、大型船舶关键件、海洋工程装备、汽车整车及零部件、大型工程机械制造等五大装备产业，并积极探索循环经济发展模式。临港产业区先后被国家有关部门批准为“新型工业化装备产业示范基地”和“新型工业化航空产业示范基地”。

（2）航运功能逐步增强。自2005年国务院正式批准设立洋山保税港区，特别是国务院有关文件明确建设洋山保税港国际航运发展综合试验区以来，洋山保税港区各项经济指标快速增长，功能创新取得突破。目前，洋山保税港区已顺利实现从传统保税仓储向航运综合服务的功能升级，吸引大批颇具实力的航运物流企业落户港区，成为众多跨国公司面向亚太、欧美的分拨、配送中心，逐渐形成有色金属类大宗商品的集散中心。

（3）新城建设进展顺利。新城一期开发基本完成，城市生态环境、基础设施、功能项目布局建设加快推进。滴水湖、城市公园、道路绿化等环境建设成效明显，城区绿地覆盖率超过40%。城市供水和污水系统、电讯工程、天然气重压管线、防汛大堤等重点工程相继完成，沪芦高速、G1501绕城高速、两港大道实现通车，总长度约50公里的中心区骨架道路建成竣工。行政中心、海事大学、海洋大学、部分“城市岛”居住小区、假日酒店、博物馆等项目相继落成，商业、电信、邮政等配套服务逐步建立，上海中学东校、上海第六人民医院东院等优质教育、医疗资源顺利引进，影视文化、休闲旅游等新兴服务业得到初步发展。

（4）社会民生持续改善。临港地区的开发建设带动了泥城、万祥、书院、四团等镇的发展，区域内居民生活水平明显提升。临港地区开发建设以来，累计建成普通商品住房99万平方米、征收安置住房（动迁安置房）472万平方米。失地农民的社会保障和劳动培训得到加强。芦潮港、泥城、万祥、书院四个城市新社区的建设有序推进，基础设施配套和公共服务能力明显提高。芦潮港桃花公园、书院体育公园、泥城滨河文化公园等生态项目加快启动。

（二）未来发展面临重大机遇和挑战

当前，国内外环境发生深刻变化，临港地区下一轮发展面临着新的重大机遇。

（1）国内外经济出现新趋势和新特点，临港地区在全市先进制造业发展中可以大有作为。新一轮工业革命正在全球范围内兴起，我国把加快培育战略性新兴产业作为“十二五”转型发展的重要任务。临港地区是杭州湾北岸先进制造业集聚带的核心区域，是本市发展战略性新兴产业和先进制造业的重要基地，可以凭借上海较强的综合经济实力、科技实力和人才优势，在制造业提升和相关产业融合发展中大有作为。

（2）“四个中心”国家战略实施进入关键时期，临港地区有能力发挥更大作用。“四个中心”国家战略深入实施，临港地区拥有国际航运发展综合试验区的政策优势和连接洋山深水港、浦东航空港的区位优势，有较大的政策创新需求，也有促进航运、贸易、金融融合发展并催生新兴业态，以及促进海港、空港联动发展的条件，可以在上海“四个中心”建设特别是国际航运中心和国际贸易中心建设中发挥更加重要的作用。

（3）国家加快实施海洋战略，临港地区有条件成为上海发展海洋经济的前沿阵地。我国实施海洋战略的步伐不断加快，上海作为我国经济中心城市和重要沿海城市，拥有良好的海洋科技基础。服务国家战略、发展海洋经济，是上海的重要使命。临港地区通江达海，海洋资源相对集中，海洋产业已具备一定基础，上海临港海洋高新技术产业化基地获“国家科技兴海产业示范基地”称号，有条件打造成一座真正意义的海洋城，推动上海从“大江时代”逐步走向“大海时代”。

（4）杭州湾发展格局呈现新的变化，临港地区有机会成为重要节点城市。杭州湾地区拥有浦东、舟山两个国家级新区以及洋山港、宁波港两大港口，长江桥隧和崇启大桥已先后建成通车，连接江、浙的国家铁路沿海大通道建设正在积极推进，上海也提出了建设沿海滨江产业发展带的发展设想。临港地区有机会将区位劣势转变为区位优势，成为服务两大新区、两大港口以及杭州湾北岸、兼具集聚和辐射功能的综合性节点城市。

与此同时，临港地区开发建设也面临着人气不足、产城融合程度不够、产业国际竞争力不强等挑战和瓶颈。克服这些瓶颈问题，必须处理好四个关系。一是产业发展和城市发展之间的关系。要充分发挥产业发展和城市发展的协同效应，进一步加强产城融合。二是先进制造业为主和产业多元发展之间的关系。临港地区既要坚持高端装备制造基地的定位，又要进一步拓展功能定位，以支撑300多平方公里区域的发展需要。三是自身发展和区域联动之间的关系。既要着力促进内部港、城、区、镇一体化发展，又要进一步发挥两区合并效应，努力加强与杭州湾北岸其他区和重点新城，及浙江宁波、舟山等地区的联动发展，为临港地区发展赢得更多战略资源和发展空间。四是统筹开发和聚焦重点之间的关系。临港地区区域面积广、管理跨度大、开发任务重，既要增强整个地区开发建设的协同性和统筹性，也要以重点区域为突破口，选择若干核心区和先行区引领开发，形成以点带面、梯次推进的科学开发格局。

二、功能定位、指导思想、主要目标和功能布局

（一）功能定位

坚持体现国家战略、体现上海优势、体现国际竞争力的总体要求，着眼于加快集聚高端制造业、集聚创新创业人才、强化产城融合，进一步拓展以港兴城的内涵，进一步发挥两区合并的联动效应，加快推动临港地区成为上海面向未来、科学发展的重要引擎。具体为4个方面：

（1）国家新型工业化产业示范基地。按照上海创新驱动、转型发展的总方针，顺应国际制造业技术变革的发展趋势，打造以高端装备制造为核心

的先进制造业战略高地，推动信息化和工业化深度融合，促进生产性服务业和先进制造业融合发展，加强产业集群发展，强化高端制造、研发创新功能，促进研发孵化、生产制造、示范应用、教育培训、公共服务平台的一体化发展。根据国家发展战略性新兴产业的战略部署，大力推进高新技术产业化，打造代表国家水平的战略性新兴产业创新引领区和产业集聚区，推动“上海制造”向“上海智造”转变。

（2）国际航运中心和国际贸易中心的重要载体。抓住上海全力推进“四个中心”建设的历史机遇，发挥上海国际航运发展综合试验区的政策优势，依托临港地区连接洋山深水港、浦东航空港的枢纽地位，着力增强临港地区服务海港、空港的功能，加快集聚各类高端航运要素资源。配合自由贸易试验区建设，促进中外贸易主体集聚，促进贸易要素通畅流动，统筹国际和国内市场，统筹货物和服务贸易，进一步提高贸易投资便利化水平。加快推动航运、贸易、金融在临港地区的融合发展，以航运和贸易发展促进金融创新、以金融创新提升航运和贸易能级，使临港地区成为国际航运中心和国际贸易中心建设的重要载体。

（3）海洋经济的示范基地。贯彻国家发展海洋经济的重大战略部署，充分利用临港地区两面环海的区位优势和领先的海洋科技实力，加强与舟山新区的联动和错位发展，以深海远洋为目标，以海洋科技创新为核心，加快建设集海洋科技研发、海洋设备制造、海洋服务和海洋文化等多功能于一体的先进海洋经济产业示范基地，加快发展海洋渔业，优化提升海洋产业能级，推动海洋产业成为上海未来新的经济增长点。

（4）产城融合、功能多元的滨海新城。抓住长三角一体化发展加快和杭州湾地区联动发展的重要机遇，立足本市“十二五”规划纲要中提出的把临港建设成为综合性现代化滨海城市的战略定位，完善公共服务和商业配套功能，大力发展生产性服务业和生活性服务业，践行绿色低碳的发展理念，打造新一代信息技术广泛应用的智慧城区，培育文化创意创新氛围，促进生产、生活、生态的融合发展，把临港地区建设成为服务优质高效、充满活力的创新创业人才集聚区和配套完善、生活便捷、功能多元的现代产城融合发展示范区。

（二）指导思想

以科学发展观为指导，贯彻落实创新驱动、转型发展的总方针，积极拓展以港兴城内涵，充分发挥两区合并效应，依托浦东综合配套改革试点先行先试的优势，通过实施特殊体制、特殊政策，优先完善城市功能、优先鼓励创新创业，更加注重集聚高端制造业、集聚创新创业人才和强化产城融合，努力成为推动上海加快转型发展的重要引擎。要坚持以下发展原则：

（1）高端多元原则。立足全市转型发展方向和产业总体布局，把握新一轮产业和科技发展趋势，着力提升自主创新能力，打造“上海智造”品牌和以高端装备制造为核心的先进制造业战略高地。推动产业多元发展，形成先进制造业为核心、战略性新兴产业为引领、现代服务业共同发展的产业发展格局。将以港兴城内涵从海港深化拓展至空港、信息港、国际人才自由港及渔港，培育新的发展增量。

（2）功能引领原则。坚持产城融合、重在功能，把大幅提升城市功能作为产业发展和集聚人气的重要条件。着力完善商业配套功能，加快推进城市交通、智慧城区等基础设施和公共配套建设，不断增强教育、医疗、文化等公共服务功能，营造功能完备、宜业宜居、文化氛围浓郁、品质不低于中心城区的生活环境，进一步增强临港地区的吸引力。

（3）人才优先原则。以满足人的需求和提升对人的服务为重点，加快集聚人气，加快吸引创新创业人才，努力克服人力资源短缺的不足。注重规划引导，提升城市魅力，营造文化氛围，充分发挥符合功能导向的产业项目在集聚人气和吸引人才方面的作用，实现产业、人口、城市建设的全面协调发展。

（4）区域联动原则。把区域联动发展作为寻求临港地区发展增量、拓展临港地区发展空间、优化临港区位条件的重要手段。加强港、城、区、镇统筹规划和功能互补，积极寻求与浦东空港、张江、金桥、迪士尼等区域，杭州湾北岸其他区和重点新城，以及浙江宁波、舟山等地区联动发展，实现多方共赢。

（5）绿色发展原则。以生态文明建设为指引，按照建设生态宜居城市的目标，在城市规划、产业发展、城市基础设施建设与管理、生态环境建设与保护等各方面贯彻生态文明和绿色发展理念，努力形成绿色低碳的生产生活方式，加快建设成为资源节约型、环境友好型城市，实现生产、生活、生态的融合发展。

（三）主要目标

按照党的十八大关于新型工业化、信息化、城镇化、农业现代化和推进生态文明建设的基本要求，以及世界城市发展的新趋势，临港地区发展的长期目标是打造成为智慧低碳、生态宜居、面向国际、面向未来的综合性节点城市。到2020年，临港地区要基本建成高端制造要素高度集聚、先进制造业与现代服务业高效联动的“智造城”，宜业宜居、产城融合的现代化滨海新城，我国战略性新兴产业和先进海洋经济发展的示范基地，以及资源节约型、环境友好型的国家新型工业化示范基地。

（1）基本形成高端新兴、集群多元的现代产业发展格局。先进制造业竞争能力持续增强，战略性新兴产业实现新的突破，生产性服务业和生活性服务业发展加快，海洋经济成效显现。航运服务功能显著提升，航运、贸易、金融融合发展态势明显，对上海“四个中心”建设的支撑能力进一步增强。

（2）基本形成功能完善、方便快捷的现代基础设施体系。区域交通外联内畅服务能力明显提升，基本形成空间布局合理、结构层次清晰、功能衔接顺畅的现代综合交通网络。出行方式以公共交通为主，大力倡导绿色交通，全面实现低碳环保出行。水、电、气等基础设施建设加快推进，信息化基础设施建设标准全市领先，基础设施管理水平不断提高。

（3）基本形成多领域、多层次的公共服务体系。教育、医疗、文化、体育等基本公共服务的能力和水平不断提升，满足多样化需求的高端服务资源进一步集聚，商务服务配套等基础设施加快建设。各项社会保障制度和就业服务体系不断完善。公共租赁房和限价商品房建设成效显现，现代化的社区管理水平稳步提升。

（4）基本形成绿色低碳、生态宜居的城市环境体系。节能、节地、节水、节材和环保技术全面推广，空气质量持续优化，绿化覆盖率不断提高，生活垃圾全部无害化处理，生态环境建设和保护取得明显成效。常住人口达到80万左右。

（四）功能布局

在坚持临港新城总体规划和分区规划基本不变、坚持城市总体结构和形态结构基本不变的基础上，结合临港地区空间现状和发展导向，对原来“大产业区、大生活区”的布局进行细化，重点构建“一轴、两带、双核、四片”的功能布局，并聚焦部分基础相对较好、有条件在短期内快速集聚人气的区域进行重点开发。

（1）一轴：城市发展主轴。沿临港大道和轨道交通16号线，重点展现城市建设风貌，聚集主要服务设施。

（2）两带：产业发展带和文化生活发展带。其中，产业发展带连接重装备产业区中心区、泥城社区、主产业区核心区、书院社区和综合区，重点发展先进制造业和生产性服务业；文化生活发展带连接综合区、主城区、洋山保税港区陆域部分和芦潮港社区，重点为产业区提供完善的城市服务功能配套。

（3）双核：围绕16号线临港北站和围绕滴水湖，重点发展会展、金融、采购、总部研发等生产性服务业，重点提升城市服务功能，展现城市宜居宜业的环境氛围。

（4）四片：主城区、主产业区、综合区和重装备产业及物流园区（包括奉贤分区在内）四片分区。通过拓展各片区的复合功能，最终形成各片区特色鲜明、功能复合，整个区域产城深度融合的大格局。其中，主城区是为港、城、区、镇提供全方位、高品质城市服务功能的核心区，重点发展居住、教育、医疗、商业商贸、文化体育、休闲娱乐等生活性服务业，积极培育发展航运、金融、文化创意、旅游会展、软件信息以及相关生产性服务业；主产业区是上海高端装备制造业基地的重要组成部分，重点发展先进制造业和战略性新兴产业，积极培育研发、设计、维修等生产性服务产业，进一步增加餐饮、住宿、文化等基本城市配套服务功能；综合区是创新创业园区和主城区城市服务功能的延伸区，着重发挥高品质生态环境优势，加快新一代信息技术、轻型制造等产业发展，积极培育发展旅游度假、运动休闲、居住和创意研发等产业；重装备产业及物流园区是上海高端装备制造业基地的主体部分，着重依托先进制造业基础和港区、岸线资源，积极发展先进制造业、战略性新兴产业，以及现代物流等相关服务业。

三、重点任务

（一）坚持高端新兴导向，推进产业多元发展

坚持高端多元原则，以提高产业国际竞争力为核心，争取国家支持，积极扩大开放，加快发展先进制造业和战略性新兴产业，大力发展现代服务业，积极发展海洋经济，推进产业联动开发。

（1）加快发展先进制造业和战略性新兴产业。以发展高端装备制造业为基础，以集聚为导向，以研发、创新、增值为重点，加强产业集群发展，不断提高先进制造业核心竞争力。重点发展核电、风电、太阳能、智能电网等新能源高端装备，以及民用航空、船舶装备、海洋工程、轨道交通、汽车等交通运输装备。积极拓展大型物流及智能工程机械等重大成套装备，基础零部件等关键基础装备，以及LED、信息通信网络等新一代信息技术产业。加快培育工业机器人、数控机床、微电子及光电子装备等智能制造装备，以及文化装备制造、节能环保装备、汽车零部件和高档机电产品再制造等产业。探索实施一批产业示范应用项目，率先探索高度关联的新能源和智能电网、新能源汽车、物联网等重点领域的产业示范应用，提升产业技术能级。

（2）大力发展现代服务业。依托临港新城功能，积极吸引国内外各类企业总部落户临港地区，加快发展金融服务、电子商务、文化创意、会议展览、旅游休闲等现代服务业，推动国际高科技影视制作基地等园区建设。配合重点产业集群发展，大力发展研发设计、教育培训、检验检测、专业服务等生产性服务业。发挥区位优势，推动物流产业向供应链管理、保税交割仓储、分拨集拼中心、融资租赁、离岸金融等功能拓展。加快实现水水中转、海铁联运、多式联运等现代集疏运方式。推动航运服务

政策创新和船舶融资租赁等各类金融创新，加快形成和延伸航运服务产业链。

(3)积极发展海洋经济。着力打造集海洋科技研发、海洋设备制造、海洋服务和海洋文化等多功能于一体的先进海洋经济产业示范基地。海洋科技研发领域要大力提升海洋工程装备、海洋生物医药、海水淡化和海洋资源开发利用等科技研发水平。海洋设备制造领域要大力发展船舶运输装备等重型海洋装备制造，发展海洋精密机械、海洋信息装备等轻型海洋装备制造。海洋服务领域要积极发展港航物流技术服务、海岸带环境监测维护服务等航运中心技术服务，发展“数字海洋”系统等海洋信息服务。海洋文化领域要大力发展海洋文化创意产业、海洋会展业、海洋观光旅游业、海洋高等教育及职业培训等。以芦潮港渔港建设为中心，积极拓展渔业经济产业链。

(4)着力推进产业联动开发。注重发挥综保区体制和政策优势，促进保税区区内区外联动、内贸外贸联动、物流商展联动，放大“三港”、“三区”联动发展对临港地区产业集聚和城市化发展的溢出和带动效应。加强临港地区与浦东空港的联动发展，探索打造空港都市产业基地。加强与张江、金桥、陆家嘴等开发主体的合作，以重点区域的联合开发为突破，带动产城融合发展，促进科技成果在临港地区转化。加强与上海国际旅游度假区联动发展，带动临港地区的城市化需求，规划开发一批具有国际影响的商业、文化、体育和旅游休闲项目，打造临港品牌。服务国家军民融合发展战略，培育发展军民融合产业。

(二)集聚创新创业人才，加强创新创业基地建设

依托国际人才自由港建设，充分发挥临港地区特别机制和特殊政策的优势，加强与金桥、张江等重点地区联动，以大学园区和战略性新兴产业、海洋经济等产业为突破口，将临港地区打造成为国家和上海的创新创业基地。

(1)积极打造国际人才自由港。着眼于积极营造具有国际竞争力的人才发展环境，支持临港地区开展人才政策创新试点，建设国际人才创新试验区。大力集聚国内外各类创新创业创意人才，以创新创业带动产业发展，以集聚高端人才带动城市化进程，推进各类人才关心的创业融资、居住、子女教育等方面政策创新，建设集人才交流集散区、创新创业示范区、技术移民先行区、综合服务集聚区、人才发展改革试验区为一体的国际人才自由港，使之成为来去自由、落户便利、创业宽松、生活舒适、人才向往的园区。

(2)加快创新要素集聚。充分发挥上海的教育、科研优势，进一步引进相关高等院校智力资源，发挥海事大学、海洋大学、电机学院和建桥学院等高校优势学科的对口功能，建设临港产业区博士后流动站、工程师和技师实验室、航海和航运中心人才培养基地。积极吸引重点龙头企业的研发中心、工程技术中心、营销网络中心等机构落户临港地区。积极吸引国内中小企业的研发部门落户临港地区。

(3)完善区域创新环境。加强对企业申报高新技术企业、高新技术成果转化项目工作的服务与支持，鼓励企业增加研发投入。建设若干产业共性技术服务平台、公益性资源共享服务平台和中介服务平台。联合装备领域的科研机构和研发中心，建设新能源科技公共服务中心，加强对临港重点产业的技术支撑。以上海海洋科技研究中心为平台，集聚相关科研资源，力争在深海技术、海洋生命和海洋资源综合利用等方面有所突破。

(4)营造良好创业环境。依托产业园区，构建中小企业融资服务平台，促进金融机构与中小企业

融资需求及信用信息有效对接，引进创业投资和风险投资。探索建设若干专业科技企业孵化器，加强对新兴产业的科研孵化、生产中试以及产业配套服务。探索建设留学生创业园、节能环保科技园等个性化、专业性科研园区，形成良好的创业环境。

（三）加快基础设施建设，完善区域基础设施网络

按照高起点规划、高标准实施、高效能管理的要求，加快完善临港地区的基础设施网络，提高基础设施管理水平。

（1）大力加强区域内部交通连接。完善区域内部的公共交通连接，增强轨道交通短驳公交配置。重点建设东海大道、东大公路、Y5路、Y8路、D2路芦潮港以东段等一批重要的片区联系骨干道路。加快城区自行车道、步行道以及环湖观光线路建设。研究建立区域性中运量公共交通系统。

（2）加快建设对外交通基础设施。大力推进以铁路、公路、快速轨道交通线为主的对外综合交通体系建设。尽快形成高速公路、铁路、海运、内河航运联网的货运交通集疏运体系。建设城际铁路网络，改善临港地区在长三角区域内的交通区位条件。完成临港大道建设，推进轨道交通16号线、16号线临港新城北站交通枢纽、16号线临港主城区交通枢纽、16号线主城区1站交通枢纽、临港重装备产业区交通枢纽及临港平安站交通枢纽建设。加快东港区2万吨级公共码头、内河集装箱港区项目等建设。加快启动S3等高速公路建设。

（3）完善水电气等基础设施。全方位加强城区水系水利、供排水、电力、燃气等配套设施建设。落实海塘大堤、水闸、河道和绿化建设任务。基本完成南汇东滩圈围工程，实施芦潮港水闸、泐马河水闸和大治河东闸的改造和新建。全面完成主城区的“七通一平”，加快产业区、综合区、物流园区和奉贤分区的基础设施网络建设。

（4）加强智慧城区建设。在推进“数字临港”、地理信息系统建设的基础上，加快引进新一代信息技术，推进区域信息化建设，形成完整、高端的智慧城市基础设施体系，为全区域的智能化管理和智能技术应用创造条件。推进宽带城市、无线城市等重大信息基础设施建设，推动实现无线宽带网络全覆盖。提升社会化智慧服务水平，探索建立“科技助老”服务综合信息平台，推动开展“智能小区”、“数字家庭”示范运用，推进智能技术在城市交通、能源保障、城市安全、教育医疗、政务服务、社区服务等领域的示范运用。

（四）完善公共服务功能，提高城市生活配套水平

坚持功能引领和人才优先原则，加快发展教育、医疗、文化等社会事业，完善公共服务设施配套，营造快捷便利的生活和就业环境。

（1）提高教育服务水平。加大教育资源的引进和建设力度，积极承接中心城区优质教育资源的输出转移，成为区域性优质教育资源集聚地。继续推进上海中学东校软硬件建设，加快推进海事大学和海洋大学两所高校的附属中小学、幼儿园建设。积极引进国际学校，满足区域外籍人员子女就学需求。整合职业技术教育资源，为区域经济发展培养高技能人才。

（2）完善医疗服务功能。充分发挥市第六人民医院东院的服务功能，新建一所二级综合性医院和若干社区卫生服务中心，初步形成三、二、一医疗服务体系。依托生态环境优势，在主城区积极引进优质社会办医疗机构，打造国际健康体检中心等特色医疗服务基地。

（3）拓展文化体育旅游功能。启动临港新城生态体育公园的开发建设。积极发展具有海洋特色的

海域游泳、近海休闲潜水、水上摩托艇等时尚娱乐体育运动，规划建设上海市帆船训练中心等能承办帆船、帆板运动项目国际赛事和运动训练的水上运动中心，打造以滨海体育运动、滨海休闲度假、工业旅游等为特色的旅游品牌。加快推进博物馆、艺术馆等文化设施建设，支持重大公益性项目落户临港地区，提高公共文化服务水平。

(4)提高生活配套服务能力。加强餐饮、购物、住宿等配套设施建设，加快社区商业设施布局，优先考虑菜市场、便利店、药店、家政服务等与居民生活密切相关的必配业态。推进国际化高级酒店等商务服务设施建设，营造特色化的生活空间。进一步健全满足多层次需求的住房供应体系，加大限价商品房、公共租赁房建设和供应力度，加快促进产城融合。建设一定规模的为产业园区配套服务的蓝领宿舍。结合城镇社区形成泥城、芦潮港、万祥、书院、四团、申港等多个社区服务中心，为产业发展提供基础生活配套。

(5)探索打造国际化高层次生活社区。借鉴古北、碧云国际社区的成功经验，在临港地区有条件的区域建设国际化高层次生活社区，引进具有国际水平的商业、教育、文化和医疗保健等资源，满足高端人才的个性化需求，积极吸引各类产业领军人才、企业高级管理人才和高技能人才在临港地区落户。

(五)推进生态文明建设，凸显生态宜居特色

充分发挥临港生态资源优势，着力推进绿色发展、循环发展、低碳发展，形成节约资源和保护环境的空间格局、产业结构、生产方式、生活方式，建设低碳发展综合实践区。

(1)打造绿色生产模式。积极发展循环经济，加强资源节约集约利用。从源头上杜绝引进“三高”企业，初步建成区域能源数据监测管理系统，探索建立低碳认证制度和低碳金融体系。加快风电、太阳能等低碳能源的开发利用，建设低碳示范工业园区。

(2)推广低碳生活理念。将上海世博会在绿色建筑、交通运输、清洁能源利用、垃圾处理等方面的先进经验应用到临港地区，推行低碳生活方式，倡导绿色出行，建设“绿色能源利用试验区”、“新能源交通运行试验区”、“低碳环保居住试验区”等若干示范性社区。

(3)促进土地节约利用。节约利用土地，强化用地节地责任和考核。实施更为完善的项目准入机制，提高土地产出效率。推进项目合理布局和相对集聚，为后续发展预留空间。

(4)加强生态环境建设。大力推进基本生态网络建设，成为具有田园城市韵味的绿色家园。结合大芦线航道建设，整治大治河、泐马河等主要水系，形成集水利设施、河道景观、生产服务为一体的综合设施。结合海堤防风林和区内林带建设，形成绿色生态走廊。加强滨海湿地开发和保护，实现湿地动态平衡，适度发展生态农业和休闲农业。

四、政策体制保障

(一)特殊体制

临港地区区域面积广、开发投入大，对基础设施、产业发展、城市功能、人口集聚协同开发的要求很高，必须探索和实施不同于其他地区的特殊体制，以调动区域发展的积极性，增强区域发展的自主性。可以在现有体制的基础上，分步骤、分阶段地推进和完善。

从近期看，要进一步有效落实特殊管理体制的各项措施，加强管理资源整合和管理主体、开发主体协同。改进政府服务，提高行政效率，实现“临港

事临港办”。从远期看，可以开展临港地区管理体制的深化研究，探索给予临港地区相对独立、更加充分的自主发展权，实现更为有效的产城融合。

（二）特殊政策

临港地区发展基础仍然薄弱，自我平衡能力尚不具备，必须给予政策聚焦、资源聚焦，尽快完善区域综合配套，尽快使其成为集聚产业人气高地并具备自身“造血”功能。要抓紧落实以下政策：

（1）财政金融政策。加大专项发展资金支持力度，扩大临港专项发展资金规模，拓展专项发展资金用途。加大土地出让金支持力度。浦东新区、奉贤区加大对临港地区支持力度。研究加强对招商引资工作的支持力度。创新投融资政策机制，研究吸引社会资本参与重大基础设施建设的相关政策。针对新城建设周期长、资金需求量大的特点，探索创新金融工具或将已有的相关金融工具延伸拓展到临港地区。

（2）土地政策。实行临港地区土地指标单列和耕地占补平衡全市统筹。推行临港地区工业用地弹性出让。推行项目用地带方案出让，允许临港地区内的工业及重大功能性项目等用地实行带方案出让。推广绿化优化政策试点。加快围垦土地转化为产业用地，临港地区已围垦成陆并确定为建设用地的滩涂用地，可以按照规划转化为产业用地。

（3）产业政策。加大对战略性新兴产业发展的支持力度，本市承接的战略性新兴产业重大项目优先在临港地区布局，支持相关科研院所、科技服务机构向临港地区集聚，支持临港地区企业建立科研技术开发机构。加大战略性新兴产业专项资金、重点技术改造专项资金、服务业发展引导资金、节能减排专项资金、企业自主创新专项资金等各类产业支持专项资金向临港地区倾斜力度。加大吸引重大产业项目落地力度，对符合临港地区产业发展方向的重大产业项目给予资金支持。加大对创新创业的扶持力度，对在临港地区开办创新型、科技型企业提供全过程服务，对在临港地区创新创业的人才和中小企业给予资金支持，支持在工业用地上建设孵化器和公共服务平台。加大金融服务支持力度，增强临港集团等开发主体的融资能力，在地方债发行募集中优先安排临港地区项目，为在临港地区创新创业的企业创造更加宽松的融资环境。推动重大功能性政策在临港地区实施，积极争取国际航运发展综合试验区政策拓展到临港地区，支持临港地区承接保税区功能拓展，建设大宗商品交易平台，争取免税购物政策试点。

（4）人才政策。完善人才引进政策，对各类人才在直接落户、申办人才居住证和居住证积分管理制度中，给予政策支持。加强人才住房保障，在临港地区实行“双定双限房”和公共租赁房“先租后售”政策，扩大政策受益对象范围，完善各类人才和就业人员的居住政策，鼓励人才集聚并稳定居住。实施人才财政奖励和津贴。

（5）服务配套政策。加大基础设施配套建设支持力度，降低交通等基础设施使用成本。加快建设和完善教育、文化、医疗、商业等生活配套设施。支持临港地区举办重大活动，凡适合在临港地区举办的重大赛事、会展、旅游等大型活动，优先安排在临港地区。

《天津海洋经济科学发展示范区规划》

本着到2020年，将天津全面建成海洋强市的目标，2013年9月，经国务院批准，国家发展和改革委员会以发改地区〔2013〕1715号文印发了《关于印发天津海洋经济科学发展示范区规划的通知》。相关内容如下：

一、优化海洋经济空间布局

按照以陆促海、以海带陆、优势集聚、合理分工的原则，整合挖潜各类功能区，优化海洋产业空间布局，着力强化天津滨海新区核心地位，积极构建沿海蓝色产业发展带和海洋综合配套服务产业带，重点打造六大海洋产业集聚区域，推进形成"一核、两带、六区"的海洋经济总体发展格局。

（一）强化核心区

天津滨海新区是天津海洋经济科学发展示范区核心区，也是带动示范区加快发展的主体区域和重要引擎。充分发挥海港、空港和海关特殊监管区域政策的综合优势，围绕增强辐射带动和引领作用，着力推进航运物流、滨海旅游、海水利用、海洋工程装备制造等优势海洋产业集聚发展。以提高自主创新能力为重点，建立以企业为主体、市场为导向、产学研有机结合的区域创新体系，构筑人才特区和智慧新区，建设产业研发转化集群，率先成为高新技术原创地、高端人才聚集地和科技成果产业化基地。进一步完善基础设施、公共服务和生态环保网络，建设经济繁荣、环境优美、社会和谐的创新型、宜居型、生态型新城区。深化改革开放，加快建设北方国际航运中心和国际物流中心，提升区域辐射服务功能，逐步成为我国北方乃至东北亚的区域服务中心和我国海洋经济全面参与国际竞争合作的战略高地。

（二）构建两条发展带

沿海蓝色产业发展带。依托天津滨海新区海岸带地区，以海滨大道为骨架，加强海岸带及邻近陆域、海域优化开发，突出产业转型升级和集聚发展。加快构建现代海洋产业体系和"北旅游、中航运、南重工"的空间开发格局，推动形成要素高度集聚、功能布局合理、生态环境良好、海洋特色鲜明、竞争优势突出的沿海蓝色产业发展带，打造引领示范区优化升级的核心轴带。

海洋综合配套服务产业发展带。依托区位和产业优势，以天津港为龙头，以京津塘高速公路和天津—山海关铁路为骨架，整合天津武清经济技术开发区、北辰经济技术开发区、天津空港经济区、天津经济技术开发区、天津滨海高新技术产业开发区、东疆保税港区的优势，集聚发展海洋金融保险、航运物流、科技和信息服务等海洋服务业。加快完善海港、空港等物流配套基础设施，形成以若干海洋服务业集聚区域为主体、联接京津、辐射腹地、海陆空相结合的海洋综合配套服务产业带，打造保障示范区壮大发展的支撑轴带。

（三）打造六大海洋产业集聚区域

南港工业基地。以打造高端海洋石油石化产业集聚区域和循环经济示范区为目标，重点发展海洋油气开采、存储、炼油、乙烯生产、轻纺加工和液化天然气进口、接卸、储运及综合利用等产业，形成上下游衔接、资源集约、持续发展能力强的海洋石油石化产业集群。

临港经济集聚区域。以打造海洋工程装备制造业、海洋船舶工业集聚区域和生态型工业区为目标，重点发展港口机械、海洋交通运输装备、海上石油平台等制造业和造修船业，形成一批创新能力强、发展潜力大、经济效益高的海洋产业集群。

天津港主体区域。以打造国家综合交通运输体系重要枢纽和保税加工、现代物流基地为目标，重点发展海洋运输、国际贸易、现代物流、保税仓储、分拨配送及配套的中介服务业。发挥东疆保税港区的国际中转、配送、采购、转口贸易及出口加工等功能，提升东疆港区邮轮母港服务能力，形成现代港航物流产业集群。

塘沽海洋高新技术产业基地。以打造海洋科技成果高效转化和产业化基地为目标，重点提升海洋科技服务、海洋人才培养、海洋科技成果转化和产业化等功能，培育发展海洋新兴产业和现代服务业，形成海洋高新技术产业集群。

滨海旅游区域。以打造高端海滨休闲旅游区为目标，重点建设海洋文化产业集聚区域，发展海洋旅游及相关装备研发制造、海洋文化创意等产业，形成海洋旅游和文化产业集群。

中心渔港。以打造我国北方重要的海洋水产品集散中心和游艇产业基地为目标，重点发展海洋水产品精深加工、冷链物流和游艇等特色产业，形成海洋渔业和游艇产业集群。

二、构建现代海洋产业体系

依托天津海洋产业发展历史悠久、门类齐全、优势突出等有利条件，按照循环经济理念，着力延伸产业链、提高附加值，提升发展现代海洋渔业，壮大发展先进海洋制造业，积极发展现代海洋服务业，构建科技含量高、产业附加值高的现代海洋产业体系。

（一）壮大发展先进海洋制造业

海水利用业。以北疆电厂为龙头，大力推广“海水工业冷却—海水淡化—浓海水制盐—化学资源提取—废料生产建材”循环经济产业链。鼓励海水直接利用，引导北疆电厂、大港电厂、天津碱厂等临海企业使用海水作为工业冷却水。利用电厂余热进行淡化水生产，扩大北疆电厂、新泉海水淡化厂等生产规模，建设临港经济集聚区域海水利用循环项目，建设海水淡化水输水管网，扩大淡化水使用规模和输送范围，力争“十二五”期末海水淡化日产能力达到60万吨以上。提升浓海水工厂化制盐能力，科学确定盐田面积，稳定盐业产量。加快研发海水化学资源和卤水资源综合开发利用技术，在扩大钾、溴、镁等化学资源提取规模的同时，增强锂、铷等稀有金属的提取能力。依托国家海水利用工程技术中心，建设海水淡化及综合利用科技创新基地。

海洋船舶工业和海洋工程装备制造业。以临港经济集聚区域为龙头，打造船舶造修、海洋工程装备制造一体化产业链。提升海洋船舶制造业水平，建立现代造船模式，重点制造专业船舶和高技术、高附加值船舶及配套设备。将中心渔港打造成为我国北方游艇产业发展基地。加快建设海洋工程装备制造基地，重点发展5 000吨级海上平台、新型自升式钻井平台、大型海洋钢结构、海洋工程大型模块、海水淡化设备、海水循环冷却及海水脱硫成套设备等海洋工程装备制造业。加强海洋观测监测传感器及海洋浮标潜标等海洋高新技术仪器的设计研发与制造。

海洋石油化工业。以南港工业基地为龙头，加快打造“海洋石油开采—存储—炼油—乙烯生产—

轻纺加工”循环经济产业链。依托大港油田和渤海油田，提高油气资源勘探开采能力。加快建设南港工业基地国家石油战略储备基地。稳步推进渤海油田能源基地建设，积极发展液化天然气新兴产业。积极推进中俄合资炼化项目及配套原油成品油码头、管道工程，蓝星化工基地等项目建设。完善百万吨乙烯工程，开发高端石油化工系列产品。以天津碱厂等龙头企业为核心，有效链接海洋石油化工和海洋精细化工，大力发展高附加值、低能耗产品链。依托南港工业基地的轻纺经济集聚区域，承接石油化工上中游产品，培育轻工纺织产业集群，实现海洋石油化工绿色低碳循环发展。

《关于加快船舶和海洋工程装备产业发展的行动方案》

海洋工程装备产业是国家战略性新兴产业，2013年5月10号，湖北省国防科学技术工业办公室下发了《关于加快船舶和海洋工程装备产业发展的行动方案》，提出要着力建设产业联盟，打造武汉、荆州产业集群。相关内容如下：

一、指导思想、基本原则、发展目标和产业布局

（一）发展目标

经过5年的努力，使湖北船舶和海洋工程装备产业规模、自主创新能力和综合实力大幅提升，形成较为完备的产业体系，产业集群规模扩大，出口规模大幅度增加，国际竞争力显著提高，推动我国成为世界主要的船舶和海洋工程装备制造大国和强国。

产业规模迅速壮大。到2015年，船舶和海洋工程装备产业完成总产值突破1 000亿元，培育1家年销售收入超200亿元、2家年销售收入超100亿元企业。到2017年，船舶和海洋工程装备产业完成总产值1 500亿元，培育1家年销售收入超300亿元、2家年销售收入超150亿元企业。

创新能力显著提高。突破一批重点领域关键和共性技术；掌握一批关键核心技术，在海洋工程辅助船舶等领域保持国内一流或世界先进水平；船舶和海洋工程装备领域发明专利数量、质量大幅度提升；形成一批具有自主知识产权的海工产品；使我省成为具有国际影响力的船舶和海洋工程装备研制基地。

产业联盟基本建立。建立产、学、研相结合创新体系，形成协同创新、集成创新的发展格局；建立高技术海工船舶、海洋平台建造基地、海洋工程通用设备制造基地、海洋工程装备专用设备制造基地、海洋平台设计中心、海洋工程装备公共检测服务平台（下称“三基地一中心一平台”；重点培育1~2个总承包商，3~4个分包商，形成总）包商、分包商联合机制，通过总包商、分包商带动产业链上企业形成大协作、大配套、大联合的发展机制。

（二）产业布局

以大企业（集团）为核心，努力打造“三基地一中心一平台、两个产业集群”，即以武船、长航重

工、湖北华海为主体，打造我国高端海工船舶、海洋平台建造基地；以武汉船用机械有限责任公司、武桥重工为主体，打造我国船舶配套设备及海洋工程装备通用设备制造基地；以中石化石油工程机械公司为主体，打造我国海洋工程装备专用设备制造基地；以七〇一研究所、七一九研究所、武船海洋工程船舶设计有限公司为主体，打造我国船舶和海洋工程装备研发设计中心；以七一九研究所、中石化石油工程机械公司、国家工业数字成像检测设备质检中心、国家特钢中心、武钢技术中心为主体，打造我国船舶和海洋工程装备公共检测服务平台。到2017年，形成武汉、荆州船舶和海洋工程装备产业集群，推进船舶和海洋工程装备制造业集聚发展。

二、主要任务

（一）着力推进重大项目建设，打造国家级研制基地

以打造国家级船舶和海洋工程装备研制基地、做大现有处于国内技术领先地位的产品为目标，推进我省船舶和海洋工程装备“三基地一中心一平台”等重大关键项目建设。一是推进武船双柳高端船舶与海洋工程装备总装建造基地建设，将其打造成我国最大的海洋工程船舶研制基地和海洋工程总装制造基地，做大多用途海洋平台工作船等海洋工程辅助船舶及海监船、渔政船等高端船舶等优势产品，加快发展半潜式运输工程船、起重铺管船、自升式平台、浮式生产储卸装置（FPSO）、油田增产作业船、风电安装船、完井修井船、打捞船、挖泥船、海上平台高速保障船、深远海大型浮式供应基地、大型A字架、动力定位系统、单点系泊系统等国家重点支持、武船有技术优势、最适合发展的船舶和海洋工程装备；二是推进中石化石油工程机械公司海洋石油钻采装备生产基地的建设，将其打造成我国最大的海洋工程专用设备研制基地，做大海洋钻机、钻头、海洋修井机、海洋固井设备、海洋压裂设备、海洋高压管汇、井下动力工具等优势海工产品，加快发展海洋钻井包、海洋修井作业设备、大型网络控制压裂机组和辅助成套设备、各种高压流体控制元件和组合管汇、水下生产系统、作业监控和应急救援系统等国家重点支持、公司有技术优势、最适合发展的海洋工程装备；三是推进以武汉船用机械有限责任公司为龙头的船舶和海洋工程配套产品生产基地建设，将其打造成我国最大的船舶配套设备和海洋工程通用设备制造基地，加快发展特种甲板机械系统、海工起重设备、推进及动力定位系统、平台升降装置、原油装卸系统等国家重点支持、公司有技术优势、最适合发展的海洋工程关键系统与设备；四是推进武船东湖高新区高端船舶与海洋工程装备研发中心建设，促进船舶和海洋工程装备研发设计单位向武汉集聚，将武汉打造成我国船舶和海洋工程装备研发设计中心；五是推进武汉船舶配套工业园的建设，重点推进其海洋工程装备区的建设，将其打造成我国具有影响力的船舶和海洋工程装备配套设备集聚区，提高与高技术船舶、海洋工程关键系统与设备的配套能力；六是推进七一九所海洋浮式核电基地的建设，将其打造成我国海上浮动核电设备研制基地；七是推进武桥重工海洋工程装备汉南码头、武汉导航与位置服务工业技术研究院、湖北迪峰换热器国际科技产业园的建设，促进骨干船舶和海洋工程装备企业做大做强；八是推进湖北三江船艇科技有限公司游艇及发动机的研发、生产和试验基地建设，将其打造成国内一流的游艇及发动机研发中心和高科技产业园，提高游艇及发动机的研发、制造和试验能力，促进湖北省游艇产业的跨越式发展；九是推进青山船厂等骨干企业技术改造，提高高端船舶与海洋工程装

备制造能力，促进企业转型升级。

（二）着力建设产业联盟，打造武汉、荆州产业集群

发挥“武汉国家高端船舶与海洋工程装备高新技术产业化基地”平台优势，推进湖北省船舶与海洋工程装备产业联盟建设，建立联合工作机制。一是建立以海洋工程项目为依托的联盟机制。以海洋工程项目为依托，按项目类别确定牵头单位，实现申报单位牵头，协作单位配合的分工协作和项目申报模式，既实现各单位领域内发展，又促进各单位的相互交流与合作；二是推进武钢、鄂钢、武汉科技大学与船舶和海洋工程装备研制单位开展合作，促进钢材研制单位根据用户需求开展海洋工程特种钢前期研究，提高海洋工程用钢供应能力；三是推进总体设计、配套设备设计单位与总装建造、关键专用和通用设备建造企业开展合作，形成联合开展项目预研、联合申报国家重大专项、联合招投标机制，促进资源优势的发挥和研发设计单位的产品在湖北产业化；四是推进船舶和海洋工程装备产业链下游配套企业与总体建造、关键通用和专用设备建造企业开展合作，促进产业链下游配套企业发展，实现总包商、分包商带动产业链上企业集群发展，形成武汉、荆州船舶和海洋工程装备产业集群，努力推进黄冈、宜昌、鄂州船舶和海洋工程装备产业集群的建设。

（三）着力建设科技孵化器，促进科研成果转化

发挥武汉船舶配套工业园在国内外的影响力，积极推进武汉船舶配套工业园海洋工程装备科技孵化器项目建设，加速海洋工程装备产业科技成果的转化。一是推进科技孵化器公共服务平台的建设，为入孵企业提供公共实验室、中试车间、大型仪器和通用试验平台在内的技术创新和孵化条件；二是推进科技孵化器产、学、研合作机制的建立，以湖北省船舶与海洋工程装备院士工作中心为依托，为入孵企业搭建技术创新平台，提供技术支撑，解决技术问题；三是推进科技孵化器融资平台的建立，引入社会资本投入，为入孵企业拓展融资渠道。

（四）着力推进重点项目产业化进程，壮大产业规模以做大船舶和海洋工程装备产业为目标，加快推进优势船舶和海洋工程装备项目产业化进程，促进优势成果转化为优势产品

一是推进我省生产企业加快勘探与开发装备、海上作业与辅助服务装备、关键系统和设备等领域有市场前景、有技术优势、条件成熟、产业带动作用强的项目产业化进程，抢占海工市场。重点推进武船的深远海海洋工程船设计建造技术研发及产业化、中石化石油工程机械公司的9 000米自升式海洋平台钻井包、武汉船用机械有限责任公司的海洋工程起重机、武桥重工的双体海上风电工程专用船等重大项目产业化进程；二是推进科研院所和高校的优势船舶和海洋工程项目在湖北产业化，使湖北的科技优势转变为产业优势。重点推进华中科技大学高性能防腐防污非晶涂层技术、武汉大学的船舶综合通信导航信息系统装备等项目研发及产业化、长江大学的海洋平台特殊自持式风力发电机组及系统的自主研究。

（五）着力加快自主创新步伐，抢占产业发展制高点

一是着力加快国家重大专项研制步伐。依托国家船舶和海洋工程装备在研重大专项的研制和实施，加快生产与加工装备、海上作业与辅助服务装备、水下系统和作业装备、关键系统和设备等重点领域重点产品研制步伐，提高我省船舶和海洋工程装

备自主创新能力，促进科技优势向产品优势、产业优势转化。重点加快武船的30万吨深水浮式生产储卸装置（FPSO）研发及产业化项目、武汉船用机械有限责任公司的3 000米水深多功能水下作业支持船海洋工程起重机技术研发及产业化、七一二研究所的船用电力推进系统开发及关键设备研制、中石化石油工程机械公司的海洋深水水下井口头系统与生产平台采油井口系统研制技术等在研项目研制步伐。

生产与加工装备领域。武船的30万吨深水浮式生产储卸装置（FPSO）研发及产业化项目。

海上作业与辅助服务装备领域。武船的3 000米水深多功能水下作业支持船设计建造技术研发及产业化、武汉船用机械有限责任公司的30万吨深水浮式生产储卸装置（FPSO）原油装卸系统技术研发及产业化、七〇一研究所的双体高速客货运输船关键技术研究、变水层大型拖网渔船自主研发、节能型大型远洋拖网加工船船型开发、南极磷虾捕捞加工船总体设计关键技术研究项目、武汉大学的远洋渔业数字化装备、七一九研究所的海上小型核反应堆发电技术及其示范应用、核动力商船总体关键技术研究、武汉大学的小型海洋环境监测表面波雷达产业化关键技术研究与示范、武桥重工的5 500吨多功能全回转起重机、108米打桩船（均为自主研发）项目。

水下系统和作业装备领域。中石化石油工程机械公司的海洋深水水下井口头系统与生产平台采油井口系统研制技术、水下采油树关键技术研究及成套设备研制、海洋石油水下井口头系统工程化研制等项目。

关键系统和设备领域。武汉船用机械有限责任公司的1 200米水深半潜式海洋钻井支持平台深水锚泊定位系统技术研发及产业化、3 000米水深多功能水下作业支持船海洋工程起重机技术研发及产业化项目、3 000米水深多功能水下作业支持船锚绞车等甲板机械系统技术研发及产业化、七〇一研究所的综合船桥系统研制、七一二研究所的船用电力推进系统开发及关键设备研制、综合电力推进系统工程化技术研究、深水油田工程支持船3MW级电力推进系统国产化等项目的研制。

二是着力开展基础共性和信息技术研究。依托华中科技大学等高校人才资源和科研优势，支持开展船舶和海洋工程装备基础共性和信息环境技术研究，解决生产企业瓶颈技术问题，为我省船舶和海洋工程装备企业申报国家专项提供技术支撑，实现我省船舶和海洋工程装备产业可持续发展。重点支持华中科技大学、武船、七一九研究所、武汉大学、长江大学等单位开展基础共性技术研究，形成我省船舶和海洋工程装备产业核心竞争力。

三是着力争取国家重大专项支持。围绕我省有研发优势的领域，整合省内科技资源，支持申报船舶、海洋工程装备专项和国家工程技术研究中心，积极争取国家专项支持，提高我省船舶和海洋工程装备产业核心竞争力，增强产业发展后劲。重点争取国家对七〇一研究所、武船的深远海大型浮式物流供应基地自主研发等项目。

（六）着力建设协同创新体系，提升产业创新能力。

以湖北省船舶与海洋工程装备院士工作中心为依托，建立湖北省船舶和海洋工程装备产业创新体系，实现整体优势充分发挥。一是以院士工作中心和各分站为依托，建立船舶和海洋工程装备协同创新中心和基础共性技术、通用设备、专用设备、信息环境技术协同创新分中心，并建立总站与分站、中心与分中心之间合作机制，建立产业链研制单位沟通与合作机制，积极推进产、学、研一体化协同创新、集成创新平台建立；二是建立院士工作中心院士专家服务机制。利用院士中心的人才资源，开展船舶和海洋工程装备产业前瞻性课题、基础共性技术研究。发挥院士专家创新团队的作用，为我省船舶和海洋工程装备研制单位提供技术咨询和服务，并协助相关单位进行技术攻关。发挥院士的权威作用，积极向国家相关部委推荐我省海洋工程重大专项；三是支持省内科研院所、高校、检测机构、企业联合建立基础共性技术重点实验室、工程技术中心、国家级检测中心和公共检测服务中心，联合申报国家船舶和海洋工程装备重大专项，发挥我省科研资源的整体优势，并促进优势技术和产品在我省产业化。

（七）着力加强国际交流与合作，走开放发展之路。

一是广泛开展国际合作。支持省内企业和科研机构广泛开展国际合作，加强与国外机构的技术交流，加快融入全球船舶和海洋工程装备产业链。鼓励境外企业和科研机构在我省设立研发机构，支持省内企业与国外企业联合开展研发与创新，鼓励合资成立研发机构；二是积极实施“走出去”和“引进来”战略。支持船舶和海洋工程装备制造企业、设计公司开拓国际海工市场，积极引进研发设计、经营管理方面的境外高层次人才。利用“湖北挪威周活动”，加强与挪威的交流与合作，引进挪威船舶和海工领域的世界一流人才和企业；三是支持船舶和海洋工程装备研制单位走引进、消化、吸收、再创新之路，尽快缩短与国外差距；四是加强品牌建设，努力培育湖北品牌，把技术优势、产品优势聚合成品牌优势，通过品牌带动产业发展壮大。

《江苏省加快船舶产业转型升级与海洋工程装备发展三年（2013–2015年）工作方案》

2013年11月21日，江苏省人民政府以苏政发〔2013〕143号文印发了《江苏省加快船舶产业转型升级与海洋工程装备发展三年（2013–2015年）工作方案》，相关内容如下：

一、总体要求

（一）发展目标

产业实现平稳健康发展。“十二五”后三年，国内市场保持稳定增长，国际市场份额得到巩固，重点骨干企业生产经营稳定。到“十二五”末，全省高技术船舶和海洋工程装备主要产品国内市场占有率达30%以上，国际市场占有率达10%以上。

重点骨干企业加快发展。到“十二五”末，力争1~2家船舶制造企业进入世界造船业前10强，5~6家船舶制造企业进入世界造船业前50强，5家海洋工程装备总承包企业进入全国前10强，培育6–8家国内一流的船舶及海洋工程装备配套企业。

自主创新能力显著增强。到“十二五”末，全省船舶行业新建1~2家国家级企业技术中心、3~5家省级企业技术（工程）中心，高技术船舶产值占比达到50%，高新技术企业数量达10家，形成15个满足国际造船新规范的品牌船型。海洋工程装备行业新建1~2家国家级研发中心，3~5家重点骨干企业均建立省级企业技术（工程）中心或研发机构，每年形成自主知识产权海洋工程装备产品及设备2~3项，培养和引进10支海洋工程装备企业高端管理团队、技术创新团队及专业营销团队。船舶高端配套设备研发取得新突破，形成10个具有自主知识产权的品牌产品和系统。

产业发展质量不断提高。产业布局调整优化，南通、泰州、扬州三大远洋船舶建造基地水平进一步提升，南通、泰州两大国际先进的海洋工程装备建造基地初步建成。重点骨干企业全部建立现代造船模式，全员劳动生产率提高25%以上，造船效率达到15工时/修正总吨，单位工业增加值能耗下降20%，平均钢材一次利用率达到92%以上，资源计划（ERP）普及率达到85%，数字化造船设计工具普及率达到85%，关键工艺流程数控化率达到75%，品牌船型平均坞期、码头期等指标世界领先。

海洋开发装备明显改善。运输船队结构得到优化，渔业装备水平进一步提高，海洋油气资源勘探开发装备适应国家海洋经济战略发展需要；行政执法船舶、救助、打捞船舶配置提升，升级换代步伐加快。

化解过剩产能取得进展。"十二五"后三年，全省船舶和海洋工程装备产业产能总量不增加；企业兼并重组稳步推进，产业集中度不断提高；一批大型造船基础设施得到整合，产业结构更加优化，产业布局更加合理；一批中小企业转型转产，落后产能退出市场，产能结构更加合理。

二、主要任务

"十二五"后三年，围绕高端发展、特色发展、多元发展，抓住关键环节，集中各方力量，实施五大重点计划，建设三大重点基地，发展八类重点产品。

（一）重点计划

（1）总承包能力建设计划。依托重点骨干企业，提高大型及高附加值船舶、海洋工程装备建造的总装集成能力，打造具备总承包能力和较强国际竞争力的专业化总装制造企业。提高工程建造和管理水平，开展总装建造技术和项目管理技术研究，建立与海洋工程装备项目特点相适应、与国际接轨的现代工程管理模式和生产组织方式。以总承包为牵引，在工程设计、模块设计制造、设备供应、系统安装调试、技术咨询服务等领域培育一批具有较强国际竞争力的专业化分包商。

（2）技术创新提升计划。选择具有引领带动作用的重点方向，组织实施若干重大产业创新发展工程，推动要素整合和技术集成，努力实现重大突破。一是推进一批企业技术（工程）中心建设。加快引导和支持重点骨干企业建设国家级和省级船舶、海洋工程装备、船用配套设备等研发中心。新增1~2家国家级企业技术中心、3~5家省级企业技术中心，争创国家级技术创新示范企业1~2家。鼓励重点企业加快形成船型详细设计能力。二是培育一批公共服务平台。加大行业公共技术研发平台建设，培育省内大型船舶和海洋工程装备设计开发研究机构，推进船舶与海洋工程装备技术公共服务平台建设，加快形成产业之间、地区之间的技术创新联盟，构筑行业创新技术共享服务新载体。三是攻克一批关键核心技术。开展共性技术、关键技术、前沿技术的联合攻关，突破技术瓶颈。实施一批具有全局性、带动性的重大创新项目，实现建造大型液化天然气船（LNG）、大型压缩天然气船（CNG）、大型液化石油气船（LPG）、深水钻井船及关键设备、深水半浅式生产平台及关键设备、海上风机安装船及关键设备、超大型散货船、超大型集装箱船及关键设备、大功率绞吸式疏浚工程船及关键设备、海洋功能辅助船及关键设备等重大创新项目的突破。支持企业参与国际国内行业标准（规范）的制定。

（3）现代造船模式支撑计划。以"精益造船"

为导向，打造高效船舶制造体系；以“绿色造船”为目标，促进企业持续健康发展；以“两化融合”为手段，提升造船管理效率，推进造船总装化、管理精细化、信息集成化，加快向绿色制造和低碳制造转型。到2015年，全省所有重点骨干企业全面建立现代造船模式，认定5家现代造船模式示范企业。

（4）核心配套产业突破计划。围绕重点产品领域，实施一批重点船舶及海洋工程装备配套项目，优先列入省相关重点项目计划。鼓励重点骨干配套企业加快掌握系统集成技术，实现单一设备供应向系统集成供货转变。支持重点企业通过合资合作、许可证方式、联合设计开发等途径，引导行业外特色企业发挥技术优势和制造能力参与船舶配套产业发展，填补省内空白。积极引导和鼓励民间资本以多种形式进入船舶配套业。鼓励船舶制造企业、海洋工程装备总包企业与配套企业建立紧密的战略合作关系，健全配套供应商体系。

（5）军民融合发展计划。依托我省产业资源，大力发展军民一体化的船舶与海洋工程装备科研生产体系，促进军用与民用科研条件、资源和成果共享，推动船舶军民通用设计、制造先进技术合作开发。充分利用全省高校和军工科研机构的创新能力，支持船舶和海洋工程装备产业相关单位与国内外科研院所联办工程技术研究中心等研发机构参与军工能力建设。

（二）重点产业基地

根据地区资源禀赋、区位条件和产业基础，突出重点，特色发展，实现产业链向上下游拓展延伸。

（1）提升远洋船舶基地集聚水平。推进南通、泰州国家级船舶出口基地建设，支持南通、泰州、扬州3个“产业集聚、企业集群、主业突出、特色鲜明、带动性强”的远洋造船基地建设，进一步提高产业集聚度。加快推进兼并重组和组织结构调整，鼓励三大基地利用现有造船基础设施转型发展海洋工程装备产业。

（2）建设海洋工程装备产业基地。在沿江深水地区建设集研发设计和高端制造于一体的海洋工程装备总包基地。形成关键辅助船、配套产品为主的海洋工程装备配套产业链，实现海洋工程装备产业上下游的协调、延伸发展。

（3）创建国家级船舶配套产业基地。在已形成区域集聚态势的地区，围绕船用配套产品的优势领域，创建国家船舶配套基地。加快建设钢铁集配、物流服务等先进生产性服务配套体系，逐步建立产业配套供应链体系。一是镇江、靖江地区的中低速柴油机、船用柴油发电机组等动力装置研发制造基地；二是泰州地区系泊链、船用锚链、船用空调等制造基地；三是南京地区甲板机械、污水处理装置等船用环保设备制造基地；四是无锡地区救生艇等救生设备、船用电子设备、船用阀门等船用舾装件、船用辅锅炉等仓室机械研发及制造基地；五是加快南通地区舱口盖、电气系统、通讯导航制造基地。

（三）重点产品领域

1. 船舶产业

（1）自主品牌船型开发领域。大力推进三大主流船型优化升级，加快推出一批自主研发的绿色环保品牌船型，扩大产业化、系列化规模。

（2）高端船型研发领域。鼓励老旧运输船舶提前淘汰，加快推进船型标准化，开发一批大型散货船、大型油船、超大型集装箱船、大型液化天然气船（LNG）、大型压缩天然气船（CNG）及石油气船（LPG）、冰区船舶、豪华邮轮等高技术、高附加值船型，加快进入高端产品领域。

（3）特种船型产业化领域。保持和扩大滚装船、不锈钢化学品船、全回转拖轮、大型疏浚船、起重船、打桩船、重吊船、高附加值渔船、远洋渔船等特种工程船舶的比较优势。鼓励和支持有条件的中小型造船企业转型发展游艇产品。

（4）高端配套突破领域。提高关键配套设备和材料自主化水平，推进关键船用配套设备、成套设备以及特种材料自主化。培育中高速柴油机、小缸径低速柴油机、甲板机械、仓室机械等优势产品自主品牌，加快转叶式舵机、污水处理装置、油水分离机、船舶节能装置等产品产业化，突破一批高端船用动力设备，填补省内船舶配套领域空白。发展耐腐蚀、超低温、高强度、超宽超长超薄荷异形船板，海洋平台、海洋油气输送管线用钢等特种钢材。

（5）船型标准化领域。推广建造和使用适应江海联运新形势的标准化船舶，支持开展液化天然气（LNG）燃料动力船舶应用技术研究，鼓励中小型造船企业参与液化天然气（LNG）燃料动力船舶改造。鼓励建造和使用先进、高效、节能、环保的示范船和液化天然气（LNG）燃料运输船。淘汰京杭运河过闸小吨位船、单壳化学品船、600载重吨以上的单壳油船及老旧运输船舶等现有非标准船，对现有船舶进行生活污水防污染改造。

2. 海洋工程装备产业

围绕海洋资源勘探、开采、储存、运输、服务等五大环节，在海上钻井装备、海上油气浮式生产装置、海洋油气储运装备、海洋工程辅助船、深海潜器及勘探作业设备、关键系统与配套设备方面突破一批高端产品。

（1）加快已取得技术突破的海洋工程装备产业化步伐。推进自升式钻井平台、半潜式钻井平台、圆筒型钻井储油平台、浮式储油船（FSO）、海洋生活平台、浮式钻井生产储油工程船（FDPSO）、海上风电安装船、深水铺管（起重）船、穿梭油轮、三用工作船、平台供应船、深海石油平台支援船、起锚供应船等海洋工程装备产品实现产业化、系列化、批量化生产。

（2）研发新型海洋工程装备。集中力量突破超深水海洋工程装备钻井船、SSP储油钻井船、固定采油平台、高附加值浮式生产储油卸油船、浮式储存装置、新型深水张力腿平台、深水立柱式平台，平台支持船、海洋工程拖船、大功率消防船、铺缆船、修井船、地震测量船，浮式LNG生产储油装置、大型全冷式LPG船、深海潜器等高端装备。

（3）突破一批海洋工程装备配套系统与专用设备。依托重点企业，突破一批锚泊或单点系泊类设备及系统、动力定位系统、主动力发电与传动类设备及系统、应急发电类设备及系统、起重与甲板机械类设备及系统、电气与控制类设备及系统、水上勘探及作业类设备及系统等。

《浙江海洋经济发展“822”行动计划（2013–2017）》

2013年7月8日，浙江省人民政府办公厅以浙政办发〔2013〕89号文印发了《浙江海洋经济发展“822”行动计划（2013–2017）》，旨在有效促进浙江省现代海洋产业培育发展和重大项目建设，进一步推进浙江海洋经济发展示范区建设，在新的起点上实现海洋经济发展新突破。“822”行动计划是指扶持发展8大现代海洋产业，培育建设20个左右海洋特色产业基地，每年滚动实施200个左右海洋经济重大建设项目。相关内容如下：

一、扶持发展8大现代海洋产业

（1）海洋工程装备与高端船舶制造业。重点发展钻井平台、钻井船、海上浮式生产储卸油装置（FPSO）、LNG船、深水作业工程船、海洋石油平台辅助船、远洋捕捞船等海洋工程装备和特种工程船舶及运动船艇，做优做强大型化散货船、集装箱船、化学品船三大主流船型。推动深海运载和通用技术、深水探查作业等关键技术研发，努力形成具有较强国际竞争力的海洋工程装备和高端船舶制造能力。

（2）临港先进制造业。充分发挥港口优势，择优发展绿色石化及化工新材料，延伸产业链，提高产品附加值。推进临港重大成台套、智能化装备及关键零部件产业发展。推进宁波、杭州、台州临港汽车及零部件产业加快发展，加快新能源汽车研制，形成特色、品牌和集群优势。提升发展船舶配套产品制造产业。

（3）海水淡化与综合利用业。围绕海水淡化、海水直接利用、海水资源利用、海水利用集成研发、海水利用共性技术研发等重点，积极开展关键材料、产业化成套技术与装备自主研发，突破核心技术国产化，形成健全的产业化技术支撑体系。加快国家确定的舟山海水淡化试点城市和杭州水处理技术研究开发中心产业基地试点建设，推进实施大规模海水利用示范工程，建成全国一流的产业技术转移中心和装备制造基地。

（4）海洋清洁能源产业。加强海洋清洁能源利用研究开发、技术装备与示范工程建设，积极推动海上风能、海洋能、海洋清洁能源装备制造、海洋清洁能源综合开发等，努力形成一批重大示范工程和产业化项目，集聚一批海洋清洁能源开发科研团队、骨干机构和科技型企业，提升海洋清洁能源开发与产业化水平。

二、培育建设20个左右海洋特色产业基地

围绕扶持发展海洋工程装备与高端船舶制造业、港航物流服务业、临港先进制造业、滨海旅游业、海水淡化和综合利用业、海洋医药和生物制品业、海洋清洁能源产业、现代海洋渔业等8大现代海洋产业，重点培育建设具备一定产业基础并有较好发展前景和成长空间的20个左右海洋特色产业基地。

宁波海工装备及高端船舶基地。主要依托象山港湾两岸，突出海工装备和高端船舶制造等特色优势产业，重点发展海洋资源勘探、开采、加工、储运、管理等方面的物探船、工程勘察船、超重铺管船和多用途工作船等海洋工程船，打造集设计、制造、销售、维修于一体的海工装备及高端船舶基地。

舟山高端船舶及海工装备基地。依托舟山本岛北部船舶与海工集聚区块、六横北部船舶与海工集聚区块、岱山船舶与海工集聚区块，突出高端船舶修造等特色产业，同步发展海工装备制造，努力构建结构合理、要素齐全、优势明显、规模千亿的高端船舶及海工装备基地。

绍兴滨海新材料产业基地。主要依托绍兴滨海产业集聚区核心区越中路、世纪大道、织四路、南滨路、友谊线合围区块，联动绍兴县、上虞市北部区域，突出临港先进新材料、涉海新型包装材料、新型发光材料、新型建筑材料等特色产业，努力打造海洋新材料产业基地。

杭州海水淡化技术与装备制造基地。依托钱江经济开发区、西湖区等，突出海水淡化技术与装备制造特色优势，以蓝星（杭州）膜工业有限公司海水淡化

项目为龙头，努力打造产品种类最多、服务功能最全、经营规模最大的国家级海水淡化装备产业基地。

温州海洋清洁能源及装备产业基地。主要依托温州近海海域及东部沿海区域，联动龙湾空港新区、乐清湾港区、瑞安经济开发区等区域，突出核电、潮汐能、风能、海洋油气开发及风电装备制造等海洋清洁能源产业，努力打造海洋清洁能源及装备产业基地。

台州海洋清洁能源产业基地。主要依托三门沿海区域，联动临海、椒江、温岭、玉环等区块，突出核电及核电关联产业、风电、潮汐能发电等海洋清洁能源产业，努力打造海洋清洁能源产业基地。

杭州海洋科技与涉海装备制造基地。主要依托杭州应用声学研究所、上城区电子机械功能区、国家海洋二所，联动发展富阳船艇研发与制造等产业，突出海洋勘探开发、水声探测仪器设备、水下装备研发制造、水下机器人、高端运动赛艇与游艇设计制造等优势技术与产业，努力打造浙江省海洋科技创新基地。

温州海洋科创产业基地。依托温州市海洋科技创业园、海洋科技创新园、温州市海洋研究院、温州市科技职业学院等，突出海洋能源利用、海洋设备研发、现代海洋渔业等科技优势，努力打造产、学、研协同发展的新型海洋科创产业基地。

《山东省六大传统产业转型升级指导计划》

2013年11月19日，山东省人民政府办公厅以鲁政办发〔2013〕37号文印发了《山东省六大传统产业转型升级指导计划》，旨在巩固提升山东省传统产业发展优势，提高传统产业质量效益，实现转型发展。相关内容如下：

一、重点任务

（一）攻克一批关键技术——机械

船舶。重点攻克高技术船舶开发关键技术、主流船型优化升级换代技术、船舶关键系统的总体设计和集成技术、大型海洋油气平台关键设计建造技术。

（二）做强一批新特优产品——机械

积极发展大型豪华客滚船、深水钻井（生产）平台、远洋渔船、豪华游艇。

（三）壮大一批骨干企业——机械

支持青岛北船重工、烟台中集来福士、黄海造船、京鲁船业、华澳船舶等企业，提高大型远洋绿色环保船舶、深水海洋钻井（生产）平台、大型豪华客滚船、远洋渔船、豪华游艇等产品的国际国内市场竞争力。

（四）完善一批产业链——机械

石油装备。建立常规及非常规油气地质勘探、评估技术与装备完整产业链，提高石油装备全产业配套率。

（五）培育一批产业集群——机械

重点培育东营、潍坊等石油装备产业集群，烟台、威海、淄博等核电装备制造及配套材料产业集群，青岛、烟台、威海等船舶产业集群。

《海洋工程装备工程实施方案》

为落实好《"十二五"国家战略性新兴产业发展规划》(国发[2012]28号),加快推进海洋工程装备发展,国家发展改革委、财政部、工业和信息化部会同科技部、国家海洋局、国家能源局、国资委、教育部、国家知识产权局等部门联合编制的《海洋工程装备工程实施方案》于2014年4月24日印发。具体内容如下:

一、总体思路和工程目标

(一)总体思路

按照"市场为牵引,创新为驱动、总装为龙头、配套为骨干"的发展思路,面向国内国际两个市场,充分发挥企业市场主体作用和政府引导推动作用,重点突破深远海油气勘探装备、钻井装备、生产装备、海洋工程船舶、其他辅助装备以及相关配套设备和系统的设计制造技术,加强创新能力建设和工程示范应用,促进第三方中介服务机构发展,全面提升我国海洋工程装备自主研发设计、专业化制造及系统配套能力,实现海洋工程装备产业链协同发展。

(二)工程目标

到2016年,我国海洋工程装备实现浅海装备自主化、系列化和品牌化,深海装备自主设计和总包建造取得突破,专业化配套能力明显提升,基本形成健全的研发、设计、制造和标准体系,创新能力显著增强,国际竞争力进一步提升。深海半潜式钻井平台、钻井船等形成系列化,深海浮式生产储卸装置(FPSO)、半潜式生产平台等实现自主设计和总承包,水下生产系统初步具备设计制造能力;升降锁紧系统、深水锚泊系统、动力定位系统、大型平台电站等实现自主设计制造和应用;深海工程装备试验、检测平台初步建成。

到2020年,全面掌握主力海洋工程装备的研发设计和制造技术,具备新型海洋工程装备的设计与建造能力,形成较为完整的科研开发、总装建造、设备供应和技术服务的产业体系,海洋工程装备产业的国际竞争能力明显提升。

二、主要任务

(一)加快主力装备系列化研发,形成自主知识产权

通过引进消化吸收再创新,开展物探船、半潜式钻井/生产/支持平台、钻井船、浮式生产储卸装置(FPSO)、海洋调查船、半潜运输船、起重铺管船、多功能海洋工程船等主力装备的系列化设计研发,着力攻克关键技术,加强技术标准制定,注重研发全过程的知识产权分析,形成具有自主知识产权的品牌产品,扩大国际市场占有率。

(二)加强新型海洋工程装备开发,提升设计建造能力

通过集成创新和协同创新,加强浮式钻井生产储卸装置(FDPSO)、自升式钻井储卸油平台、浮式液化天然气储存和再气化装置(LNG-FSRU)、立柱式平台(SPAR)、张力腿平台(TLP)等装备开发,逐步提升研发设计建造能力。

积极开展原始创新,加强海上大型浮式结构物(VLFS)、深海工作站、海上浮动电站、大洋极地调查及深远海海洋环境观测监测和探测装备、海底矿物开采和运载装备的设计建造关键技术研发,做好

技术储备。

（三）加强关键配套系统和设备技术研发及产业化，提升配套水平

重点开展升降锁紧系统、深水锚泊系统、动力定位系统、单点系泊系统、大型平台电站、燃气动力系统、自动控制系统、信息管理系统、环境检测/监测系统、钻井包、海洋工程起重机、脐带缆、柔性立管、水下生产设备及系统、水下安装/检测/维护系统、物探设备、测井/录井/固井系统、铺管/铺缆设备、钻/修井设备、防喷漏油装备以及其他特种设备、系统和应用材料等技术研发，积极推动配套装备产业化。

（四）加强海洋工程装备示范应用，实现产业链协同发展

支持由用户牵头，联合油气勘探开采企业、装备制造企业、设备配套企业、研发设计、高等院校等单位建立产业联盟，加强产学研用合作，推动本土研制的海洋工程装备的应用，开展关键配套系统和设备的示范，为全面形成产业化能力奠定基础。

（五）加强创新能力建设，支撑产业持续快速发展

在整合利用现有创新平台的基础上，依托骨干企业、重点科研院所和大学，围绕海洋工程核心装备及其配套系统设备的共性技术、关键技术，建立一批国家级企业技术中心、工程研究中心、工程实验室；围绕关键设备和系统，建设若干深海试验、检测平台，推动建立海洋工程装备鉴定、认证体系；围绕海洋环境观测与监测、深海探测等基础技术、前瞻技术，建设一批科研试验设施。

三、组织方式

根据我国海洋工程装备产业工程目标、当前面临的主要任务和国际竞争环境，“海洋工程装备工程”通过三个途径组织实施，一是深海油气资源开发装备创新发展；二是深海油气资源开发装备应用示范；三是深海油气资源开发装备创新公共平台建设。

（一）深海油气资源开发装备创新发展

1、发展目标

顺应海洋工程装备产业发展趋势，面向国内国际两个市场，全面掌握设计、建造关键技术，提高海洋工程装备及配套设备和系统的研发、设计和制造水平，形成总包建造和本土化配套能力，实现我国海洋工程装备产业化、规模化、品牌化。

2、实施原则

一是订单优先，对已获得工程订单的装备和设备研制，优先安排。二是技术先进，对市场急需、水平先进的装备和设备重点支持。三是自主配套，对配套设备与系统本土化率高的装备加大投入力度。四是发挥优势，在鼓励产学研用联合研发的原则下，重点支持有基础、有实力的企业集团、研发机构、高校和用户。

3、实施重点

掌握物探船、工程勘察船、自升式钻井平台、半潜式钻井/生产/支持平台、钻井船、浮式生产储卸装置（FPSO）、海洋工程船等装备的自主设计和建造技术，具备概念设计、基本设计、详细设计能力。

突破浮式钻井生产储卸装置（FDPSO）、自升钻井储卸油平台、浮式液化天然气储存和再气化装置（LNG-FSRU）、立柱式平台（SPAR）、张力腿平台（TLP）、海上大型浮式结构物（VLFS）和海上浮动电站等装备的研发设计和建造技术，形成总装建造能力。

开展升降锁紧系统、深水锚泊系统、动力定位系统、单点系泊系统、大型平台电站、钻井包、海洋工程起重机、水下生产设备及系统中的部分设备、水下安装/检测/维护系统、铺管/铺缆设备、钻/修井设备等关键配套设备和系统的集成设计技术、系统

成套和检测技术研究，逐步具备研制能力。

（二）深海油气资源开发装备示范应用

1、发展目标

充分发挥油气勘探开采企业市场牵引作用和装备制造企业技术创新的主体作用，通过示范工程实施，实现深海油气开发首台（套）重大关键装备、系统和设备的应用，推动科研成果向工程化、产业化转化，促进总装及配套产业协调发展。

2、实施原则

一是急用先上，即将我国海洋油气开发急需的勘探开采装备项目作为示范工程。二是技术先进，将有科研开发基础，可迅速提升设计与建造能力,有望达到国际水平的项目作为示范工程。三是带动配套，对于配套设备本土化具有较大拉动作用的项目优先示范。四是实力优先，即由国内技术实力、资金实力、工程经验较好的企业承担，可采用建设—经营—移交（BOT）等多种方式组织实施。

3、实施重点

对自主研发设计的主力装备、新型装备和独立配套设备进行应用示范，由海洋石油勘探开采企业、装备制造企业、科研机构联合实施，重点在深水钻井船、半潜式钻井平台上进行动力定位、钻井包等关键系统和设备的示范应用；支持油气田建设和开发工程使用国产水下系统和设备，努力突破TLP平台、深水FPSO等深水工程示范；在边际油田形成自有的完整工程解决方案的基础上进行工程示范。

对区块油气田系统工程建设，由海洋石油勘探开采企业、或具有工程建设目标示范的相关资质的工程公司、关键装备使用单位牵头，科研设计单位和装备制造企业配合，形成集规划、研制、实施、使用、服务为一体的产学研用联盟，在工程规划实施方案的基础上，共同研制工程化系统装备，进行系统工程示范。

（三）深海油气资源开发装备创新公共平台建设

1、发展目标

针对我国海洋工程装备基础共性技术薄弱，关键设备与系统发展滞后，检测、认证等技术服务发展迟缓等问题，盘活和优化现有科技资源，支持国内有实力的企业集团、研究和第三方中介机构开展研发能力、试验能力和关键设备测试、鉴定、

认证能力建设，提高自主研制的海洋工程装备的质量、安全性和可靠性。通过加强机制创新和体制创新，提高研发活动的效率和效果，形成布局合理的海洋工程装备产业技术创新体系，增强产业创新能力和可持续发展能力。

2、实施原则

一是统筹规划，对我国深海油气资源开发装备创新公共平台建设进行通盘考虑，在充分论证的基础上，合理布局创新平台。二是盘活存量，充分利用已有科研条件和资源，进行优化整合，为全行业服务。三是创新机制，建立有效激励和互惠互利的创新机制和体制，激发海洋工程装备的创新活力，保障技术创新顺利进行。

3、实施重点

鼓励海洋油气勘探开采企业、装备制造企业、科研机构或专业机构等联合组建海洋工程装备产业联盟，开展本土化油气开采装备和配套设备的研制、产品“孵化”和推广。

支持科研机构、大学、企业和用户紧密合作，充分利用已有观测与监测基础，补充必要设施，开展海洋资源探测、海洋环境观测与监测等领域的基础研究。

加强海洋工程装备设计建造的试验、检测与鉴定能力建设，依托现有基础和资源，筹划建立深海试验、检测平台，开展关键设备和系统的测试和鉴

定。加强海洋工程装备技术检验与认证能力、技术指导能力和规范研究能力建设，扩大对外技术交流和对内技术指导的作用，增强其在认证方面的国际性与权威性。

（四）实施周期

2014–2016年。

四、保障措施

（1）鼓励企业加大对创新成果产业化的研发投入，对企业为开发新技术、新产品、新工艺发生的研发费用，按照有关税收法律法规和政策规定，在计算应纳税所得额时实行加计扣除。此外，对国内企业为生产国家支持发展海洋工程装备而确有必要进口的关键零部件及原材料，免征关税和进口环节增值税。

（2）鼓励总装建造企业、配套企业及设计单位与国外知名设计公司、工程总包商等开展合作，引进国外专业公司或机构，在国内合资设立海洋工程装备研发设计机构，建立海洋工程装备配套产品设计制造基地等，推动提升研发、设计、自主配套以及总承包能力。

（3）支持科研机构、总装制造企业、配套系统和设备企业、油气开发企业等发挥各自优势，共同构建产业创新联盟。推动建立知识布局与产业链相匹配的知识产权集群管理模式，加强知识产权保护，促进第三方中介服务机构的形成和发展。建立全过程的知识产权分析评议制度，加强知识产权分析和预警，充分发挥知识产权的支撑导航作用。

（4）推动建立使用国产首台（套）产品的风险补偿机制。针对已经有销售、有订单、有用户的首台（套）产品，运用政府采购首购、订购政策积极予以支持。引导企业建立首台（套）产品投保机制。

（5）鼓励创业投资、股权投资投向海洋工程装备制造企业，有效拓宽海洋工程装备制造企业及中小型专业化配套企业融资渠道。鼓励金融机构灵活运用多种金融工具，支持信誉良好、产品有市场、有效益的海洋工程装备企业加快发展。

（6）支持有条件的企业充分利用中央和地方的人才引进计划和相关支持政策，加强海洋工程装备技术、管理、商务、法律等领域的高层次人才和团队引进，创新企业人才制度和薪酬制度。依托国家工程（技术）研究中心、工程（重点）实验室等研究机构以及测试认证中心的建设，加强海洋工程装备领域的专业人才培养。鼓励有条件的高等院校加强海洋工程学科建设，推动海洋工程学科与材料、电子、机械、计算机等基础学科的融合发展。

《高技术船舶科研项目指南（2013年版）》

为贯彻落实《工业转型升级规划（2011–2015）》和《船舶工业“十二五”发展规划》，促进船舶工业科技发展，提升自主创新能力，推动产业转型升级，提高国际市场竞争力，按照《船舶工业“十二五”科技重点发展方向与重点》的任务部署，2013年5月，工业和信息化部发布了高技术船舶科研项目指南（2013年版）。

指南立足于贯彻党的“十八大”确立的建设海洋强国战略，瞄准“十二五”后三年船舶工业结构调整与升级以及国内外市场急需，提出了超级节能环保示范工程与清洁能源发动机、高技术特种船3个重大工程与专项，并针对船舶关键配套设备、基础共性技术与标准、国际新公约新规范前期研究等重大领域提出了18个重点研究方向，引导企业、高校和科研院所集中力量突破一些具有战略引领作用的关键技术、解决一批制约产业发展的核心技术、探索一批未来发展的前瞻及与应用基础技术。具体内容如下：

一、工程与专项

（一）超级节能环保船示范工程

1. 总目标

根据船舶节能减排相关国际公约、规范的要求，结合船舶技术发展和国内外航运市场需求，在油船、散货船、集装箱船三大主流船型中分别选择一型作为超级节能环保示范工程船，通过节能减排环保技术及装备的综合开发，突破清洁能源与可再生能源应用关键技术，全面提升我国船舶节能环保整体技术水平。

示范船舶须有具体工程依托并由船东实际订造，与现有同类船型相比节能环保水平大幅提高，单船平均日油耗降低40%以上，船舶能效设计指数（EEDI）比国际海事组织（IMO）EEDI基线值下降30%以上，同时须满足IMO船舶噪声新规则、涂层性能标准、硫氧化物（SO_x）、氮氧化物（NO_x）排放指标等相关法规要求。

2. 重点研究方向

（1）船型节能环保概念设计与技术经济性论证研究。

（2）低阻船体型线与上层建筑设计技术研究。

（3）最低压载量的分舱优化配置及航行中纵倾优化技术研究。

（4）波浪中失速控制与波浪增阻预报技术研究。

（5）新型结构轻量化设计技术研究。

（6）船体表面减阻技术应用研究。

（7）高效推进系统与水动力节能装置优化匹配设计研究。

（8）轮机节能环保设备集成应用研究。

（9）货油挥发（VOC）回收及再利用系统技术研究（仅适用于油船）。

（10）LNG燃料动力船型风险设计技术研究。

（11）LNG供气系统应用开发技术研究。

（12）太阳能、风能等清洁辅助能源在船上的应用研究。

（13）船舶舱室噪声控制关键技术研究。

（14）货油舱涂装关键技术研究（仅适用于油船）。

（15）建造工艺关键技术研究。

（16）节能、减排、环保、降噪验证试验技术研究。

3. 主要成果形式

（1）相关技术研究报告。

（2）相关工艺指导性文件。

（3）有关节能环保设备经船级社认可的设计图纸、计算书、试验报告及工程样机。

（4）通过营运验证的工程示范船。

（5）相关专利。

（6）相关技术标准研究报告及标准制修订建议。

（二）清洁能源发动机

1. 总目标

针对国际航运节能减排法规与清洁能源发动机技术发展趋势，面向内河、沿海和远洋应用的不同需求，分阶段、分步骤地进行清洁能源船用发动机设计/制造关键技术研究、典型样机和系统研制，开发具有自主知识产权的天然气及双燃料发动机系列化产品，形成自主研发能力。

2. 重点研究方向

2015年之前，重点开展高速天然气发动机、中速双燃料发动机的工程化开发，完成相关样机研制，并通过装船验证；开展小缸径低速双燃料发动机关键技术攻关，提出小缸径低速双燃料发动机总体概念设计方案，通过单缸机试验验证。

1）高速天然气发动机工程化开发

研究目标：

针对400kW及以上船用高速天然气发动机的市场需求，通过开展船用高速天然气发动机总体设计研究、关键部件开发，完成船用高速天然气发动机工程样机研制，并通过装船验证。

主要研究内容：

（1）总体设计技术研究。

（2）燃烧系统优化技术研究。

（3）多点燃气喷射控制及安全保护技术研究。

（4）高能点火装置等特种零部件关键技术研究。

（5）活塞等关键部件制造技术研究。

（6）关键技术集成及样机试验验证。

（7）船舶适应性及实船试验技术研究。

主要成果形式：

（1）相关技术研究报告。

（2）相关设计图纸、计算书及试验报告并通过船级社审核。

（3）高能点火装置、多点燃气喷射控制安全保护装置等特种零部件样件。

（4）通过装船验证的工程样机。

（5）高速天然气发动机设计指导性文件。

（6）相关专利。

（7）相关技术标准研究报告及标准制修订建议。

2）中速双燃料发动机工程化开发

研究目标：

针对1 000kW及以上船用中速双燃料发动机的市场需求，通过开展双燃料发动机总体设计及制造技术的研究，完成船用中速双燃料发动机工程样机研制，并通过装船验证。

主要研究内容：

（1）总体设计及性能综合优化技术研究。

（2）天然气、柴油双模式高效燃烧系统优化技术研究。

（3）天然气、柴油双模式智能化控制及安全保护技术研究。

（4）微喷引燃系统等特种零部件关键技术研究。

（5）关键技术集成及样机试验验证。

（6）船舶适应性及实船试验技术研究。

主要成果形式：

（1）相关技术研究报告。

（2）相关设计图纸、计算书及试验报告并通过船级社审核。

（3）微喷引燃装置、燃气喷射阀、智能化控制及安全保护装置等特种零部件样件。

（4）通过装船验证的工程样机。

（5）中速双燃料发动机设计指导性文件。

（6）相关专利。

（7）相关技术标准研究报告及标准制修订建议。

3）小缸径低速双燃料发动机关键技术研究

研究目标：

针对500mm及以下缸径船用低速双燃料发动机的市场需求，重点突破双燃料发动机燃料喷射系统、调控和安全保护系统以及关键零部件设计和制造技术，完成单缸机试验验证，为自主开发低速双燃料发动机提供技术支撑。

主要研究内容：

(1)燃烧技术路线研究。

(2)燃料喷射系统关键技术研究。

(3)受热零部件关键技术及工艺技术研究。

(4)调控及安全保护技术研究。

(5)概念机总体技术研究。

(6)单缸机试验验证技术研究。

主要成果形式：

(1)相关技术研究报告。

(2)低速双燃料发动机概念设计方案、相关设计图纸、计算书及试验报告。

(3)低速双燃料单缸机燃料喷射系统、调控及安全保护装置等样件。

(4)低速双燃料单缸机活塞、气缸盖等受热零部件样件。

(5)低速双燃料单缸机样机。

(6)相关专利。

(7)相关技术标准研究报告及标准制修订建议。

(三)高技术特种船

1. 总目标

针对水上液化天然气应用、极地多用途运输、汽车运输、液化乙烯气体运输等细分市场的不同需求，开展相关船型设计和制造关键技术研究以及关键配套设备研制，开发具有自主知识产权的高技术特种船舶产品，形成自主设计制造能力。

2. 重点研究方向

1)LNG燃料加注船

研究目标：

针对LNG燃料加注船的市场需求，通过开展LNG燃料加注船的储存舱、加注、冷舱、机电、安全控制等关键系统的设计和建造技术研究，完成LNG燃料加注船工程开发。

主要研究内容：

(1)市场需求及功能定位分析研究。

(2)总体方案论证。

(3)液化天然气储存舱设计与建造技术研究。

(4)液化天然气加注系统设计、制造及实船应用研究。

(5)冷舱设计与制造技术研究。

(6)机电系统设计及设备配套选型研究。

(7)安全控制系统设计与制造技术研究。

(8)设计、建造及营运过程风险控制研究。

(9)适用材料与工艺制造技术研究。

(10)液化天然气燃料动力设备安装及试验技术研究。

(11)技术标准研究。

主要成果形式：

(1)相关技术研究报告。

(2)通过船级社审核的相关设计图纸、计算书及试验报告。

(3)相关设备系统工程样机。

(4)液化天然气燃料加注船设计指导性文件。

(5)通过营运验证的工程示范船。

(6)相关专利。

(7)相关技术标准研究报告及标准制修订建议。

2)极地多用途运输船

研究目标：

针对北极航道开通对多用途运输船的市场需求，结合最新的国际公约、航道主管机关法定规则、技术标准要求，完成一型航行于北极东北航道的极地多用途运输船工程开发，并通过营运验证。

主要研究内容：

（1）国际公约、航道主管机关法定规则及技术标准研究。

（2）极地运输多用途船总体设计技术研究。

（3）冰区航行稳性、快速性和操纵性研究。

（4）极地航行船冰载荷研究。

（5）温度场对船体材料的影响研究。

（6）船体强度与设计分析技术研究。

（7）电力推进系统配备研究。

（8）极地运输船舶锚绞机系统开发。

（9）防冰和除冰措施的研究。

（10）极地船舶设备保护技术研究。

（11）极地环境绿色环保技术研究。

（12）建造技术研究。

主要成果形式：

（1）相关技术研究报告。

（2）相关设计图纸、计算书及试验报告。

（3）极地运输船舶锚绞机样机并装船验证。

（4）通过营运验证的工程示范船。

（5）极地运输多用途船设计指导性文件。

（6）相关技术标准研究报告及标准制修订建议。

3）超大型汽车滚装船

研究目标：

通过对超大型汽车滚装船的总体性能、结构设计、滚装通道系统以及节能环保技术应用等方面的研究，研发装载量在一万车以上的汽车滚装船。

主要研究内容：

（1）船型主尺度及技术经济性论证。

（2）滚装通道系统与单/双排支柱的设计布置优化研究。

（3）总布置设计研究。

（4）基于经济航速的宽体线型研究与开发。

（5）基于破损稳性要求的分舱优化研究。

（6）宽体汽车船舶结构设计及强度分析研究。

（7）节能减排及环保技术的应用研究。

（8）货舱区通风及消防系统技术研究。

主要成果形式：

（1）相关技术研究报告。

（2）完成一型万车级汽车滚装船的基本设计，并通过船级社审核。

（3）形成汽车滚装船滚装通道设计指导性文件。

（4）万车级汽车滚装船总体设计指导性文件。

（5）相关技术标准研究报告及标准制修订建议。

4）全冷式液化乙烯气体运输船

研究目标：

通过对液货围护系统技术进行研究，开发出能承受液体晃荡载荷、操作与维护方便的新型液化乙烯气体（LEG）运输船液货围护系统，掌握其设计建造关键技术，并完成新型LEG运输船设计。

主要研究内容：

（1）大型全冷式LEG海上运输航线和港口限制条件研究。

（2）货物围护系统总体方案论证。

（3）货物围护系统金属材料适用性研究。

（4）货物围护系统隔热材料适用性研究。

（5）货物围护系统施工工艺、金属材料焊接技术研究。

（6）货物围护系统模拟舱建造。

（7）货物围护系统模拟舱冷态密性试验研究。

（8）货物围护系统模拟舱冷态蒸发率测试技术研究。

（9）基于乙烯等气体运输需求的适用船型开发研究。

（10）液货系统自行配套开发研究。

主要成果形式：

(1) 相关技术研究报告。

(2) 形成具有自主知识产权的大型全冷式乙烯等气体海上运输货物围护系统设计建造方案，进行模拟舱实验验证，并通过船级社审核。

(3) 大型全冷式乙烯运输船船型设计指导性文件。

(4) 相关专利。

(5) 相关技术标准研究报告及标准制修订建议。

二、关键配套设备

(一) 3兆瓦级吊舱式电力推进系统开发及关键设备研制

研究目标：

针对吊舱式电力推进系统的市场需求，通过3兆瓦级主推进用吊舱推进系统开发、关键设备研制以及实船试验验证，掌握3兆瓦级吊舱推进系统的设计方法，具备其核心设备的设计制造能力。

主要研究内容：

(1) 吊舱推进系统总体设计技术研究。

(2) 吊舱推进器水动力性能研究。

(3) 吊舱推进器操控技术研究。

(4) 吊舱推进器永磁电机及变频调速装置研制。

(5) 吊舱推进器样机研制。

(6) 吊舱推进器实船匹配设计及安装、试验技术研究。

主要成果形式：

(1) 相关技术研究报告。

(2) 通过船级社审核的相关设计图纸、计算书及试验报告。

(3) 3兆瓦级吊舱推进器、永磁电机及变频调速装置工程样机。

(4) 吊舱式电力推进系统指导性文件。

(5) 相关专利。

(6) 相关技术标准研究报告及标准制修订建议。

(二) 新型船用生活污水处理装置开发

研究目标：

针对国际海事组织关于船舶生活污水处理的最新要求，通过灰水处理和生活污水高效生化处理以及氮磷去除技术研究，开展新型船用生活污水处理装置系列化设计，完成样机研制并通过装船试验验证。

主要研究内容：

(1) 国际公约、技术标准研究。

(2) 灰水处理技术研究。

(3) 高效生化处理技术研究。

(4) 氮、磷去除技术研究。

(5) 系统集成技术研究。

(6) 系列化设计研究。

(7) 样机研制及装船试验技术研究。

主要成果形式：

(1) 相关技术研究报告。

(2) 通过船级社批准的相关设计图纸、计算书及试验报告。

(3) 通过装船试验验证的工程样机。

(4) 船用生活污水处理装置设计及制造指导性文件。

(5) 相关专利。

(6) 相关技术标准研究报告及标准制修订建议。

(三) 远洋深水拖网渔船高效捕捞甲板绞车系统开发

研究目标：

针对500米以上作业水深拖网渔船高效捕捞作业

装备市场需求，开展甲板起放网绞车系统关键技术研究，完成产品样机研制，形成自主开发制造能力。

主要研究内容：

（1）深水拖网作业渔船捕捞机械船网参数协调性研究。

（2）深水拖网网形自动化系统控制技术研究。

（3）深水拖网绞车变频电力控制技术研究。

（4）深水拖网起放网机集成控制系统研究。

（5）深水拖网高效捕捞成套装备样机研制与试验研究。

主要成果形式：

（1）相关技术研究报告。

（2）通过渔检审核的相关设计图纸、计算书、说明书、试验大纲、试验报告。

（3）通过装船试验验证的工程样机。

（4）产品实船应用报告。

（5）高效捕捞甲板绞车系统设计及制造指导性文件。

（6）相关专利。

（7）相关技术标准研究报告及标准制修订建议。

（四）高性能导航雷达系统研发

研究目标：

针对国际海事组织对船用综合导航系统的新要求，通过对雷达系统数字化及组网应用、天线模块设计制造、信号处理等关键技术研究，开发出技术领先、成本经济的新一代导航雷达系统，完成样机研制和装船应用验证。

主要研究内容：

（1）相关国际规范、技术标准研究。

（2）雷达视频信号处理技术研究。

（3）导航雷达信号数字化及组网应用技术研究。

（4）先进自动标绘（ARPA）算法研究。

（5）导航雷达与电子海图、自动识别系统目标的信息融合和功能联合应用研究。

（6）X波段、S波段导航雷达天线和接收器、发射器研制。

（7）产品装船试验研究。

主要成果形式：

（1）相关技术研究报告。

（2）X波段和S波段导航雷达产品相关设计图纸、计算书、说明书、试验报告。

（3）通过装船验证的工程样机。

（4）产品实船应用报告。

（5）相关专利。

（6）相关技术标准研究报告及标准制修订建议。

（五）新型船用罗经开发

研究目标：

开发出符合国际最新规范要求，动态性能好，环境适应能力强，性价比高，具有国际先进水平的新型船用罗经，开发的工程样机获得船级社认证，并经装船应用验证。

主要研究内容：

（1）国际相关规范跟踪及对标研究。

（2）总体设计技术研究。

（3）快速启动对准、长时间误差抑制及补偿等系统技术研究。

（4）高纬度导航算法研究。

（5）样机研制与试验验证技术研究。

主要成果形式：

（1）相关研究报告。

（2）通过装船验证的工程样机。

（3）产品实船应用报告。

（4）相关专利。

（5）相关技术标准研究报告及标准制修订建议。

三、基础共性技术与标准

（一）三体船三维波浪载荷预报与结构响应分析技术研究

研究目标：

通过对三体船三维波浪载荷与砰击载荷预报方法、钢/铝合金船体结构静/动态响应分析技术、三体船载荷与典型结构的模型试验方法等进行研究，掌握相关的关键技术，开发专用的三体船三维波浪载荷预报软件，制定三体船结构响应分析指导性文件。

主要研究内容：

（1）三维波浪载荷计算方法研究。

（2）连接桥砰击载荷的计算方法研究。

（3）波浪载荷与砰击载荷模型试验技术研究。

（4）全船结构有限元分析技术研究。

（5）船体结构在砰击载荷作用下的动力响应分析方法研究。

（6）与我国南海环境相联系的三体船结构典型节点疲劳强度预报研究。

（7）连接桥典型结构疲劳强度计算与模型试验验证研究。

（8）三体船结构强度技术标准研究。

主要成果形式：

（1）相关技术研究报告。

（2）专用的三体船三维波浪载荷预报软件理论文本、目标文件、使用说明、测试报告、软件著作权登记证书、应用报告等。

（3）水池与结构强度试验报告。

（4）三体船结构响应分析指导性文件。

（5）相关专利。

（6）相关技术标准研究报告及标准制修订建议。

（二）极地及周边地区航行船舶性能理论预报方法研究

研究目标：

通过开展极地及周边地区通航环境条件、海冰形态、艏艉部线型与结构型式、船桨匹配与操纵性能分析、结构设计与强度评估、减振降噪等关键技术研究，掌握航行于极地海域海洋环境参数以及冰载荷及破冰能力预报、运动性能、结构性能的预报技术，为极地及周边地区运输船舶设计工作提供基础支撑。

主要研究内容：

（1）极地及周边地区海冰形态、海况环境研究。

（2）冰载荷及破冰形式、能力预报技术研究。

（3）船舶运动性能理论预报方法研究。

（4）船舶结构性能理论预报方法研究。

主要成果形式：

（1）相关技术研究报告。

（2）冰载荷与破冰能力、水动力性能、结构直接计算法理论预报软件理论文本、目标文件、使用说明、测试报告、软件著作权登记证书、应用报告等。

（三）数字化水池顶层研究

研究目标：

通过对国内外数值手段模仿现有物理水池的部分试验功能应用水平及软件现状的研究，结合现代数据库、计算机技术应用，制定开发我国船舶/海工数字化水池可行性研究方案。

主要研究内容：

（1）国内外虚拟数值手段模仿物理水池的部分试验功能应用水平及软件现状的研究。

（2）国内外船舶与海洋工程计算流体动力学

(CFD)发展水平研究。

(3)数字化水池技术实现船舶物理水池的试验功能与分阶段实现目标研究。

(4)数字化水池技术实现船舶物理水池的试验功能及软件开发与分阶段实现目标研究。

(5)数字化水池数值代码、通用图形处理器和计算软硬件开发平台研究。

(6)云计算、E-技术的发展现状与数字化水池融合性研究。

(7)数字化水池体系构成与流程研究。

(8)数字化水池顶层设计研究。

(9)数字化水池技术在主流运输船舶、深海半潜式平台水动力性能应用研究。

主要成果形式:

(1)各类研究报告。

(2)我国数字化水池开发可行性方案建议。

(四)船舶建造技术数据库和评价系统研究

研究目标:

突破船舶建造技术基础数据的采集、分析和评价等关键技术,建立船舶建造技术数据库,开发船舶建造技术评价与分析决策支持系统,为全面提升行业建造技术水平奠定基础。

主要研究内容:

(1)基础数据分析研究。

(2)基础数据采集技术研究。

(3)基础数据库系统软件开发。

(4)建造技术评价方法研究。

(5)评价与分析决策支持系统开发。

(6)相关技术标准研究。

主要成果形式:

(1)相关技术研究报告。

(2)建造技术数据采集指导性文件和软件。

(3)建造技术数据库。

(4)评价与分析决策支持系统软件集成平台。

(5)相关技术标准研究报告及标准制修订建议。

(五)国际船舶建造与修理质量标准及船舶结构安全标准研究

研究目标:

根据国际船级社协会(IACS)《船舶建造与修理质量标准》(Rec.47)最新修订内容及《协调的共同结构规范》(HCSR)新要求,完善《中国造船质量标准》,研究提出船舶结构安全和船舶修理相关标准。

主要研究内容:

(1)《船舶建造与修理质量标准》(Rec.47)和与HCSR相关和引用船舶标准研究分析。

(2)《中国造船质量标准》及相关结构安全标准的适用性研究分析。

(3)《中国修船质量标准》研究及相关船舶修理标准的适用性研究分析。

主要成果形式:

(1)《国际船舶建造与修理质量及结构安全要求标准研究》报告。

(2)《中国造船质量标准及相关结构安全标准的适用性研究》报告。

(3)《中国造船质量标准》及相关船舶结构安全标准项目制修订主要内容及要求。

(4)《中国修船质量标准》标准草案及相关标准制修订主要内容及要求。

(六)渔业船舶标准体系顶层研究

研究目标:

根据国际海事组织(IMO)《国际渔船安全公约》的要求,在对渔业船舶相关国际标准和国外先进标准全面研究分析的基础上,重点围绕我国远洋渔业船舶技术和装备发展需求，开展标准应用研究及需求分析，深化我国渔业船舶技术标准体系研究，提出急需制定的重点标准项目并明确标准主要内容及要求，为提升我国渔业船舶设计建造及装备水平奠定基础。

主要研究内容：

(1)相关国际公约规则、国际标准及国外先进渔业国家(地区)渔船标准分析研究。

(2)典型远洋渔业船舶及装备标准需求分析。

(3)我国现有渔业船舶标准适用性分析研究。

(4)我国渔船及装备标准体系深化研究和急需制修订标准分析。

主要成果形式：

(1)《国际渔船安全公约、规范、国际标准及国外先进渔业船舶标准研究》报告。

(2)《国内典型远洋渔业船舶及装备标准需求分析》报告。

(3)《我国现有渔业船舶标准适用性分析研究》报告。

(4)国内急需制定的重点渔业船舶标准项目、主要内容及要求。

(七)船舶标准体系项目研究

研究目标：

为确保船舶产品符合国际安全、环保、节能要求，支撑高技术船舶关键系统设备研制，提升船用机电设备模块化、自动化水平，推动信息技术应用，根据《船舶工业标准体系(2012年版)》，着重开展海洋船(AA)、船舶动力装置(DA)、船用机械设备(DB)、船舶电气系统及设备(DC)、船舶导航/通信/水声设备(DD)、船舶舾装设备(DE)等专业相关重点标准的研究，填补相关领域标准的空白，健全完善船舶工业标准体系。

研究项目：

具体研究项目详见附件。标准研究项目可按每一项单独进行申报，或按相关联项目组合申报。

主要成果形式：

相关研究报告和标准草案。

四、国际新公约新规范前期研究

(一)船舶综合安全评估及安全水平法研究

研究目标：

通过对船舶综合安全评估方法(FSA)和安全水平方法(SLA)理论、方法及应用的系统性研究和实际案例验证，研究制定FSA/SLA应用指南和软件，初步建立国内主流船型安全性数据库，并向国际海事组织提出相关提案。

主要研究内容：

(1)FSA/SLA议题动态跟踪研究和对我国船舶工业的影响分析。

(2)FSA/SLA的方法论研究。

(3)船舶安全数据库框架、数据采集、统计分析与应用研究。

(4)运用实际案例和主流船型，进行FSA/SLA安全水平分析和验证。

(5)FSA/SLA分析指导性文件研究和应用软件开发。

(6)国际海事组织 FSA/SLA议题相关提案研究。

主要成果形式：

(1)相关研究报告。

(2)FSA/SLA应用软件及理论文本、目标文件、使用说明、测试报告、软件著作权登记证书、应用报告等。

(3)FSA/SLA应用指南。

(4)国际海事组织 FSA/SLA议题相关提案。

（二）国际海事组织船舶建造档案研究

研究目标：

通过对国际海事组织船舶建造档案要求的全面研究分析，完成船舶建造档案行业标准的制定，提出我国岸上档案中心的方案，研究开发我国船舶建造档案管理软件，并向国际海事组织提出相关提案。

主要研究内容：

（1）国际海事组织船舶建造档案要求对我国船舶工业的影响分析。

（2）船舶建造档案行业标准研究。

（3）我国船舶建造档案岸上档案中心方案研究。

（4）我国船舶建造档案管理软件开发。

（5）国际海事组织船舶建造档案议题相关提案研究。

主要成果形式：

（1）相关研究报告。

（2）船舶建造档案行业标准草案及实施指南。

（3）船舶建造档案岸上档案中心建设方案。

（4）船舶建造档案管理软件及理论文本、目标文件、使用说明、测试报告、软件著作权登记证书、应用报告等。

（5）国际海事组织船舶建造档案议题相关提案。

（三）船舶液舱和密性舱壁试验规则及质量管理体系研究

研究目标：

通过对目前船舶液舱和密性舱壁试验方案及操作规程的分析、评估及国际海上人命安全公约（SOLAS）相关要求的研究，提出满足船舶安全性要求的液舱和密性舱壁试验规程及相关国际提案，形成相关标准，完善质量管理体系。

主要研究内容：

（1）国际海上人命安全公约（SOLAS）相关要求研究。

（2）国内外船舶液舱和密性舱壁试验方案研究分析。

（3）现有液舱和密性舱壁试验方案安全性评估。

（4）液舱和密性舱壁试验改进方案研究。

（5）液舱和密性舱壁试验相关标准和质量管理体系研究。

（6）国际海事组织液舱和密性舱壁试验议题相关提案研究。

主要成果形式：

（1）相关技术研究报告。

（2）船舶舱室密性试验操作流程和指导性文件。

（3）相关标准制定和质量管理体系改进方案。

（4）国际海事组织船舶舱室密性试验议题相关提案。

（四）新造船有害物质清单应用技术研究

研究目标：

开展国际安全与环境无害化拆船公约和配套导则分析，形成能够满足公约要求的、可操作的新造船有害物质清单执行程序，以及用于船舶设计、建造（含改建）、配套企业实施的指导手册，为将来能够履行公约要求提供技术支撑。

主要研究内容：

（1）国际安全与环境无害化拆船公约中有害物质的范围、控制和影响以及有害物质清单验证程序研究。

（2）我国造船业与国际安全与环境无害化拆船公约及其导则的异同实证研究。

（3）欧盟等国船舶再回收法规等相关法规研究。

（4）不同无石棉标准阈值区别和影响研究。

（5）取样、分析、判定方法及替代产品或免除方法研究。

（6）绿色产品认证、分级和国际安全与环境无害化拆船公约绿色产品数据库研究。

（7）船上有害物质的取样检测等流程研究。

（8）有害物质清单编制及流程研究。

（9）国内船厂产品信息执行程序和实施方案研究。

主要成果形式：

（1）相关技术研究报告。

（2）有害物质清单与材料声明的制定报告。

（3）相关执行程序和指导手册。

（4）国际安全与环境无害化拆船公约、欧盟法规对策建议书。

（五）新船能效设计指数风浪失速因子预报和最小推进功率研究

研究目标：

在对国际海事组织《新船能效设计指数（EEDI）计算导则》等全面研究分析的基础上，重点开展船舶风浪失速因子（fw）预报和恶劣海况下船舶最小推进功率等研究，提出相关设计、试验、预报、评估方法和指导性文件，研究开发相关软件和数据库。

主要研究内容：

（1）船舶波浪增阻、风阻数值计算理论与方法研究。

（2）风浪失速因子相关模型试验、实船验证与监测技术研究。

（3）风浪失速因子数据库及预报与监测系统开发研究。

（4）最小推进功率验证评估方法研究。

（5）最小推进功率评估要求下的模型试验技术研究。

（6）相关技术标准研究。

（7）国际海事组织相关提案研究。

主要成果形式：

（1）相关技术研究报告。

（2）相关设计、试验、预报、评估指导性文件。

（3）风浪失速因子预报软件。

（4）最小推进功率评估软件。

（5）相关技术标准研究报告。

（6）国际海事组织风浪失速因子、最小推进功率相关提案草案。

（六）船舶柴油机颗粒物排放控制先期研究

研究目标：

在研究国内外内燃机颗粒物（PM）排放限制法规的基础上，对船舶柴油机颗粒物形成机理、成分以及对环境的影响进行研究，提出科学可行的船舶柴油机颗粒物控制技术方案。

主要研究内容：

（1）国内外内燃机颗粒物排放限制法规研究。

（2）船舶柴油机颗粒物排放对环境影响的分析。

（3）船舶柴油机颗粒物形成机理及检测对比分析。

（4）船舶柴油机颗粒物排放控制技术方案及减排能力研究。

（5）船舶柴油机颗粒物排放控制技术的经济性分析。

（6）船舶柴油机颗粒物排放限值及标准研究。

主要成果形式：

（1）相关研究报告。

（2）船舶柴油机颗粒物排放控制设计指导性文件。

（3）国际海事组织船舶柴油机颗粒物排放限值标准提案草案。

表23　船舶标准体系研究项目表

序号	标准体系号	研究项目名称
1	AAA0042	船舶风险与安全评估方法
2	AAA0050	液化天然气船NO.96型围护系统通用要求
3	AAC0013	船舶能效设计指数预验证方法
4	AAC0016	喷水推进试验规程
5	AAD0101	船用金属材料的腐蚀与防护要求
6	AAD0103	焊缝相控阵超声波无损检测方法
7	AAD0166	船舶防污涂料含量及性能测定法
8	AAD0167	船舶耐低温用涂料
9	AAD0168	船用耐低温橡胶材料
10	AAD0169	船用耐低温玻璃
11	AAD0170	船用耐低温胶粘剂
12	AAD0172	舱室绝缘材料
13	AAE0044	船体高强度钢焊接工艺要求
14	AAE0170	船舶涂装用磨料选择指南
15	AAG0019	船舶工艺文件完整性要求
16	AAG0104	拆船企业生产条件基本要求及评价方法
17	AAG0133	船舶系泊航行试验安全规程
18	AAH0118	船舶压载水管理手册编制要求
19	AAI0006	船舶三维生产设计建模通用要求
20	AAI0009	船舶设计与制造数据库 产品数据库框架
21	AAI0010	船舶设计与制造数据库 资源数据库框架
22	AAI0011	船舶设计与制造数据库 管理信息数据库框架
23	AAI0012	船舶设计与制造数据库 基础数据库框架
24	DAA0095	智能型柴油机液压执行模块
25	DAA0096	船用柴油机用电控单元
26	DAA0104	船用低速柴油机曲轴技术要求
27	DAA0109	船用柴油机燃油系统模块

（续表）

序号	标准体系号	研究项目名称
28	DAA0110	船用发动机滑油系统模块
29	DAA0111	船用柴油机缸套冷却水泵模块
30	DAA0112	船用柴油机空气冷却器模块
31	DAB0043	喷水推进装置技术条件
32	DBA0041	船用压力水柜模块
33	DBA0042	船舶压缩空气系统模块
34	DBA0049	液化气船再液化装置设计要求
35	DBA0073	船用热井模块
36	DBB0072	机舱独立箱柜设计要求
37	DBC0014	船舶锚机模块
38	DBD0013	船用火灾探测报警系统
39	DBD0014	船用光电感烟火灾探测器
40	DBD0016	船舶自动喷水灭火系统
41	DBD0021	船用火灾声光报警器
42	DBD0024	船舶水消防系统试验方法
43	DBD0028	船用惰性气体灭火装置
44	DBD0036	船用室内消火栓
45	DBE0020	船用收油机
46	DBF0131	船用阀门温压曲线图要求
47	DBF0333	超低温管路支架
48	DBF0334	超低温管路止动器
49	DBF0339	液化天然气船用超低温管系冷却试验要求
50	DBG0068	船舶液压泵站模块
51	DBG0069	船用组合式液压缸
52	DBG0070	船用多级伸缩式液压缸
53	DCA0033	船用电气设备塑料选用要求
54	DCB0012	船用发电装置动力管理系统

（续表）

序号	标准体系号	研究项目名称
55	DCB0013	船用应急发电机技术条件
56	DCB0014	船用低噪声汽轮高速发电机技术条件
57	DCB0015	船用大功率发电机组噪声控制设计要求
58	DCB0016	船舶发电设备控制系统要求
59	DCB0017	船舶智能化交流不间断电源技术条件
60	DCE0016	船用绝缘监测装置设计要求
61	DCE0017	船用单人驾控台通用技术条件
62	DCF0044	船用探照灯和投光灯配置要求
63	DCF0046	救生艇和救助艇用探照灯
64	DCF0053	船舶及海洋平台用直升机助降灯具
65	DCF0054	船舶及海洋平台用直升机助降灯控制设备
66	DCF0055	船舶及海洋平台用直升机红外信号助航通信设备
67	DDA0063	救生磁罗经
68	DDA0067	船舶综合信息系统通用要求
69	DDC0015	水声通信机
70	DEA0073	深海工程船定位用吊锚装置
71	DEA0074	深水定位锚技术要求
72	DEB0038	应急拖带装置
73	DEC0014	H120级防火风雨密门
74	DEC0016	A60级带逃生口防火门
75	DEC0026	H120级船用防火窗
76	DED0061	气胀式撤离通道风险评估方法
77	DED0062	气胀式撤离通道技术条件

《海洋工程装备科研项目指南(2013年版)》

海洋工程装备制造业是国家战略性新兴产业的重要组成部分，是高端装备制造业的重点方向。大力发展海洋工程装备，对加快装备制造业结构调整和转型升级，抢占未来经济科技竞争的制高点，推动海洋资源开发和海洋经济发展，支撑我国建设海洋强国目标实现具有十分重要的意义。

为进一步落实《"十二五"国家战略性新兴产业发展规划》(国发[2012]28号)和《海洋工程装备制造业中长期发展规划》(工信部联规[2011]597号)，加快提升海洋工程装备制造业创新能力，提升行业技术水平，特制定本指南。指南从工程与专项、关键系统和设备、共性技术与标准三个方面，提出了"十二五"后三年海洋工程装备制造业的重点科研方向。相关内容如下：

一、工程与专项

(一) 深远海浮式基地

1. 工程总目标

满足我国深远海岛礁生活和建设、岛礁和海洋旅游、海上维权执法、海洋油气及渔业资源开发、后勤保障等方面的紧迫需要，根据不同海域风、浪、流分布的情况，结合不同用途对浮式结构型式的需要，重点开展小水线面半潜箱型、筒形桁架组合型、单船体型单元浮式结构及复合型浮式结构等系列深远海大型浮式结构设计、建造、安装等方面的关键技术研究，分阶段实施大型浮式结构的示范工程。

主要包括："小水线面半潜式箱型组合浮式结构工程化研制"，"筒形桁架组合型浮式结构工程化研制"，"单船体浮式结构工程化研制"，"变干舷异型多阶次浮式结构工程化研制"，"超大型多类结构复合型浮式结构工程化研制" 5个课题。

2. 重点研究方向

2015年前，重点开展单元浮式结构的研究，即小水线面半潜箱型组合浮式结构、多功能筒形桁架组合型浮式结构、多功能单船体型浮式结构等三型单元浮式结构的关键设计建造技术研究，并结合目标海域和岛礁具体情况进行工程示范。具体如下：

1) 小水线面半潜箱型组合浮式结构工程化研制

研究目标：

开发南海开敞海域适用的小水线面半潜箱型组合浮式结构，设计寿命达到25年以上。

研究内容：

(1) 目标岛礁自然环境(无泻湖的开敞水域，包括风、浪、流、海床结构、台风、温度、湿度、盐度等)研究。

(2) 开敞水域岛礁的使用特征与技术指标优化论证。

(3) 功能与舒适性、使用性、维护性匹配的总布置研究。

(4) 总体性能分析技术研究。

(5) 系泊定位技术研究。

(6) 防波技术研究。

(7) 浮式结构、防波设施水池模型试验技术研究。

(8) 浮式结构运输与安装技术研究。

(9) 新型材料在浮式结构设计建造中的应用

技术研究。

(10)高温、高湿、高日照、多盐环境下的防腐技术研究。

(11)岛礁环境测量技术研究与环境测量装置研制。

(12)设计、建造、安装及安全标准研究。

成果形式:

(1)相关研究报告。

(2)浮式结构、防波设施水池模型试验报告。

(3)浮式结构设计指导性文件。

(4)防波设施设计与安全分析指导性文件。

(5)泻湖外波浪环境测量装置样机。

(6)相关技术标准名录。

(7)相关专利。

(8)小水线面半潜式组合型浮式结构工程示范。

2)多功能筒形桁架组合型浮式结构工程化研制

研究目标:

开发南海开敞水域环境适用的筒形桁架组合型浮式结构,设计寿命达到25年以上。

研究内容:

(1)所处海域(包括岛礁周边,泻湖内、外)的风、浪、流环境条件研究。

(2)浮式结构功能与安全性、使用性、维护性匹配的总布置研究。

(3)浮式结构波浪中水动力特性分析技术研究。

(4)浮式结构三维波浪载荷计算与结构分析响应研究。

(5)特殊节点结构设计与疲劳分析研究。

(6)不沉性等级划分与新型轻型材料研究。

(7)浮式结构多单元连接形式设计与强度分析。

(8)电站与电力推进系统配置研究。

(9)系泊定位技术研究。

(10)水池模型试验技术研究。

(11)运输与多单元安装技术研究。

(12)抗疲劳新材料及结构形式应用研究。

(13)防腐技术、防腐钢材应用与技术标准研究。

(14)设计、建造、安装及安全标准研究。

成果形式:

(1)相关研究报告。

(2)浮式结构、定位设备水池模型试验报告。

(3)浮式结构设计与安全分析指导性文件。

(4)相关技术标准名录。

(5)相关专利。

(6)多功能筒形桁架组合型浮式结构工程示范。

3)多功能单船体型浮式结构工程化研制

研究目标:

开发一型适用于深水/浅水的单船体型浮式结构,设计寿命达到25年以上。

研究内容:

(1)浮式结构功能、规划研究、经济性分析

(2)考虑泻湖内外环境差异的浮体波浪流环境与生存条件研究

(3)浮式结构总体方案研究

(4)浮式结构结构设计技术研究

(5)浮式结构补给形式研究

(6)浮式结构系泊技术及模型试验研究

(7)浮式结构生态保障及新能源系统研究

(8)高强度轻质复合材料的应用研究

(9)基于防腐技术的材料、涂料应用研究

(10)浮式结构物建造与安装技术研究

(11)设计、建造、安装及安全标准研究

成果形式:

(1)相关研究报告。

(2)浮式结构、定位设备水池模型试验报告。

（3）浮式结构设计与安全分析指导性文件。

（4）相关技术标准名录。

（5）相关专利。

（6）单体船型浮式结构工程示范。

（二）深海天然气浮式装备（一期工程）

1. 工程总目标

满足我国深海大型气田开发和海上液化天然气接收站建设的紧迫需求，系统开展深海天然气浮式装备（英文简称：FLNG，包括浮式液化天然气生产储卸装置LNG-FPSO和浮式储存及再气化装置LNG-FSRU）设计、建造、集成等方面的关键技术研究，以及相关关键设备和系统的研制，形成相应的总体设计方案、设备工程样机及全套系统的试验验证装置，完成有关测试和检验、试验验证等工作，建立相应的FLNG设计建造规范与标准体系。开发一型适应我国南海大型气田开发需要、舱容约30万立方米、LNG年产量约为200~300万吨的LNG-FPSO，一型舱容在20万立方米以上、年气化能力约为200万吨的LNG-FSRU。

工程分两期实施，一期目标是：完成LNG-FPSO、LNG-FSRU总体设计方案，实现LNG-FSRU再气化模块及LNG-FPSO部分系统和设备的样机研制，具备20~50万立方米/天的小型天然气液化系统核心装置的工程化应用能力。二期目标是：LNG-FPSO、LNG-FSRU总体具备工程化条件，主要系统和设备完成样机研制及实验验证，具备LNG年产200~300万吨的天然气预处理系统及液化系统装置研制能力。

主要包括："LNG-FPSO总体设计技术研究"，"LNG-FSRU总体设计技术研究"，"LNG-FSRU再气化系统装置研制"，"FLNG货物围护系统设计与建造技术研究"，"天然气液化系统设计、集成及试验验证"，"天然气预处理用大型塔器研制"，"天然气液化用大型混合冷剂压缩机研制"，"天然气液化用大型板翅式换热器冷箱研制"，"大型LNG绕管式换热器研制"，"海水-混合冷剂换热器研制"，"LNG液力透平研制"，"LNG潜液泵研制"，"天然气液化系统硫回收装置研制"，"LNG蒸发汽再液化装置研制"，"货物外输/转驳装置研制"，"内转塔式单点系泊系统开发及液体旋转接头研制"，"液化天然气船用殷瓦合金和绝缘箱胶合板关键技术应用研究"，"FLNG建造、安装及调试关键技术研究"等18个课题。

2. 重点研究方向

2015年前，重点围绕一期工程目标，突破天然气预处理系统及液化系统、再气化系统、内转塔式单点系泊系统、LNG货物外输/转驳装置等设备和系统设计、制造、试验验证等方面的关键技术，部分系统和设备完成样机研制。开展FLNG建造、安装及调试关键技术研究。开展处理能力为20~50万立方米/天的天然气液化工艺和设备试验验证。初步建立起FLNG设计建造规范与标准体系。具体如下：

1）天然气液化系统设计、集成及试验验证

研究目标：

掌握天然气液化系统的设计技术、集成技术，完成处理能力为20~50万立方米/天的天然气液化系统的设计和制造，开展工艺和关键设备试验验证。

研究内容：

（1）处理能力为20~50万立方米/天的天然气液化系统总体方案设计。

（2）天然气液化系统集成技术研究。

（3）天然气液化系统工艺和关键设备试验验证。

成果形式：

（1）总体设计方案。

（2）处理能力为20~50万立方米/天天然气液化

系统及试验报告。

2）天然气预处理用大型塔器研制

研究目标：

掌握适合FLNG天然气预处理系统使用的大型塔器的设计制造关键技术，包括强度计算、填料和塔盘的水力学计算等，完成大型塔器详细设计和样机研制，具备工程化应用条件，与国际同类产品技术水平相当。

研究内容：

（1）工艺参数优化和工艺流程设计。

（2）大型塔器的材料选型、强度计算及分析。

（3）大型塔器中填料、塔盘等内件水力学计算。

（4）大型塔器气液分布器的设计与优化。

（5）晃荡对大型塔器性能影响研究。

（6）适用于年产液化天然气300万吨LNG-FPSO使用的大型塔器详细设计。

（7）大型塔器样机研制。

成果形式：

（1）相关设计图纸、计算书、研究报告。

（2）样机及试验验证报告，并通过船级社认可。

3）天然气液化用大型混合冷剂压缩机研制

研究目标：

完成满足LNG年产量约为200~300万吨的LNG-FPSO要求的大型混合冷剂压缩机的选型方案，攻克设计制造关键技术，完成详细设计和样机研制，具备工程化应用条件，与国际同类产品技术水平相当。

研究内容：

（1）压缩机选型方案论证。

（2）设计制造关键技术研究。

（3）大型混合冷剂压缩机详细设计。

（4）大型混合冷剂压缩机样机研制。

成果形式：

（1）相关设计图纸、计算书、研究报告。

（2）样机及试验验证报告，并通过船级社认可。

4）天然气液化用大型板翅式换热器冷箱研制

研究目标：

掌握板翅式换热器冷箱均布、安全性相关技术等关键技术，完成相应的试验研究和小型样机研制，满足LNG-FPSO的技术要求。

研究内容：

（1）多联板翅式换热器均布技术研究。

（2）板翅式换热器应用于FLNG的安全性和可靠性研究。

（3）板翅式换热器小型样机研制。

成果形式：

（1）相关设计图纸、计算书、研究报告。

（2）适用于处理能力为20~50万方/天天然气液化系统的样机及试验验证报告，并通过船级社认可。

5）大型LNG绕管式换热器研制

研究目标：

掌握LNG绕管式换热器设计、制造、检验等方面的关键技术，完成满足LNG年产量为200~300万吨LNG-FPSO要求的大型绕管式换热器详细设计方案，开展中试研究，完成小型样机研制，设计、制造、检验能力达到LNG-FPSO的技术要求。

研究内容：

（1）LNG绕管式换热器设计关键技术研究。

（2）晃荡对LNG绕管式换热器性能影响研究。

（3）LNG绕管式换热器制造和检验关键技术研究。

（4）LNG绕管式换热器小型样机研制。

（5）相关技术标准研究。

成果形式：

（1）相关设计图纸、计算书、研究报告。

（2）适用于处理能力为20~50万立方米/天天然

气液化系统的样机及试验验证报告，并通过船级社认可。

6）海水-混合冷剂换热器研制

研究目标：

掌握海水—混合冷剂换热器设计、制造、检验等关键技术，开展满足LNG年产量约为200~300万吨的LNG-FPSO要求的海水—混合冷剂换热器详细设计方案，完成中试研究和小型样机研制，设计、制造、检验能力达到LNG-FPSO技术要求。

研究内容：

（1）海水-混合冷剂换热器选型研究。

（2）设计关键技术研究。

（3）制造和检验关键技术研究。

（4）海水—混合冷剂换热器小型样机研制。

成果形式：

相关设计图纸、计算书、研究报告。适用于处理能力为20~50万立方米/天天然气液化系统的样机及试验验证报告，并通过船级社认可。

7）LNG液力透平研制

研究目标：

掌握LNG液力透平的关键技术，完成小型样机设计制造及现场试验，开展适用LNG-FPSO的LNG液力透平详细设计，完成中试研究和样机研制。

研究内容：

（1）液力透平设计关键技术研究。

（2）小型样机设计制造及现场试验。

（3）适用LNG-FPSO的LNG液力透平详细设计。

（4）LNG液力透平小型样机研制。

（5）技术标准研究。

成果形式：

（1）相关设计图纸、计算书、研究报告。

（2）小型样机及试验验证报告，并通过船级社认可。

8）LNG潜液泵研制

研究目标：

掌握水力技术、结构优化设计、密封技术等LNG潜液泵关键设计制造技术，开展适用LNG-FPSO的LNG潜液泵详细设计，完成中试研究和小型样机研制。

研究内容：

（1）水力计算与选型。

（2）泵体结构优化设计。

（3）密封设计。

（4）适用LNG-FPSO的LNG潜液泵详细设计。

（5）LNG潜液泵小型样机研制及试验研究。

（6）技术标准研究。

成果形式：

相关设计图纸、计算书、研究报告。小型样机及试验验证报告，并通过船级社认可。

9）天然气液化系统硫回收装置研制

研究目标：

研究适用于浮式条件下的硫磺回收工艺，研制橇装的硫磺回收装置，具备安全性高、占地少的特点，完成小型样机研制。

研究内容：

（1）硫回收装置关键设备选型研究。

（2）硫回收工艺的工艺包设计。

（3）硫回收装置的橇块化技术研究。

（4）硫回收装置小型样机研制。

（5）LNG-FPSO硫磺回收装置的技术标准研究。

成果形式：

相关设计图纸、计算书、研究报告。小型样机及试验验证报告，并通过船级社认可。

10）LNG蒸发汽再液化装置研制

研究目标：

根据LNG蒸发汽（BOG）和浮式平台的特点设计出适合浮式平台上的BOG再液化工艺，完成BOG再液化装置的橇块化设计，达到能够制造的深度，完成小型样机研制。

研究内容：

（1）核心设备选型研究和浮式条件下的适应性研究。

（2）橇块化设计方案研究。

（3）再液化装置的橇块化设计。

（4）再液化装置小型样机研制。

（5）相关技术标准研究。

成果形式：

相关设计图纸、计算书、研究报告。小型样机及试验验证报告，并通过船级社认可。

11）货物外输/转驳装置研制

研究目标：

研究开发适用于LNG-FSRU、LNG-FPSO与穿梭LNG船之间的货物外输/转驳装置，能够实现低温液体和气体的输送，具备较高的可靠性。货物外输/转驳装置在满足旁靠相关海况的相对运动和串联情况下，转运能力达到1万立方米/小时。

研究内容：

（1）两船并靠水动力分析与试验验证。

（2）旁靠转驳与串联转驳的比较论证。

（3）刚性装卸臂与低温软管输送比较论证。

（4）软管旁靠输送装置样机研制。

（5）软管旁靠转运的模拟海况试验和液体试验。

（6）串联输送技术预研。

成果形式：

（1）两船旁靠水动力分析和水池模型试验报告。

（2）旁靠转驳与串联转驳设计图纸和计算书。

（3）软管旁靠输送装置样机及试验验证报告，并通过船级社认可。

12）内转塔式单点系泊系统开发及液体旋转接头研制

研究目标：

对FLNG单点系泊系统进行系统研究，开发一型适合深海LNG-FPSO作业需要的内转塔式单点系泊系统的设计方案和一型适合近海LNG-FSRU作业需要的内转塔式单点系泊系统的设计方案，完成系统的基本设计和液体旋转接头、电滑环等关键设备样机的研制，通过船级社认可。

研究内容：

（1）国外内转塔式单点系泊系统功能（多种接卸管路系统能力）分析。

（2）内转塔式单点系泊系统总体设计技术研究。

（3）与FLNG船体的匹配设计研究。

（4）水动力性能分析与模型试验。

（5）海上安装方案研究。

（6）核心部件—液体旋转接头及电滑环研制。

（7）内转塔式单点系泊系统及关键部件功能验证试验技术研究。

成果形式：

（1）相关技术研究报告。

（2）液体旋转接头、电滑环样机及样机设计图纸、计算书、试验报告。

（3）相应的专利。内转塔式单点系泊系统设计指导性文件。

（4）内转塔式单点系泊系统设计及关键部件的技术标准。

13）液化天然气船用殷瓦合金和绝缘箱胶合板关键技术应用研究

研究目标：

完成液化天然气（LNG）船用殷瓦合金带材和绝缘箱胶合板研制，突破应用关键技术，完成模拟舱建造和实船应用。

研究内容：

（1）LNG船用殷瓦合金带材制造、加工、焊接工艺技术研究。

（2）LNG船用绝缘箱胶合板制造、加工工艺技术研究。

（3）LNG船用殷瓦合金带材加工性能、焊接性能研究。

（4）LNG船用绝缘箱胶合板加工性能研究。

（5）采用LNG船用殷瓦合金带材、绝缘箱胶合板模拟舱建造及试验验证。

成果形式：

相关技术研究报告。LNG船用殷瓦合金带材制造、加工、焊接等工艺文件及相关标准。LNG船用胶合板及绝缘箱制造、加工工艺文件及相关标准。相关技术专利。LNG船用殷瓦合金和绝缘箱胶合板通过GTT和有关船级社认可。模拟舱建造并通过GTT和有关船级社认可，实现实船应用。

（三）水下油气生产系统（一期工程）

1. 工程总目标

以我深海油气田开发为工程背景，系统开展水下生产系统、控制系统、安防系统、铺管系统等的总体设计技术研究，以及水下采油树、混输增压泵、脐带缆、水下阀门、水下作业工具等关键设备的研制，初步形成水下油气生产系统的标准体系。掌握3 000米水深水下生产系统及关键设备设计、制造、测试与安装技术。实现1 500米水深水下生产系统及关键设备产业化。

工程分两期实施，一期目标是：具备500米水深水下油气生产系统及关键设备的工程设计、制造、测试与安装能力，初步实现产业化。二期目标：具备1 500米水深水下油气生产系统及关键设备的工程设计、制造、测试与安装能力，初步实现产业化。掌握3 000米水深水下油气生产系统关键技术。主要包括：“水下生产系统设计及关键设备研发”，“水下控制系统与关键设备研发”，“水下安防系统研制”，“水下混输增压泵研制”，“水下两相湿气流量装置研制”，“水下立式采油树研制”，“水下立式采油树配套工具研制”，“海底管道作业工具研制”，“硬质土海底管道施工技术与装备研制”，“卷管式海底管道铺设装置研制”，“软管铺设系统研制”，“综合生产脐带缆研制”，“水下阀门工程化研制”，“高强度钢配套水下焊接材料研制”，“水下作业仿真测试技术与配套装备研制”15个课题。

2. 重点研究方向

2015年前，重点围绕一期目标，开展水下油气生产系统的总体设计和集成技术研究、各子系统及其关键设备的研制。重点研究方向如下：

1）水下生产系统设计及关键设备研发

研究目标：

掌握500米水下生产系统工程设计、制造、测试与安装技术，以及水下关键油气生产系统及配套工具的功能分析、设计要求和系统集成技术，形成深水海底管道作业装备技术要求，完成500米采油树下游系列产品（分离设备除外）的工程样机及工程示范应用。

研究内容：

（1）水下生产系统总体开发方案研究。

（2）深海水下生产系统分离技术研究。

（3）水下关键油气处理设备及配套工具的功能分析、设计要求和系统集成技术研究。

（4）完成深水海底管道作业装备技术要求研究。

（5）海底管线终端（PLET）设计、制造、测试与安装技术研究。

（6）水下硬质跨接管设计、制造、测试与安装技术研究。

（7）水下管汇产品设计、制造、测试与安装技术研究。

（8）海底管线终端的设计、制造、测试与安装的标准研究。

成果形式：

（1）水下生产系统设计关键技术研究报告。

（2）水下生产系统总体设计方案及流动保障、材料与防腐、可靠性分析工程设计研究报告。

（3）水下关键油气处理设备及配套工具的功能分析和设计要求文件。

（4）海底管道作业工具技术要求文件。

（5）水下生产系统分离技术研究报告。

（6）500米NPS10"海底管线终端图纸报告及工程样机。

（7）水下硬质跨接管产品的设计、制造、测试与安装的工程设计文件与技术研究报告及6"水下硬质跨接管工程样机。

（8）水下管汇产品的设计、制造、测试与安装的工程设计文件与技术研究报告及4井槽水下管汇工程样机。

（9）样机海试及工程示范应用报告。

2）水下控制系统与关键设备研发

研究目标：

掌握500米水下控制系统设计、制造、测试与安装技术能力，完成水下控制产品的功能分析、设计要求及总体系统集成技术研究，掌握水下控制模块、水下分配单元及水下温压变送器的设计、制造、安装技术。

研究内容：

（1）功能分析和设计要求。

（2）系统总体设计、测试和总体系统集成技术研究。

（3）水下控制模块（SCM）设计、制造、测试和安装技术研究。

（4）水下分配单元（SDU）设计、制造、测试和安装技术研究。

（5）水下温压变送器设计、制造、测试和安装技术研究。

成果形式：

（1）水下控制系统方案设计与研究报告。

（2）水下控制产品的功能分析、设计要求及总体系统集成技术研究报告。

（3）水下控制模块产品设计、制造、测试与安装的设计与研究报告。

（4）500米可回收式水下控制模块原理样机及全套设计文件。

（5）500米可回收式水下分配单元原理样机及全套设计文件。

（6）500米水下温压变送器原理样机及全套设计文件。

3）水下安防系统研制

研究目标：

掌握500米水下安防系统产品设计、制造、测试与安装技术，完成500米水下安防系统的工程样机研制。

研究内容：

（1）水下安防系统设计、制造、测试、安装技术研究。

（2）水下安防系统工程样机研制。

（3）水下安防系统设计、制造与测试标准研究。

成果形式：

（1）水下安防系统设计、制造与测试的设计与研究报告。

（2）以水下设施为中心的500米水下安防系统工程样机。相关标准研究报告。

4）水下混输增压泵研制

研究目标：

掌握500米水下混输增压泵的设计、制造、测试与安装技术，工程应用和总体方案设计技术，成橇设计技术，关键零部件制造、测试与安装工程技术，完成500米水下混输增压泵工程样机。

研究内容：

（1）总体方案研究。

（2）设计技术研究。

（3）控制系统设计技术研究。

（4）供电系统设计技术研究。

（5）水下混输增压泵成橇设计技术研究。

（6）水下混输增压泵制造、测试与安装技术研究。

成果形式：

500米水下混输增压泵工程样机设计文件及支持性的研究报告。500米水下混输增压泵工程样机。制造、测试与安装的相关文件与海试报告。

5）水下两相湿气流量装置研制

研究目标：

掌握500米水下两相湿气流量装置产品设计、制造、测试与安装技术，完成500米水下两相湿气流量装置工程样机的研制。

研究内容：

（1）水下两相湿气流量装置设计、制造、测试、安装技术研究。

（2）工程样机研制。

（3）水下两相湿气流量装置设计、制造与测试标准研究。

成果形式：

（1）水下两相湿气流量装置产品设计、制造与测试的设计文件与研究报告。

（2）500米6"水下两相湿气流量装置工程样机。

6）水下立式采油树研制

研究目标：

掌握满足海洋500米水深油气开发需要的水下立式采油树系统的设计、制造技术，完成500米水深水下立式采油树工程样机研制。

研究内容：

（1）设计、制造技术研究。

（2）试验方法及试验装置研究。

（3）水下立式采油树工程样机和海试。

（4）下水安装及回收技术研究。

成果形式：

（1）水下立式采油树产品设计、制造与测试的设计文件与研究报告。

（2）500米水下立式采油树工程样机及海试报告。

7）水下立式采油树配套工具研制

研究目标：

掌握满足500米水深油气开发需要的水下立式采油树系统配套工具的设计、制造技术，完成工程样机研制。

研究内容：

（1）设计、制造技术研究。

（2）工厂验收试验方法及试验装置研究。

（3）工程样机。

成果形式：

（1）水下立式采油树配套工具产品设计、制造与测试的设计文件与研究报告。

（2）500米水下立式采油树配套工具工程样机。

8）海底管道作业工具研制

研究目标：

针对深水管道安装及应急维修作业的需求，突破深水环境下系列海底管道作业工具与装备的设计、制造、测试、安装关键技术，掌握1 500米水深管道多功能维修机具和管线切割关键技术，完成

500米工程样机的研制。

研究内容:

(1)金刚石绳锯机、闸刀锯研制。

(2)海底管道多功能作业机具研制。

(3)电弧复合切割机锯研究、设计和工程样机的研制。

成果形式:

(1)500米金刚石绳锯机工程样机及相关技术文件。

(2)500米多功能作业机具工程样机及相关技术文件。闸刀锯工程样机及相关技术文件。

(3)500米电弧复合切割机工程样机及相关技术文件。

9)硬质土海底管道施工技术与装备研发

研究目标:

针对深水管道作业的需求,开展硬质土海底管道施工作业装备关键技术研究,完成500米工程样机的研制。

研究内容:

(1)大深度海底管道挖沟技术理论研究。

(2)硬质土海底管道挖沟机设计技术研究。

(3)硬质土海底管道挖沟机制造工艺及测试技术。

成果形式:

(1)设计图纸、计算说明书、实验报告等全套设计资料。

(2)500米水深硬质土海底管道挖沟机工程样机。

(3)相关专利。

10)卷管式海底管道铺设装置研制

研究目标:

掌握卷管装置与铺管装置分析设计技术,形成卷管装置与铺管装置设计能力,完成卷管与铺管装置样机,并形成测试体系。

研究内容:

(1)卷管流程与卷管过程力学模拟与分析

(2)铺管流程与铺管过程力学模拟与分析

(3)铺管过程矫直及对正系统技术研究

(4)卷管装置及配套设施样机试制

(5)卷管与铺管装置测试

成果形式:

(1)卷管与铺管力学分析报告。

(2)卷管与铺管装置设计图纸、计算书、试验报告。

(3)相关专利。

(4)卷管与铺管装置工程样机。

11)软管铺设系统研制

研究目标:

掌握500米深水软管铺设关键技术,完成500米深水软管铺设系统工程样机研制。

研究内容:

(1)深水软管铺设技术研究

(2)软管铺设关键设备制造技术研究

成果形式:

(1)500米水深软管铺设系统相关技术文件。

(2)软管铺设系统工程样机及示范应用。

12)综合生产脐带缆研制

研究目标:

掌握500米水深综合生产脐带缆设计、制造、测试和安装技术能力,完成500米水深中心大孔径综合生产脐带缆测试样缆。

研究内容:

(1)产品设计技术

(2)制造技术

(3)样缆研制和产品测试技术

成果形式:

500米水深大孔径综合生产脐带缆设计、制造与测试的设计文件与研究报告，500米水深中心大孔径综合生产脐带缆样缆及海试报告。

13）水下阀门工程化研制

研究目标：

掌握500米水深水下阀门及执行机构的设计、制造与测试技术，具备500米水深水下阀门高压舱测试能力，完成500米水深水下阀门工程样机研制，完成海试。

研究内容：

（1）水下阀门（闸阀、球阀）设计、制造与测试技术研究。

（2）水下阀门执行机构的设计、制造与测试技术研究。

（3）水下阀门高压舱测试技术研究。

成果形式：

（1）水下闸阀及执行机构样机及相关支持文件。

（2）水下球阀及执行机构样机及相关支持文件。水下阀门制造与测试研究报告。

（3）500米水深水下阀门测试高压舱。

（4）5 000磅/平方英寸的6"水下闸阀工程样机。

（5）1台2 500磅的12"水下球阀工程样机。

14）高强度钢配套水下焊接材料研制

研究目标：

掌握屈服强度为460MPa、550MPa、690MPa级别高强度钢无缝药芯焊丝、实心焊丝、焊条等焊材的制造，及360MPa和390MPa级别高强度钢水下焊接药芯焊丝、全位置焊条和高效切割电极研制技术，水下焊接接头性能指标与实验方法满足美国标准ANSI/AWSD3.619 99（Specificationforunderwaterwelding）。

研究内容：

（1）460MPa、550MPa、690MPa级别高强度钢焊接所需药芯焊丝、焊条渣系的确定

（2）360MPa级别高强度钢30米水深水下焊接药芯焊丝、390MPa级别高强度钢30米水深全位置焊条以及200米水深药芯焊丝的渣系确定

（3）460MPa、550MPa、690MPa级别高强度钢手工电弧焊、气保焊、埋弧焊工艺规范确定

（4）360MPa和390MPa级别高强度钢不同水深水下焊条电弧焊、药芯焊丝电弧焊工艺规范确定

（5）焊缝金属常规力学性能调整及耐腐蚀性能优化

（6）焊缝金属断裂韧性研究

（7）焊接接头扩散氢控制

（8）各种焊材焊接工艺性调整及配方优化

成果形式：

（1）各类焊接材料相关技术研究报告。

（2）相应的各类焊接材料实物。

（3）相应的各类焊接材料生产工艺指导性文件。

（4）各类焊接材料焊接工艺规程。

（5）相关专利。

（6）工程示范应用。

15）水下作业仿真测试技术与配套装备研制

研究目标：

通过开展海洋工程大型装备作业测试系统功能需求研究、海洋水动力环境模型研究、海洋工程大型装备作业风险源识别与分析研究，建立海洋工程作业安全模拟系统，形成500米水下安装和铺管作业仿真测试平台。

研究内容：

（1）作业测试系统功能需求研究。

（2）作业测试系统平台研究。

（3）作业水动力环境模型研究。

（4）作业风险源识别与分析研究。

（5）安全模拟系统工程应用研究。

成果形式：

（1）水下安装测试系统及支持文件。

（2）180度水下起重作业测试系统及支持文件。

（3）240度驾驶/铺管/DP/调度作业测试系统及支持文件。

（4）完成万吨级浮托方案验证和过程预演。

（5）完成500米水深海洋工程安全作业模拟系统平台及装备。

二、关键系统和设备

（一）海洋平台及FPSO用大容量发电模块研制

研究目标：

以满足海洋平台及FPSO用大容量电站系统中发电模块工作需要为目标，通过开展海洋平台及FPSO用大容量发电模块设计技术研究，突破电站系统中发电模块匹配仿真、试验验证等关键技术，掌握海洋平台及FPSO用大容量电站系统中发电模块设计技术和集成方法，完成一套大容量电站系统中发电模块的设计和研制。

其技术指标为：

（1）电压11kV；

（2）单机功率≥5 000~10 000kW；

（3）电站模块匹配仿真软件仿真精度≥90%；

（4）电站结构噪声隔振量不小于15dB（A）。

（5）中压系统THD小于4%，400V系统THD小于5%。

（6）排放满足TierⅢ要求。

研究内容：

（1）大容量电站系统中发电模块集成设计技术研究。

（2）发电模块匹配仿真技术研究。

（3）发电模块试验验证技术研究。

成果形式：

（1）各种相关技术研究报告。

（2）仿真软件理论文本、使用说明、源代码文件、目标文件、测试报告，软件著作权登记证书。

（3）机组样机及设计图纸、计算书、试验报告。

（4）相应的专利。

（5）海洋工程用大容量发电模块技术标准。

（二）浮式钻井补偿系统研制

研究目标：

掌握深水浮式钻井补偿系统设计制造关键技术，完成样机研制。

研究内容：

（1）钻井升沉补偿绞车设计研究。

（2）天车型钻柱升沉补偿装置技术研究。

（3）液缸式隔水管张紧装置技术研究。

成果形式：

（1）天车型钻柱升沉补偿装置、升沉补偿绞车、液缸式隔水管张紧装置的设计图纸、计算书及相关技术报告。

（2）1 000hp钻井升沉补偿绞车的工程样机，天车型钻柱升沉补偿装置、液缸式隔水管张紧装置原理样机，一套工程样机和两套原理样机的测试及试验报告，并获得船级社认可。

（3）相关专利。

（三）FPSO系泊监测系统研制

研究目标：

针对目前渤海、南海的FPSO系泊系统应用现状，开展FPSO整体运动性能数值分析技术研究以及系泊系统方案设计研究，在此基础上研制出一套集成环境监测、FPSO运动与载荷监测同时具备评估与预警功能的系统，以及可能的主动控制系统，为FPSO系泊系统设计、安全作业以及维修、改造提供技术支持，使得系泊系统在全生命周期内风险可控、事故可防或减少，从而保证总体装备能够经济合理地安全运行。

研究内容:

(1)开展系泊系统的全生命周期安全性评估、事故损伤评估与风险评估技术研究。

(2)FPSO水动力/系泊分析研究。

(3)FPSO系泊系统监测与预警总体集成技术研究。

(4)FPSO系泊系统监测与预警系统开发。

(5)监测数据后处理技术研究。

(6)工程化应用

成果形式:

(1)FPSO系泊系统风险评估方法及完整性管理体系。

(2)FPSO总体性能数值计算报告。

(3)FPSO单点系泊系统评估报告。

(4)塔架式系泊FPSO运动与载荷监测系统一套。

(5)获得船级社认可,实现工程示范应用。

(6)相关专利。

(四)井口防喷器就位系统研制

研究目标:

掌握大型井口防喷器及采油树准确传输就位系统的甲板空间布置特点。掌握深水钻井平台对大型井口防喷器及采油树准确传输就位系统的设计要求。完成大型井口防喷器及采油树准确传输就位系统的工程样机研制。完成系统的测试并取得船级社相关认证工作。编制我国井口防喷器及采油树准确传输就位系统的设计指南。

研究内容:

(1)半潜式钻井平台及钻井船用500吨BOP龙门吊(含BOP/LMRP扶正装置),150吨龙门吊的研制。

(2)半潜式钻井平台及钻井船用400吨BOP滑移小车(含BOP/LMRP测试桩),250吨滑移小车的研制。

(3)半潜式钻井平台及钻井船用500吨BOP升降月池车(BOP的垂直升降及存储功能)研制。

(4)半潜式钻井平台及钻井船用带有悬挂功能的250吨月池车(首次将悬挂移出功能与存储功能整合)研制。

(5)整套系统的控制系统研制。

(6)上述五组设备的功能测试。

成果形式:

(1)全套设计文件。

(2)半潜式钻井平台及钻井船用500吨BOP龙门吊(含BOP/LMRP扶正装置)及150吨XTree龙门吊样机制造及试验报告。

(3)半潜式钻井平台及钻井船用400吨BOP滑移小车(含BOP/LMRP测试桩)及250吨XTree滑移小车样机制造及试验报告。

(4)半潜式钻井平台及钻井船用500吨BOP升降月池车(BOP的垂直升降及存储功能)及250吨XTree月池车(XTree存储及悬挂移出功能)样机制造及试验报告。

(5)BOP/XTree精确传输就位系统控制系统样机制造及实验报告。

(6)全套系统取得相关船级社认证及工程示范。

(7)各设备专用功能专利。

(五)海洋油气压裂作业系统研制

研究目标:

突破在海洋环境下装备的轻量化、模块化以及智能化的集成压裂装备系统设计与制造关键技术。完成一套适应我国海洋油气开发要求、满足船体布置要求、总输出功率15 000hp模块化压裂装备系统研究。完成液体泵送装置、供砂与混砂装置、快速脱离装置、满足环保要求的海水处理及压裂液回收装置的样机研制。

研究内容：

(1)海洋油气模块式压裂装备系统参数确定及配套方案技术研究。

(2)压裂装备模块化系统整体装备布置、连接、减振与控制研究。

(3)压裂作业系统智能化控制与安全保护系统研究。

(4)液体泵送模块、供砂与混砂模块、快速脱离模块、压裂液处理模块的研究及样机研制并取得船级社认证。

成果形式：

(1)压裂作业系统技术研究报告、全套设计资料。

(2)模块化的关键装备及成套系统集成。

(3)控制系统及软件著作权。

(4)海洋油气压裂作业工程示范应用。

(5)相关专利。

(6)相关技术标准。

（六）深水液压打桩锤研制

研究目标：

掌握深水液压打桩锤设计技术。完成适应2 000米以内水深，锤芯重量40吨加速度不小于1.8g的液压打桩锤研制。

研究内容：

(1)开展深水液压打桩锤和1 500米脐带电缆绞车的设计研究。

(2)系统设计方法及深水动力单元(HPU)设计方法研究。

(3)深水液压打桩锤施工工艺技术及锤装备制造。

成果形式：

(1)深水液压打桩锤技术研究报告。

(2)深水液压打桩锤各设计阶段设计图纸、计算书、试验报告。

(3)深水液压打桩锤专利审核证书。

(4)深水液压打桩锤制造规范标准。

(5)相关专利。

(6)深水液压打桩锤产品样机及工程示范。

（七）基于漏磁的海底管道内检测器研制

研究目标：

掌握海底复杂管道高通过与高精度内检测技术、海底管道多功能检测与缺陷精确定位技术、海底管道综合评估技术。突破基于漏磁的海底管道高适应性高清晰度检测器工程化设计技术。完成海底管道综合评估系统研制及海底管道内检测器研制。完成工程示范应用。

研究内容：

(1)复杂管道的高清晰度内检测器设计、数据采集分析技术研究。

(2)海底管道缺陷及轨迹精确定位技术研究。

(3)海底管道内多类型检测数据融合、缺陷判别及安全评估研究。

(4)复杂管道的高清晰度内检测器制造、测试与示范应用。

(5)综合性安全评估专家分析系统开发、测试与示范应用。

成果形式：

(1)研究报告、试验报告、海底管道内检测器详细设计图纸、计算书等。

(2)系列化海底管道内检测器及其试验标验设施。

(3)缺陷分析软件与综合评估系统。

(4)相关专利。

(5)系列指导性文件、相关规范和标准。

（6）工程示范。

（八）高性能深水浮力材料研制

研究目标：

完成适应水深1 500~3 000米水深的抗压强度不小于35MPa、渗水率每天不大于1%、密度大于0.50g/cm^{3}的浮力材料研制。

研究内容：

（1）“深水浮力材料”材料体系研究。

（2）“深水浮力材料”结构设计及制备工艺研究。

（3）“深水浮力材料”可靠性评价及标准研究。

（4）“深水浮力材料”在ROV作业设备中应用研究。

成果形式：

（1）典型海洋工程装备专用深水浮力材料研制。

（2）海洋工程装备用高性能深水浮力材料工程示范应用。

（3）海洋工程装备用高性能深水浮力材料典型工程部件生产标准和质量标准。报告、图纸及相关专利。

（九）大排量潜液泵系统技术研究

研究目标：

开展潜液泵系统关键技术研究，完成15万吨以上FPSO配套的大排量潜液泵系统样机设计及研制和试验验证。

研究内容：

（1）液压潜液泵系统适配性及集成设计技术研究。

（2）高效单吸离心式潜液泵模型及泵体优化设计技术研究。

（3）潜液泵系统防腐及密封技术研究。

（4）不同工作压力的流体输送多层同心管组件集成技术研究。

（5）无极调速、运行监控及安全保护策略等控制技术研究。

（6）典型产品样机研制及性能试验研究。

（7）潜液泵系统模块化、标准化及系列化技术研究及设计。

成果形式：

（1）相关技术研究报告。

（2）典型大排量液压潜液泵系统工程样机设计图纸、计算书及试验报告。

（3）工程样机，通过船级社认可并实现实船配套。

（4）潜液泵系统系列化设计图纸、计算书及技术规范。

（5）产品设计、制造及试验验证技术规范。

（6）相关专利。

（十）大型铺管船深水绞车系统技术研究

研究目标：

以满足400吨大型管道铺设的铺管船配套需求为主要目标，开展大型铺管船400吨A&R绞车系统集成设计技术研究和关键部件研制。完成一型400吨大型铺管船400吨A&R绞车系统集成设计，完成系统模块化设计，包括牵引绞车模块、储绳绞车模块、补偿单元、驱动和控制等关键技术研究，样机研制和实验验证，获得相关船级社的认可。

研究内容：

（1）大型铺管船深水A&R绞车系统集成设计技术研究。

（2）400吨A&R绞车系统牵引、补偿、控制等关键设备技术研究和研制。

（3）大型铺管船A&R绞车系统试验验证技术研究。

成果形式：

（1）各类技术研究报告。

(2)400吨A&R绞车系统集成设计技术文件并获得船级社审核。

(3)400吨A&R绞车系统关键设备样机研制。

(4)产品设计、制造及试验验证技术规范。

(5)相关专利。

三、共性技术与标准

(一)海洋工程涡激振动和涡激运动专用工程计算软件开发

研究目标:

建立海洋立管涡激振动和SPAR平台涡激运动的CFD计算方法,开发海洋立管涡激振动(VIV)和Spar平台涡激运动(VIM)的CFD软件,解决海洋立管VIV和VIM引起的疲劳强度预报问题,为海洋工程立管和平台的设计提供数值分析工具。

研究内容:

(1)南海海流和内波测量和建模研究。

(2)基于任意物体高雷诺数(Re大于104~106)绕流CFD方法研究和软件开发。

(3)挠性结构(如深海立管)的动力学计算方法研究和软件开发。

(4)流体结构耦合计算方法研究和软件开发。

(5)软件包前处理和后处理功能开发。

(6)软件功能及计算精度多种验证方法研究(实际结构、模型试验、国外声誉良好的同类工程计算软件比较)。

成果形式:

(1)相应的各类研究报告。

(2)VIV、VIM计算软件理论文本、使用说明、源代码文件、目标文件、测试报告、软件著作权登记证书。

(3)软件计算功能与精度的深水池模型验证、实际结构验证与工程应用、国外同类软件比较等报告。

(二)海洋工程数据库研究开发

研究目标:

针对海洋工程行业发展对基础数据的迫切需求,通过梳理海洋工程产业体系,建立科学、合理、系统、内容丰富、可扩展性良好的海洋工程数据库,涵盖海洋油气勘探、开发、生产等环节的装备和设备及各环节参与者的相关数据和信息,实现集信息获取、处理、存储、维护和服务等功能为一体,且应用系统界面友好、功能齐全,能够实现多维度筛选与交叉查询,满足不同类型用户的研究分析需求,为政府主管部门、行业有关单位、上下游企业提供优质、快捷、完备的数据信息服务和决策支撑。

研究内容:

(1)海洋工程产业体系研究。

(2)海洋工程数据库数据采集技术研究。

(3)海洋工程数据库数据结构设计技术研究。

(4)海洋工程数据库数据分析与展示技术研究。

(5)海洋工程数据库实现技术研究。

成果形式:

(1)相关研究报告。

(2)具有自主知识产权的海洋工程数据库1套,包含软硬件系统、软件理论文本、使用说明、测试报告、软件著作权登记证书等。

(三)FPSO失效数据库及风险评估系统研发

研究目标:

在借鉴国外海洋工程风险数据库的基础上,针对我国FPSO特点,重点研究FPSO的风险源、风险成因、致灾机理及防损措施,系统掌握FPSO风险评估技术,开发具有自主知识产权的FPSO失效数据库和FPSO风险评估软件。数据库涵盖FPSO设备的失效及维护、人因可靠性及相关结构的可靠性数据。开发的FPSO风险评估系统包括可靠性预测、系统建模、故障模式及影响分析、寿命失效数据分析等。风险监测系统可实现对FPSO外输及生产作业的全面安全监测。

研究内容：

（1）FPSO风险辨识技术。

（2）FPSO失效数据库设计及研发。

（3）FPSO风险评估系统研发。

（4）FPSO重大风险监测系统设计。

成果形式：

（1）风险辨识及评估技术研究报告。

（2）FPSO失效数据收集与分析指导性文件。

（3）FPSO失效数据库、风险评估系统、风险监测系统各1套。

（4）相关专利。

（四）潜水器标准体系项目研究

研究目标：

为满足海洋探索和资源开发的需求，结合国际潜水器的技术发展和国内潜水器的研发，根据《船舶工业标准体系（2012年版）》，重点开展深海潜水器（EB）设计、建造、试验、作业、维护与修理等相关重点标准研究，填补行业空白，建立完善潜水器标准体系，为国内潜水器发展奠定技术基础。

研究项目：

具体研究项目如表24所示。标准研究项目可按每一项单独进行申报，或按相关联项目组合申报。

成果形式：

相关研究报告和标准草案。

表24　潜水器标准体系项目研究表

序号	标准体系号	研究项目名称
1	EBA0001	潜水器标识通用要求
2	EBA0010	潜水器钛合金对接焊缝射线检测方法及质量分级
3	EBA0011	潜水器钛合金对接焊缝超声波检测方法及质量分级
4	EBA0013	深海潜水器合成固体浮力块设计要求
5	EBB0001	载人潜水器无动力潜浮运动压载匹配计算方法
6	EBB0002	深海载人潜水器耐压结构设计计算方法
7	EBB0003	载人潜水器结构疲劳强度校核方法
8	EBB0004	深海载人潜水器水面支持系统技术要求
9	EBB0006	深海空间站耐压结构设计规则
10	EBB0008	潜水器球形载人舱设计方法
11	EBB0011	潜水器舱口盖启闭机构
12	EBB0012	潜水器生命支持系统设计要求
13	EBB0013	潜水器环境控制系统安全要求

（续表）

序号	标准体系号	研究项目名称
14	EBB0014	载人潜水器信息显控系统设计要求
15	EBB0015	载人潜水器手操系统设计要求
16	EBB0016	载人潜水器航迹推算系统设计要求
17	EBB0021	便携式AUV结构模块化设计要求
18	EBB0024	水下滑翔器总体设计方法
19	EBB0025	水下滑翔器控制系统设计方法
20	EBB0027	潜水器导管设计计算方法
21	EBB0028	潜水器螺旋桨设计计算方法
22	EBB0029	载人潜水器电气绝缘对供电设计的通用要求
23	EBB0030	潜水器电缆水密接插件
24	EBC0001	潜水器建造工艺要求
25	EBC0003	潜水器钛合金窄间隙TIG焊接工艺要求
26	EBC0004	潜水器水密电缆敷设工艺
27	EBD0002	深海载人潜水器试验方法
28	EBD0004	潜水器与潜水系统压力试验方法
29	EBD0005	潜水器海底避碰系统性能及测试要求
30	EBD0006	潜水器底置导航系统性能及测试要求
31	EBD0007	载人潜水器电气绝缘检测方法
32	EBD0008	水下滑翔器陆上联调试验规程
33	EBD0009	水下滑翔器海上试验规程
34	EBE0001	潜水器作业工具技术要求
35	EBF0001	载人潜水器使用与维护修理指南

《海洋工程装备科研项目指南(2014年版)》

海洋工程装备是国家战略性新兴产业的重要组成部分,加快发展海洋工程装备制造业,对于推动海洋资源开发和海洋经济发展,支撑我国海洋强国建设具有十分重要意义。

为进一步落实《"十二五"国家战略性新兴产业发展规划》(国发[2012]28号)和《海洋工程装备制造业中长期发展规划》(工信部联规[2011]597号),实施《海洋工程装备工程实施方案》,加快提升海洋工程装备制造业创新能力,在调整和修订《海洋工程装备科研项目指南(2013版)》的基础上,形成本指南。指南从工程与专项、特种作业装备、关键系统和设备3个方面,提出了2014年海洋工程装备制造业的重点科研方向。相关内容如下:

一、工程与专项

(一)深海天然气浮式装备(一期工程)

1. 工程总目标

满足我国深海大型气田开发和海上液化天然气接收站建设的紧迫需求,系统开展深海天然气浮式装备(英文简称:FLNG,包括浮式液化天然气生产储卸装置LNG-FPSO和浮式储存及再气化装置LNG-FSRU)设计、建造、集成等方面的关键技术研究,以及相关关键设备和系统的研制,形成相应的总体设计方案、设备工程样机及全套系统的试验验证装置,完成有关测试和检验、试验验证等工作,建立相应的FLNG设计建造规范与标准体系。开发一型适应我国南海大型气田开发需要、舱容约30万立方米、LNG年产量约为200-300万吨的LNG-FPSO,一型舱容在20万立方米以上、年气化能力约为200万吨的LNG-FSRU。

工程分两期实施,一期目标是:完成LNG-FPSO、LNG-FSRU总体设计方案,实现LNG-FSRU再气化模块及LNG-FPSO部分系统和设备的样机研制,具备不小于20万标方/天的小型天然气液化系统核心装置工程化应用能力。二期目标是:LNG-FPSO、LNG-FSRU总体具备工程化条件,主要系统和设备完成样机研制及实验验证,具备LNG年产200~300万吨天然气预处理系统及液化系统装置研制能力。

2. 重点研究方向

2015年前,重点围绕一期工程目标,突破天然气预处理系统及液化系统、再气化系统、LNG货物外输/转驳装置等设备和系统设计、制造、试验验证等方面的关键技术,部分系统和设备完成样机研制。开展FLNG建造、安装及调试关键技术研究。开展处理能力为不小于20万标方/天的天然气液化工艺和设备试验验证。初步建立起FLNG设计建造规范与标准体系。具体如下:

1)天然气液化系统设计、集成及试验验证

研究目标:

掌握天然气液化系统的设计技术、集成技术,完成处理能力不小于20万方/天,且适用于LNG-FPSO的采用混合冷剂液化工艺的安全、可靠、高效的天然气液化系统设计和建造,开展工艺和关键设备试验验证。

研究内容:

(1) 处理能力不小于20万标方/天的天然气液化系统总体方案设计。

(2) 天然气液化系统集成技术研究。

(3) 适用于LNG-FPSO的混合冷剂液化工艺和绕管式换热器等关键设备试验验证。

成果形式:

(1) 总体设计方案。

(2) 处理能力不小于20万标方/天天然气液化系统及试验报告。

2) 天然气预处理用大型塔器研制

研究目标:

掌握适合FLNG天然气预处理系统使用的大型塔器的设计制造关键技术,包括强度计算、填料和塔盘的水力学计算等,完成大型塔器详细设计和样机研制,具备工程化应用条件,与国际同类产品技术水平相当。

研究内容:

(1) 工艺参数优化和工艺流程设计。

(2) 大型塔器的材料选型、强度计算及分析。

(3) 大型塔器中填料、塔盘等内件水力学计算。

(4) 大型塔器气液分布器的设计与优化。

(5) 晃荡对大型塔器性能影响研究。

(6) 适用于年产液化天然气300万吨LNG-FPSO使用的大型塔器详细设计。

(7) 大型塔器样机研制。

成果形式:

(1) 相关设计图纸、计算书、研究报告。

(2) 样机及试验验证报告,并通过船级社认可。

3) 天然气液化用大型混合冷剂压缩机研制

研究目标:

完成满足LNG年产量约为200~300万吨的LNG-FPSO要求的大型混合冷剂压缩机的选型方案,攻克设计制造关键技术,完成详细设计和样机研制,具备工程化应用条件,与国际同类产品技术水平相当。

研究内容:

(1) 压缩机选型方案论证。

(2) 设计制造关键技术研究。

(3) 大型混合冷剂压缩机详细设计。

(4) 大型混合冷剂压缩机样机研制。

成果形式:

(1) 相关设计图纸、计算书、研究报告。

(2) 样机及试验验证报告,并通过船级社认可。

4) 天然气液化用大型板翅式换热器冷箱研制

研究目标:

掌握板翅式换热器冷箱均布、安全性相关技术等关键技术,完成相应的试验研究和样机研制,满足LNG-FPSO的技术要求。

研究内容:

(1) 多联板翅式换热器均布技术研究。

(2) 板翅式换热器应用于FLNG的安全性和可靠性研究。

(3) 板翅式换热器样机研制。

成果形式:

(1) 相关设计图纸、计算书、研究报告。

(2) 适用于处理能力为不小于20万标方/天天然气液化系统的样机及试验验证报告,并通过船级社认可。

5) 海水-混合冷剂换热器研制

研究目标:

掌握海水-混合冷剂换热器设计、制造、检验等关键技术,开展满足LNG年产量约为200~300万吨的LNG-FPSO要求的海水-混合冷剂换热器详细设计方案,完成中试研究和小型样机研制,设计、制造、检验能力达到LNG-FPSO技术要求。

研究内容:

(1)海水-混合冷剂换热器选型研究。

(2)设计关键技术研究。

(3)制造和检验关键技术研究。

(4)海水-混合冷剂换热器小型样机研制。

成果形式:

(1)相关设计图纸、计算书、研究报告。

(2)适用于处理能力不小于20万标方/天。

(3)天然气液化系统的样机及试验验证报告,并通过船级社认可。

6)LNG液力透平研制

研究目标:

掌握LNG液力透平的关键技术,完成小型样机设计制造及现场试验,开展适用LNG-FPSO的LNG液力透平详细设计,完成中试研究和样机研制。

研究内容:

(1)LNG液力透平设计关键技术研究。

(2)LNG液力透平样机设计制造。

(3)适用LNG-FPSO的LNG液力透平详细设计。

(4)LNG液力透平样机研制及现场性能试验。

(5)技术标准研究。

成果形式:

(1)相关设计图纸、计算书、研究报告。

(2)样机及试验验证报告,并通过船级社认可。

7)天然气液化系统硫回收装置研制

研究目标:

研究适用于浮式条件下的硫磺回收工艺,研制橇装的硫磺回收装置,具备效率高、安全性高、占地少和轻量化的特点,完成样机研制。

研究内容:

(1)硫回收装置关键设备选型研究。

(2)硫回收工艺的工艺包设计。

(3)硫回收装置服役可靠性技术研究。

(4)硫回收装置的橇块化技术研究。

(5)硫回收装置样机研制及验证。

(6)LNG-FPSO硫磺回收装置的技术标准研究。

成果形式:

(1)相关设计图纸、计算书、研究报告。

(2)样机及试验验证报告,并通过船级社认可。

8)LNG蒸发汽再液化装置研制

研究目标:

根据LNG蒸发汽(BOG)和浮式平台的特点设计出适合浮式平台上的BOG再液化工艺,完成BOG再液化装置的橇块化设计,达到能够制造的深度,完成小型样机研制。

研究内容:

(1)核心设备选型研究和浮式条件下的适应性研究。

(2)橇块化设计方案研究。

(3)再液化装置的橇块化设计。

(4)再液化装置样机研制。

(5)相关技术标准研究。

成果形式:

(1)相关设计图纸、计算书、研究报告。

(2)样机及试验验证报告,并通过船级社认可。

9)货物外输/转驳装置研制

研究目标:

研究开发适用于LNG-FSRU、LNG-FPSO与穿梭LNG船之间的货物外输/转驳装置,能够实现低温液体和气体的输送,具备较高的可靠性。货物外输/转驳装置在满足旁靠相关海况的相对运动和串联情况下,转运能力达到1万立方米/小时。

研究内容:

(1)两船并靠水动力分析与试验验证。

(2)旁靠转驳与串联转驳的比较论证。

(3)刚性装卸臂与低温软管输送比较论证。

(4)旁靠输送装置样机研制。

（5）旁靠转运的模拟海况试验和液体试验。

（6）串联输送技术预研。

成果形式：

（1）两船旁靠水动力分析和水池模型试验报告。

（2）旁靠转驳与串联转驳设计图纸和计算书。

（3）旁靠输送装置样机及试验验证报告，并通过船级社认可。

10）LNG潜液泵研制

研究目标：

掌握水力技术、结构优化设计、密封技术等LNG潜液泵关键设计制造技术，开展适用LNG-FPSO的LNG潜液泵详细设计，完成中试研究和小型样机研制。

研究内容：

（1）水力计算与选型。

（2）泵体结构优化设计。

（3）密封设计。

（4）适用LNG-FPSO的LNG潜液泵详细设计。

（5）LNG潜液泵小型样机研制及试验研究。

（6）技术标准研究。

成果形式：

（1）相关设计图纸、计算书、研究报告。

（2）小型样机及试验验证报告，并通过船级社认可。

（二）自升式平台品牌工程

1. 工程总目标

把握自升式平台技术发展趋势，瞄准自升式钻井平台和自升式作业支持平台两类主流产品，对标世界品牌产品，结合国内批量建造平台的工程实践经验，开发市场定位清晰、具有当今国际先进水平的3型自升式钻井平台和1型自升式作业支持平台，全面提升平台适应性、作业效率、经济性、安全性、环保性等，掌握自主设计建造核心技术，实现承接工程订单，带动关键系统和设备应用，增强我国在自升式平台领域的国际竞争力。

2. 重点研究方向

1）自升式钻井平台

研究目标：

分别对标自升式钻井平台国际主流品牌，开发高规格大水深3型系列自升式钻井平台，平台主要技术性能指标达到或超过同类国际品牌产品，最大钻井深度35 000~40 000英尺，作业工况下最大甲板可变载荷提高5%~10%，钻井系统大钩载荷提高25%左右，悬臂梁纵向最大外伸距离75~80英尺，经济性达到国际先进水平，平台居住房间达到欧洲北海高舒适性标准，关键系统和设备自主化配套率达到80%以上，完成基本设计并通过船级社认证，承接工程订单。

自升式钻井平台I：

最大作业水深：350英尺。

适用海洋环境：温和海域+欧洲北海。

最大波浪高/周期：10.0/11s。

气隙：15.24m。

环境温度：-20~45摄氏度。

最大钻井深度：35 000英尺。

悬臂梁最大外伸距离：纵向75英尺。横向+/-15英尺。

定员：120人。

最大甲板可变载荷（风暴自存工况）：3 200吨。

最大甲板可变载荷（作业工况）：4 600吨。

钻井系统大钩载荷：1 000短吨。

升降系统（齿轮数量）：3×18个齿轮，具备预压载状态升船能力。

钻井作业效率：自动排管/Off-line。

研究内容：

（1）自升式钻井平台作业环境和适应性研究。

(2)平台总体性能优化研究。

(3)平台主体结构轻量化设计和桩腿结构优化设计。

(4)平台悬臂梁及钻台优化设计研究。

(5)平台关键系统集成优化及国产化应用技术研究。

(6)平台环保性和舒适性设计技术研究。

(7)平台高效建造技术研究。

(8)平台重量控制技术研究。

(9)桩腿国产化技术研究。

成果形式:

(1)自主品牌自升式平台基本设计图纸、船级社审核报告等。

(2)相关研究报告、试验报告、计算分析报告等。

(3)相关专利、论文、标准和指导性文件。

自升式钻井平台II:

最大作业水深: 400英尺。

适用海洋环境: 温和海域+欧洲北海。

最大波浪高/周期: 14.4m/14.1s。

气隙: 15.0m。

环境温度: –20~45摄氏度。

最大钻井深度: 40 000英尺。

悬臂梁最大外伸距离: 纵向75英尺，横向+/–15英尺。

定员: 140 人。

最大甲板可变载荷(风暴自存工况): 3 145吨。

最大甲板可变载荷(作业工况): 6 850吨。

钻井系统大钩载荷: 1 250短吨。

升降系统(齿轮数量): 3×18个齿轮，具备预压载状态升船能力。

钻井作业效率: 自动排管/Off–line。

研究内容:

(1)自升式钻井平台作业环境和适应性研究。

(2)平台总体性能优化研究。

(3)平台主体结构轻量化设计和桩腿结构优化设计。

(4)平台悬臂梁及钻台优化设计研究。

(5)平台关键系统集成优化及国产化应用技术研究。

(6)平台环保性和舒适性设计技术研究。

(7)平台高效建造技术研究。

(8)平台重量控制技术研究。

(9)桩腿国产化技术研究。

成果形式:

(1)自主品牌自升式平台基本设计图纸、船级社审核报告等。

(2)相关研究报告、试验报告、计算分析报告等。

(3)相关专利、论文、标准和指导性文件。

自升式钻井平台III:

最大作业水深: 500英尺。

适用海洋环境: 温和海域+欧洲北海。

最大波浪高/周期: 24.0m/14s。

气隙: 24.0m。

环境温度: –20~45摄氏度。

最大钻井深度: 40 000英尺。

悬臂梁最大外伸距离: 纵向80英尺，横向±20英尺。

定员: 150 人。

最大甲板可变载荷(风暴自存工况): 3 400吨。

最大甲板可变载荷(作业工况): 8 350吨。

钻井系统大钩载荷 1 250短吨。

升降系统(齿轮数量): 3×18个齿轮，具备预压载状态升船能力。

钻井作业效率: 自动排管/Off–line。

研究内容：

(1)自升式钻井平台作业环境和适应性研究。

(2)平台总体性能优化研究。

(3)平台主体结构轻量化设计和桩腿结构优化设计。

(4)平台悬臂梁及钻台优化设计研究。

(5)平台关键系统集成优化及国产化应用技术研究。

(6)平台环保性和舒适性设计技术研究。

(7)平台高效建造技术研究。

(8)平台重量控制技术研究。

(9)桩腿国产化技术研究。

成果形式：

(1)自主品牌自升式平台基本设计图纸、船级社审核报告等。

(2)相关研究报告、试验报告、计算分析报告等。

(3)相关专利、论文、标准和指导性文件。

2)自升式作业支持平台

研究目标：

瞄准多功能自升式作业支持平台国内外市场需求和技术发展趋势，采用“平台通用化、功能模块化、接口标准化”的设计理念，开发市场定位清晰、具有当代国际先进水平的自升式作业支持平台，具备助航定位、快速提升、起重作业等功能，最大作业水深为350英尺，平台最大连续升降速度为72米/小时，轻量化起重机起重能力不小于200吨，甲板面积不小于1 600平方米，甲板载荷不小于2 500吨，关键系统和设备配套率90%以上，实现工程示范应用。

研究内容：

(1)多功能作业支持平台通用化及模块化技术研究。

(2)自升式支持平台环境和地质条件适应性技术研究。

(3)平台升降等核心系统模块化标准化系列化设计技术研究。

(4)平台关键系统集成优化及国产化应用技术研究。

(5)关键系统调试验证技术研究。

成果形式：

(1)自升式作业支持平台基本设计图纸、船级社审核报告等。

(2)相关研究报告、试验报告、计算分析报告等。

(3)自升式作业支持平台及关键系统和设备工程示范应用。

(4)相关专利、论文、标准和指导性文件。

(三)水下油气生产系统(一期工程)

1. 工程总目标

以我深海油气田开发为工程背景，系统开展水下生产系统、控制系统、安防系统、铺管系统等的总体设计技术研究，以及水下采油树、混输增压泵、脐带缆、水下阀门、水下作业工具等关键设备的研制，初步形成水下油气生产系统的标准体系。掌握3 000米水深水下生产系统及关键设备设计、制造、测试与安装技术。实现1 500米水深水下生产系统及关键设备产业化。

工程分两期实施，一期目标是：具备500米水深水下油气生产系统及关键设备的工程设计、制造、测试与安装能力，初步实现产业化。二期目标：具备1 500米水深水下油气生产系统及关键设备的工程设计、制造、测试与安装能力，初步实现产业化。掌握3 000米水深水下油气生产系统关键技术。

2. 重点研究方向

2015年前，重点围绕一期目标，开展水下油气生产系统核心技术与设备、水下专用作业设备的研

制。重点研究方向如下:

1)水下控制系统与关键设备研发

研究目标:

掌握500米水下控制系统设计、制造、测试与安装技术能力,完成水下控制产品的功能分析、设计要求及总体系统集成技术研究,掌握水下控制模块、水下分配单元的设计、制造、安装技术。

研究内容:

(1)功能分析和设计要求。

(2)系统总体设计、测试和总体系统集成技术研究。

(3)水下控制模块(SCM)设计、制造、测试和安装技术研究。

(4)水下分配单元(SDU)设计、制造、测试和安装技术研究。

成果形式:

(1)水下控制系统方案设计与研究报告。

(2)水下控制产品的功能分析、设计要求及总体系统集成技术研究报告。

(3)水下控制模块产品设计、制造、测试与安装的设计文件、研究报告。

(4)500米可回收式水下控制模块原理样机及全套设计文件

(5)500米可回收式水下分配单元原理样机及全套设计文件。

2)水下安防系统工程化研制

研究目标:

掌握500米水下安防系统产品设计、制造、测试与安装技术,完成500米水下安防系统的工程样机研制及工程化应用。

研究内容:

(1)水下安防系统设计、制造、测试、安装技术研究。

(2)水下安防系统工程样机研制。

(3)水下安防系统设计、制造与测试标准研究。

成果形式:

(1)水下安防系统设计、制造与测试的设计与研究报告。

(2)以水下设施为中心的500米水下安防系统工程样机。

(3)相关标准研究报告,设计、制造及验收指南,陆上测试报告,压力舱测试报告,海试试验报告。

3)水下混输增压泵研制

研究目标:

掌握适用于1 500米深海环境水下混输增压泵的设计、制造、测试与安装等关键技术,开展相关技术研究和设备研制。

研究内容:

(1)混输增压泵总体方案研究。

(2)混输增压泵压缩单元关键技术研究。

(3)配套大功率水下电机及动力传输系统研究。

(4)均化器结构方案研究。

(5)密封技术研究。

(6)防腐处理措施研究。

(7)冷却及润滑方案研究。

(8)水下控制系统设计技术研究。

(9)混输增压泵测试、安装技术研究。

成果形式:

(1)各种相关技术研究报告,设计指导性文件。

(2)水下混输增压泵系统及关键部件设计图纸、计算书、测试报告等。

(3)水下混输增压泵样机一套。

(4)陆上工厂混输运行试验报告,压力舱试验报告,水池试验报告,相关标准研究报告及设计指南。

4)水下两相湿气流量装置研制

研究目标:

掌握500米水下两相湿气流量装置产品设计、制造、测试与安装技术，完成500米水下两相湿气流量装置工程样机的研制。

研究内容：

（1）水下两相湿气流量装置设计、制造、测试、安装技术研究。

（2）工程样机研制。

（3）水下两相湿气流量装置设计、制造与测试标准研究。

成果形式：

（1）水下两相湿气流量装置产品设计、制造与测试的文件与研究报告。

（2）500米水下两相湿气流量装置工程样机。

（3）陆上混输试验报告、压力舱试验、水下模拟海试。

（4）相关标准研究报告及设计、制造指南。

5）水下阀门工程化研制

研究目标：

掌握500米水深水下阀门及执行机构的设计、制造与测试技术，具备500米水深水下阀门高压舱测试能力，完成500米水深水下阀门工程样机研制及海试。

研究内容：

（1）典型水下阀门（闸阀、球阀）设计、制造与测试技术研究。

（2）水下阀门执行机构的设计、制造与测试技术研究。

（3）水下阀门高压舱测试技术研究。

成果形式：

（1）水下闸阀及执行机构样机及相关支持文件。

（2）水下球阀及执行机构样机及相关支持文件。

（3）5 000 磅/平方英寸的6英寸水下闸阀工程样机、2 500磅的12英寸水下球阀工程样机各一台。

（4）水下阀门压力舱测试报告、水下阀门海试测试报告。

（5）相关标准研究报告及设计、制造指南。

6）水下工程安全作业仿真测试装备研制及关键技术研究

研究目标：

面向海洋工程大型装备安全作业需求，通过开展海洋工程大型装备作业仿真测试系统技术研究、海洋水动力环境模型及海洋工程大型装备动力学与运动模型研究、海洋工程水下作业风险分析评估与控制技术研究，研制海洋工程水下作业仿真测试系统，以安装、铺管作业为核心，兼顾水下维修等作业，构建一套500米水深水下工程安全作业的方案预演与评估平台。

研究内容：

（1）水下工程安全作业仿真测试装备总体技术研究。

（2）海洋水动力环境模型与海洋工程大型装备建模与仿真研究。

（3）水下工程安全作业风险分析评估与控制技术研究。

（4）水下系统生产运营仿真测试装备研制。

（5）水下工程安全作业仿真测试装备研制。

（6）工程应用示范。

成果形式：

（1）水下工程安全作业仿真测试装备、海洋水动力环境模型与海洋工程大型装备仿真软件系统、水下工程安全作业风险分析评估方法及风险预测分析系统软件、水下生产运营仿真测试系统软件各一套；

（2）典型海洋工程水下安全作业仿真系统评估工程示范。

（3）软件著作权与专利。

7）水下多路液压快速接头及单路液压接头研制

研究目标：

掌握适合500米水深水下采油树控制系统所需多路液压快速接头及液压接头的设计制造关键技术，包括多路液压快速接头及液压接头设计、强度计算、密封、防腐、水下安装、高压测试等，完成多路液压快速接头详细设计和样机研制，多路液压快速接头在额度工作压力下可实现ROV插拔连接，具备工程化应用条件，与国际同类产品技术水平相当。

研究内容：

（1）水下液压接头结构设计、材料开发、密封及测试技术研究。

（2）多路液压快速接头结构设计与测试技术研究。

（3）多路液压快速接头安装技术研究。

成果形式：

（1）相关设计图纸、计算书与研究报告。

（2）多路液压快速接头1:1工程样机及水下液压接头1:1工程样机。

（3）压力舱试验验证报告、海试测试报告。

8）水下湿式电气通用接头及水下电缆小型连接器研制（I期）

研究目标：

掌握适合500米水深，水下生产系统中控制系统所需的水下湿式电接头的设计制造关键技术，以及500米水深不同型号的水下电缆小型连接器设计制造关键技术。

研究内容：

（1）水下湿式电接头研究，包括：水下湿式电接头的总体方案设计技术，以及密封、压力补偿、水下带电插拔、可靠性和疲劳性等多项关键技术。水下湿式电接头的关键零部件制造和产品测试技术。水下湿式电接头产品系列化设计技术，完成多种类多规格工程样机研制。

（2）水下电缆小型连接器研究，包括：水下电缆小型连接器设计技术、可靠性技术。水下电缆小型连接器样机研制。水下电缆小型连接器电路性能、耐高压和密封性测试技术。

成果形式：

（1）水下湿式电接头及水下电缆小型连接器相关设计图纸、计算书、研究报告。

（2）3种类型共9个规格的水下湿式电接头1:1尺寸工程样机、水下电缆小型连接器（干式）1:1尺寸工程样机。

（3）制造、测试文件与及验证试验（包括外压测试）报告、专利、论文。

9）水下通用仪控部件研制（I期）

研究目标：

掌握500米水深水下温压变送器设计、制造、测试及安装技术，深海电液控制阀研制设计、制造、测试及安装技术，以及水下仪表阀及其配套工具研制设计、制造、测试及安装技术。

研究内容：

（1）深海温压变送器研制。

（2）深海电液控制阀研制。

（3）水下仪表阀及其配套工具研制。

成果形式：

（1）温压变送器工程样机及相关设计文件、报告。

（2）1台10 000磅/平方英寸的1英寸水下仪表闸阀及其配套工具工程样机及相关设计文件、报告。

（3）3个规格的水下电液控制阀1:1尺寸工程样机及相关设计文件、报告。专利、论文。

10）水下控制系统对接盘、锁紧机构研制

研究目标：

针对500米水深水下控制系统的需求，突破深水环境下深水控制系统对接盘、锁紧机构的设计、制造、测试关键技术，完成500米深水控制系统对接盘、锁紧机构工程样机的研制。

研究内容:

(1)研究水下控制模块上、下对接盘多路高低压接头(12路)、电气接头(2路)水下同步对接和解脱方法。

(2)研究方便ROV水下操作的对接盘锁机构,完成水下控制模块上、下对接盘、锁紧机构设计及制造。

成果形式:

(1)对接盘、锁紧机构相关设计图纸、计算书与研究报告。

(2)1:1尺寸工程样机。

(3)压力舱试验验证报告、水池测试报告、专利。

二、特种作业装备

(一)500米水深油田生产装备TLP自主研发

研究目标:

瞄准我国海洋油田开发现实需求,满足恶劣海洋环境条件,开展500米水深TLP生产平台总体设计技术、建造技术、安装及调试关键技术研究,完成500米水深TLP平台的自主开发和工程化应用。

研究内容:

(1)500米水深TLP平台基本设计技术研究,包括:设计环境条件及总体方案、平台工艺流程设计、运动性能数值预报及模型试验、平台主体结构设计和分析、立管系统与立管张紧装备设计关键技术、张力筋腱系统设计关键技术、TLP锚固基础设计分析技术、系统集成及集成控制设计研究。

(2)500米水深TLP平台建造技术及关键设备安装调试技术研究,包括:关键建造工艺、关键设备安装调试技术研究。

成果形式:

(1)完成500米水深TLP平台基本设计、详细设计,设计图纸通过船级社审查。

(2)相关技术研究报告、计算书、试验报告。

(3)相关专利及TLP平台设计、建造和调试指导性文件和相关标准研究报告。

(二)10万吨级半潜工程船自主研发

研究目标:

结合海洋工程运输和安装的需要,开发一型具备载重量大、定位能力强、下潜安全迅速、经济环保等特点的10万吨级半潜工程船,掌握设计建造关键技术。完成基本设计并通过相关船级社审查,承接工程订单。

研究内容:

(1)船型及总体方案论证研究。

(2)结构设计技术研究。

(3)推进器配置和动力定位能力分析技术研究。

(4)快速压载及调载系统设计技术研究。

(5)大功率电站系统设计技术研究。

(6)半潜工程船建造及调试技术研究。

成果形式:

(1)完成基本设计并通过船级社审查,主要技术性能指标达到并超过国外同类船型。

(2)相关技术研究报告、计算书、试验报告。

(3)相关专利及设计、建造与调试作业指导性文件。

(三)3 000米深潜水作业支持船自主研发

研究目标:

针对深海油气开采的技术需求,开展深潜水多功能作业支持船的研发,具备3 000米潜水作业支持、DP-3动力定位、深水起重、多种(S型、J型、flex型和reel型)铺管能力,掌握设计、建造、安装调试关键技术,具备自主开发能力,总体性能指标达到国际先进水平,承接工程订单。

研究内容：

（1）3 000米深潜水作业支持的安全高效船型总体设计。

（2）水动力性能分析与性能优化。

（3）饱和潜水与深水ROV选型设计与作业支持技术。

（4）深水多功能水下作业系统的综合布置优化。

（5）关键区域结构优化设计与分析。

（6）减振降噪与舒适性设计技术研究。

（7）自动化系统设计与安装调试。

成果形式：

（1）深潜水多功能作业支持船基本设计、详细设计图纸，并通过船级社审查。

（2）相关技术研究报告、制造安装调试工艺文件、相关专利。

（四）海工装备建造专用大型超吊高浮吊船自主研发

研究目标：

针对典型海工装备建造特点，通过开展海工装备建造专用浮吊船的总体方案、起重机主要功能参数和使用特点研究，掌握160米超吊高、3 000吨大起重量浮吊船的关键技术，开发出拥有自主知识产权的专用浮吊船型，承接工程订单。

研究内容：

（1）超吊高、大起重量浮吊船船型总体设计技术研究。

（2）超吊高、大起重量、大工作幅度、特殊主辅臂架专用起重机设计技术研究。

（3）起重机新型机构驱动方式及整体安装方法研究。

（4）起重机高大臂架结构风浪激振分析及安全性研究。

（5）大型起重机建造工艺技术研究。

成果形式：

（1）完成基本设计和详细设计，并通过船级社审核。

（2）大型起重系统设计通过船级社审核，功能通过样机测试。

（3）相关技术研究报告和工艺文件、计算书、试验报告、相关专利。

三、关键系统和设备

（一）浮式钻井补偿系统研制

研究目标：

掌握深水浮式钻井补偿系统设计制造关键技术，完成工程样机研制。

研究内容：

（1）钻井升沉补偿绞车设计研究。

（2）天车型钻柱升沉补偿装置技术研究。

（3）液缸式隔水管张紧装置技术研究。

成果形式：

（1）天车型钻柱升沉补偿装置、升沉补偿绞车、液缸式隔水管张紧装置的设计图纸、计算书及相关技术报告。

（2）1 000马力钻井升沉补偿绞车的工程样机，天车型钻柱升沉补偿装置、液缸式隔水管张紧装置原理样机，获得船级社认可。

（3）相关测试及试验报告、专利。

（二）海洋大功率往复式压缩机研制

研究目标：

开展海洋大功率往复式压缩机设计、制造、测试试验与安装等关键技术研究，掌握核心技术，形成我国海洋大功率往复式压缩机设计制造能力。

研究内容：

（1）海洋大功率往复式压缩机总体方案及设计技术研究。

(2)高速条件下运动副平衡技术及关键零件疲劳寿命分析研究。

(3)耐高压气缸及密封技术研究。

(4)机组材料选择及防腐蚀技术研究。

(5)管道系统气流脉动分析技术研究。

(6)海洋大功率往复式压缩机减振降噪技术研究。

(7)压缩气高效冷却技术研究。

(8)海洋压缩机组智能控制技术研究。

成果形式:

(1)海洋大功率往复式压缩机设计图纸、研究报告、试验报告。

(2)海洋大功率往复式压缩机工程样机一台。

(3)海洋大功率往复式压缩机设计与制造技术标准研究报告、相关专利。

(三)高性能大型拖缆机关键技术及核心部件研制

研究目标:

满足深海工程装备发展需要,采用数字样机设计、智能制造以及新材料技术,开展高性能大型拖缆机设计开发,及低压大功率马达等核心部件的研制,形成深海拖缆机产品体系和技术规范,实现600吨级大型拖缆机自主制造能力。

研究内容:

(1)高性能大型拖缆机及其配套的低压大功率马达等核心部件关键技术研究。

(2)大型拖缆机数字样机设计技术研究。

(3)850千瓦低压马达、泵等关键部件研制及实船应用研究。

(4)大功率低压马达、泵核心部件的系列化设计开发。

成果形式:

(1)600吨级大型拖缆机用850千瓦低压马达、泵样机。

(2)相关设计图纸及计算书、说明书、试验大纲、研究报告等。

(3)关键技术研究报告、技术规范与专利。

(四)FPSO失效数据库及风险评估系统研发

研究目标:

在借鉴国外海洋工程风险数据库的基础上,针对我国FPSO的特点,重点研究FPSO的四大主要风险源、风险成因、致灾机理及防损措施,系统掌握FPSO风险评估技术和基于风险的设计方法,开发具有自主知识产权的FPSO失效数据库和FPSO风险评估软件,结合失效数据库、风险评估系统形成基于风险的FPSO结构设计技术并应用于目标FPSO,找出重大安全隐患,以避免FPSO前期失误导致的错误和运营期间的重大损失。

研究内容:

(1)FPSO风险辨识技术研究。

(2)FPSO失效数据库设计及研发。

(3)FPSO风险评估方法研究。

(4)FPSO风险评估系统设计及研发。

(5)基于风险的FPSO设计技术研究。

(6)FPSO重大风险监测系统设计。

成果形式:

(1)FPSO失效数据库、风险评估系统、风险监测系统各1套。

(2)一套基于爆炸、碰撞等风险的FPSO结构设计指南。

(3)FPSO失效数据库及风险评估系统说明书、软件使用手册、测试报告等。示范应用报告。专利、软件著作权及论文。

(编写:战玉萍 尹 旭 王文祥 李 响 王 婧)

第十一章 国际合作与交流

第十三届中国国际石油石化技术装备展览会举办

2013年3月19–21日，第十三届中国国际石油石化技术装备展览会（CIPPE）在北京中国国际展览中心举办。展会共吸引来自全球62个国家和地区的参展企业1500家，其中世界500强企业46家，展出面积达90 000平米。在CIPPE 2013石油展上，美国、德国、英国、法国、加拿大、丹麦、意大利、俄罗斯等12个国家展团亮相，国际著名企业有俄罗斯石油公司、通用电气公司、贝克休斯公司、国民油井华高公司、卡麦龙公司、施耐德电气有限公司、霍尼韦尔国际、API、卡特彼勒公司、康明斯公司、MTU、泰科公司、赫普集团等；国内知名参展企业有中石油装备展团、中石化石油工程机械有限公司、中国海洋石油总公司、中国船舶工业集团公司、中国船舶重工集团公司，中集来福士海洋工程有限公司等。页岩气装备、海洋油气勘探装备是该会展的热点。

2013 中国海洋油气水下技术国际峰会在沪举行

2013年4月22–23日，中国海洋油气水下技术国际峰会（CSTS 2013）在上海举办。峰会期间，中外企业和专家分享了水下设备制造、安装和安全的最新尖端技术以及市场趋势，探讨了技术走向深水领域时所面临的挑战，阐述了最新的规范、系统和技术。

多国科研机构在哈尔滨工程大学签署船舶与海洋工程创新与合作国际宣言

2013年4月28–29日，来自中、英、法、澳等国家和地区的19家高校、企业、科研院所近百名船海领域的专家齐聚哈尔滨工程大学，在首届“船舶与海洋工程创新与合作国际会议”上共同研讨船舶与海洋工程领域的最新研究热点，并签署了船舶与海洋工程创新与合作国际宣言。

宣言内容包括开展科技合作，以创新要素深度融合为手段，持续开展前沿技术合作研究；合作培养学生，以研究生教育为重点，在课程设置、培养方案制定、教学质量管理等全方位合作；实现资源共享，各单位间相互开放研究实验条件，分享科技信息，实现优势互补、资源共享；开展技术和学术交流，不定期组织双边、多边会议，每一至两年举办一届会议；成立船舶与海洋工程创新与合作联盟，通过深入合作，引领船舶与海洋工程领域快速发展。

2013 中国国际海洋工程与石油天然气技术装备展览会举办

2013中国国际海洋工程与油气技术展览会

（OTE）于5月15–17日在南京国际博览中心举行。展会展出面积20 000平米，参展企业总数达到476家。其中境外参展企业达58家（占展商总数的12%）。

展会重点展示了国内外高端创新技术，包括海洋油气资源勘探、开发、储运、加工、管理，以及为海洋工程平台和作业船配套的关键配套设备与系统。

展会吸引了来自荷兰、美国、德国、法国、芬兰、丹麦、土耳其、日本、韩国、俄罗斯等境外展商。Van der Leun、Bakker、SafeTmade、CSI、Winmag、Bierens、Neway Oil、DESMI 、WASI、Kamat、Afriso、Terex、Dassaul、3C TAEYANG、FSUE CRISM等境外品牌携最新技术参展，参展的高新技术、高附加值、绿色环保产品比例进一步提高。

国内顶级专家共议深海装备技术发展

2013年5月18–19日，由中国船舶重工集团公司主办的深海载人装备技术咨询与研讨会在中国船舶重工集团公司第七〇二研究所举行。国内相关领域的领导、院士和专家齐聚一堂，共议我国深海载人装备技术发展，对研发更多适合海洋勘探开发、绿色环保的海洋装备，提升我国海洋装备能力和水平，加快我国海洋经济发展必将产生积极的促进作用。

2013 模块化建造技术与管理国际论坛在青岛召开

2013年8月11日，模块化建造技术与管理国际论坛（MFTM 2013）在青岛开幕，来自中国、印度、美国、挪威等国的著名海洋工程领域专家、学者及项目负责人汇聚一堂，交流并分享模块化建造技术和管理方面的经验，展望模块化建造在海工领域的发展前景。论坛共吸引80家企业单位260多人参会。

模块化作为一种可以实现更低成本、更高安全性以及更短项目实施时间的解决方案，已经广泛应用于陆地及海洋大型工程项目中，其中包括液化天然气项目、石化和精炼、采矿、海水淡化、风能等诸多领域。论坛旨在通过与会代表广泛深入的交流分享各自在模块化建造和管理领域的经验，为模块化发展探索未来空间，推进全球海工业的持续快速健康发展。

首届中国（上海）国际海洋技术与工程设备展会举办

作为亚洲地区最具专业性的海洋科技展览会，首届中国（上海）国际海洋技术与工程设备展会（OI China）于2013年9月3–5日在上海国际展览中心举行。展会吸引了来自中国、英国、美国、澳大利亚等21个国家，包括Teledyne、Oceanworks、劳雷、天津海华技术开发中心等190余家参展公司。展会期间共有4 296位来自海内外的专业观众到场参观。

OI China通过展示国内外顶尖技术与设备，致力于成为亚洲地区最具专业性的海洋科技展览会，推动中国、亚洲乃至全球在海洋资源开发与利用、海洋生态环境保护、海洋石油天然气勘探、海洋工程及海洋监测等领域的学术研究、信息交流和国际合作。

2013 中国海洋工程国际研讨会召开

2013年10月10日，“COES 2013中国海洋工程国际研讨会”在北京召开。会议以“迈向深水及高寒区域的海工业”为主题，从国际环境和国内机遇全方面诠释了海洋油气产业的商机。论坛秉承中国海工产业“引进来、走出去”的思路，对海洋工程各类技术装备需求、建造重点、合作机遇进行了分享，为国内外专注于海洋工程市场的企业和机构提供了难得的沟通交流机会。

论坛参与嘉宾人数接近300人，众多的国内外海工企业高管和机构代表参加了会议。会上，数位专家分析了当前我国海洋装备技术和产业发展的环境、国际竞争力及面临的机遇和挑战。一些嘉宾根据各自所从事的生产领域和行业经验，针对打造现代海工装备、迎接深水勘探优化油气技术、提升海工管理水平推行创新性工程解决方案，以及海工装备借助融资租赁方式发展等议题进行了广泛而深入地交流。以美国船级社（ABS）和中国船级社（CCS）为代表的与会嘉宾还就国外海工发展现状、技术装备新技术，以及项目管理、固定平台结构可靠性、浮式生产系统和特种材料应用等内容作了介绍。

2013中国（北京）国际海洋石油天然气技术展览会举办

2013年10月10–12日，第三届中国（北京）国际海洋石油天然气技术展览会（CIOTC 2013）在北京召开。展会旨在围绕国际海洋石油天然气最新科技、最新行业信息等问题，为世界各地的石油天然气企业提供一个展示最新技术、服务和产品的国际化沟通平台。展会共有来自16个国家和地区的225家参展商，吸引了17 000余位来自全球的专业观众。

CIOTC 2013是中国三大石油公司唯一战略协作的展览会，海洋油气业内龙头企业均深度参与。展会吸引了中国石油化工集团公司、中国海洋石油总公司、Technip、中国船舶工业集团公司、中国船舶重工集团公司、中集来福士海洋工程有限公司、中远船务工程有限公司、宝钢集团有限公司、神户制钢公司、中国船级社（CCS）、宝鸡石油机械有限责任公司、宏华集团等多家国际顶尖石油装备制造商和服务商。

第二届海洋工程船国际论坛在沪举办

2013年10月16–17日，第二届海洋工程船国际论坛（OSV World 2013）在上海举行。本次论坛共迎来全球业界150余名嘉宾，包括海洋油气生产商、OSV船东和运营商、造船厂和设计方、承包商和船配商、船级社和法律及金融服务机构等领域的高层代表汇聚一堂，从多角度剖析OSV行业所直面的挑战以及机遇所在。

论坛吸引了来自马来西亚、新加坡、中东、挪威、中国、加拿大、巴西等国的10余个船东，包括：巴西国家石油公司、SeaMar Offshore、Perdana Petroleum Berhad、中海油田服务股份有限公司、海洋石油工程股份有限公司、中国石化集团上海海洋石油局、中石化胜利油田海洋石油船舶公司、中航国际船舶控股有限公司、加拿大帝凯海运集团、中国船舶重工国际贸易有限公司、挪威罗伦胜公司、挪威柏拉图集团等；并聚集了春和集团、外高桥、江南造船集团、广东粤新、武昌船舶重工、挪威哈佛船厂、中国船舶及海洋工程设计研究院、中国船舶工业集团公司第708研究所、山海关造船重工有限公司、广新海事重工股份有限公司、上海振华重工（集团）股份有限公司等众多行业知名船企及相关单位。

2013 FPSO设计与技术国际大会在大连召开

2013年11月28–29日，2013 FPSO（浮式生产储卸油装置）设计与技术国际大会在大连召开，会议旨在通过参会专家们的充分交流，分享行业信息，交流技术问题，探讨管理模式，为FPSO的蓬勃发展贡献智慧和力量。大会汇集了来自Douglas Westwood、SBM Offshore Malaysia、MCS Kenny Inc、Larsen & Toubro Limited、MODEC、EMAS Offshore、英国劳氏船级社、中海油田服务股份有限公司、中国船舶及海洋工程设计研究院、大连船舶重工集团有限公司等企业机构的近200位专家，会议共同探讨了中国FPSO运营现状以及未来发展所面临的需求和挑战。

参会专家们为大会带来了国内外FPSO的前沿动态以及资产管理、建造和改造的最新技术和设计成果。专家们分享了FPSO市场运营管理的经验与问题、FPSO项目的运行情况等。此外，专家们还在FPSO特殊结构的疲劳分析上取得共识，也让参会者对于相关领域的前沿信息有了更加全面的了解和认知。

第17届中国国际海事会展在沪举行

2013年中国国际海事技术学术会议和展览会（Marintec China 2013，简称：第17届中国国际海事会展）于2013年12月3–6日在上海举行。

在为期4天的海事盛会中，来自丹麦、法国、德国、希腊、意大利、韩国、俄罗斯、新加坡、美国、英国和中国等34个国家和地区的1 700余家企业参展，其中16个国家和地区将以展团形式参展，国内展商与国际展商各具亮点、各有千秋。“海洋工程”、“海事安全”和“远洋渔业”等领域作为体现我国船舶工业结构调整、转型升级的重要方向，在本届会展进行了拓展，丰富了展会内涵。

展会同期，以“绿色科技，转型发展，破解难题”为主题的高级海事论坛为参会者带来了一场内容丰富、形式多样的海事盛会。主论坛由“主题报告”、“航运和港口”、“造船”、“海洋工程”、“海事金融”和“船舶配套设备技术论坛”6个专场组成。主论坛演讲嘉宾来自四大洲16个国家和地区，其数量和涉及领域都为历届之最。

2013年深水油气钻采装备与技术国际研讨会召开

2013年12月1–2日，由中国船舶信息中心主办，中国船舶信息中心咨询运营部和中国海洋工程网承办的“2013年深水油气钻采装备与技术国际研讨会”在上海举行。

研讨会以“关注深水油气技术，提升产业发展水平”为主题，就南海油气开发与展望、如何能使中国船厂达到世界标准、海上钻井平台信息管理系统和通信系统应用和发展趋势、海上钻井平台连续油管技术应用和发展、深水油气钻采装备设计、海上钻井平台建造和运营合同订立和管理、深水油气装备与技术及国产化思考、深水油气开发的海洋工程船舶市场展望与技术发展等多个议题进行了探讨。搭建了一个探讨南海深水海洋油气开发与海洋工程装备发展方向和策略的良好交流平台，为业内共商解决方案提供了良好条件。

（编写：尹　旭　唐晓丹　刘　旭　张小凯　张广浩）

第十二章 2013-2014年全球海洋工程装备产业数据

2013年7月全球海洋工程装备成交情况

一、油气钻采装备成交情况

表25 钻井装备成交一览表（2013年6月16日-2013年7月15日）

装备类型		数量	单价/（亿美元）	装备制造商		装备订购商
钻井装备	自升式钻井平台	2+2	6.5	三星重工	韩国	挪威国家石油公司
	自升式钻井平台	2		大连船舶重工	中国	Seadrill
	自升式钻井平台	2	2.09	胜科海事PPL船厂	新加坡	墨西哥Oro Negro
	自升式钻井平台	2+2	2.18	山海关船厂	中国	新加坡FTS DERRICK
	自升式钻井平台	1	2.1	吉宝岸外海事	新加坡	PV Drilling Overseas
	自升式钻井平台	1	2.06	吉宝岸外海事	新加坡	墨西哥Grupo R
	半潜式钻井平台	1	8	吉宝岸外海事	新加坡	阿塞拜疆国家石油公司
	半潜式钻井平台	1	7.27	三星重工	韩国	瑞典Stena
	钻井驳船	3+1		上海船厂	中国	新加坡康帕特钻井公司
	钻井船	1	6.35	大宇造船海洋	韩国	Atwood Oceanics
	钻井船	2	6.5-7	中远船务	中国	美国X-Drill
	钻井船	7		日本海事联合船厂	日本	巴西国家石油公司
	钻井船	2	5.55	大宇造船海事	韩国	Seadrill
	钻井船	1		大宇造船海事	韩国	美国Vantage Drilling
	钻井船	2	5.2	三星重工	韩国	Seadrill
	钻井船	1	6.25	三星重工	韩国	Ensco
生产装备	FPSO	1	30	三星重工	韩国	
其它设备	水下设备	1	12	FMC Technologies	美国	道达尔上游尼日利亚有限公司
	海底产油树	1	5	FMC Technologies	美国	巴西国家石油公司
	浮式生活装置改装	1+1	1.7	中远船务（南通）	中国	新加坡企业

二、海洋工程船舶成交情况

表26　辅助船舶等装备部分订单（2013年6月16日-2013年7月15日）

装备类型	数量	单价/(亿美元)	装备制造商		装备订购商
平台供应船	1		Havyard Leirvik	挪威	Global Off Svcs
铺管船	3		IHC Merwede	荷兰	Subsea 7
油气调查船	2		Wilson Sons	巴西	Geonav
平台供应船	2		Remontowa	波兰	Siem Maritime
油田增产作业支持船	1		黄埔造船厂	中国	中海油
多用途供应船	1	1.33	Tersan Shipyard	土耳其	Volstad Maritime
多用途供应船	2		Havyard Leirvik	挪威	A. P. Moller
船员艇	1		Grandweld	阿联酋	Zamil Offshore
平台供应船	1		Wilson Sons	巴西	Geonav
快速支持船/船员艇	2		Damen Song Cam	越南	Naviera Integral SA
平台供应船	4		黄埔造船厂	中国	中海油
平台供应船	2		中远船务（大连）	中国	中海油
三用工作船	2		中远船务（广东）	中国	中海油
三用工作船	4		上海船厂	中国	中海油
多用途工作船	2		Eastern Shipyard	美国	Hornbeck Offshore
三用工作船	2		振华重工	中国	中海油

三、海洋油气钻井装备利用率

表27　海洋油气钻井装备利用率（主要地区）

月份	钻井船			自升式钻井平台			半潜式钻井平台		
2013年6月	73	85	85.9%	352	410	85.9%	176	190	92.6%
2013年5月	70	83	84.3%	351	407	86.2%	176	190	92.6%
2013年4月	71	82	86.6%	348	405	85.9%	177	190	93.2%
2013年3月	71	80	88.8%	343	399	86.0%	175	190	92.1%
2013年2月	73	79	92.4%	343	398	86.2%	172	190	90.5%
2013年1月	72	79	91.1%	339	395	85.8%	172	190	90.5%

数据来源于rigzone

2013年8月全球海洋工程装备成交情况

一、油气钻采装备成交情况

表28 钻井装备成交一览表（2013年7月16日-2013年8月15日）

装备类型		数量	单价/（亿美元）	装备制造商		装备订购商
钻井装备	钻井船	1	5.95	大宇造船海洋	韩国	美国船东
生产装备	FPSO上部模块	1		Aiber	挪威	巴西 Estaleiros do Brasil（ESR）
	FPSO改装	1		三井海洋开发（MODEC）	日本	英国Tullow Oil
其它设备	半潜式居住船	1	2	南通中远船务	中国	墨西哥COTEMAR
	海底设备		0.4	Cal Dive	美国	墨西哥Pemex Exploraci ó n y Producci ó n

二、海洋工程船舶成交情况

表29　辅助船舶等装备部分订单（2013年7月16日-2013年8月15日）

装备类型	数量	单价/（亿美元）	装备制造商		装备订购商
铺管支持船	4	2.75	Vard	新加坡	法国Technip与挪威DOF Installer合资公司
铺管船	6	1.67	IHC Merwede	荷兰	Seabras Sapura和Subsea 7
起重铺管/铺缆船	2		VARD Soeviknes	挪威	DOF Management
起重铺管/铺缆船	2		VARD Niteroi	挪威	DOF Management
起重铺管/铺缆船	3	2.66	IHC Holland	荷兰	Sapura Nevegacao
多用途支持船	1		Brod. Uljanik	克罗地亚	Jan De Nul Group
水下作业支持船	3	总计0.42	SeaSafe Barcos	巴西	Sistac
快速支持船/船员艇	1		Incat Tasmania	澳大利亚	Caspian Marine Service
三用工作船	2		南通润邦	中国	Marten Singapore
平台供应船	1		Havyard Leirvik	挪威	Global Off Svcs

三、海洋油气钻井装备利用率

表30　海洋油气钻井装备利用率（主要地区）

月份	钻井船			自升式钻井平台			半潜式钻井平台		
2013年7月	74	85	87.1%	357	412	86.7%	176	190	92.6%
2013年6月	73	85	85.9%	353	410	86.1%	175	190	92.1%
2013年5月	70	83	84.3%	353	407	86.7%	175	190	92.1%
2013年4月	71	82	86.6%	349	405	86.2%	176	190	92.6%
2013年3月	71	80	88.8%	344	399	86.2%	175	190	92.1%
2013年2月	73	79	92.4%	343	398	86.2%	172	190	90.5%

数据来源于rigzone

2013年9月全球海洋工程装备成交情况

一、油气钻采装备成交情况

表31 钻井装备成交一览表（2013年8月16日-2013年9月15日）

装备类型		数量	单价/（亿美元）	装备制造商		装备订购商
钻井装备	自升式钻井平台	1	1.65	振华重工	中国	新加坡KS Drilling
	自升式钻井平台	1		Lamprell船厂	阿联酋	
	自升式钻井平台	1		大连船舶重工	中国	中海油
	半潜式钻井平台	1		大连船舶重工	中国	中海油
	半潜式修井平台	3.46		胜科海事裕廊船厂	新加坡	Helix Energy Solutions Group
生产装备	FPSO改装	2	0.76	吉宝岸外海事	新加坡	SBM Offshore和马来西亚M3nergy offshore
其它设备	半潜式居住平台	1	2.8	吉宝远东	新加坡	Floatel公司
	海底设备	1	0.9	FMC Technologies	美国	挪威国油

二、海洋工程船舶成交情况

表32　辅助船舶等装备部分订单（2013年8月16日-2013年9月15日）

装备类型	数量	单价/(亿美元)	装备制造商		装备订购商
自航半潜船	2		中远船务（大连）	中国	BigRoll Shipping
油田增产服务船	1		胜科海事裕廊船厂	新加坡	Helix Energy
起重铺管/铺缆船	1		Damen Galati	罗马尼亚	Van Oord
平台守护船	6	总计1.09	Balenciaga	西班牙	Craig Group
平台供应船	1		VARD Vung Tau	越南	Carlotta Offshore
平台供应船	4		福建东南造船厂	中国	Vroon
多用途供应船	1		VARD Langsten	挪威	Farstad Shipping
多用途供应船	1		Brod. Uljanik	克罗地亚	Jan De Nul Group

三、海洋油气钻井装备利用率

表33　海洋油气钻井装备利用率（主要地区）

月份	钻井船			自升式钻井平台			半潜式钻井平台		
2013年8月	75	86	87.2%	353	413	85.5%	173	188	92.0%
2013年7月	74	85	87.1%	356	411	86.6%	173	187	92.5%
2013年6月	73	84	86.9%	352	409	86.1%	172	187	92.0%
2013年5月	70	83	84.3%	352	406	86.7%	172	187	92.0%
2013年4月	71	82	86.6%	348	404	86.1%	173	187	92.5%
2013年3月	71	80	88.8%	343	398	86.2%	172	187	92.0%

数据来源于rigzone

2013年10月全球海洋工程装备成交情况

一、油气钻采装备成交情况

表34 钻井装备成交一览表（2013年9月16日-2013年10月15日）

装备类型		数量	单价/(亿美元)	装备制造商		装备订购商
钻井装备	自升式钻井平台	1	5.3	大宇造船海洋	韩国	Maersk Drilling公司
	自升式钻井平台	2	1.8		中国	Northern Offshore
	自升式钻井平台	1	2.4	Keppel AmFELS	美国	Central Panuco
	自升式钻井平台	2	总计4.4	Keppel FELS	新加坡	Clearwater Capital Partners
	自升式钻井平台	1		威海船厂	中国	埃及船东
	钻井船	1	5.2	大宇造船海洋	韩国	美国Transocean
	钻井船	2	总计12.4	大宇造船海洋	韩国	
生产装备	FPSO	2		RIG Consortium	巴西	巴西国油（Petrobras）
	FPSO改装	2	总计1.9	吉宝	韩国	SBMOffshore和M3nergyOffshore
	天然气处理平台	2	总计1.13	GOL Offshore	印度	ONGC
其它设备	自升式居住设备	2			中国	Zakher Marine International（ZMI）
	自升式居住设备	2	总计1.5		阿联酋	Zakher Marine International（ZMI）

二、海洋工程船舶成交情况

表35　辅助船舶等装备部分订单（2013年9月16日-2013年10月15日）

装备类型	数量	单价/(亿美元)	装备制造商		装备订购商
打捞起重船	2		大连中远船务	中国	国内船东
平台供应船	4+4			中国	Chellsea
水下支援船	1		BAE System	美国	OceaneeringInternational
电缆铺设船	1		达门造船	荷兰	Van Oord
平台供应船	4	总计1.2	Nam Cheong	马来西亚	
平台供应船	1		厦船重工	中国	新加坡MK海事有限公司
平台供应船	2		广东中远船务	中国	荷兰船东Vroon

三、海洋油气钻井装备利用率

表36　海洋油气钻井装备利用率（主要地区）

月份	钻井船			自升式钻井平台			半潜式钻井平台		
2013年9月	75	88	85.2%	359	416	86.3%	174	187	93.0%
2013年8月	75	85	88.2%	354	412	85.9%	173	187	92.5%
2013年7月	74	84	88.1%	358	411	87.1%	173	187	92.5%
2013年6月	73	83	88.0%	354	409	86.6%	172	187	92.0%
2013年5月	70	82	85.4%	354	407	87.0%	172	187	92.0%
2013年4月	71	82	86.6%	350	405	86.4%	173	187	92.5%

数据来源于rigzone

2013年11月全球海洋工程装备成交情况

一、油气钻采装备成交情况

表37 钻井装备成交一览表（2013年10月16日-2013年11月15日）

装备类型		数量	单价/（亿美元）	装备制造商		装备订购商
钻井装备	自升式钻井平台	1		大连中远船务	中国	Deepwater公司
	自升式钻井平台	1	总计10.7	大船海工	中国	中海油服
	半潜式钻井平台	1		大船海工	中国	中海油服
	自升式钻井平台	1		招商局重工	中国	中海油服
	自升式钻井平台	1	1.8	招商局重工	中国	Viking Offshore
	半潜式钻井平台	1+1		中集来福士	中国	Landmark Holdings
	自升式钻井平台	1	1.8	招商局重工	中国	Viking Offshore & Marine
	钻井平台	1	2	PV造船厂	越南	PetroVietnam Marine Shipyard
	自升式钻井平台	5	总计11	Keppel FELS	新加坡	Transocean子公司
	自升式钻井平台	1+1	2.05	武船	中国	新加坡船东
其它设备	深水系统	1	3.4	FMC Technologies	美国	Tullow Ghana

二、海洋工程船舶成交情况

表38　辅助船舶等装备部分订单（2013年10月16日-2013年11月15日）

装备类型	数量	单价 /(亿美元)	装备制造商		装备订购商
自航浮吊船	1		中船澄西	中国	印度MKS公司
锚泊船	2		达门造船	荷兰	Nakilat Svitzer Wijsmuller
平台供应船	1		De Hoop船厂	荷兰	Delta Logistics
海底支援船	1	总计1	Coastal	马来西亚	
平台供应船	1		Coastal	马来西亚	
三用工作船	4		Coastal	马来西亚	
平台供应船	2		广东中远船务	中国	新加坡Chellse
三用工作船	1		广新海工	中国	开普敦Marine Bulk Carriers
溢油回收船	1		同方江新造船	中国	

三、海洋油气钻井装备利用率

表39　海洋油气钻井装备利用率（主要地区）

月份	钻井船			自升式钻井平台			半潜式钻井平台		
2013年10月	77	89	86.5%	362	419	86.4%	175	189	92.6%
2013年9月	75	87	86.2%	360	416	86.5%	173	188	92.0%
2013年8月	75	85	88.2%	354	412	85.9%	173	188	92.0%
2013年7月	74	84	88.1%	358	411	87.1%	173	188	92.0%
2013年6月	73	83	88.0%	354	409	86.6%	173	188	92.0%
2013年5月	70	82	85.4%	354	407	87.0%	174	188	92.6%

数据来源于rigzone

2013年12月全球海洋工程装备成交情况

一、油气钻采装备成交情况

表40 钻井装备成交一览表（2013年11月16日-2013年12月15日）

装备类型		数量	单价 /（亿美元）	装备制造商		装备订购商
钻井装备	自升式钻井平台	2		大连中远船务	中国	
	自升式钻井平台	2	2.3	大船海工	中国	Seadrill公司
	自升式钻井平台	1+1	2.65	Keppel FELS	新加坡	ENSCO
	自升式钻井平台	4		Abu Dhabi	阿联酋	Gulf Marine Services
其它设备	半潜式浮式平台	1		Fincantieri	意大利	俄罗斯
	半潜式住宿船	2	2	启东中远船务	中国	Prosafe

二、海洋工程船舶成交情况

表41　辅助船舶等装备部分订单（2013年11月16日-2013年12月15日）

装备类型	数量	单价/(亿美元)	装备制造商		装备订购商
三用工作船	1+1		Havyard Leirvik	挪威	俄罗斯FEMCO航运公司
平台供应船	1	0.29		中国	Atlantic Navigation Holdings
锚拖供应船	1			中国	
多用途船	4	0.39	黄埔造船	中国	中远航运股份有限公司
平台供应船	2		太平洋造船	中国	
平台供应船	10		De Hoop	荷兰	阿布扎比国家石油公司
三用工作船	2	总计0.42		中国	Swissco公司
快速船员船	1			中国	
近海支援船	1	0.6	Vard船厂	新加坡	Island offshore
平台供应船	4	总计1.54	L&T造船	印度	Halul Offshore Service
三用工作船	2				
海底支持维护船	1		Coastal	马来西亚	

三、海洋油气钻井装备利用率

表42　海洋油气钻井装备利用率（主要地区）

月份	钻井船			自升式钻井平台			半潜式钻井平台		
2013年11月	79	91	86.8%	359	422	85.1%	172	189	91.0%
2013年10月	77	89	86.5%	358	418	85.6%	174	189	92.1%
2013年9月	75	87	86.2%	360	415	86.7%	173	188	92.0%
2013年8月	75	85	88.2%	354	411	86.1%	173	188	92.0%
2013年7月	74	84	88.1%	358	411	87.1%	173	188	92.0%
2013年6月	73	83	88.0%	354	409	86.6%	173	188	92.0%

数据来源于rigzone

2014年1月全球海洋工程装备成交情况

一、油气钻采装备成交情况

表43 钻井装备成交一览表（2013年12月16日-2014年1月15日）

装备类型		数量	单价/(亿美元)	装备制造商		装备订购商
	自升式钻井平台	1	7.3	干船坞世界	迪拜	
	钻井平台	2	总计4.36	招商局工业集团	中国	泰国Mermaid Maritime
	海洋潜艇支援船	1				
	半潜式钻井平台	1+1		中集来福士	中国	挪威Beacon Holdings Group
	自升式钻井平台	2+4	2.4	中集来福士	中国	CSM集团
	钻井船	1+3		中集来福士	中国	挪威Norshore
生产装备	LNG-FSRU	1		三星重工	韩国	
	LNG-FSRU	1		大宇造船	韩国	日本Mitsui OSK Line
	FPSO	1		吉宝船厂	新加坡	Armada C7
	FSO	1				
其它设备	居住驳船	2		厦船重工	中国	
	生活平台	2	总计3.32	大船重工	中国	CBI-MMEER Accommodations
	海洋平台改造（生产储油装置和浮式储油装置）		总计1.2	Keppel Offshore & Marine	新加坡	Armada C7、Apache Energy和EMAS AMC

二、海洋工程船舶成交情况

表44 辅助船舶等装备部分订单（2013年12月16日-2014年1月15日）

装备类型	数量	单价/（亿美元）	装备制造商		装备订购商
潜驳船	2		吉宝南通船厂	新加坡	新加坡Smit Shipping
溢油回收船	4	总计约1.4	Wilson Sons	巴西	
铺管船	1	1.636	振华重工	中国	Hilong Marine Engineering（HongKong）Limited
铺管船	1		黄埔造船	中国	汇众（天津）融资租赁有限公司
平台供应船	5		厦船重工	中国	新加坡NAMCHEONG、SENTINEL及MK海事
潜水施工支援船	1	1.65	VARD	挪威	Harkand集团
平台供应船	4		Remontowa	波兰	Siem Offshore
三用工作船	3		Nam Cheong	马来西亚	PT Bahtera Niaga Indonesia
三用工作船	2+2		武船	中国	
居住工程船	1		中船黄埔文冲	中国	Pacific Radiance

三、海洋油气钻井装备利用率

表45 海洋油气钻井装备利用率（主要地区）

月份	钻井船			自升式钻井平台			半潜式钻井平台		
2013年12月	83	92	90.2%	361	431	83.8%	172	189	91.0%
2013年11月	79	90	87.8%	355	422	84.1%	172	189	91.0%
2013年10月	77	89	86.5%	355	418	84.9%	173	189	91.5%
2013年9月	75	87	86.2%	359	415	86.5%	173	188	92.0%
2013年8月	75	85	88.2%	354	412	85.9%	173	188	92.0%
2013年7月	74	84	88.1%	358	412	86.9%	173	188	92.0%

数据来源于rigzone

2014年2月全球海洋工程装备成交情况

一、油气钻采装备成交情况

表46 钻井装备成交一览表（2014年1月16日-2014年2月15日）

<table>
<tr><th colspan="2">装备类型</th><th>数量</th><th>单价
/（亿美元）</th><th colspan="2">装备制造商</th><th>装备订购商</th></tr>
<tr><td rowspan="6">钻井装备</td><td>自升悬臂式钻井平台</td><td>2+2</td><td></td><td>招商局工业</td><td>中国</td><td>BESTFORD OFFSHORE</td></tr>
<tr><td>自升式钻井平台</td><td>2</td><td></td><td>外高桥造船</td><td>中国</td><td>中国船舶（香港）航运租赁有限公司</td></tr>
<tr><td>自升式钻井平台</td><td>1</td><td>2.18</td><td>吉宝远东</td><td>新加坡</td><td>UMW油气公司</td></tr>
<tr><td>自升式钻井平台</td><td>3</td><td>6.5</td><td>吉宝远东</td><td>新加坡</td><td>美国Fecon International</td></tr>
<tr><td>自升式钻井平台</td><td>1</td><td></td><td>Keppel FELS</td><td>新加坡</td><td>UMW Oil & Gas</td></tr>
<tr><td>半潜式钻井平台</td><td>2+2</td><td>总计20</td><td>新扬子造船</td><td>中国</td><td>新加坡Primepoint钻井有限公司</td></tr>
<tr><td rowspan="4">生产装备</td><td>LNG-FRU</td><td>1</td><td></td><td>惠生海工</td><td>中国</td><td>Vessel Gasification Solutions</td></tr>
<tr><td>LNG-FRU</td><td>1</td><td></td><td>惠生海工</td><td>中国</td><td>Pacific Midstream Holdings</td></tr>
<tr><td rowspan="2">FLNG</td><td rowspan="2">1</td><td rowspan="2">14</td><td>三星重工</td><td>韩国</td><td rowspan="2">Petronas</td></tr>
<tr><td>JGC</td><td>日本</td></tr>
<tr><td rowspan="3">其它设备</td><td>井口平台</td><td>1</td><td>1.12</td><td>L&T Hydrocarbon</td><td>印度</td><td>英国BG集团印度分公司</td></tr>
<tr><td>修井船</td><td>2</td><td>4.2</td><td>FSG船厂</td><td>德国</td><td>Siem Offshore</td></tr>
<tr><td>平台模块</td><td>1</td><td></td><td>OGN集团</td><td>英国</td><td></td></tr>
</table>

二、海洋工程船舶成交情况

表47　辅助船舶等装备部分订单（2014年1月16日-2014年2月15日）

装备类型	数量	单价/（亿美元）	装备制造商		装备订购商
潜水支援船	1	1.38	招商局工业	中国	Marin Teknikk AS公司
铺管船	1	2	振华重工	中国	Petrofac Limited
海底作业船	1		川崎重工	日本	挪威Island Offshore
IMR海工船	1		Kleven	挪威	Olympic Shipping
平台供应船	1	0.56	Kleven Verft		Rem Offshore
平台供应船	1		Kleven	挪威	Rem Offshore
平台供应船	2		Ulstein Group	挪威	Nordic American Offshore
平台供应船	1		Vard Holdings	新加坡	Carlotta Offshore
三用工作船	1		Nam Cheong	马来西亚	Sentinel Marine
三用工作船	1		Vard Holdings	新加坡	法国Bourbon公司
三用工作船	1		VARD	挪威	Bourbon
海洋工程船	6	总计0.97	ASL Marine Holdings	新加坡	欧洲及新加坡船东
平台供应船	2		达门造船	荷兰	瑞士Promar
铺管船	1		IMC Merwede	荷兰	Sapura Navegacao Maritima
LNG船	1	3	大宇造船	韩国	SCF Group（Sovcomflot）
拖驳船	1		BAE Systems&DonJon	英国	SEABULK油轮公司附属公司 SEACOR Holdings
三用工作船	1		JMU	日本	Offshore Japan Corporation

三、海洋油气钻井装备利用率

表48　海洋油气钻井装备利用率（主要地区）

月份	钻井船			自升式钻井平台			半潜式钻井平台		
2014年1月	85	94	90.4%	369	426	86.6%	170	189	89.9%
2013年12月	84	91	92.3%	360	424	84.9%	168	189	88.9%
2013年11月	79	89	88.8%	355	416	85.3%	171	189	90.5%
2013年10月	77	89	86.5%	355	412	86.2%	172	189	91.0%
2013年9月	75	87	86.2%	359	409	87.8%	172	188	91.5%
2013年8月	75	85	88.2%	354	406	87.2%	173	188	92.0%

数据来源于rigzone

2014年3月全球海洋工程装备成交情况

一、油气钻采装备成交情况

表49　钻井装备成交一览表（2014年2月16日-2014年3月15日）

装备类型		数量	单价/（亿美元）	装备制造商		装备订购商
钻井装备	自升式钻井平台	4	总计近4	振华重工	中国	新加坡SK Drilling
	自升式钻井平台	3	6.5	Keppel FELS	新加坡	Fecon International
	自升式钻井平台	1+2	2.143	PPL船厂	新加坡	马可波罗海事
	自升式钻井平台	1	约5	Keppel FELS	新加坡	TS Offshore
生产装备	FPU上部模块	1		南通太平洋	中国	法国道达尔公司
	FLNG	1	14	三星重工	韩国	马来西亚家石油公司（Petronas）
	FPSO上建模块	1		Aibel	泰国	MODEC
	自升式天然气压缩平台	1		中集来福士	中国	马来西亚Coastal Contracts子公司Thaumas Marine
	FPSO	1	2.5	现代重工	韩国	意大利埃尼、Saipem以及其它合作伙伴
	海工平台	1	1.3	PTSC	越南	Total E&P Borneo
其它设备	钻井船	2+3	12.4	裕廊船厂	新加坡	瑞士钻井公司Transocean

二、海洋工程船舶成交情况

表50 辅助船舶等装备部分订单（2014年2月16日-2014年3月15日）

装备类型	数量	单价/(亿美元)	装备制造商		装备订购商
平台供应船	2	总计0.6	广东中远船务	中国	新加坡船东
多用途重吊船	4		新扬子造船	中国	中波轮船(Chipolbrok)
LNG船	10	总计5.4	大韩造船	韩国	印度尼西亚Bimantara集团
三用工作船	4	总计2.6	新潟造船	日本	Teekay Offshore和ALP Maritime
海底支援船	1		VARD Braila	罗马尼亚	Island Offshore
平台供应船	2		Ulstein Verft	挪威	Blue Ship Invest
多用途船	6+4	0.29	舜天船舶	中国	ZEABORN GMBH & CO. KG
甲板驳	1		方圆造船	中国	日本船东
多用途船	6+4	0.19	三福船舶	中国	德国Zeaborn GmbH
高速支援船	2	1.249	Austal	美国	中东地区海军
电缆敷设船	1		达门造船	荷兰	马士基供应服务公司
船员供应船	4		达门造船	荷兰	墨西哥离岸公司Naviera Integral
海工支援船	2	总计1	Vard	挪威	
平台供应船	2		Vard头顿船厂	越南	Mermaid Marine Australia

三、海洋油气钻井装备利用率

表51 海洋油气钻井装备利用率（主要地区）

月份	钻井船			自升式钻井平台			半潜式钻井平台		
2014年2月	85	98	86.7%	370	427	86.7%	167	189	88.4%
2014年1月	85	94	90.4%	369	426	86.6%	170	189	89.9%
2013年12月	84	91	92.3%	360	424	84.9%	168	189	88.9%
2013年11月	79	89	88.8%	355	416	85.3%	171	189	90.5%
2013年10月	77	89	86.5%	355	412	86.2%	172	189	91.0%
2013年9月	75	87	86.2%	359	409	87.8%	172	188	91.5%

数据来源于rigzone

2014年4月全球海洋工程装备成交情况

一、油气钻采装备成交情况

表52 钻井装备成交一览表（2014年3月16日-2014年4月15日）

装备类型		数量	单价/(亿美元)	装备制造商		装备订购商
钻井装备	自升式钻井平台	2		Drydocks world	阿联酋	Malta Oil & Gas
	自升式钻井平台模块	1		McDermott	美国	JORD石油与天然气系统公司
	钻井船	2		上海船厂	中国	OPUS OFFSHORE
	钻井船	2	总计12.72	三星重工	韩国	大洋洲船东
生产装备	FPSO外部转塔系泊系统	1		吉宝船厂	新加坡	
	FPSO上部建筑工程	1		Aibel	挪威	BW Offshore

二、海洋工程船舶成交情况

表53 辅助船舶等装备部分订单（2014年3月16日-2014年4月15日）

装备类型	数量	单价/(亿美元)	装备制造商		装备订购商
物探船	1	2.369	Cochin Shipyard	印度	印度石油天然气公司
平台供应船	2		外高桥造船	中国	Pacific Radiance Group
平台供应船	2+2		润邦海洋	中国	Golden Energy Offshore
供应船	2		吉宝Singmarine	新加坡	Bumi Armada
三用工作船	2	总计0.32	同方江新	中国	中海油田
海工支援船	1		De Hoop	荷兰	Awaritse Nigeria Limited
潜水支援船	1		Gravois Boats		Aqueos公司
三用工作船	1		Nam Cheong	马来西亚	Kayfour Development Corporation
平台供应船	1		Nam Cheong	马来西亚	E. A. Temile and Sons Development Company of Nigeria
海工船	5	总计0.54	Coastal	马来西亚	
风电场支援船	8		Strategic Marine	澳大利亚	Njord Offshore
平台供应船	1		Astilleros Gondan	西班牙	Simon Moksters
起重铺管船	1	大于4	武船	中国	
铺管船	1		黄埔文冲	中国	汇众（天津）融资租赁有限公司
多用途船	6		江州联合造船	中国	德国船东

三、海洋油气钻井装备利用率

表54 海洋油气钻井装备利用率（主要地区）

月份	钻井船			自升式钻井平台			半潜式钻井平台		
2014年3月	87	98	88.8%	374	427	87.6%	169	189	89.4%
2014年2月	85	98	86.7%	370	427	86.7%	167	189	88.4%
2014年1月	84	92	91.3%	372	424	87.7%	170	189	89.9%
2013年12月	84	91	92.3%	365	422	86.5%	168	189	88.9%
2013年11月	79	89	88.8%	362	416	87.0%	171	189	90.5%
2013年10月	77	89	86.5%	359	412	87.1%	172	189	91.0%

数据来源于rigzone

2014年5月全球海洋工程装备成交情况

一、油气钻采装备成交情况

表55 钻井装备成交一览表（2014年4月16日-2014年5月15日）

装备类型		数量	单价/(亿美元)	装备制造商		装备订购商
钻井装备	自升式钻井平台	2		干船坞世界	迪拜	马耳他石油天然气有限公司
	自升式钻井平台	2+2	1.95	Lamprell	阿联酋	美国Ensco
	自升式钻井平台	1		武船	中国	新加坡船东
	自升式钻井平台	2		外高桥造船	中国	山东海洋工程装备有限公司
	自升式钻井平台	2+4		外高桥造船	中国	Blue Ocean Drilling Limited（BOD）
	自升式钻井平台	1	1.84	大连中远船务	中国	Foresight集团子公司Derwent Ocean Limited
生产设备	FPSO改装	2	总计30	Saipem公司	意大利	法国能源企业Total

二、海洋工程船舶成交情况

表56　辅助船舶等装备部分订单（2014年4月16日-2014年5月15日）

装备类型	数量	单价/（亿美元）	装备制造商		装备订购商
物探船	1		同方江新	中国	中海油服
平台供应船	2	总计0.7	Simek	挪威	苏格兰Fletcher Shipping
平台供应船	2+1	总计0.58	Havyard	挪威	冰岛Fafnir Offshore
应急搜救支援船	4	总计1	大连中远船务	中国	亚洲公司
平台供应船	2		广东中远船务	中国	欧洲船东
三用工作船	1		Noryards Fosen	挪威	NFDS Offshore
多用途船	2+2		江州联合造船	中国	德国船东Auberbach Schiffahrt
平台供应船	1	1.38	Arctech Helsinki	芬兰	俄罗斯航运公司Sovcomflot（SCF）
海底施工船	1	3.78	巴库船厂	阿塞拜疆	英国石油公司（BP）旗下的英国石油勘探公司
平台供应船	4		武船	中国	新加坡船东
海工船	4	1.25	马尾船厂	中国	阿联酋迪拜Marine Assets Corp（MAC）公司
平台供应船	4		JMU	日本	新加坡Swire Pacific Offshore
平台供应船	2		Simek	挪威	Fletcher Shipping
平台供应船	2		VARD Brevik	挪威	Island Offshore
平台供应船	2		Wilson Sons	巴西	Petrobras
三用工作船	1		Remontowa	波兰	一家加拿大和挪威合资的船东
多用途重吊船	2		宏强重工	中国	德国Krey Schiffahrts

三、海洋油气钻井装备利用率

表57　海洋油气钻井装备利用率（主要地区）

月份	钻井船			自升式钻井平台			半潜式钻井平台		
2014年4月	88	99	88.9%	371	435	85.3%	166	188	88.3%
2014年3月	86	97	88.7%	373	427	87.4%	165	188	87.8%
2014年2月	85	97	87.6%	369	427	86.4%	165	188	87.8%
2014年1月	84	92	91.3%	371	424	87.5%	169	188	89.9%
2013年12月	84	91	92.3%	366	422	86.7%	167	188	88.8%
2013年11月	79	89	88.8%	363	416	87.3%	170	188	90.4%

数据来源于rigzone

2014年6月全球海洋工程装备成交情况

一、油气钻采装备成交情况

表58 钻井装备成交一览表（2014年5月16日-2014年6月15日）

装备类型		数量	单价/（亿美元）	装备制造商		装备订购商
钻井装备	自升式钻井平台	1		武船	中国	新加坡船东
	自升式钻井平台	1+1	5.96	裕廊船厂	新加坡	Noble公司
	自升式钻井平台	2	总计3.7	Lamprell	阿联酋	Shelf Drilling
	钻井平台模块	1	0.17	ES Offshore	新加坡	ES Offshore
生产装备	FPSO	1	1.95	IHI	日本	BW Offshore

二、海洋工程船舶成交情况

表59 辅助船舶等装备部分订单（2014年5月16日-2014年6月15日）

装备类型	数量	单价/(亿美元)	装备制造商		装备订购商
多用途船	1		Thoma-Sea Marine	美国	Fugro
平台供应船	1		VARD	挪威	Carlotta Offshore
LNG加注趸船	3		武船	中国	安徽华强天然气发展有限公司
海工支援船OSV	1	1.67	VARD船厂	挪威	挪威Island Offshore
半潜船	2		武船	中国	信群集团
三用工作船	1		Remontowa	波兰	加拿大和挪威合资船东
海工船	4	总计0.91	ASL船厂	新加坡	
海工船	1		Niestern Sander船厂	荷兰	荷兰船东Wagenborg
海上施工船	1	1.33	VARD	挪威	挪威Rem Offshore
平台供应船	4		广东中远船务	中国	新加坡Chellsea 集团
大型海底施工船	1		VARD	意大利	挪威Solstad Offshore
风电场辅助船	2+2		Burgess Marine	英国	Mainprize Offshore

三、海洋油气钻井装备利用率

表60 海洋油气钻井装备利用率（主要地区）

月份	钻井船			自升式钻井平台			半潜式钻井平台		
2014年5月	91	102	89.2%	367	440	83.4%	163	189	86.2%
2014年4月	86	99	86.9%	370	435	85.1%	165	188	87.8%
2014年3月	85	98	86.7%	371	427	86.9%	165	188	87.8%
2014年2月	85	97	87.6%	368	427	86.2%	165	188	87.8%
2014年1月	84	92	91.3%	370	424	87.3%	169	188	89.9%
2013年12月	84	91	92.3%	366	422	86.7%	167	188	88.8%

数据来源于rigzone

2013年7月全球海洋工程船舶租赁市场分析

一、三用工作船租赁市场分析

2013年7月上旬，由于闲置三用工作船较少，导致日租金上涨较快。最高时，13~18 000bhp三用工作船日租金为35 000英镑/天，18 000bhp以上三用工作船日租金为65 000英镑/天。到7月23日左右三用工作船日租金明显回落。13~18 000bhp三用工作船日租金跌至20 500英镑/天，18 000bhp以上三用工作船日租金为35 000英镑/天（见图10）。

二、平台供应船租赁市场分析

平台供应船方面，大型平台供应船（大于800平方米）和中小型平台供应船（<600平方米）租赁市场本月租金都处于明显上升阶段。由于7月11日大量中小型平台供应船集中回港，导致签约价格出现较大跌幅，但仅仅一周后价格已恢复原水平并再次爬升。大型平台供应船和中小型平台供应船在7月29日分别为38 000英镑/天和30 500英镑/天（见图11）。

三、国际原油价格走势

2013年7月，塔皮斯原油现货平均价格为113.07美元/桶，较上个月上涨5.08美元/桶。7月受中东局势紧张升级、美联储刺激经济措施预期升温、挪威石油工人罢工北海原油供应下降、美国原油库存下滑等因素影响，塔皮斯原油价格震荡上行，但欧洲债务危机恶化和经济数据疲软令油价升幅受限。总体来说7月国际油价整体水平高于6月（见图12）。

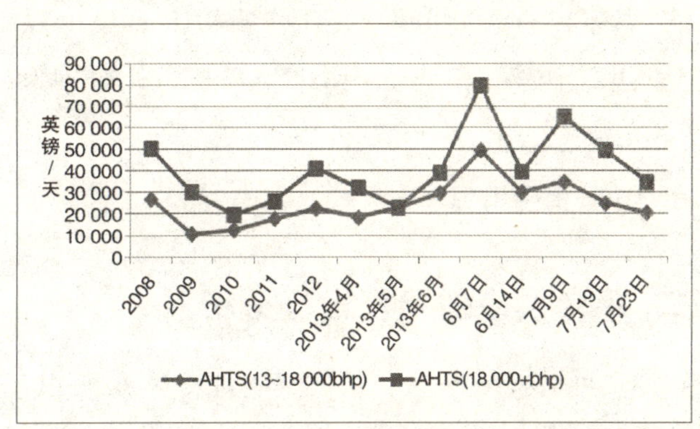

图 10 三用工作船（AHTS）平均日租金走势图

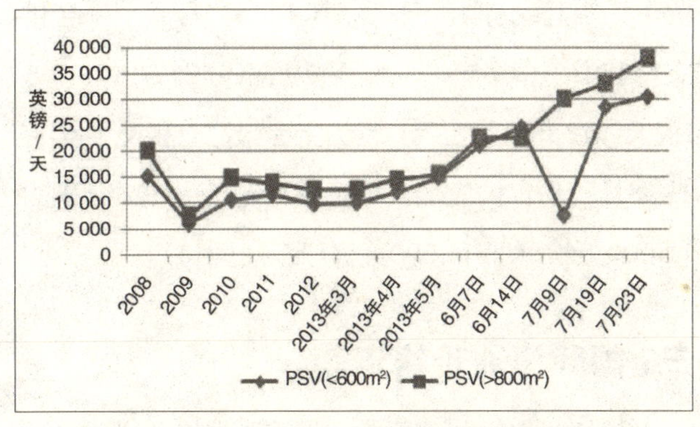

图 11 平台供应船（PSV）平均日租金走势图

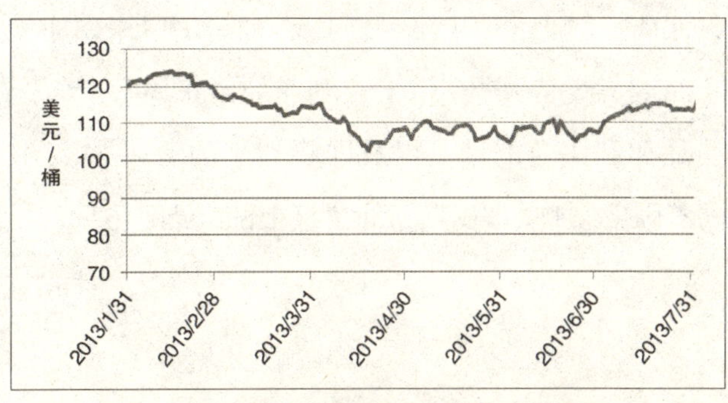

图 12 塔皮斯原油现货价格走势图

2013年8月全球海洋工程船舶租赁市场分析

一、三用工作船租赁市场分析

8月上旬，主要船型三用工作船日租金继续下跌。其中13~18 000bhp三用工作船和18 000bhp以上三用工作船日租金在8月6日达到最低点，分别为8 500英镑/天和15 000英镑/天，下降幅度较大。但在月末日租金出现较大反弹（见图13）。

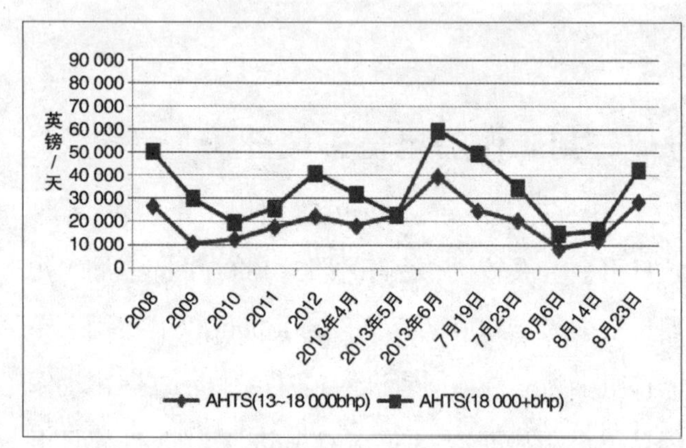

图 13　三用工作船（AHTS）平均日租金走势图

二、平台供应船租赁市场分析

平台供应船方面，大型平台供应船（大于800平方米）和中小型平台供应船（小于600平方米）租赁市场本月均有明显下滑。其中8月21日大型平台供应船和中小型平台供应船租赁价格分别为14 000英镑/天和13 000英镑/天，仅为上月最高日租金一半左右。8月底平台供应船日租金逐渐趋于平稳，分别为1 5000英镑/天和14 000英镑/天（见图14）。

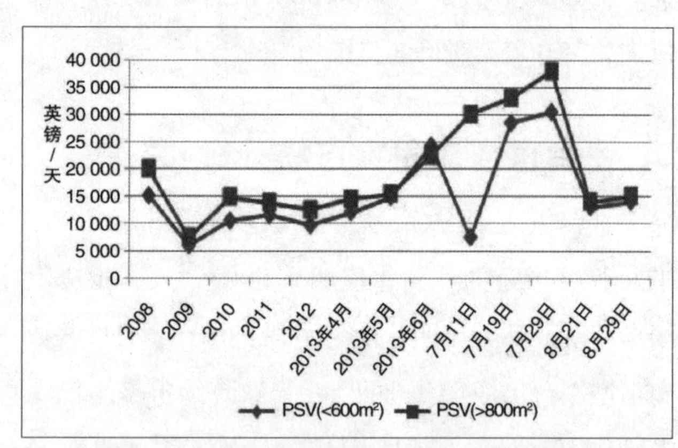

图 14　平台供应船（PSV）平均日租金走势图

三、国际原油价格走势

2013年8月，塔皮斯原油现货平均价格为117.29美元/桶，较上个月上涨4.22美元/桶。8月以来，国际原油期货走势强劲，由于叙利亚的紧张局势，埃及动乱和利比亚的动乱以及即将到来的飓风季多方利多因素影响，塔皮斯原油持续上涨（见图15）。

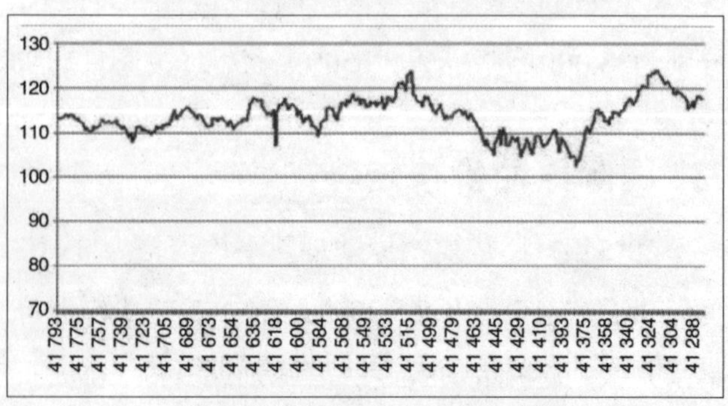

图 15　塔皮斯原油现货价格走势图

2013年9月全球海洋工程船舶租赁市场分析

一、三用工作船租赁市场分析

2013年9月上旬，三用工作船日租金持续回升。其中13~18 000bhp三用工作船和18 000bhp以上三用工作船日租金在9月11日达到最高点，分别为57 500英镑/天和100 000英镑/天。上涨达到历史高点。但在9月下旬日租金迅速回落，9月23日13~18 000bhp三用工作船日租金为13 000英镑/天（见图16）。

二、平台供应船租赁市场分析

平台供应船方面，大型平台供应船（大于800平方米）和中小型平台供应船（小于600平方米）日租金本月上旬处于上升阶段。其中9月11日大型和中小型平台供应船租赁价格同为30 000英镑/天。9月底平台供应船日租金逐渐回落，大型平台供应船和中小型平台供应船分别为19 000英镑/天和15 000英镑/天（见图17）。

三、国际原油价格走势

2013年9月，塔皮斯原油现货平均价格为118.08美元/桶，较上个月上涨0.79美元/桶。9月受经济数据利好以及法国有关叙利亚使用化学武器的报告推动，月初国际油价呈现了高位震荡局势，中下旬步入震荡下降的境地。虽然美国原油库存下降程度高于预期，加上市场对叙利亚紧张局势影响中东石油供应的担忧挥之不去。但是沙特阿拉伯产量升至32年高位且其他中东国家产量增加，弥补了利比亚原油供应几乎全面停止的局面，国际油价逐渐进入到下跌阶段（见图18）。

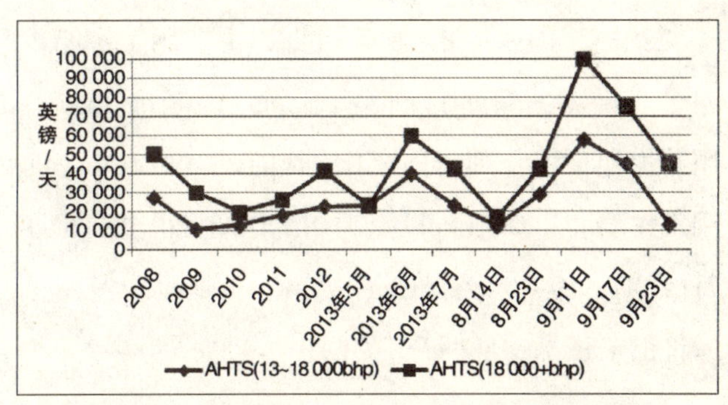

图 16　三用工作船（AHTS）平均日租金走势图

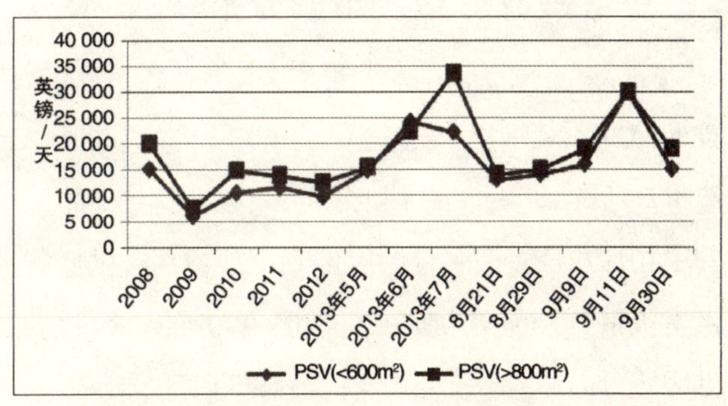

图 17　平台供应船（PSV）平均日租金走势图

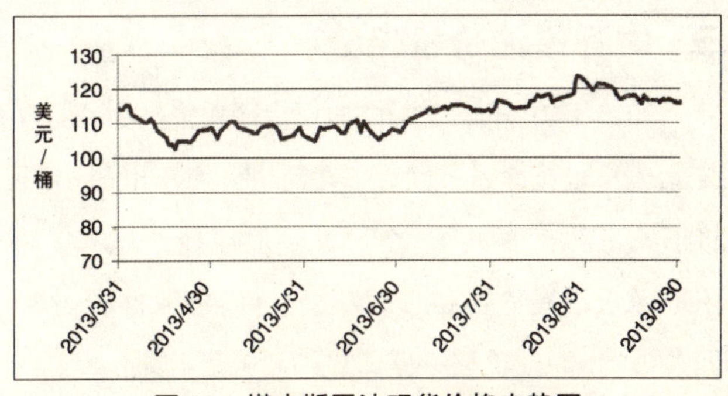

图 18　塔皮斯原油现货价格走势图

2013年10月全球海洋工程船舶租赁市场分析

一、三用工作船租赁市场分析

2013年10月上旬，18 000bhp以上三用工作船日租金受供需关系影响下降明显，而13~18 000bhp三用工作船日租金则震荡变化。其中13~18 000bhp三用工作船和18 000bhp以上三用工作船日租金在10月7日分别为19 000英镑/天和35 000英镑/天。但在月末日租金逐渐探底回升（见图19）。

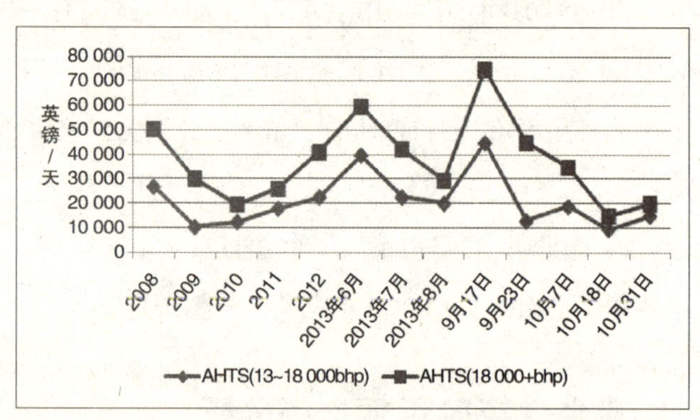

图19　三用工作船（AHTS）平均日租金走势图

二、平台供应船租赁市场分析

平台供应船方面，大型平台供应船（大于800平方米）和中小型平台供应船（小于600平方米）租赁市场本月延续了上月底的下降趋势，日租金持续走低。其中10月22日大型平台供应船和中小型平台供应船租赁价格分别为6 700英镑/天和5 000英镑/天，平台供应船方面日租金已处于年内最低点（见图20）。

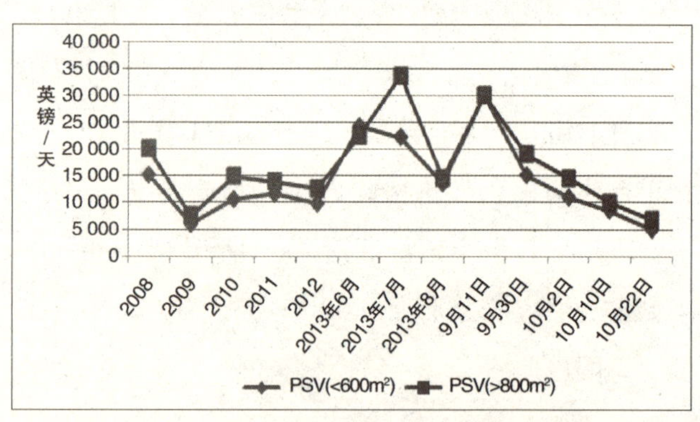

图20　平台供应船（PSV）平均日租金走势图

三、国际原油价格走势

2013年10月，塔皮斯原油现货平均价格为116.33美元/桶，较上个月下跌1.75美元/桶。由于世界多国将正式进入需求淡季，全球原油供应持续增长，中东地缘政治局势缓和，以及欧元区借贷数据疲弱等因素影响，原油价格一路震荡下跌（见图21）。

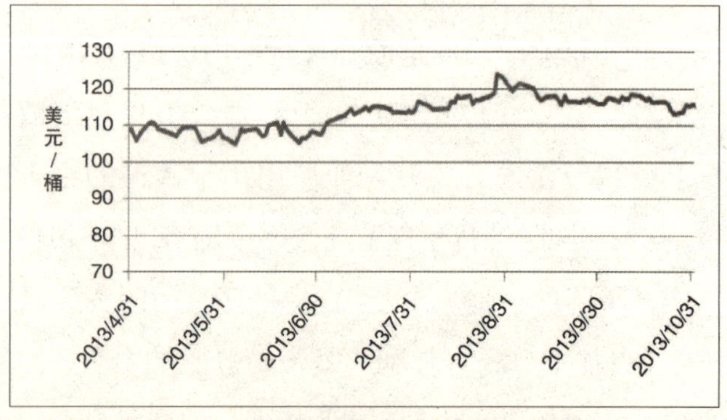

图21　塔皮斯原油现货价格走势图

2013年11月全球海洋工程船舶租赁市场分析

一、三用工作船租赁市场分析

2013年11月上旬，三用工作船日租金继续回升。其中13~18 000bhp三用工作船和18 000bhp以上三用工作船日租金在11月7日分别为29 000英镑/天和32 500英镑/天。但在月末日租金重新出现下跌走势，但下跌幅度较前期缩小（见图22）。

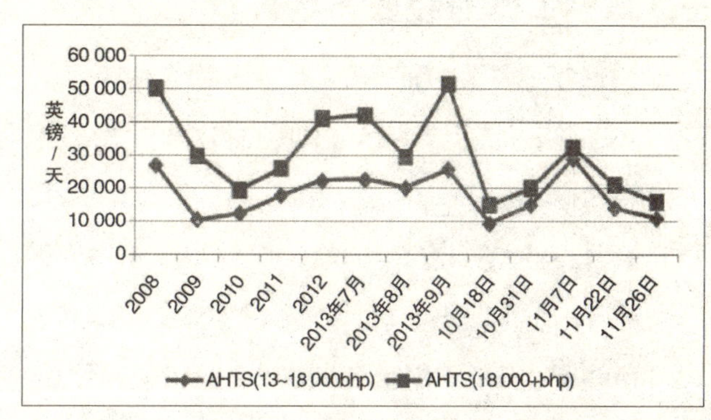

图 22　三用工作船（AHTS）平均日租金走势图

二、平台供应船租赁市场分析

平台供应船租赁市场方面，大型平台供应船（大于800平方米）和中小型平台供应船（小于600平方米）日租金本月止跌回稳，但仍在底部徘徊。其中11月18日大型平台供应船和中小型租赁价格分别为10 500英镑/天和8 000英镑/天，较上月有所上升（见图23）。

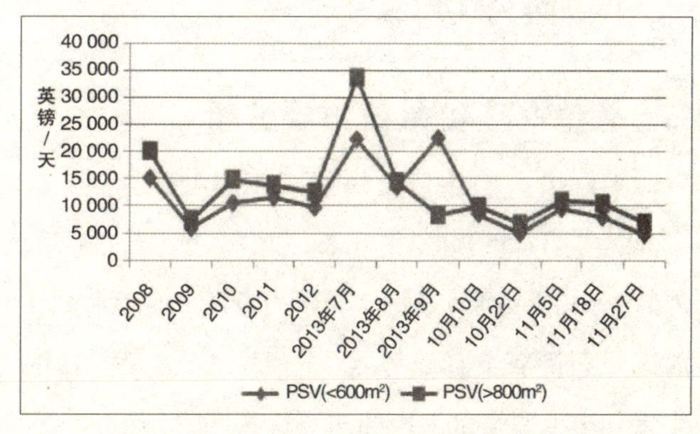

图 23　平台供应船（PSV）平均日租金走势图

三、国际原油价格走势

2013年11月，塔皮斯原油现货平均价格为113.14美元/桶，较上个月下跌3.19美元/桶。美国缩减QE（量化宽松计划）的预期升温；西亚北非原油供应局势紧张；美国原油库存增速减缓。利多和利空因素交织，原油市场的下行压力得到缓解，原油价格持续震荡（见图24）。

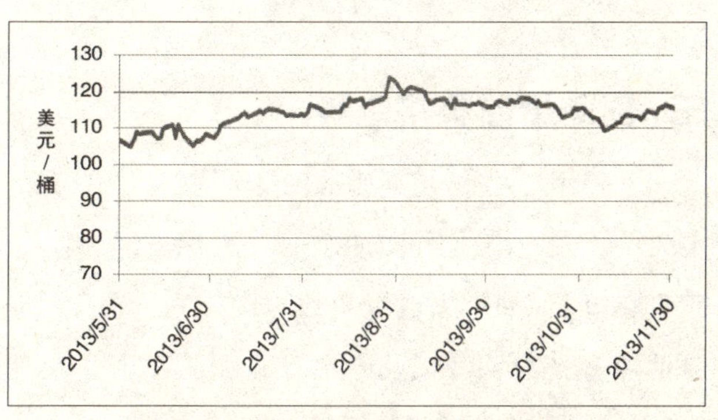

图 24　塔皮斯原油现货价格走势图

2013年12月全球海洋工程船舶租赁市场分析

一、三用工作船租赁市场分析

2013年12月上旬，三用工作船日租金由于闲置较少，又迎来一波上升势头。其中13~18 000bhp三用工作船和18 000bhp以上三用工作船日租金在12月4日分别为23 000英镑/天和42500英镑/天。不过仅仅一周过后，三用工作船日租金就出现较大回落，其中13~18 000bhp三用工作船和18 000bhp以上三用工作船日租金在12月19日分别为9 500英镑/天和12 000英镑/天，接近年内低点（见图25）。

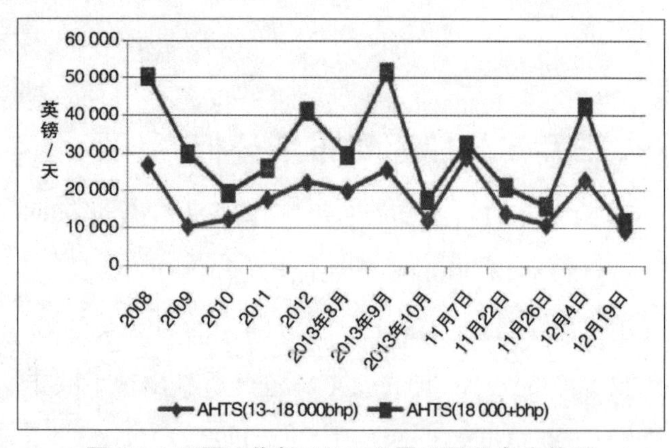

图 25 三用工作船（AHTS）平均日租金走势图

二、平台供应船租赁市场分析

平台供应船租赁市场表现不尽如人意，大型平台供应船（大于800平方米）和中小型平台供应船（小于600平方米）日租金自上月有所回稳后，本月再次出现探底下降趋势。其中12月11日大型平台供应船和中小型平台供应船租赁价格同为5 000英镑/天，处于年内低点（见图26）。

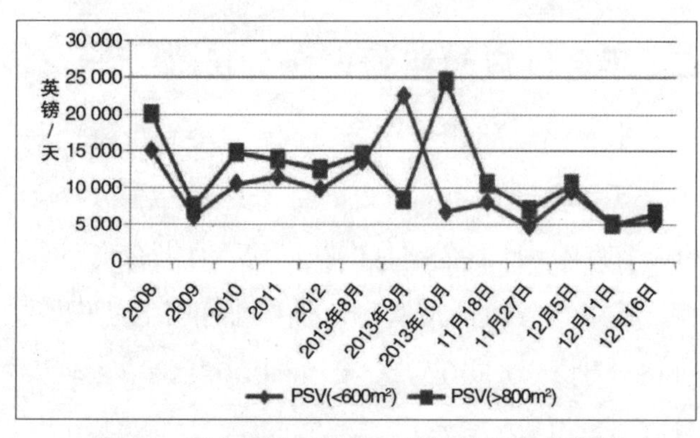

图 26 平台供应船（PSV）平均日租金走势图

三、国际原油价格走势

2013年12月，塔皮斯原油现货平均价格为115.92美元/桶，较上个月上涨2.78美元/桶。由于经济数据表现良好，原油市场供应短缺担忧挥之不去，美国原油库存持续下降以及冬季取暖油消费旺季等因素影响，国际油价止跌回涨（见图27）。

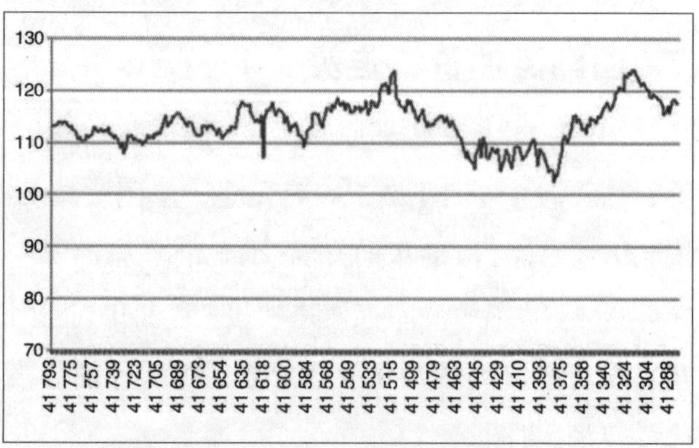

图 27 塔皮斯原油现货价格走势图

2014年1月全球海洋工程船舶租赁市场分析

一、三用工作船租赁市场分析

2014年1月上旬，受强劲的需求影响，三用工作船日租金上升较快。其中13~18 000bhp三用工作船和18 000bhp以上三用工作船日租金在1月15日分别为13300英镑/天和43000英镑/天。不过仅仅两周过后，三用工作船日租金就再次跌入低谷，其中13~18 000bhp三用工作船和18 000bhp以上三用工作船日租金在1月27日分别为9 000英镑/天和15 000英镑/天（见图28）。

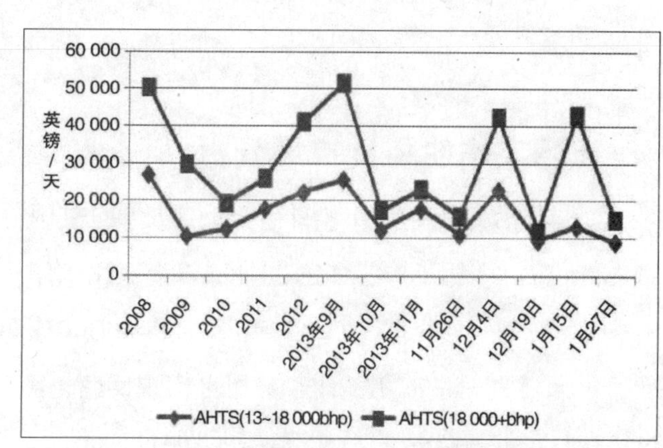

图 28　三用工作船（AHTS）平均日租金走势图

二、平台供应船租赁市场分析

平台供应船租赁市场方面，大型平台供应船（大于800平方米）和中小型平台供应船（小于600平方米）日租金本月止跌回稳，但仍在底部徘徊。其中1月23日大型平台供应船和中小型平台供应船租赁价格分别为10 000英镑/天和8 000英镑/天，较上月有所上升（见图29）。

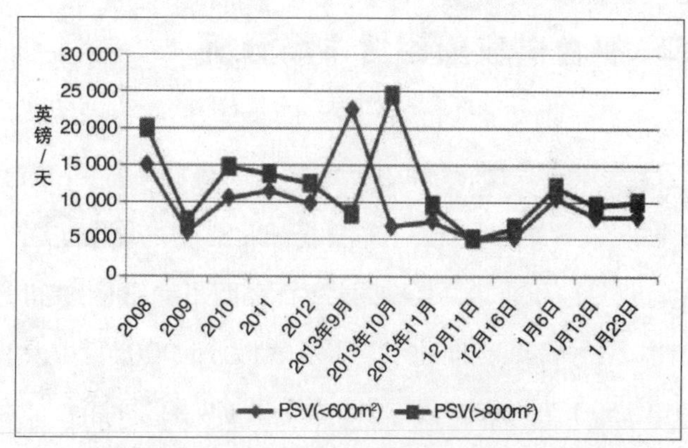

图 292　平台供应船（PSV）平均日租金走势图

三、国际原油价格走势

2014年1月，塔皮斯原油现货平均价格为112.63美元/桶，较上个月下跌3.29美元/桶。主要国家与伊朗在解决核争议方面又迈进一步，美国和欧盟双双暂停了对伊朗的部分贸易和其他制裁措施，缓解了供应担忧；原油价格受累于数据显示2013年中国石油需求增速放缓，原油价格震荡走跌（见图30）。

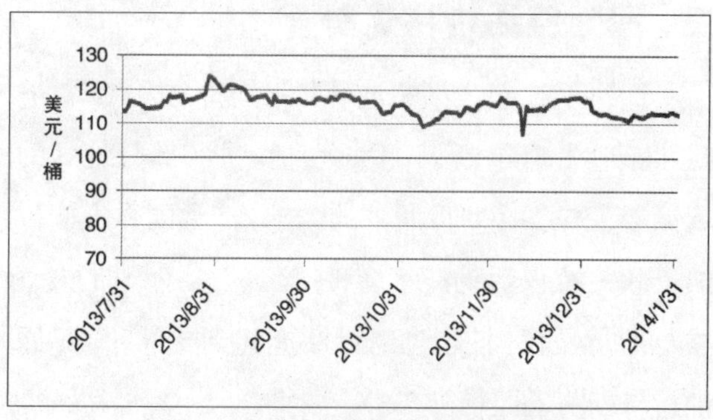

图 30　塔皮斯原油现货价格走势图

2014年2月全球海洋工程船舶租赁市场分析

一、三用工作船租赁市场分析

2014年2月，三用工作船日租金触底反弹。其中13~18 000bhp三用工作船和18 000bhp以上三用工作船日租金在2月4日分别为25 000英镑/天和40 000英镑/天。虽然在月中三用工作船日租金出现回落，但很快在月底重新回归到2月初高点（见图31）。

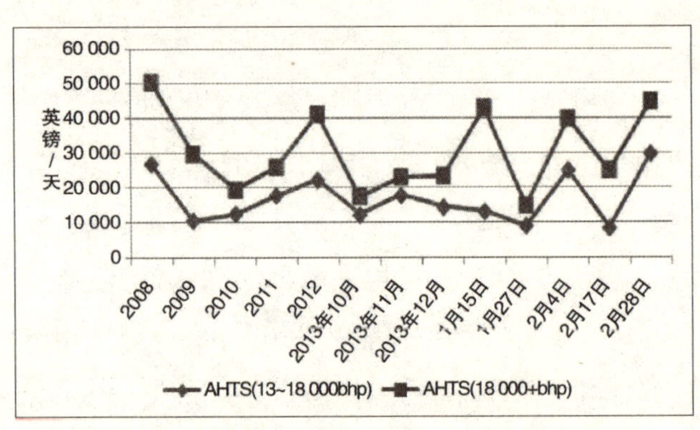

图 31　三用工作船（AHTS）平均日租金走势图

二、平台供应船租赁市场分析

平台供应船租赁市场方面，大型平台供应船（大于800平方米）和中小型平台供应船（小于600平方米）日租金随着海洋油气开发活动的恢复，逐渐进入上升通道。其中2月28日大型平台供应船和中小型平台供应船租赁价格分别为15 000英镑/天和10 500英镑/天，较上月明显上升（见图32）。

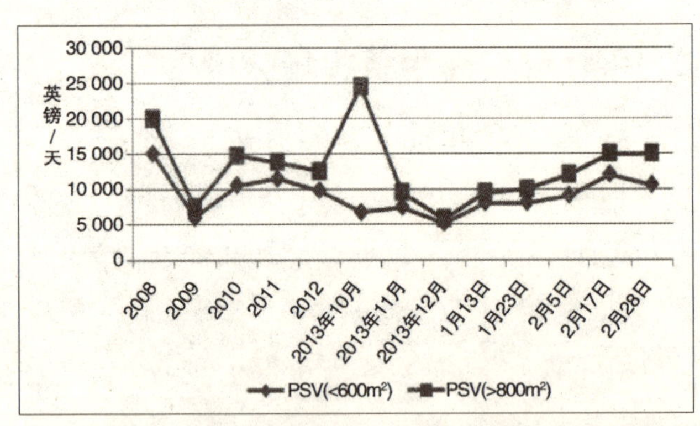

图 32　平台供应船（PSV）平均日租金走势图

三、国际原油价格走势

2014年2，塔皮斯原油现货平均价格为113.74美元/桶，较上个月上涨1.11美元/桶。美国部分地区的低温天气提振了对取暖油的需求，产油国委内瑞拉的反政府抗议活动持续多日，该国石油公司工人也举行游行抗议，该消息也对油价起到支撑，国际原油价格震荡上行（见图33）。

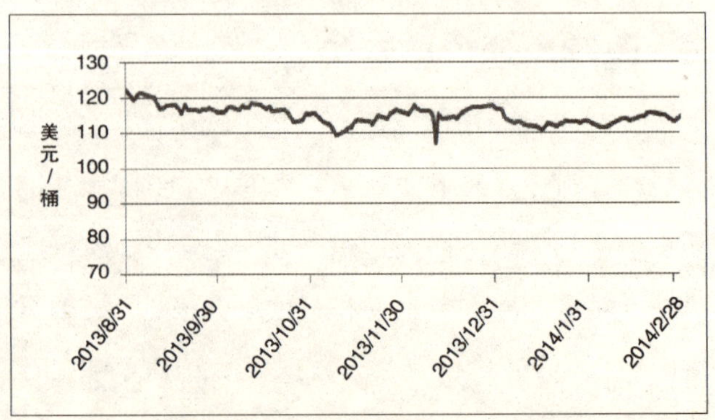

图 33　塔皮斯原油现货价格走势图

2014年3月全球海洋工程船舶租赁市场分析

一、三用工作船租赁市场分析

2014年3月，三用工作船日租金出现大幅下跌。其中13~18 000bhp三用工作船和18 000bhp以上三用工作船日租金在3月10日分别为8 000英镑/天和10 000英镑/天。整个3月三用工作船日租金都处在较低水平（见图34）。

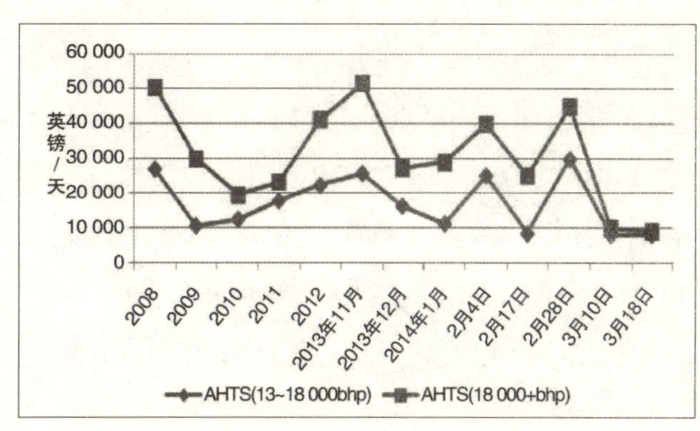

图 34 三用工作船（AHTS）平均日租金走势图

二、平台供应船租赁市场分析

平台供应船租赁市场方面，大型平台供应船（大于800平方米）和中小型平台供应船（小于600平方米）日租金本月呈现震荡上行态势。其中3月31日大型平台供应船和中小型平台供应船租赁价格分别为15 500英镑/天和12 000英镑/天，较上月有所上升（见图35）。

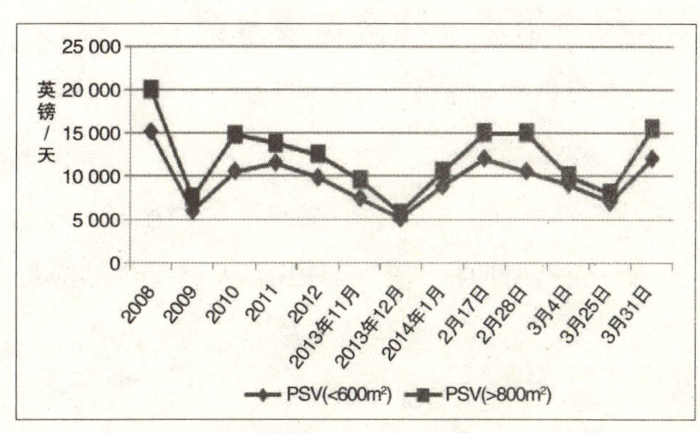

图 35 平台供应船（PSV）平均日租金走势图

三、国际原油价格走势

2014年3月，塔皮斯原油现货平均价格为111.36美元/桶，较上个月下跌2.38美元/桶。随着北半球气温的回暖，原油及成品油需求出现季节性下降；与此同时，美国原油及成品油库存在近几周也出现增长。随着天气的回暖以及炼油厂检修的陆续进行，原油价格持续下跌（见图36）。

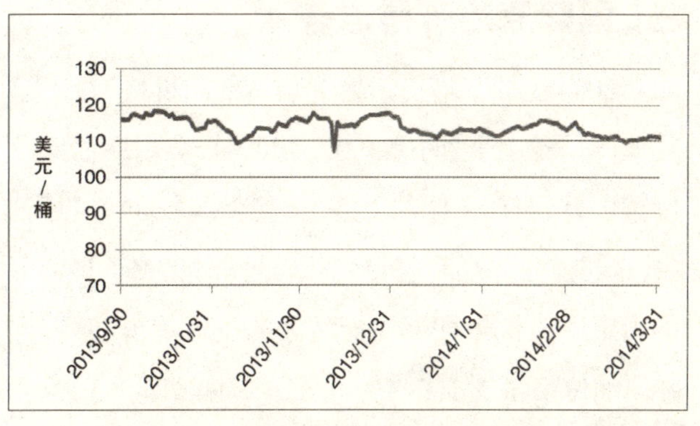

图 36 塔皮斯原油现货价格走势图

2014年4月全球海洋工程船舶租赁市场分析

一、三用工作船租赁市场分析

2014年4月，三用工作船日租金受需求强劲影响，逐渐升至年内高点。其中13~18 000bhp三用工作船和18 000bhp以上三用工作船日租金在4月11日分别为12 110英镑/天和37 325英镑/天。在4月23日13~18 000bhp三用工作船和18 000bhp以上三用工作船日租金分别为46 000英镑/天和72 500英镑/天（见图37）。

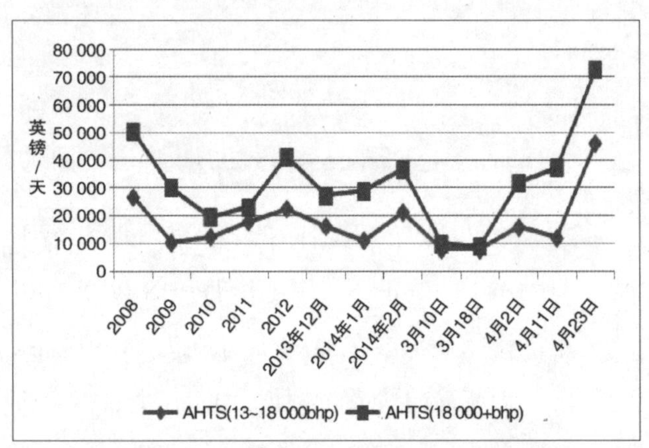

图37　三用工作船（AHTS）平均日租金走势图

二、平台供应船租赁市场分析

平台供应船租赁市场方面，大型平台供应船（大于800平方米）和中小型平台供应船（小于600平方米）日租金较三月高点下降幅度较大，但在四月底有所回稳。其中4月30日大型平台供应船和中小型平台供应船租赁价格分别为1 000英镑/天和9 500英镑/天（见图38）。

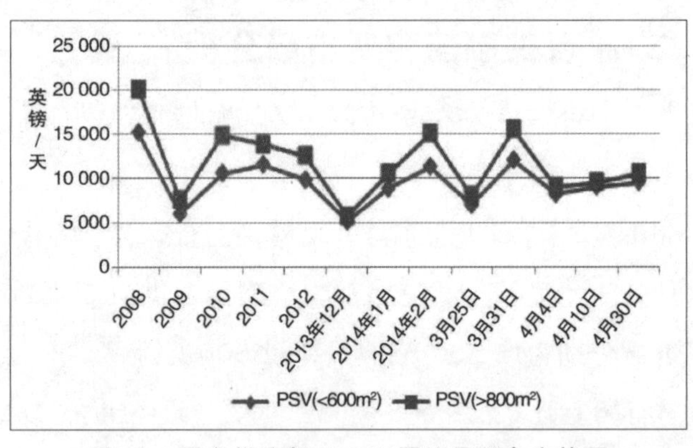

图38　平台供应船（PSV）平均日租金走势图

三、国际原油价格走势

2014年4月，塔皮斯原油现货平均价格为111.27美元/桶，较上个月下跌0.09美元/桶。美国原油库存持续上升，打压了原油价格，但是美国一旦放开原油出口限制，这一局势将得到反转，同时乌克兰局势的不确定性使得短期原油仍然无法呈现单边局势，国际原油价格呈现震荡格局（见图39）。

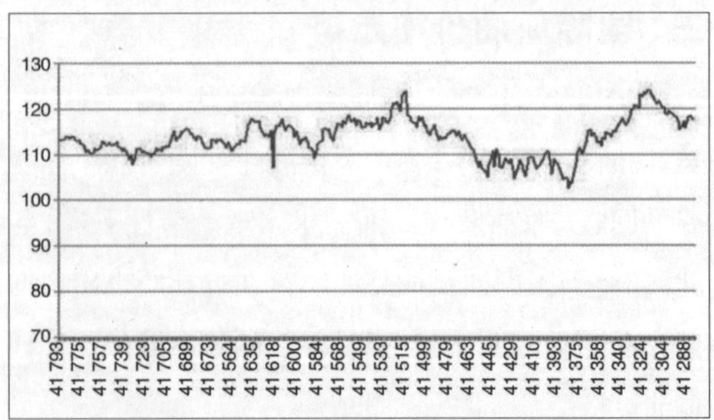

图39　塔皮斯原油现货价格走势图

2014年5月全球海洋工程船舶租赁市场分析

一、三用工作船租赁市场分析

2014年5月，海洋工程船租赁市场震荡之后，自4月下旬开始又呈下行走势。其中13~18 000bhp三用工作船和18 000bhp以上三用工作船日租金在5月8日分别为9 000英镑/天和14 000英镑/天。但在月末出现回升，在5月28日13~18 000bhp三用工作船和18 000以上三用工作船日租金分别为15 000英镑/天和25 000英镑/天（见图40）。

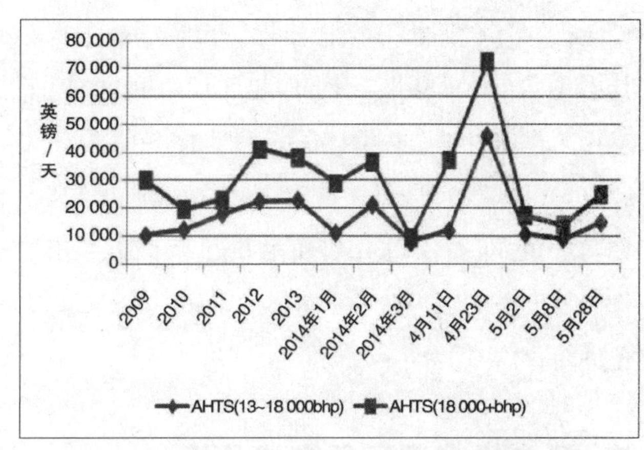

图 40 三用工作船（AHTS）平均日租金走势图

二、平台供应船租赁市场分析

平台供应船租赁市场方面，大型平台供应船（大于800平方米）和中小型平台供应船（小于600平方米）日租金5月初有所上升后，在月末再次下降。其中5月28日大型平台供应船和中小型平台供应船租赁价格分别为9 500英镑/天和9 000英镑/天（见图41）。

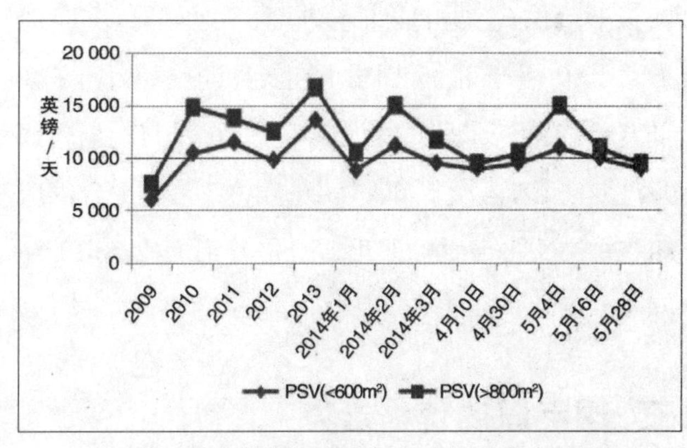

图 41 平台供应船（PSV）平均日租金走势图

三、国际原油价格走势

2014年5月，塔皮斯原油现货平均价格为112.35美元/桶，较上个月上涨1.08美元/桶。乌克兰东部的亲俄反政府势力宣布在自治公投中大获全胜，主要地区的临时投票主办者表示，近90%民众投票赞成自治。乌克兰紧张局势重燃，加大能源供应中断的风险，沙特明确表示可以代为供应欧洲市场原油，缓解了欧洲原油供应中断的担忧，国际油价呈现震荡格局（见图42）。

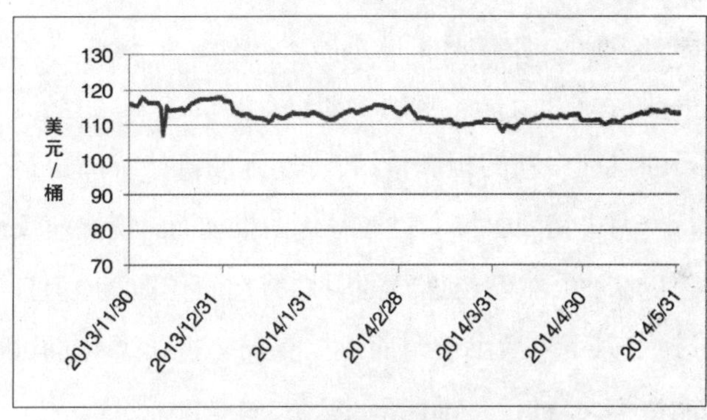

图 42 塔皮斯原油现货价格走势图

2014年6月全球海洋工程船舶租赁市场分析

一、三用工作船租赁市场分析

2014年6月，海洋工程船租赁市场震荡下行。其中13~18 000bhp三用工作船和18 000bhp以上三用工作船日租金在6月14日分别为16 500英镑/天和20 000英镑/天。月末继续下降，在6月30日其中13~18 000bhp三用工作船和18 000bhp以上三用工作船日租金分别为15 000英镑/天和18 000英镑/天（见图43）。

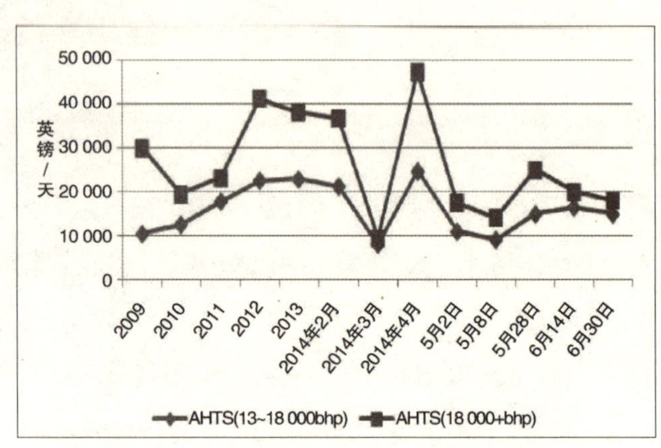

图 43　三用工作船（AHTS）平均日租金走势图

二、平台供应船租赁市场分析

平台供应船租赁市场方面，大型平台供应船（大于800平方米）和中小型平台供应船（小于600平方米）日租金5月底跌入低谷后，在六月初出现回升，但在月末再次下降。其中6月30日大型平台供应船和中小型平台供应船租赁价格分别为12 000英镑/天和9 000英镑/天（见图44）。

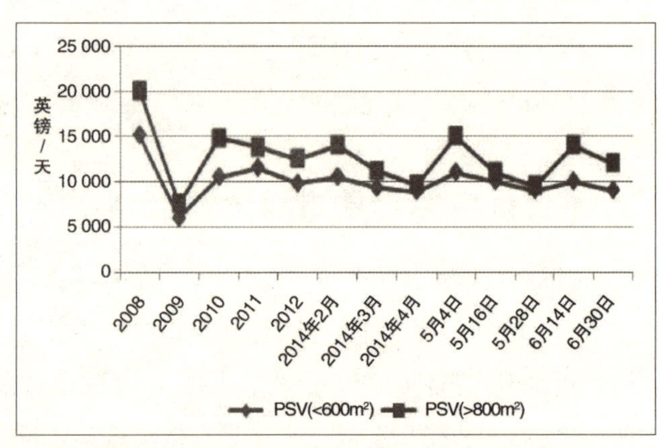

图 44　平台供应船（PSV）平均日租金走势图

三、国际原油价格走势

2014年6月，塔皮斯原油现货平均价格为115.11美元/桶，较上个月上涨2.76美元/桶。伊拉克动荡局势持续升级是影响国际油价走势的主因，市场对石油供应中断的担忧情绪，令国际油价持续高位运行。6月中旬因伊拉克局势恶化的推动而出现快速反弹以来，虽然已经连续两周维持在高位震荡，但自进入6月下旬后由于预期伊拉克局势继续恶化的可能性不大，油价逐渐回落（见图45）。

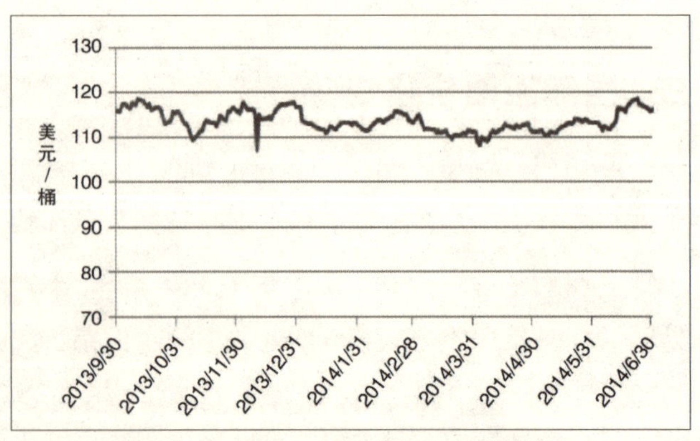

图 45　塔皮斯原油现货价格走势图

（编写：唐晓丹　许家琳　徐正海　郭腾飞　尹　旭）

第十三章 2013年中国海洋工程行业大事记

1月

◎ 2013年1月3日，振华重工为荷兰BOSALIS公司建造的“NDEAVOR”号多功能铺缆船建成下水。该项目共有2艘同类型的船，船体型长99米，能完成海底电缆的布放、埋设、打捞等多种海洋工程任务，是中国制造企业承接的首份国外铺缆船订单。

◎ 2013年1月，华南船舶机械有限公司承担的科研项目《海洋平台吊机研制》项目顺利通过国家工业和信息化部组织的专家组的验收。通过研制，获得了恒张力及波浪补偿装置等2项专利授权。该吊机具有恒张力及波浪补偿技术，特别适用于海洋工程船、生活支持船、铺管船等各类型的深海作业设施配套，同时也适用在各类型的港口起重船、工程船使用。

◎ 2013年1月4日，中交振华重工为香港东方华晨集团建造的2艘多功能近海供应船正式开工，总造价4.97亿元。该船功率为9 000kW，为起抛锚供应拖船。该船能够为海洋石油勘探、开发、生产提供全面的船舶作业支持服务，提供各种水深的起抛锚作业等多种船舶作业服务。

◎ 2013年1月5日，中航国际北京公司通过新加坡上市公司中航国际投资有限公司，斥资2 388万欧元收购芬兰德他马林船舶设计公司79.57%的股份。这是中航国际北京公司继2011年实现船舶业务新加坡上市、收购威海船厂、收购德国洪堡公司之后完成的又一项重大国际并购。

◎ 2013年1月11日，口岸船舶为新加坡船东建造的2.7万吨多用途船（TK0511）顺利交付，这是为该船东建造交付的第3艘同型船舶。该船长179.5米，型宽27.2米，型深14.5米，设计吃水10.2米，按法国船级社（BV）规范建造。

◎ 2013年1月16日，在天津新河船舶重工有限责任公司举行了中国航空技术北京有限公司缅甸系列船项目中的反铲挖泥船（NB118）的下水仪式。

◎ 2013年1月18日，招商局重工（深圳）有限公司JB118自升式平台在招商局孖洲岛造修船基地举行下水仪式。

◎ 2013年1月，舟山中远船务向一亚洲船东交付了一艘半潜式驳船“POSHMOGAMI”号，该船总长150米，型宽40米，型深10.5米。

◎ 2013年1月25日，由南通迪施承担的巴西石油FPSO钻井隔水套固定装置项目正式割板开工。

◎ 2013年1月25日，太平洋海工收购的一艘遭弃单的海洋工程平台半成品，由拖轮拖带抵达舟山。该海洋工程平台为已完成船壳的半成品，因船市低迷遭挪威船东弃船，再被太平洋海工购得。该海洋工程平台是该公司承建的第一个海洋工程装备项目，完工后为中国建造的首艘海洋工程服务船。建成后，可容纳720名钻井平台工人在海上居住使用。

◎ 2013年1月28日，中远船务旗下的广东中远船务从欧洲船东获得的2艘平台供应船建造订单正式生效。这些新造平台供应船在PX121设计下进行建造，计划在2015年第一季度进行交付，该合同还包括了共约相当于5 400万美元的2艘类此船舶备选订单。

◎ 2013年1月28至29日，位于福安的福建福宁船舶重工有限公司建造出口东南亚的两艘59米海洋多用途工作船先后成功下水。此船为“升级换代产品”，其动力定位由过去的DP-1升为DP-2，有效地提升了工作船整体性能。

◎ 2013年1月，大连中远船务建造的超深水钻井船“大连开拓者”按计划完成交船前最后一次坞内工程，驶离30万吨级浮船坞，至此，这艘世界最大的超深水钻井船完成全部前期建造工程，进入后期全面调试阶段。

◎ 2013年1月，中国船舶工业集团公司第七〇八研究所中标交通运输部广州打捞局“5万吨半潜打捞工程船设计项目”。该船是一艘具有二级动力定位能力、采用电力驱动的自航式半潜打捞工程船，可在无限航区航行及作业，主要用途包括大型船舶的应急抢险打捞、破损船舶的装载与调遣。

◎ 2013年1月30日、31日，沪东中华造船（集团）有限公司3艘17 300吨加长型多用途船分别完成下水、上船台和交船节点。

2月

◎ 2013年2月4日，中交国际航运有限公司“希望之路”自航半潜船开始了运输英国油田的石油平台模块之旅，这意味着中国半潜船运输首次进入欧洲高端海工市场。“希望之路”是中国自行设计、建造的第一艘大吨位自航半潜船，造价约为1.5亿美元，它的下潜深度近10米，能承载海洋石油开采平台和大型工程船舶等特种大型货物。

◎ 2013年2月5日，粤新海工为MARTENSMARINE公司建造的58.7米锚拖供应船的第二艘“KING JESUS”成功交付，成为其“E65T系列”船的一员。此后，该船将在亚洲、西非和中东的浅海作业。

◎ 2013年2月8日，经新加坡高等法院批准，中国国际海运集装箱（集团）股份有限公司拥有100%股权的中集海洋工程控股有限公司完成对中集来福士海洋工程（新加坡）有限公司其余股份的收购，中集来福士成为中集海洋工程100%拥有的全资子公司。

◎ 2013年2月，上海海洋石油局在位于崇明的上海船厂船舶有限公司举行多缆物探船“发现6号”下水仪式。“发现6号”总投资10.6亿元，系中石化首条多缆物探船，长100.1米，装载国际上先进设备，可拖带12缆作业。

◎ 2013年2月14日，青岛双瑞海洋环境工程股份有限公司收到了英国劳氏船级社（LR）颁发的型式认可证书，该公司自主研制生产、拥有完全自主知识产权的BalClor™压载水管理系统，成为全球第一个也是唯一一个同时手持英国、挪威和中国三大世界权威船级社型式认可证书的压载水管理系统。

◎ 2013年2月18日，广东中远船务为美国潮水公司（TIDE WATER）建造的平台供应船系列3号船N494顺利开工建造；与此同时，承建的同系列首制船PSV船N492举行上船台仪式，顺利铺龙骨。

◎ 2013年2月21日，广东中远船务为新加坡Energy Drilling公司建造的海洋工程辅助钻井驳船（N490）顺利上船台。该船总长100米，型宽30米，工作水深20-2000米，具有可容纳170人的生活区，包括一套钻井设备以及发电机组、甲板吊车、系泊设备等服务系统。

◎ 2013年2月25日，江西江州联合造船有限责任公司建造的JZ1030号14 000吨重吊船赴上海进行海上试航。

◎ 2013年2月25日，南通中远船务为英国船东设计建造的“丹纳”（N487）圆筒型浮式生产储油船（FPSO）割板开工。该圆筒型浮式生产储油船采用SevanMarine的Sevan400圆筒型概念设计，直径78米，型深32米，由南通中远船务负责详细设计和生产设计，并负责设备采购、模块建造及安装、总装搭载、调试试验、海上运输等。

◎ 2013年2月26日，大连中远船务为巴西EEP公司建造的两个FPSO生活区模块（N544/N545）正式开工。此次开工的FPSO生活区模块是大连中远船务与巴西EEP公司签订的四个生活区模块中的前两个。该生活区模块长15.6米，宽30.5米，高21.76米，总重约1550吨，建成后的生活区模块共六层，可供110人生活居住，满足挪威石油标准化组织（NORSOK）技术标准要求。

◎ 2013年2月26日，中海油宣布完成收购尼克森公司的交易。尼克森将作为中海油的全资子公司，收购尼克森的普通股和优先股的总对价约为151亿美元。

◎ 2013年2月28日，大船重工为新加坡太平船坞建造的2.4万吨6号多用途船“华安城”轮签字交付。

◎ 2013年2月，青岛武船重工为巴西国企Petrobras公司建造的2座FPSO浮标完工交付。Petrobras公司的2艘浮式原油生产储卸设备（FPSO）将配备这些浮标，该FPSO即将服务在深海油田开发项目上。这些浮标为世界首次的Riser及Umbilical浮标，其位置在水下约250米的海域上，其运用时间到以后27年。

3月

◎ 2013年3月1日，舟山五洲船舶修造有限公司为香港东方华晨集团建造的两艘9 000kW起抛锚拖带供应船M7 003/M7 004同时开工，标志着五洲船舶正式开启海工船建造业务。该两艘船为同系列船，建成后可提供海洋石油勘探、开发、生产的船舶作业支持服务，以及各种水深的起抛锚作业等服务。

◎ 2013年3月，广东中远船务与新加坡船东签署的SemiTenderRig（半潜辅助钻井平台）项目建造合同正式生效。该平台全长102米，型宽63米，型深31米，总高约72米，作业吃水13-18米，最大作业排水量达31 900吨。据介绍，该平台建成之后可供170名船员生活居住，将是世界上最大最先进半潜钻井支持船。

◎ 2013年3月5日，中兴海陆为广东中远船务承造的平台供应船（N493）上建点火开工。

◎ 2013年3月，浙江造船有限公司为欧洲船东建造的高科技海洋平台供应船U10528系列首制船签字交付。该船总长88.8米，垂线间长82.0米；型宽19.0米，型深8.0米，航速15.5节（吃水5.0米时），为钢质结构，单甲板、机舱布置于船的艄部主甲板以下，X-BOX船艏设计，舯艉设宽大甲板。

◎ 2013年3月10日，浙江强峰船务有限公司6 800马力国际远洋拖轮“海昌拖6801”在浙江增洲造船有限公司顺利下水。

◎ 2013年3月13日和1月15日，渤海船舶重工有限公司承制的两艘世界首创2 500米超深水修井/完井船分别签字交船，交付挪威EIDE公司。这是渤船重工进军海工市场后获得的首套建造项目，也是世界上最先进的多功能深海工程船舶。

◎ 2013年3月15日，工银金融租赁有限公司将一座半潜式钻井平台正式交付给中海油田服务股份有限公司。该平台被命名为“南海七号”，将派往中国南海作业，以满足该区域对中深水区域钻井平台的需求。

◎ 2013年3月16日，由广州广船国际股份有限公司自主研发、设计，拥有完全自主知识产权的我国首台“横补动态加载装置”完成试验。该装置主要用于船舶横向补给系统的试验。

◎ 2013年3月21日，金海重工股份有限公司首制90米海工自升式作业平台正式投产。该90米海工自升式作业平台是海上油田作业的自升助航式作业平台，可提供海上修井和海洋工程施工服务，并设有生活区等功能区域，是目前国内第一座具有完全自主知识产权带动力定位的自升式平台，达到世界先进水平。

◎ 2013年3月22日，镇江船厂向南京苏美达船务有限公司交付一艘10 000kW多用途海洋供应船"幸运洋"。该船配备DP-2系统，能满足在无限航区的无人机舱（UMS）的要求。

◎ 2013年3月25日，熔盛重工集团控股有限公司宣布首次接获来自新加坡买家的1+1座自升式钻井平台的总包合同。据了解，此次承接的CJ-46型自升式钻井平台是具有世界先进水平的350英尺自升式钻井平台，主要用于海上石油和天然气勘探及开采工程作业。此次项目以包括"设计、采购、建造"在内的（EPC）总包合同形式签定，由熔盛重工集团旗下的熔盛海事有限公司及江苏熔盛重工有限公司共同负责。

◎ 2013年3月，航通船业建造的一艘3 000立方米自航开体泥驳船顺利完成了航行试验和效用试验，将正式交付船东使用。该船全长约97.01米，型宽18米，型深6.1米，满载时吃水5.4米，泥舱容积约3 015立方米，航行于无限航区。

◎ 2013年3月26日，中国第一座6MW海上风机底座建造项目落户南通蓝岛海洋工程有限公司。

◎ 2013年3月，由大船海工自主研发的300英尺自升式钻井平台完成建造，并投入采油作业，它可在9 000米深海进行油气开采，技术达到国际顶尖水平，售价达10亿元。

◎ 2013年3月29日，中国海油首个国家重点实验室——海洋石油高效开发国家重点实验室通过科技部验收并正式运行。该实验室依托中海油研究总院建设，重点攻关海上油田丛式井网综合调整、多枝导流适度出砂、海上油田化学驱油和海上油田热力采油技术4个研究方向。

◎ 2013年3月29日，天津新河船舶重工有限责任公司为东南亚原油管道有限公司建造的3 676kW（5 000ps）全回转港作拖轮（兼消防）（NB127）顺利下水。

4月

◎ 2013年4月5日，由江苏省镇江船厂（集团）有限公司建造的84.8米多用途起锚供应船"SEALINK 178"顺利交付马来西亚SEALINK公司。该船采用柴电混合动力推进形式，具有溢油回收、平台物资供应、对外消防、海上救生等功能，符合当今大功率多功能海洋工程船舶向环保、舒适、节能和美观方向发展的趋势。

◎ 2013年4月初，武船集团建造的具有世界先进水平的三用工作船VS4616"活力"号成功交付。该船总长83米，型宽22米，型深9米，载重量4 100吨，总功率达18 000千瓦，可用于为海洋平台提供拖带，货物供应、浮油回收等服务。

◎ 2013年4月7日，中远船务集团所属大连迪施船机有限公司为中国海洋石油总公司建造的"BZ25-1/S TOWER YOKE"单点系泊项目在大连顺利完工交付。该项目作为典型的海洋工程装备制造工程，主要包括高强钢焊接、TKY管结构焊接、电仪安装调试、管系预制安装及试验、单点系泊核心铰接部件的特种焊接、机加工及装配等工程项目，综合性强，技术质量要求高。该单点系泊核心铰接部件所用的部分配件为在中国进行的首次采购，实现了国家海洋装备制造业关键设备国产化的重大突破。

◎ 2013年4月8日，长航重工长江船舶设计院为中国石油海上应急救援响应中心设计的"中油应急

102”在青岛扬帆船厂交付。该型船是长江船舶设计院为我国石油系统研发的目前国内最大的多功能综合型溢油回收船。

◎ 2013年4月9日，我国自主研发、亚洲最大的深海油气平台“荔湾3-1”天然气综合处理平台顺利完工，该平台浮托重量达到3.2万吨，建造规模国内最大，具有高建造难度的超大型海洋钢结构物。历时21个月建造。

◎ 2013年4月11日，粤新海工为新加坡MARTENSMARINE公司建造的第三艘58.7米锚拖供应船SMS ENDEAVOUR成功交付。该船将和此前交付的两艘58.7米锚拖供应船一起在亚洲、西非和中东的浅海作业。

◎ 2013年4月12日，华南地区首艘载重3 200吨电推平台供应船“PX1011”交付船东新加坡POSH公司。这艘供应船由四台船用柴油发电机提供电力，以变频马达驱动全回转螺旋桨运转作为动力，是我国华南地区目前制造的最大的电推平台供应船。

◎ 2013年4月12日，沪东中华造船（集团）有限公司埃克森美孚/商船三井项目LNG#3船（H1672A）正式开工建造。4月28日，埃克森美孚/商船三井172 000立方米LNG首制船（H1670A）顺利出坞。

◎ 2013年4月15日，广东中远船务为美国潮水公司（TIDE WATER）建造的系列PSV船N495、N493分别开工和上船台。

◎ 2013年4月18日，国内首艘双燃料机3万方LNG船开工暨中国南车与新乐造船战略合作签约仪式举行。这艘3万方LNG船是宁波新乐造船集团有限公司与上海欧得利船舶工程有限公司共同自主开发的，是目前国内首艘也是最大容量采用C型货舱技术、主推进系统采用双燃料电力推进方式的中小型LNG运输船，具有创新和填补国内空白的意义。

◎ 2013年4月19日，国内企业自主研发制造的直径最长的船用陶瓷活塞杆液压变幅油缸在武汉力地液压设备公司正式下线，打破了该型产品市场完全被国外厂家垄断的局面。该液压变幅油缸将为中国海洋石油总公司下属公司建造的83米高打桩船配套，具有耐腐蚀、耐冲击、耐磨损、耐高温的特点，价格为国外同类产品的四分之一左右。

◎ 2013年4月22-23日，2013中国海洋油气水下技术国际峰会（CSTS 2013）在上海圆满举办。峰会期间，与会中外企业和专家分享了水下设备制造、安装和安全的最新尖端技术以及市场趋势，还探讨了迈入更深、更远和环境更恶劣的水域时，随着勘探开发推进而面临的不可预知的挑战，阐述了最新的规范、系统以及技术和最新经验。

◎ 2013年4月23日，烟台中集来福士海洋工程有限公司中标中石化胜利油田“胜利11”号自升式钻井平台建造项目。“胜利1”号至“胜利11”号是中石化胜利油田在渤海作业的系列浅水自升式钻井平台，作业水深在50米以内。

◎ 2013年4月25日，南通中远船务设计建造的系列钻井辅助船的第二艘“T-16”成功交付。该系列钻井辅助船属于自动浮动辅助钻油船，全长98米，型宽27米，型深11米，可供160人生活和居住，主要用于为油田提供钻井、修井服务，还可与世界先进的轻量钻井设备配套使用，在浅海到深海从事钻井作业。

◎ 2013年4月27日，“蛟龙”号载人潜水器研制和海试项目通过专家验收，标志着中国已系统掌握大深度载人潜水器设计、建造和试验技术，实现从跟踪模仿向自主集成、自主创新转变，并跻身于世界载人深潜先进国家行列。

◎ 2013年4月，上海江南造船厂为上海通灵疏浚工程有限公司建造的18立方米抓斗式挖泥船“通灵疏1801”号交付。该船是一艘沿海大功率挖泥船，设计排水量为2 829吨，配备日本SKK株式会社制造的全回转、吊臂变幅抓斗式挖泥机，最大挖泥水深为50米，最大扬程为10米。

◎ 2013年4月，由上海船舶研究设计院海洋工程部设计、镇江船厂承建的1万千瓦多用途工作船顺利完成试航。据了解，该船是为海上石油和天然气勘探、开采工程、建筑设施等提供多种服务的多用途工作船。

5月

◎ 2013年5月7日，南通润邦海洋工程装备有限公司自主设计、建造和调试的自升式海上风电安装平台完成了海上风电安装、维护工作。该船是国内首艘适合近海风电安装的平台作业船，所用的升降系统及吊机工装系统均为润邦自主设计、建造。

◎ 2013年5月10日，东南造船厂为Vroon Offshore Services （VOS）建造的两艘平台供应船中的第一艘“VOS Prudence”完工交付。该船长75米，宽17.25米，配备两台2 235kW Nigata主机，能供15名船员和35名客员住宿。

◎ 2013年5月10日，江苏启东举行国际经贸洽谈会，洽谈会上投资规模最大的内资项目是总投资30亿的江苏新长江集团的海工船舶项目。

◎ 2013年5月14日，南通中远船务设计建造的4艘钻井辅助船中的第三艘“T-17”成功交付。5月22日、23日，南通中远船务承建的系列钻井辅助船中的第四艘“T-18”（N512）主船体顺利下水。

◎ 2013年5月，为加快提升我国海洋工程装备制造业创新能力，提升行业技术水平，工信部发布了《海洋工程装备科研项目指南（2013年版）》。该指南提出了“十二五”后三年海洋工程装备制造业的40余个重点科研方向。该指南针对我国海洋工程装备制造业较为薄弱的关键系统和设备、共性技术和标准的研究给予了重点引导，将海洋平台及浮式储油卸油装置用大容量发电模块研制等十大系统和设备列为重点研究方向。

◎ 2013年5月16日，由浙江汉力士控股有限公司投资的一艘三用工作船“汉力士1号”在广州新会航通船业有限公司正式交船并开始首航。该船由武汉武船海洋工程船舶设计有限公司设计，中交第四航务工程局下属企业广州新会航通船业有限公司承建，总造价1.5亿多元。

◎ 2013年5月16日，江苏道达海洋重工股份有限公司为中国铁建港航局集团建造的10 000吨举力半潜驳开工。该船船长78.6米、宽40米、深6米，入中国船级社（CCS），配置2台全回转电力推进装置，主要用于装载沉箱在沿海或遮蔽海域作业及国际近海无人拖航，具有10 000吨级举力和自航能力。

◎ 2013年5月28日，上海振华重工宣布已接获欧洲船东1+1座400英尺自升式钻井平台订单，这是振华重工首个钻井平台订单。该公司自主研制平台关键核心配套件，如起重装置、桩腿升降系统、锁紧装置、液压驱动滑移装置等，都将在这座平台项目中得到应用。

◎ 2013年5月28日，中远船务承建的国内首个FPSO总包项目在启东中远海工举行船台合拢仪式。该项目采用圆筒型概念设计，直径78米，型深32米，拥有40万桶原油的存储能力，设计日处理原油44 000桶，日处理油气40MMSCFD。该FPSO的主要功能为对油田海底原油进行过滤、油气分离处理、油层水回注、石油储存和卸油等。该项目由中远船务完成全部的设计建造及生产系统安装调试等，开辟了我国海洋工程装备制造业浮式生产储油船项目总包的先河。

◎ 2013年5月28日，南通中远川崎公司为中远航运公司建造的四艘同型船中的首制船——多用途重吊船“大安”号在南通命名交付。这艘船集散货船、集装箱船、多用途船、重吊船功能，吊运能力迄今为止亚洲最大。

◉ 2013年5月28日，厦门船舶重工有限公司（简称厦船重工）为马来西亚南昌集团承造的2艘300人居住驳船中的首艘SK308成功交船签字。300人居住驳船型是厦船重工自主设计研发的海工船舶产品；该船总长100米，型宽31.7米，型深7.3米，设计吃水5米，是可同时容纳300人进行居、驳、载等功能的工作船。

◉ 2013年5月28日到31日，中船澄西船舶修造有限公司第一批4套3兆瓦100米南非华锐风塔顺利发运。该批风塔是中船澄西首次为非洲大陆制作风力发电塔塔架及基础环的项目。

◉ 2013年5月29日，浙江东红船业为福建联合石油化工有限公司建造的“福炼808”浮油回收船顺利下水。该船由浙江欣海船舶设计有限公司设计。

6月

◉ 2013年6月4日，由江苏省镇江船厂（集团）有限公司为营口港务集团有限公司建造的4 800HP全回转拖船“北方九”号竣工出厂，顺利启航。

◉ 2013年6月7日，招商局重工（深圳）有限公司为荷兰船东Jack-Up Barge B.V.建造的海上风车安装平台“JB118”顺利交船。“JB118”平台主要用于45米水深范围内的风电设备海上安装和吊运等工程。

◉ 2013年6月9日，振华重工为新加坡吉宝公司巴西Estaleiro船厂设计、建造的世界最大龙门吊完工发运。该龙门吊整机高150米，其起升高度为110米，起重吨位为2 000吨，起升高度和起重能力均创造了龙门吊产品新的世界纪录。

◉ 2013年 6月11日，中远船务（启东）海工基地“凯旋2号”（N408）自升式平台主船体顺利下水。

◉ 2013年6月18日，青岛海洋石油工程绥中SZ36-1项目CEPO（中心水处理平台）组块海洋工程陆地建造任务完成，并顺利出海。该组块由中石化第四建设有限公司独立完成，标志着中石化施工企业具备了独立建造大型海洋平台的能力。

◉ 2013年6月，江南造船（集团）有限责任公司交付为南京油运有限公司建造的一艘6 500立方米LPG船。该船是我国自主研发、设计、建造的首艘挂中国旗的液化石油气（LPG）船。

◉ 2013年6月，江苏欧泰海洋工程科技有限公司推出了国内首例满足国际标准的数字节能航向控制系统。该系统能够与数字罗经、北斗GPS海图仪等设备实现中小型船艇的航迹控制操舵。

◉ 2013年6月20日，招商局重工建造的“海恒2”号自升式钻井平台举行了合拢仪式。该平台设计方为GUSTO MSC，船型是CJ46-X100-D型，是主要用于近海石油勘探开发，钻井作业深度为9 000米、作业水深为114.3米的自升悬臂式钻井平台。

◉ 2013年6月20日，广州文冲船厂有限责任公司为中国铁建港航局集团有限公司建造的“5 000m^3/h绞吸挖泥船”点火开工。该船为长航重工长江船舶设计院设计，为钢质、全电焊结构非自航绞吸挖泥船，是目前国内主尺度最大、每小时挖掘方量最大的绞吸式挖泥船。

◉ 2013年6月21日，东南造船厂为Vroon Offshore Services （VOS）建造的2艘75米平台供应船（PSV）最后一艘交付。该船将在地中海热那亚地区为Vroon Offshore服务。

◉ 2013年6月25日，宏强船舶重工承建7#375尺海工辅助船顺利交付，该船为此系列船型的第7艘船。该系列的第8艘海工辅助船已于6月24日顺利下水。

◉ 2013年6月25日，中石化胜利石油工程有限公司“新胜利1号”自升式钻井平台在烟台中集来福士海洋工程有限公司开工建造。“新胜利1号”是中石化集团公司重点建设项目，也是胜利油田目前建造的尺寸最大、配套最先进的海上钻井平台。

◉ 2013年6月28日，挪威North Sea Rigs As公司北

海深水半潜式钻井平台“North Dragon”号在烟台中集来福士海洋工程有限公司开工建造。该平台是中集来福士为挪威北海建造的第五座深水半潜式钻井平台，将服务于挪威北海、巴伦支海油气田。“North Dragon”号采用GM4-D设计，基础设计由Global Maritime与中集来福士共同承担。中集来福士完成全部详细设计和生产设计。

7月

◎ 2013年7月1日，由江苏省镇江船厂（集团）有限公司为新加坡客户批量建造的又一艘78米海洋守护支持船顺利下水。

◎ 2013年7月3日，广州中船黄埔造船有限公司世界首艘采用LNG双燃料系统的港口作业船“海洋石油521”下水。该船为双燃料发动机推进，可使用船用轻柴油、LNG气体作为燃料。

◎ 2013年7月3日，启东中远海工承建的风电安装船“东安吉2”号、铺管船“顺峰2”号同日出坞。

◎ 2013年7月17日，南通中远川崎为中远航运新造28 000吨多用途重吊船“大康”轮命名并投入营运。这是中远航运接收的第二艘该类型船舶。该轮的线型设计水平在国内外同型船中处于领先地位，具有较强的低油耗优势，体现了绿色环保的特点。

◎ 2013年7月5日，由广东中远船务为新加坡Energy Drilling 公司设计建造的首个海洋辅助钻井船Edrill-1（N490）顺利实现主船体成型。

◎ 2013年7月9日，由江苏省镇江船厂（集团）有限公司为江苏苏美达船舶工程有限公司批量建造的3 200 BHP拖船中的第三艘——“MBP 3211”在镇江船厂顺利交付。同月12日，同批产品种的3 200BHP拖船“MBP 3212”、“MBP 3213”在镇江船厂顺利交付。

◎ 2013年7月15日，由武昌船舶重工有限责任公司建造的水下浮体在青岛海西湾建成交付。据悉，该产品专为巴西国家石油公司定制，主要用于深海石油开采，是迄今世界上建造的最大型水下立管支撑浮体系统。其成功交付标志着我国进入世界最高端深海海工装备制造商行列。

◎ 2013年7月19日，由江苏省镇江船厂（集团）有限公司为深圳盐田拖轮有限公司建造的4 420kW全回转拖船“盐田拖17”竣工出厂，顺利启航。

◎ 2013年7月，厦船重工为马来西亚南昌集团承造的2艘300人居住驳船中的第二艘完工交付。

◎ 2013年7月22日，上海振华重工（集团）股份有限公司自主研发的“振海1号”300英尺钻井平台在常熟锚地顺利下水。

◎ 2013年7月，蓬莱巨涛海洋工程承建“番禺34-1”中心平台导管架建成并运送南海进行安装。该项目是国内仅次于“荔湾3-1”项目的第二大导管架。

◎ 2013年7月22日，江苏宏强船舶重工有限公司承建的8#375尺海工辅助船离开公司码头顺利交付。同月25日，9#375尺海工辅助船顺利下水。

◎ 2013年7月22日，南京东嘉船舶制造有限公司为Vroon Offshore Services建造的两艘应急溢油回收船（ERRV）进行命名仪式，分别命名为“VOS Fabulous”和“VOS Fairness”。这两艘50米级应急溢油回收船是Vroon建造10艘系列船中的两艘，其中6艘50米级应急溢油回收船在东嘉船舶建造，4艘60米船舶在东南造船厂建造。所有10艘系列船均为穿浪弓形船舶。

◎ 2013年7月24日，启东中远海工为澳大利亚BAM CLOUGH公司建造的自升式驳船“邦嘉”和配套运输驳船“嘉运”完工交付。

◎ 2013年7月26日，中国第一个浮式LNG项目——中国海油天津LNG项目正式通过国家发改委核准，这标志着中海油由南至北的沿海LNG产业布局基本完成。

◎ 2013年7月26日，国内第一艘完全自主设计建造的海洋工程导管架18 000吨下水驳船“海洋石油228”号命名交付。该船是中船黄埔造船有限公司为中国海洋石油总公司旗下海洋石油工程股份有限公司建造的第一艘海工船，同时也是首艘获中国船级社（CCS）签发的IHM符号证明的绿色船舶。

◎ 2013年7月，航通船业建造的两艘60.5米多用途海洋平台工作船成功下水。该类船型全长60.5米，型深5.5米，型宽14.6米，入级法国船级社（BV），主要用于船舶和海上石油平台的拖带、锚锭作业、消防、安全救助、供应水、油和水泥物资等，配有DP-1动力定位系统。

◎ 2013年7月30日，沪东中华为Royal Wagenborg建造的一艘冰级加强型21 000吨多用途船“Tiberborg”轮顺利交付。该船是第三艘1A冰级21 000吨系列多用途船。该船总长172.34米，宽21.50米，主机为瓦锡兰7 500 kW的6L46F型主机。

◎ 2013年7月31日，厦船重工为马来西亚船东Bumi Armada承建的4艘75米级平台供应船中的首艘交付。这4艘75米级平台供应船总计8 000万美元，是该船东海工支援船扩张计划的一部分。据了解，该船入级ABS，配备DP-2动力定位系统，总长75米，可住宿50人，具有消防能力和C级溢油回收船能力。

8月

◎ 2013年8月1日，上海中远船务为巴西石油建造的两套新一代FPSO系列海工模块P66/P67顺利交付。

◎ 2013年8月6日，渤船重工为天津德赛机电有限公司建造的“德赛三”号90米自升式作业平台开工建造。

◎ 2013年8月，由上海船舶研究设计院设计、武昌船舶重工有限公司为上海打捞局建造的16 000千瓦多用途海洋拖船下水。该船是目前国内建造的马力最大、系柱拖力最高、续航能力最强的远洋拖船。

◎ 2013年8月12日，外高桥造船召开CJ46型自升式平台H1368、H1369项目启动会。据悉，此次两座CJ46型自升式钻井平台（H1368、H1369）是外高桥造船承接的第二型自升式平台项目，属于GustoMSC公司的成熟设计，船东是新加坡ESSM公司。

◎ 2013年8月20日，南通港闸船舶制造有限公司新造自航耙吸挖泥船“港浚6”轮进行试航作业。

◎ 2013年8月20日，中远船务为挪威SEVAN Drilling公司设计建造的圆筒型超深水海洋钻探平台“希望3”号成功命名为“SEVAN LOUISIANA”。“希望3”号是中远船务建造的第六代系列圆筒型超深水海洋钻探平台的第三座，中远船务完成设计、采购、整体建造及所有设备安装调试的EPC总包项目。该系列平台共有4座，2009年底交付的“希望1号”和2012年初交付的“希望2”号均正在巴西海域为巴西国家石油公司服役，多次钻获世界大型海上油气田。

◎ 2013年8月，武汉船用机械有限责任公司承担的国家高技术船舶科研计划项目——3 500千瓦大功率全回转舵桨装置研制成功，这是国内迄今自主研发的最大功率全回转舵桨装置，将打破国外企业在该领域的垄断。全回转舵桨装置可广泛应用于海上钻井船、电缆或管道敷设船等特种船舶。武汉船机目前已接到3个船型、共计11台不同规格全回转舵桨装置的国内订单。

◎ 2013年8月22日，南通中远船务为该公司设计建造的半潜式海洋生活服务平台“高德2”号（N583）项目开工。该平台全长95米，型宽67米，型深35.7米，平台总高近60米（相当于20层楼高）；平台设计吃水8.6-20米，最大排水量达33 300吨，是目前世界同类产品中，满足规范最多、要求最高、设备设施最先进的半潜式海洋生活服务平台。

◎ 2013年8月23日，由江苏省镇江船厂有限公司为新加坡客户批量建造的78米海洋守护支持船首制船"M/V BERJAYA"顺利交付。该船具有200人的居住功能以及300人的救助能力，集供应、守护、对外消防、海上救生等功能于一体。

◎ 2013年8月23日，南通太平洋海洋工程有限公司与上海利策科技股份有限公司签约，合作研发《LNG-FSRU再气化模块总体设计关键技术研究及相关设备研制》项目。

◎ 2013年8月，广州文冲船厂有限责任公司承担的"3 000米钻井船波浪补偿装置研制"项目可行性研究报告顺利通过审查。该项目是国家发改委批准立项的2013年海洋工程装备研发及产业化专项。该项目目标是与广州中船黄埔造船有限公司研发的3 000米深水钻井船配套，围绕钻井船钻机大钩升沉补偿系统与隔水管张紧补偿装置，开展其关键技术研究及系统研制。

◎ 2013年8月，中海油服购置了1座二手半潜式钻井平台，命名为"南海九号"。"南海九号"最大作业水深5300英尺，最大钻井深度25 000英尺，钻井可变荷载3 798吨，具备钻井、完井及修井功能。

◎ 2013年8月27日，中国海洋大学研制的国内首台100千瓦潮流能发电装置安装成功并进行调试，预计2013年9月中下旬进行发电测试。

◎ 2013年8月28日，上海建造的第一座自升式钻井平台在外高桥造船公司码头顺利下水。该平台是上海外高桥造船有限公司为挪威船东设计和建造的JU 2000E型自升式钻井平台。该平台作业水深400英尺，钻探深度35 000英尺，其中桩靴、升降机构、三角型桁架桩腿、悬臂梁等均是上海首次建造的特殊钢结构。

◎ 2013年8月28日，中集来福士为挪威Frigstad Deepwater公司建造的世界上最大的超深水双钻塔半潜式钻井平台Frigstad Deepwater Rig Alfa开工。该平台由Frigstad Engineering公司提供基础设计，中集来福士负责详细设计、施工设计、建造及调试工作，并将独立完成整套钻井系统的安装及调试。中集来福士将继续采用上、下船体并行建造、20 000吨大吊一步合拢的独特建造模式。该平台将于2015年底完工交付。

◎ 2013年8月28日，由江苏省镇江船厂（集团）有限公司为马来西亚SEALINK公司建造的同船型第2艘84.8米多用途起锚供应船——"SEALINK 179"顺利交付。

◎ 2013年8月28日，外高桥造船为挪威POD公司所建造的首座自升式钻井平台H1288成功出坞。8月30日，外高桥造船为该公司建造的第二座同系列平台H1289项目也顺利下坞。

9月

◎ 2013年9月4日，武船建造的"特使"号海洋工程船交付希腊船东。该船长83米，宽22米，总功率1.8万千瓦，价值约5亿元人民币，主要为海洋油气开发平台提供拖带、守护、起抛锚、货物供应、浮油回收等服务。

◎ 2013年9月，粤新海工为新加坡MARTENS MARINE公司建造的58.7米锚拖供应船中的第四艘BERKATTENANG正式交付。

◎ 2013年9月5日，"中油海10"平台交付仪式举行。"中油海10"平台是中国石油目前作业范围最广、作业能力最强的移动式海洋钻井平台。

◎ 2013年9月5日，香港财利船厂为新加坡Teras Offshore建造的5艘50米级AHTS中的第三艘"Teras Centurian"顺利交付。该系列船能够进行拖航驳船和钻井平台、油轮装卸和靠泊、抛锚、运输设备和材料、对外消防、维护和控制污染等。

◎ 2013年9月，南通中远船务为挪威船东公司设计改建的“希望7”号（N380）海工改装生活平台项目顺利开板建造。“希望7”号原为圆筒型半潜式FPSO半成品，此次将改建成圆筒型半潜式海工生活平台，改装后的平台可供490人同时入住。

◎ 2013年9月9日，大连迪施船机有限公司为埃克森美孚建造的塔架软刚臂式单点铰接装置完工交付。该装置由13种主要部件组成，是大连迪施继为中国海洋石油总公司建造的“BZ25-1/S TOWER YOKE”单点建造项目后完成的又一重要海工项目。

◎ 2013年9月11日，福建福宁船舶重工有限公司为新加坡船东建造的第一艘75米平台供应船（DN75M-18）成功交付。该船为钢质、双机、双桨，双艏侧推的多功能海洋工程船。

◎ 2013年9月12日，由江苏省镇江船厂（集团）有限公司为马来西亚船东批量建造的第2艘84.8米柴电混合动力推进多用途起锚供应船顺利出厂。该船总功率为9 120kW，采用柴电混合动力推进形式，DP-2动力定位、无人机舱ACCU、液位遥控等专业技术和流线型外观设计，具有溢油回收、平台物资供应、对外消防、海上救生等功能。

◎ 2013年9月14日，上海船厂崇明岛基地交付三维高性能多缆物探船“发现6号”。该船是由罗尔斯·罗伊斯公司设计，中国石化集团上海海洋石油局订造。它的顺利交付将提高中石化的深水物探能力。

◎ 2013年9月14日，缅甸交通部内河航运局在仰光举行中国产19艘挖泥船和辅助船舶交接仪式。

◎ 2013年9月，科技部公布了2013年度国家重点新产品计划战略性创新产品立项项目清单和国家重点新产品计划立项项目清单，多个涉及船舶和海工装备制造项目入选。青岛双瑞海洋环境工程股份有限公司的船舶压载水管理系统（BC300-BC7000）、沪东中华造船（集团）有限公司的14.7万立方米大型薄膜型液化天然气（LNG）船、西安向阳航天材料股份有限公司的海洋油气开采用新型耐腐蚀金属复合管道入选了2013年度国家重点新产品计划战略性创新产品立项项目清单。大连船舶重工集团有限公司的海上浮式生产储油船（FPSO）单点系泊装置、泰州口岸船舶有限公司的单舱万吨级重吊船、南通润邦重机有限公司的GYGQ350-116海上风电工程起重机、江苏韩通船舶重工有限公司的海上潮间带风电机组专用安装船、江苏省镇江船厂（集团）有限公司的大拖力海洋平台多用途支持船、南通力威机械有限公司的海洋作业平台系泊自动定位系统、武汉船用机械有限责任公司的API-C型海洋工程起重机、益阳中海船舶有限责任公司的长江中型多功能溢油回收船、广州中船黄埔造船有限公司的全天候大功率14 000千瓦海洋救助船、江苏沙钢集团有限公司的大壁厚海洋工程用超高强度钢板等项目入选了2013年度国家重点新产品计划立项项目清单。

◎ 2013年9月17日，大连中远船务承接的Foresight公司116E型自升式平台系列建造项目同日迎来了两大生产节点——1号平台上船台、2号平台开工。据了解，116E型钻井平台是大连中远船务首个海洋平台建造项目。

◎ 2013年9月18日，广东中远船务为新加坡Energy Drilling 公司建造的半潜式辅助钻井平台Edrill-3（N566）开工建造。该平台全长102米，型宽63米，型深31米，总高约72米，作业吃水13-18米，最大作业排水量达31 900吨，可供170名船员生活居住。

◎ 2013年9月24日、26日福宁重工签字交付2艘59米操锚供应船。

◎ 2013年9月，巴西国油在中国建造的最大半潜式生产平台P-55半潜式生产平台已完工，并且进行了稳定性测试。据悉，该平台测试结束后将前往坎波斯盆地的Roncador油田作业。

10月

⊗ 2013年10月10日，“COES 2013中国海洋工程国际研讨会”在北京召开。会议以“迈向深水及高寒区域的海工业”为主题，从国际环境和国内机遇全方面诠释了海洋油气产业的海工商机，对海洋工程各类技术装备需求、建造重点、合作机遇进行了分享。

⊗ 2013年10月18日，R-550D自升式钻井平台桩靴第一块钢板开始切割。该平台是黄埔造船建造的第一座自升式钻井平台，为TSC集团旗下的Alliance Offshore Drilling Pte. Ltd.（AOD）建造，合同内容包括组装、建造、装备、测试、操作及交付R-550D Zentech设计自升式钻井平台。

⊗ 2013年10月15日，广东中远船务为新加坡Energy Drilling 公司设计建造的目前华南地区首艘海洋辅助钻井船“Edrill-1”号下水。该船建成后可供170名船员工作、生活居住，其功能主要是为边际油田提供钻井、修井服务，或为需插桩定位的海域进行钻井作业，作业水深可达到2 000米，钻井深度可达5 000米以上。

⊗ 2013年10月16日至17日，第二届海洋工程船国际论坛（OSV World 2013）在上海成功举行。本次论坛，共迎来全球业界150余名嘉宾，包括海洋油气生产商、OSV船东和运营商、造船厂和设计方、承包商和船配商、船级社和法律及金融服务机构等领域的代表，从多角度剖析OSV行业所直面的挑战以及机遇所在。

⊗ 2013年10月18日，由山东寿光市甬德船业有限公司生产的“海洋工程1201”多用途拖船正式下水。该拖轮是集散料运输供应、消防、救护、海上平台守护、海上石油开采等于一体的多功能船舶。

⊗ 2013年10月18日，惠生海洋工程有限公司（简称惠生海工）宣布，委内瑞拉国家石油公司拉克鲁斯港（Puerto La Cruz）炼油厂（RPLC）核心组件模块化建造项目在惠生海工舟山基地正式开工。此次的模块建造项目是惠生舟山基地承担建造的首个订单，标志着着惠生舟山基地一期工程的正式投用。

⊗ 2013年10月20日，中船澄西船舶修造有限公司承接的首批36艘南美驳船新制项目点火动工。据悉，这36艘驳船入籍中国船级社（CCS），分直艏型和斜艏型，两种类型各18艘。

⊗ 2013年10月20日，上海振华重工自主设计和建造的国内首艘800吨自升式近海风电施工安装船“龙源振华2”号成功下水。“龙源振华2”号将基础施工和设备安装两大功能集于一身，工作水深可达35米，并且拥有12级风暴自存能力，将实现我国海上风电施工从潮间带向近海进军的跨越。

⊗ 2013年10月23日，浙江造船为Seatankers Group建造的12艘Ulstein PX105 PSV中的第四艘“Sea Spark”顺利交付。

⊗ 2013年10月23日，启东中远海工为挪威Sevan Drilling ASA建造的“Sevan Louisiana”号圆筒型超深水海洋钻井平台（“希望3”号）交付。“Sevan Louisiana”号钻井平台是启东中远海工建造的第六代系列圆筒型超深水海洋钻探平台的第三座，中远船务完成设计、采购、整体建造及所有设备安装调试的EPC总包项目。

⊗ 2013年10月29日，中国船舶重工集团公司与青岛市签约合作，在经济技术开发区和高新区同步规划建设海洋装备研究院和产业化基地，力争用3-5年的时间，初步建成综合实力强、专业特色明显、部分专业具有国际影响力的海洋装备研究院及研发基地，合力做大做强海洋装备产业。

⊗ 2013年10月29日，多缆物探船“发现6”号在作业海域拖带八缆，打响了正式作业第一炮。“发现6”号用于全球I类无限航区范围三维地震采集作业并能对三维采集资料现场处理，具有采集数据高速传输系统的专用地球物理勘探工作船，配备直升机平台。

● 2013年10月30日，中交集团所属振华重工向中石油交付“中油管道601”海洋石油铺管船。在该项目中，振华重工承担了起重量为1 600吨的全回转起重机和石油管道托管架的建造。“中油管道601”铺管船是中石油管道局为发展海洋起重铺管业务而打造的特种工程船，也是中石油集团最大的铺管船，具备起重吊装、海管铺设、海上生活支持三大功能。

● 2013年10月31日，惠生海洋工程有限公司（简称惠生海工）总承包的Caribbean FLNG项目——世界首座FLNG（浮式天然气液化存储装置）成功完成三座LNG储罐的安装。此次安装LNG储罐的Caribbean FLNG项目由惠生海工采用EPCIC承包模式为Exmar集团提供，将用于哥伦比亚海岸，将成为世界上首座投入运营的浮式LNG生产装置。

● 2013年10月31日，南通中远川崎为中远航运建造的28 000吨多用途重吊船“大昌”轮命名并投入营运。

11 月

● 2013年11月，安庆中船柴油机有限公司（简称安庆中柴）收获中海油服过亿订单，中海油服建造的2+8艘8 000HP深水三用工作船每船4台电力推进柴油机将选用安庆中柴产品，此项目的中标，实现了安庆中柴产品由传统市场向海工市场的转型。

● 2013年11月3日，由江苏省镇江船厂（集团）有限公司为营口港务集团有限公司建造的6 500HP全回转拖船——“新北方十号”完工交付，顺利启航。

● 2013年11月5日，厦船重工为哨兵海运批量承造的75米平台供应船中的第三艘完工交付。11月15日，厦船海工同批75米平台供应船中的第四艘（487H）完工交付。

● 2013年11月，哈工大（威海）冯吉才教授牵头申报的科技部“海洋工程材料及深加工技术国际联合研究中心”正式获批建设。

● 2013年11月8日，东南造船厂建造的UT755CD平台供应船NC704 “Hailey Princess”顺利签署交船协议。

● 2013年11月13日，浙江造船为Seatankers承建12艘PX105平台供应船中的第五艘“Sea Frost”号交付。ULSTEIN为该系列船提供设计和设备包，为X-BOW®船体设计，船舶符合DNV的环保设计标准。

● 2013年11月18日，武汉市人民政府与武船签署“国家（湖北）海洋工程装备研究院”共建协议，武汉市首家市企合作研究院正式揭牌。该研究院依托国家科技部批复的“武汉国家高端船舶与海洋工程装备高新技术产业化基地”，充分发挥湖北、武汉地区技术优势、人才优势、产业优势，整合多个企业和研究机构的优势资源，组建海洋工程装备“国家队”。

● 2013年11月19日，我国自主设计建造的最先进、功率最大的海洋平台工作船“华虎”号成功下水。该船主机功率1.6万千瓦，比国际同类船舶的设计航速提高0.5节，系柱拖力提高25%，装载量提高11%，武船具有完全自主知识产权。

● 2013年10月19日，一艘CJ50型系列自升式钻井平台1号平台在山船重工正式点火开工。该平台型长70米，型宽68米，型深9.5米，桩腿长165米，生活区定员150人，全部实现自动控制，可以在全球122米深水域范围内进行作业。CJ50型自升式钻井平台是国内首次承接的新型平台，具有国际领先水平。

● 2013年11月21日，由中船重工集团公司七〇二研究所研制的首个实验型深海移动工作站，历经10年科技攻关，在完成总装集成和陆上联调的基础上，在该所露天水池圆满完成第一期水池试验。该工作站为35吨级，在海底工作的时间为12~18个小时，可载6人。这是继“蛟龙”号成功研制后我国深海装备研发的又一项前沿探索，为研制首艘千米潜深、百吨级小型深海空间站奠定了技术基础。

◎ 2013年11月21日，由江苏省镇江船厂（集团）有限公司为新加坡客户批量建造的同船型第2艘78米海洋守护支持船“BE RANI”顺利交付。该船总功率为5 320kW，采用全回转主推进器推进形式，DP-2动力定位，具有200人的居住功能以及300人的救助能力，集供应、守护、对外消防、海上救生等功能于一体。

◎ 2013年11月22日，南通振华建造的大型铺管船“CPP601”由半潜船装载，安全驶出长江，将赴非洲投入坦桑尼亚海洋石油管道项目建设，成为进军非洲海洋能源市场的中国第一艘铺管船。该船是中石油迄今为止最大的铺管船，全长121.2米，具有起重吊装、海管铺设、海上生活支持等三大功能，是一艘世界级高端海工船舶。

◎ 2013年11月24日，丰立集团旗下的过产业重机（江苏）有限公司举行第6代超深水半潜式钻井平台下船体的交付仪式，该项目是过产业首个海工项目。

◎ 2013年11月25日，中集来福士建造的深水半潜式起重生活平台OOS Gretha、OOS Prometheus命名交付仪式在烟台举行，这是两座由中国企业自主设计建造的、有完整知识产权的深水半潜式起重生活平台。中集来福士自主完成了这两座平台的基础设计、详细设计和生产设计，拥有100%自主知识产权，在基础设计中，与中船重工七〇二研究所、哈尔滨工程大学合作，分别完成了OOS Gretha、OOS Prometheus的耐波性试验、拖曳水池试验和风洞试验。此次交付的两座深水半潜式起重生活平台OOS Gretha和OOS Prometheus将服务于巴西国家石油公司。OOS Gretha将成为目前在巴西海域作业中最大的深水半潜式起重生活平台。

◎ 2013年11月27日，厦船重工为马来西亚南昌集团承造的第3艘300人居住驳船（SK310）宣告完工交付。

◎ 2013年11月30日，德国SDC公司与大连慧昌海洋工程技术有限公司签署远洋重吊船联合开发设计合同。据了解，远洋重吊船一直是我国的一项技术空白，尤其是大吨位船用起重机和稳性平衡系统两项核心技术。

◎ 2013年11月，浙江凯灵船厂承建福州港口管理局筹资建造的5 400匹消拖两用船“福州港拖2”号交付使用。该船是福州港目前拖力最大、技术最新、配备最齐的全回转港作消防拖船。

◎ 2013年11月30日，广州航通船业有限公司承建的一艘60.5米多用途海洋平台工作船顺利交付使用。该船主要用于海上石油平台的拖带、锚锭作业、消防、安全救助、供应水、油和水泥物资等。60.5米多用途海洋平台工作船是航通船业继58.7米船型后的又一成熟产品。同日，航通船业建造的一艘65米三用工作船顺利下水。

12月

◎ 2013年12月2日，2013年中国国际海事技术学术会议和展览会举行开幕式。

◎ 2013年12月6日，武桥重工桥梁与海工装备产业园在汉开工，这是湖北省最大的海工装备产业园，总投资50亿元。该产业园位于蔡甸区常福工业园内，占地1 500亩，主要制造研发大型桥梁工程施工装备、海上风电安装、石油管道铺设、打捞救援和海上石油钻井平台组装等高端装备。产业园总投资50亿元，一期工程计划明年底完工，预计5年后全部建成，年产值可达百亿元。

◎ 2013年12月19日，中远船务设计建造的世界先进浮式生产储油平台“希望6”号（“丹纳”FPSO）在启东中远海工通过拖拉接载顺利下水。该平台是继该公司设计建造圆筒型超深水钻井平台“SEVAN 650”系列之后，设计建造的又一个圆筒型高端海工产品。其采用Sevan Marine的圆筒型概念设计，直径78米，型深32米，入挪威船级社（DNV），拥有40万桶原油的存储能力，设计日处理原油44 000桶、油气40亿标准立方英尺，具备对海底原油过滤、油气分离处理、油层水回注、原油储存和装卸等功能。

◎ 2013年12月20日，中远船务为中海油田服务有限公司建造的两艘9 000HP深水供应船在大连中远船务举行开工仪式。9 000HP深水供应船设计总长85.4米，型宽20米，型深8.6米，吃水7米，最大载重量4 700吨。该船具有良好的适航性能和耐波性能，装载量大，运输能力强，航速快，能在恶劣海况条件下安全运行。

◎ 2013年12月20日，由中国船舶工业集团公司旗下上海船厂船舶有限公司总承包，与七〇八所联合设计，独立建造的Tiger钻井船下水。该Tiger钻井船是中国首批自主研发、设计、建造的海洋工程项目之一，而且是全球首制船。

◎ 20i3年12月，振华重工为中海油服客户建造的2艘15 000HP深水三用工作船正式点火开工。该船具备海上石油工程供应物资、进行起抛锚作业、对平台和大型船驳拖带三个功能。

◎ 2013年12月20日，黄埔造船承建R-550D自升式钻井平台举行船体钢板切割开工仪式，标志着R-550D项目进入详细工程设计与生产阶段，正式全面开工。R-550D项目是Zentech、黄埔造船、TSC集团三方合作建造的首座自升式钻井平台。

◎ 2013年12月20日，工业和信息化部高技术船舶科研项目“海洋工程装备总装建造技术研究”项目顺利通过验收。该项目研究成果已在GM4000半潜式钻井平台、Sevan650圆筒型半潜式钻井平台、3 000米深水半潜式钻井平台、Super M2自升式钻井平台、30万吨FPSO改装等项目及后续产品上得到应用，在提高建造质量、缩短建造周期方面效果明显。

◎ 2013年12月22日，由浙江大学和舟山和泰船舶修造有限公司共同打造的国内首艘浮式海洋试验平台“华家池”号，通过专家组验收后正式交付使用。在该平台上可以进行多种海洋工程科研项目的试验，主要包括风浪流的测定、水下生产系统的安装测试、海底管道与立管的安装测试、风光互补试验、锚泊系统试验和海洋岩土工程试验等。

◎ 2013年12月，哈工大与大船集团等单位合作设计的120米及以上水深自升式钻井平台自主研发项目成功获得订单。据悉，该项目的研发成功，摆脱了我国百米水深以上大型自升式钻井平台的设计依赖国外技术的局面，全面提升了我国船舶行业在国际大型自升式钻井平台领域的竞争力和市场占有率。

◎ 2013年12月26日，广东中远船务为中海油田服务有限公司建造的两艘8 000HP深水三用工作船（N599、N600）举行开工仪式。8 000HP深水三用工作船设计总长73.8米，可以为海洋石油钻井平台提供生产物料运送、救助、守护等服务。

◎ 2013年12月底，由广船国际海工公司承担的SBM Pancake海工模块项目交付。

◎ 2013年12月，中海油服新购的COSLHunter自升式钻井平台建成交付，已前往墨西哥湾进行作业。COSLHunter购买于2013年8月，由荷兰GustoMSC公司设计，招商局重工（深圳）有限公司建造，船型为CJ46，最大作业水深375英尺，钻井深度30 000英尺，最大在船人数124人，作业可变载荷3 500吨。

◎ 2013年12月30日，烟台打捞局自筹资金3亿多元建造的3 600吨打捞起重船“德浮3600”正式交付渤海湾交通救捞队。“德浮3600”号打捞起重船是由烟台打捞局船厂建造船体、青岛海西重机建造吊机打造的浮吊。“德浮3600”号适用于黄海、渤海等海域的沉船、沉物、航天航空飞行物的打捞，还具备风力发电、大型桥梁的安装和航道、港口清疏等能力。

（编写：李 响 唐晓丹 王增国 尤学刚 刘华祥）

大连圣洁培训学校2008毕业班合影

国际热处理和表面工程联合会主席李斯歇克教授同圣洁公司董事长田绍洁、总经理助理丁得刚合影

田绍洁董事长参加
2014年中国军民两用技术应用推进大会

专利产品CFW滚刀

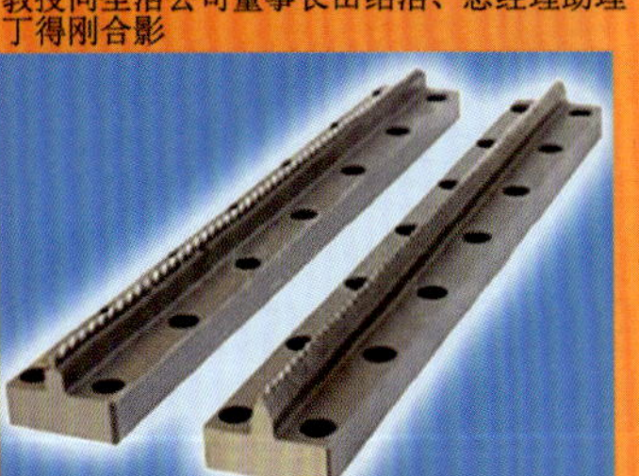

专利产品R42/MAS军工拉刀

节能型网带炉

申报121项专利技术

系列复合模具钢

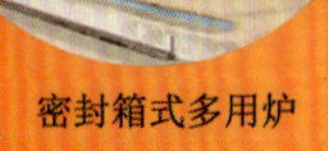

密封箱式多用炉

高压气冷真空炉

船舶灯光信号双语收发设备

专门研究生产海洋船舶通信产品和设备

公司主产品《船舶灯光信号双语收发设备》实现了用计算机代替人工收发灯语信号。极大地提高了识别准确率和通信速度，减轻了信号员的劳动强度。该设备既可收发传统的莫尔斯码，也可收发汉字码。并与人工灯语无缝对接。易于掌握，操作简便。

灯光信号在国际航海中是通用的通信手段，但是灯光信号的发送和识别，还是依靠人工。

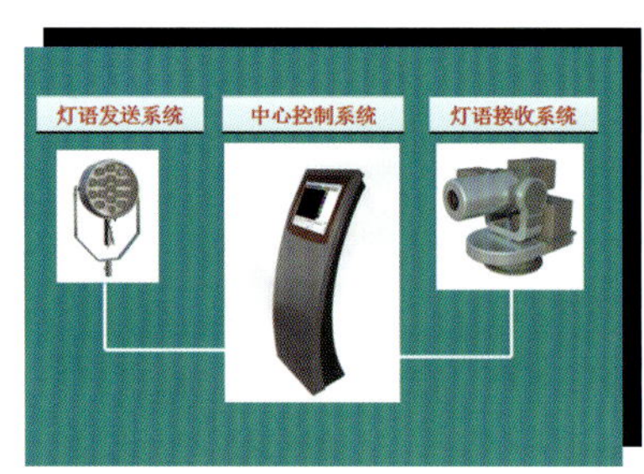

船舶灯光信号双语收发设备，主要包括双语信号灯，双语接收设备和中心控制系统。

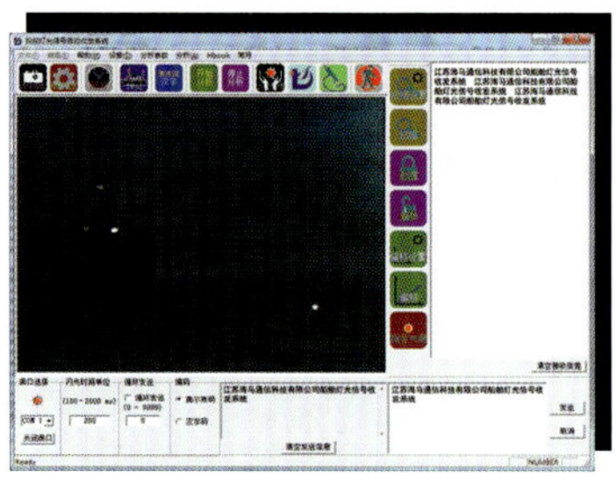

中心控制系统的用户界面，显示收到的对方灯语信息，接受键盘输入并发送灯语信息。

本产品与人工灯语的比较

性能	人工灯语	本设备产品
通信内容	简单内容	任意复杂文字内容
准确性	误码率高	准确率99%
速度	每分若干莫尔斯码	每分180莫尔斯码， 60汉字码
难易	2年培训才能熟练	经1小时就可熟练掌握使用
汉字通信	无	能汉字通信，事实上可使用任何语言
信号个数	一个	同时识别画面内10个以上信号
工作时间	不能连续工作	24小时无间断工作
即时编码	无	能够即时编码
保密	没有保密机制	可随时设定身份验证码和密码机制
抗干扰	受人为、气象因素影响，易被干扰	不受人为因素干扰，受气象因素的影响也大大降低
信号存储	无	随时存储收发的信号，以备查询

地址：江苏南京雨花台区中国（南京）软件谷西春路1号创智大厦9层906室
电话/传真：025—86827206　联系人：冯正永 18114016795

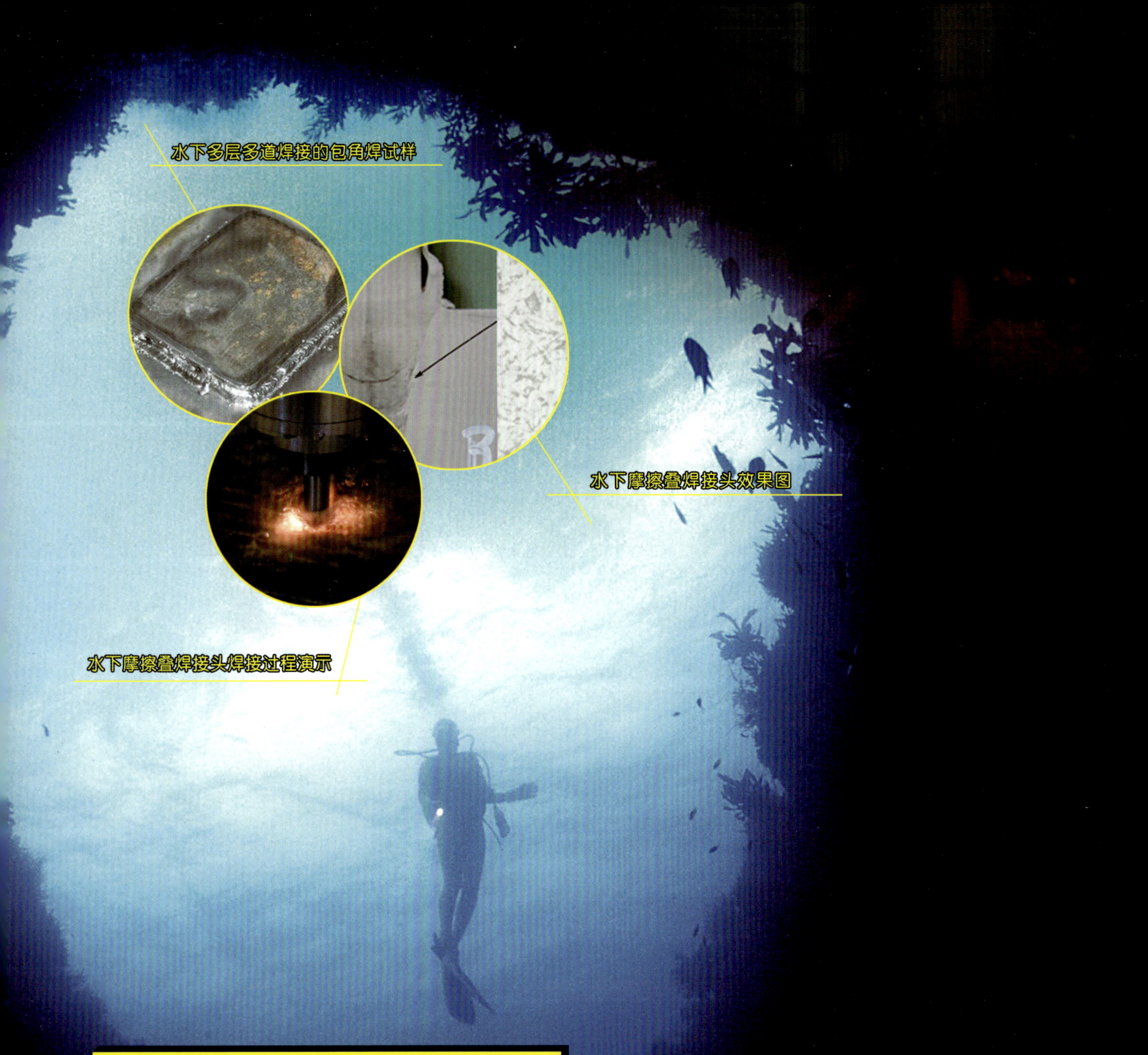

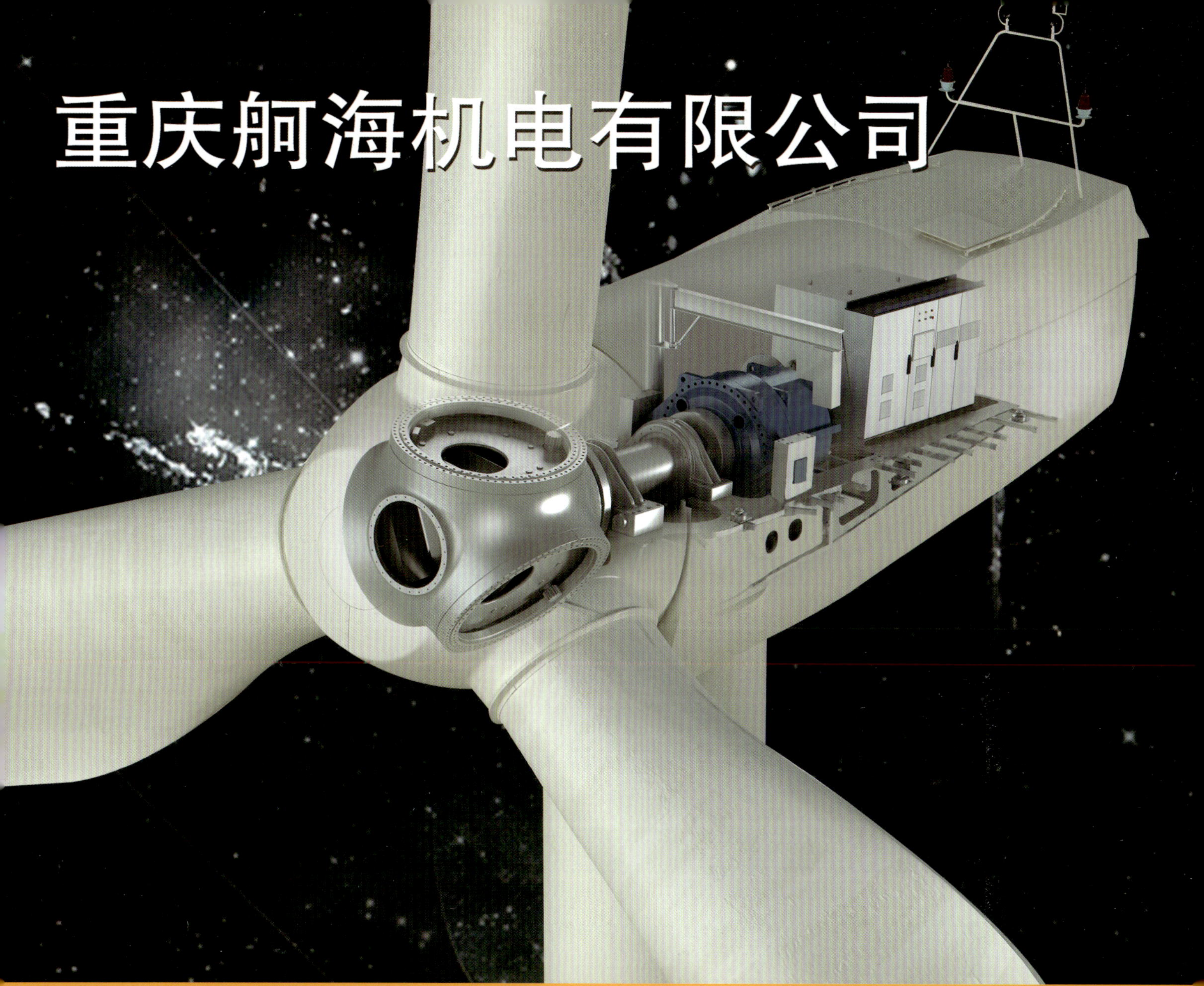

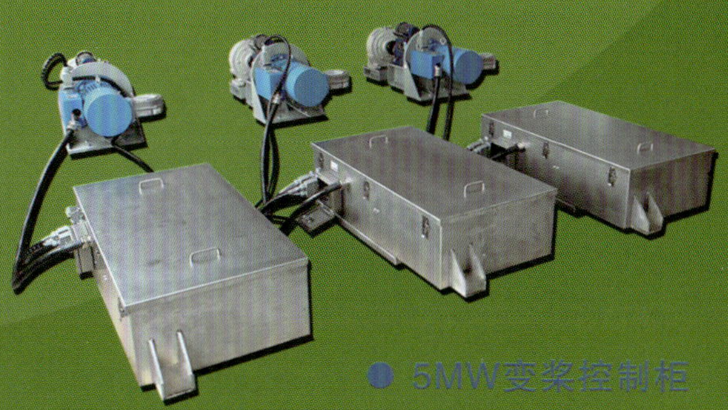

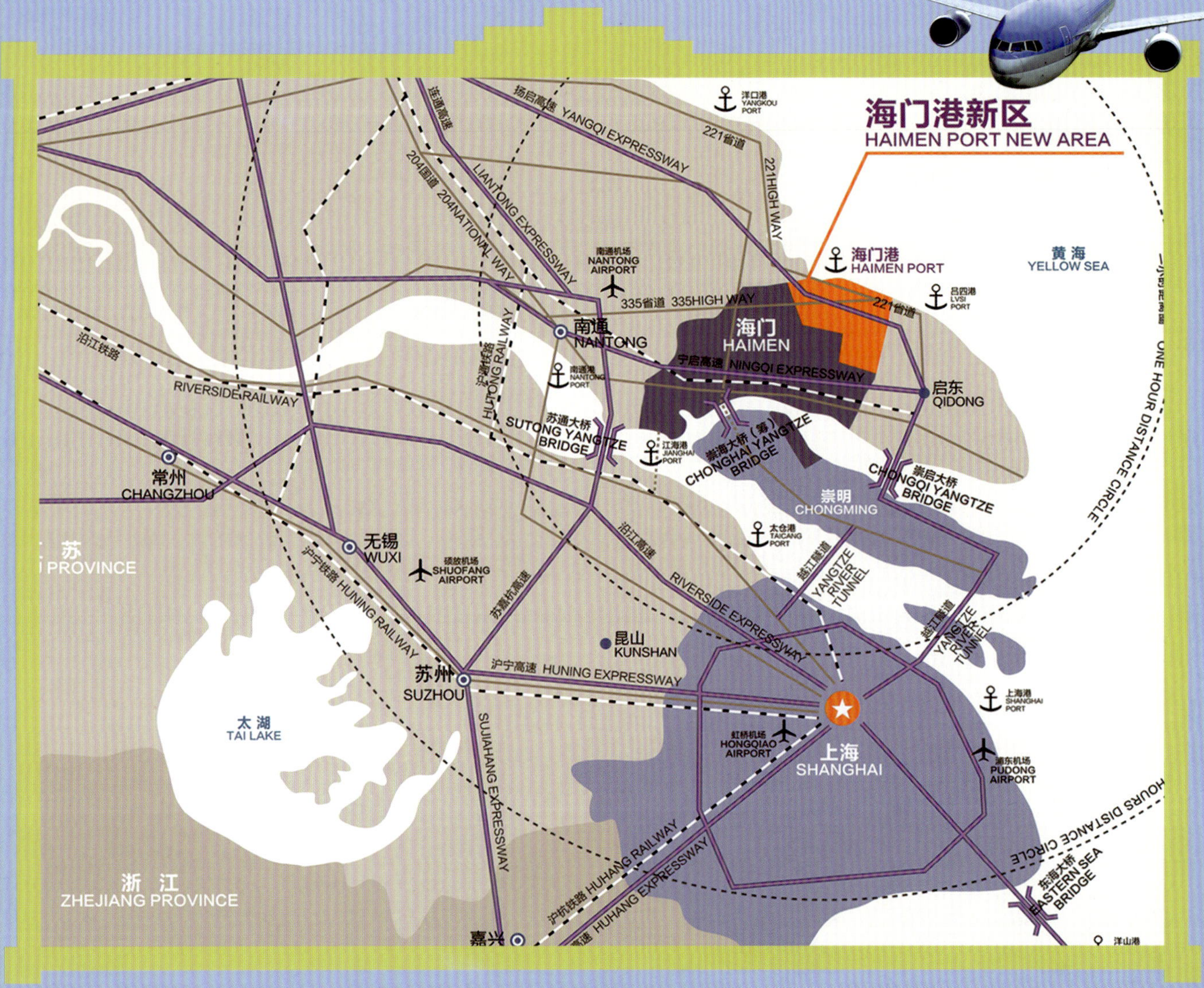

海工装备产业是海门市委、市政府确立的主导产业链之一，海门市将建设成为江苏最强、国内一流、国际有重要影响的海工装备产业基地。海门港新区作为海门沿海发展的前沿区域，拥有25公里的深水海岸线和广袤的腹地资源，具备发展海工装备产业的独特优势。近年来，新区将海工装备产业作为重点发展的产业之一，充分依托小庙洪西南航道的优势，规划了海工装备产业园6000余亩，项目承载能力强，基准地价优惠，投资成本较低，目前已实现“八通一平”。新区学校、医院、超市、银行、酒店、别墅、城市森林公园等城市配套一应俱全，江苏工程职业技术学院海门校区目前入驻学生3000人，目标打造2万人科教城，为新区及周边企业输送各类专业人才。新区承诺新落户项目10天注册，30天厂房入驻，90天土地开工。目前已落户中石油海工钢绳、海隆石油工业、通光集团、燕达重工等一批重特大项目。

中石油海工钢绳海门项目从事海洋工程用钢丝绳粗直径或超长（重）制造和大型挤压和浇注钢丝绳索具生产，年设计产能8000T，2013年二季度正式生产，2014年计划生产钢丝绳4630吨，2015年计划生产钢丝绳5100吨。

海隆集团控股（香港）有限公司海外业务涉及美洲、中东、俄罗斯、北非及欧洲部分地区，承担石油投资、石油相关产品的生产和制造、国内外贸易及合作业务，是中石油、中石化及中海油主要的供应商和服务商。海隆海门项目占地466亩，总投资2.5亿美元，注册资金8000万美元，主营范围包括海洋油气输送复合软管研发、制造、销售；海洋管道涂敷、深海保温、海洋石油水下装备的研发、制造、销售等。建成后年销售额达40亿元，海隆海门港基地将进入海洋工程行业全国前列。

燕达（海门）重型装备制造有限公司隶属于上海燕达建设有限公司，上海燕达公司在油砂、页岩气、液化天然气领域上处于亚洲的领先水平，在某些领域甚至超过欧美。燕达海门项目总投资约15亿元，其中陆域建设用地630亩，专用码头利用岸线360米，主要生产工业模块装置及组、部件以及压力容器、化工设备、新能源模块制造，是国内第一家一次性通过壳牌公司的质量审查，成为壳牌公司在中国的唯一供应商。

江苏通光电子线缆股份有限公司是海门首家工业企业上市公司，其子公司江苏通光海洋光电科技有限公司海底光电缆项目占地288亩，总投资15亿元，专用码头拟用岸线315米，主要生产海底光缆、海底电缆和海底光电复合缆，主要客户为国家电网、南方电网与省电力公司等，项目预计实现年销售20亿元。

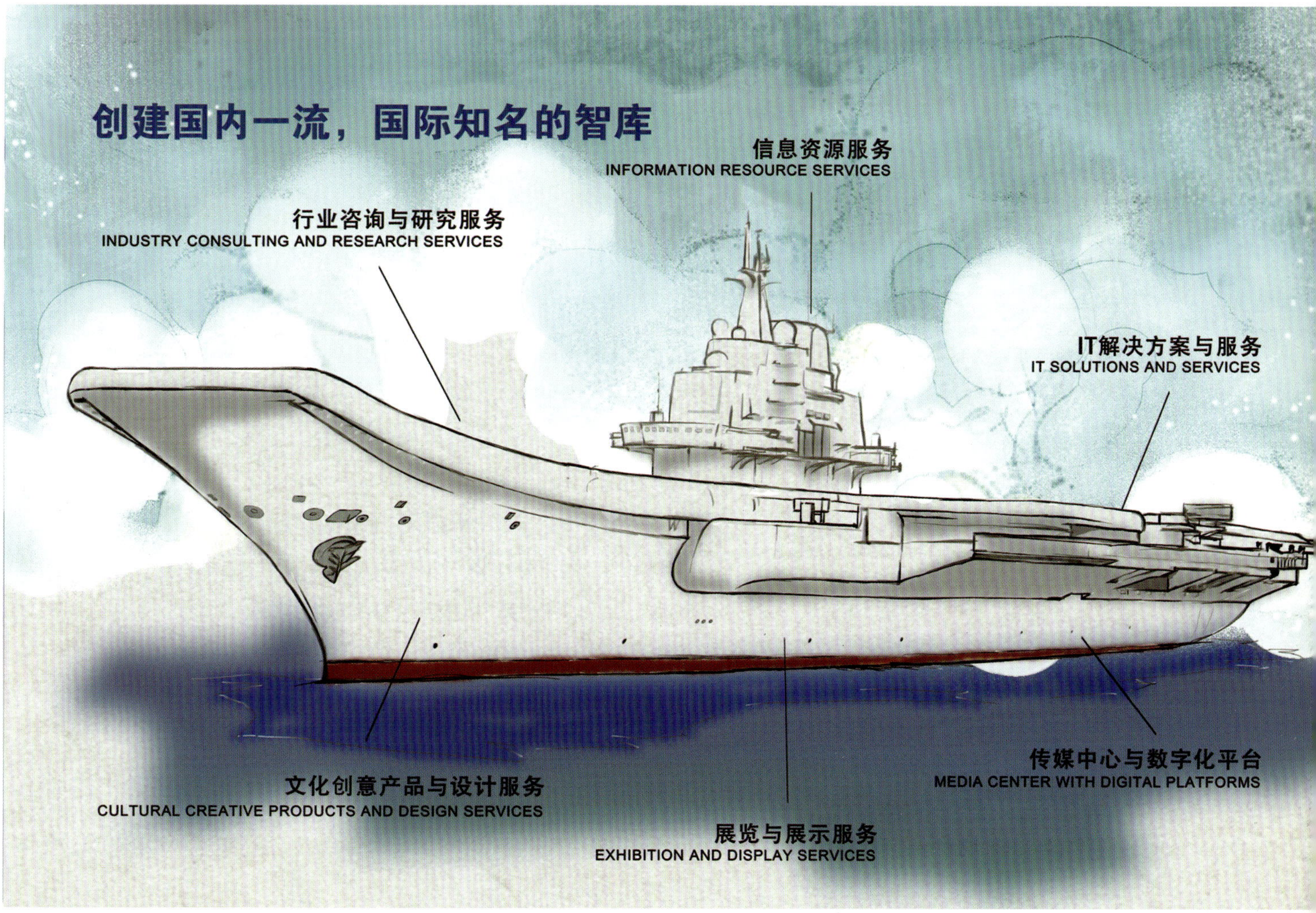